"十二五"职业教育国家规划教材
经全国职业教育教材审定委员会审定
国家林业和草原局职业教育"十四五"规划教材

森林环境

（第4版）

张朴仙　王世昌　周泽建　主编

中国林業出版社
China Forestry Publishing House

内容简介

本教材是根据全国高职高专教育林业技术专业人才培养指导方案和林业技术核心课程“森林环境”理实一体化指导性教学大纲编写的，由12个相对独立的单元构成，包括森林与森林生态环境、光与森林、温度与森林、水分与森林、大气环境与森林、地形与森林、生物与森林、土壤与森林、人类活动与森林、我国森林植被分布、森林群落、森林生态系统。每个单元有知识构架和学习目标引导教师组织教学和学生自主学习；单元下设节，各节有理论知识部分和必要的实践技能学习；每单元后有知识拓展、复习思考题，为学生消化巩固所学知识、扩大知识面提供空间，以培养学生的创新能力和可持续发展能力。

本教材可作为高等职业院校林业技术及相关专业的专业课教材，也可作为相关从业人员的参考用书。

图书在版编目(CIP)数据

森林环境 / 张朴仙，王世昌，周泽建主编. -- 4版. -- 北京 ：中国林业出版社，2024. 5
“十二五”职业教育国家规划教材　国家林业和草原局职业教育“十四五”规划教材
ISBN 978-7-5219-2712-2

Ⅰ. ①森…　Ⅱ. ①张…　②王…　③周…　Ⅲ. ①森林-生态环境-高等职业教育-教材　Ⅳ. ①S718. 5

中国国家版本馆 CIP 数据核字(2024)第 094594 号

责任编辑：郑雨馨　田　苗
责任校对：苏　梅
封面设计：北京智周万物文化传播有限公司

出版发行：中国林业出版社
（100009，北京市西城区刘海胡同7号，电话 83223120）
电子邮箱：jiaocaipublic@ 163. com
网址：www. cfph. net
印刷：河北京平诚乾印刷有限公司
版次：2006年7月第1版(共印7次)
2015年1月第2版(共印7次)
2021年9月第3版(共印7次)
2024年5月第4版
印次：2024年5月第1次印刷
开本：787mm×1092mm　1/16
印张：21
字数：500千字
定价：62. 00元

数字资源

《森林环境》（第4版）
编写人员

主　　编：张朴仙　王世昌　周泽建

副 主 编：陈元镇　李　雯　王立德

编　　者：（按姓氏笔画排序）

王世昌　山西林业职业技术学院

王立德　安徽林业职业技术学院

王丽霞　甘肃林业职业技术学院

邓永红　广西生态工程职业技术学院

孙海龙　黑龙江林业职业技术学院

李　雯　云南林业职业技术学院

刘俊英　山西林业职业技术学院

张朴仙　云南林业职业技术学院

张维玲　广东农工商职业技术学院

陈元镇　福建林业职业技术学院

陈　叶　江西环境工程职业学院

周泽建　广西生态工程职业技术学院

《森林环境》(第3版)
编写人员

主　　编：毛芳芳　朱丽清　王世昌

副 主 编：陈元镇　李　雯　王立德

编　　者：(按姓氏笔画排序)

王世昌　山西林业职业技术学院

王立德　安徽林业职业技术学院

王丽霞　甘肃林业职业技术学院

毛芳芳　云南林业职业技术学院

朱丽清　广西生态工程职业技术学院

孙海龙　黑龙江林业职业技术学院

李　雯　云南林业职业技术学院

张维玲　江西环境工程职业学院

陈元镇　福建林业职业技术学院

陈　叶　江西环境工程职业学院

周泽建　广西生态工程职业技术学院

《森林环境》(第2版)
编写人员

主　　编：毛芳芳

副 主 编：朱丽清　王世昌

编　　者：(按姓氏笔画排序)

王世昌　王立德　毛芳芳　朱丽清

孙海龙　李维锦　陈元镇

《森林环境》(第1版)
编写人员

主　　编：毛芳芳

副 主 编：金贵峻

编　　者：(按姓氏笔画排序)

万书成　王世昌　毛芳芳　朱丽清

金贵峻

第 4 版前言

习近平总书记在中国共产党第二十次全国代表大会上的报告中指出：中国式现代化是人与自然和谐共生的现代化。森林环境是国家生态文明建设的主要载体之一，关系到以美丽中国建设全面推进人与自然和谐共生的现代化重大战略部署，对推进林草行业高质量发展、增强美丽中国建设的信心和决心有重大意义。

本教材是国家林业和草原局职业教育“十四五”规划教材，也是全国高等职业院校林业技术专业的专业基础课教材。教材紧扣林业技术专业教学标准，对接主要就业岗位群和技术领域的职业标准，符合专业人才培养所需的素质、知识和能力课程目标，体现了“培养多样化人才、传承技术技能、促进就业创业为导向”的林业类专业高素质技术技能人才培养的要求。

本教材自出版以来，在全国高等职业院校林业技术及相关专业教学中被广泛选用，在教学中得到好评和认可。随着推动现代职业教育高质量发展的时代需要，职业教育从“大有可为”到“大有作为”的角色转变，探索新质生产力理论赋能高职教育的新发展需求，本教材坚持贯彻落实“创新、协调、绿色、开放、共享”的新发展理念，编写团队结合使用本教材、承担该课程多年教学经验，深入全国农林类高职院校开展调研，与历届使用本教材的学生进行交流，多次开展研讨，提出修订意见，将素质目标要求纳入教学内容中。本次修订补充了自动气象观测站等内容，完善了森林群落相关内容，优化了部分图、表及实践技能相关内容，还补充了大量数字资源，包含视频、微课、动画、图片、课件、虚拟仿真等，可通过扫描二维码进行学习。

本教材的修订契合了职业教育改革趋势及高等职业教育新发展、新需求，该课程内容更新及时，改革力度大、创新力度强，打破传统学科体系，紧跟时代步伐，与国家职业资格标准和国家生态文明建设实践接轨，全面体现了理实一体化高职特色教育。

本教材由张朴仙、王世昌、周泽建任主编，陈元镇、李雯、王立德任副主编。编写分工如下：前言、绪论由张朴仙、李雯编写；单元 1、单元 11 由张朴仙、陈叶编写；单元 2、单元 3 由周泽建、邓永红编写；单元 4 由周泽建、王丽霞编写；单元 5 由李雯、张朴仙编写；单元 6 由李雯、孙海龙编写；单元 7 由王立德、张维玲编写；单元 8 由陈元镇、李雯编写；单元 9 由王世昌、刘俊英编写；单元 10 由刘俊英、李雯编写；单元 12 由张维玲、王世昌编写。教材由张朴仙、李雯统稿，由张朴仙、王世昌、周泽建统审。

本教材在编写过程中，得到全国林业职业教育指导委员会和中国林业出版社的指导，同时得到云南林业职业技术学院、广西生态工程职业技术学院、山西林业职业技术学院、福建林业职业技术学院、安徽林业职业技术学院、甘肃林业职业技术学院、江西环境工程职业学院、黑龙江林业职业技术学院、广东农工商职业技术学院等单位领导和有关人员的大力支持，在此一并致谢！

由于“森林环境”是一门综合性课程，涉及面较广，受编者水平所限，书中缺点、错误在所难免，恳请读者批评指正。

编　者

2024 年 4 月 19 日

第3版前言

本教材是国家林业和草原局职业教育“十三五”规划教材，也是高等职业教育林业类专业的专业基础课教材。教材紧扣国家高等职业院校林业类专业教学标准，对接主要就业岗位群和技术领域的职业标准，符合专业人才培养所需的素质、知识和能力课程目标，体现了“以服务发展为宗旨，以促进就业为导向”的林业类专业高素质技术技能人才培养的要求。

教材内容贴近国家生态建设主战场，体现林草生产建设中的新知识、新理念、新技术、新方法和新标准。充分借鉴各相关领域的经验，以提高学生职业能力和职业素养为目标，以能力培养为主导，理论实训一体化；理论知识与实训项目相结合，注重实践技能的培养，可操作性强；与高等职业教育层次相适应，充分体现职业教育特色，便于教师组织教学和培养学生能力，体现了职业教育的人才培养特色。

本教材是在对“全国高职高专教育林业技术专业人才培养指导方案”和“‘森林环境’课程教材修订提纲”进行审定的基础上组织编写的。专家一致认为该课程内容改革力度大，创新力度强，打破学科体系，与时俱进，与国家职业资格标准和国家生态文明建设实践接轨，体现了理论实训一体化的高职特色。

本教材由毛芳芳、朱丽清、王世昌任主编，陈元镇、李雯、王立德任副主编。编写分工如下：前言、绪论由毛芳芳编写；单元1、单元11由毛芳芳、陈叶编写；单元2由朱丽清、周泽建编写；单元3、单元5由朱丽清、李雯编写；单元4由朱丽清、王丽霞编写；单元6由李雯、孙海龙编写；单元7由王立德、张维玲编写；单元8由陈元镇、李雯、陈叶编写；单元9由王世昌、毛芳芳、李雯编写；单元10由王世昌、李雯编写；单元12由张维玲、王世昌编写。教材由毛芳芳、李雯统稿，由毛芳芳、朱丽清、王世昌统审。

教材在编写过程中，得到全国林业职业教育教学指导委员会和中国林业出版社的指导，同时得到云南林业职业技术学院、广西生态工程职业技术学院、山西林业职业技术学院、福建林业职业技术学院、安徽林业职业技术学院、甘肃林业职业技术学院、江西环境工程职业学院、黑龙江林业职业技术学院等单位有关人员的大力支持，在此一并致谢！

由于“森林环境”是一门综合性课程，涉及面较广，受水平所限，书中缺点、错误在所难免，恳请读者批评指正。

编　者

2020年12月25日

第2版前言

本教材是教育部“十二五”职业教育国家规划教材，也是高职林业类专业核心课程教材。教材紧扣《全国高职高专教育林业技术专业人才培养指导方案》的人才培养目标和人才培养规格，与就业职业岗位群的知识能力结构和全国高职高专教育林业技术专业人才培养指导方案相配套，体现了“以服务为宗旨，以就业为导向”的全国高职高专教育林业技术专业人才培养指导方案的职业教育方针。

本教材内容新颖，紧密贴近林业生态建设主战场和林业生产建设中的新知识、新理念、新技术，新方法和新标准。充分借鉴各相关领域的经验，以提高学生职业能力和职业素养为目标，以能力培养为主导，理论实训一体化；理论知识与实训项目相结合，理论知识以够用为度，注重实践技能的培养，可操作性强；与高职层次相适应，充分体现高职特色，便于教师组织教学和培养学生能力，体现了高职的人才培养特色。

本教材是在全国林业职业教育教学指导委员会，林业资源类专业教学分指导委员会的组织下，在对《全国高职高专教育林业技术专业人才培养指导方案》和《森林环境》课程教材修订提纲进行审定的基础上组织编写的。专家一致认为该课程内容改革力度大，创新力度大，打破学科体系，与国家职业资格标准接轨，体现了理论实训一体化的高职特色。

本教材由毛芳芳任主编，朱丽清、王世昌任副主编。编写分工如下：前言、绪论、单元1、单元10由毛芳芳编写；单元2~4由朱丽清编写；单元5由李维锦、朱丽清编写；单元6由孙海龙编写；单元7由王立德编写；单元8由陈元镇编写；单元9、单元11由王世昌编写。

教材在编写过程中，得到全国林业职业教育教学指导委员会和中国林业出版社的指导，同时得到云南林业职业技术学院、广西生态工程职业技术学院、山西林业职业技术学院、福建林业职业技术学院、安徽林业职业技术学院、甘肃林业职业技术学院、黑龙江林业职业技术学院等单位有关人员的大力支持，在此一并致谢！

由于“森林环境”是一门综合性课程，涉及面较广，受水平所限，书中缺点、错误在所难免，恳请读者批评指正。

编　者

2014年2月15日

第 1 版前言

本教材是高职高专林业技术专业核心课程教材之一。教材紧扣《全国高职高专教育林业技术专业人才培养指导方案》的人才培养目标和人才培养规格，与就业职业岗位群的知识能力结构和全国高职高专教育林业技术专业人才培养指导方案相配套，体现了“以服务为宗旨，以就业为导向”的《全国高职高专教育林业技术专业人才培养指导方案》的职业教育方针。

本教材内容新颖，紧密贴近林业生态建设主战场和林业生产建设中的新知识、新理念、新技术，新方法和新标准。充分借鉴各相关学科的经验，以提高学生职业能力和职业素养为目标，以能力培养为主线，理论实训一体化；理论知识与实训项目相结合，理论知识以够用为度，注重实践技能的培养，可操作性强；与高职层次相适应，充分体现高职特色，便于教师组织教学和培养学生能力，体现了高职的人才培养特色。

本教材是在教育部高职高专教育林业类专业教育指导委员会林业资源类专业教学分指导委员会的组织下，在对《全国高职高专教育林业技术专业人才培养指导方案》和《森林环境》课程大纲进行审定的基础上组织编写的。专家一致认为，该课程内容改革力度大，创新力度大，打破学科体系，与国家职业资格标准接轨，体现了理论知识与实训一体化的高职特色。

本教材由毛芳芳任主编，金贵峻任副主编，编写分工如下：绪论、第 1 单元由毛芳芳编写；第 2、3、4、5 单元由朱丽清编写：第 6、7、9、11 单元由王世昌编写；第 8 单元由金贵峻编写；第 10 单元由毛芳芳、万书成编写。

教材在编写过程中，得到教育部高职高专教育林业类专业教育指导委员会和中国林业出版社的支持和指导，同时得到云南林业职业技术学院、山西林业职业技术学院、广西生态工程职业技术学院、甘肃林业职业技术学院、黑龙江林业职业技术学院等单位有关人员的大力支持，在此一并致谢！

由于“森林环境”是一门新课程，是将过去相互独立的“气象学”“土壤学”“森林生态学”3 门课程有机地融为一体，进行整合优化。作为一门新课程的教材，受水平所限，书中缺点、错误在所难免，恳请读者批评指正。

编　者

2006 年 3 月 10 日

目 录

绪 论

0.1 森林环境概述

0.1.1 概念

森林环境是一个广义的概念，泛指森林生物生存空间所有因素的总和。森林生物生存空间的因素具有整体性和系统性等特点，也具有其自然属性和社会属性。森林环境主要包括阳光、空气、水分、温度、土壤、地形、生物等森林赖以生存的自然环境因素，也包括人为环境因素。人为环境因素与自然环境因素相互作用、相互影响、密切相关。

0.1.2 特点

森林环境是自然环境中生物环境的重要组成部分，是地球生物圈中的重要部分，也是地球陆地生态系统的主体，具有以下明显特点。

(1) 整体性

组成森林环境的各要素都有自己的发生发展规律，但它们作为森林环境的有机组成部分而结合在一起时，就形成相互依存、相互制约、密不可分的整体。在整体中，一种要素的改变必将引起其他要素的相应变化，甚至导致其从一种生态环境过渡到另一种生态环境。因此，对森林环境的认识、保护和开发利用必须从其整体性出发。忽视森林环境的整体性特点，就会造成森林环境的破坏。

(2) 系统性

森林环境是一个多资源的整体系统，每种资源都与系统密切相关，通过能量流动、物质循环、信息传递影响系统内的其他构成。把森林环境与自然、经济、社会间的相互关系看成系统性问题，可以得出当代林草产业生态化、产业化、社会化、综合化、系统化的发展趋势。应用森林环境是一类开放的复杂巨系统观点，统筹山水林田湖草沙一体化系统治理，综合考虑自然生态系统各要素，加强森林、草原、湿地、荒漠等生态系统的全面保护修复和提升，加强生物多样性保护，推进形成森林环境系统性发展的新格局。

(3) 多样性

森林环境结构复杂、层次繁多，生态、社会、经济功能强大，从多方面多角度显示了它的多样性。森林环境中有多种生物，这些生物生长在不同气候、土壤等地理环境条件下，形成一个密不可分的综合体。森林环境具有物种多样性、遗传多样性、生态系统多样性、景观多样性、环境多样性、人文多样性和生产利用多样性的特点。人类活动只有掌握这些特点，通过多因素、多变量的系统分析，选择最佳的保护和利用措施，才可能高效地发挥森林的潜力。

(4) 时空性

森林环境是特定的时空产物。不同时间和空间结合形成不同功能、结构和类型的森林环境。森林环境的时空变化极为明显，不同的地理位置和条件会形成不同的森林，同一地理位置的不同海拔、不同土壤条件也会形成不同的森林环境。在森林环境的形成和发展过程中，时间不同，森林环境也会有差异。因此，必须根据森林环境的时空性特点对其进行保护和利用，更好地发挥森林的效益。

(5) 有限性

森林环境是在一定的光、热、水、气、土条件下形成的。在地球上，它的分布地区是有限的，一切不具备森林生长条件的地区都不可能形成森林。从古至今，由于人类的破坏，地球上的森林面积大量减少。森林资源既是可再生资源，也是可耗竭资源，其负荷能力是有一定限度的。人类对森林的开发利用，如果超过了其负荷的极限，必然会破坏原有系统的平衡，甚至可能导致资源因消耗过度而枯竭，造成森林环境的破坏和消失。

森林环境的有限性要求人们科学地认识森林环境被破坏和耗竭的条件，掌握它的负荷极限，只有这样，才能对其进行有效的保护和持续利用。

(6) 可塑性

受到有利因素影响时，森林环境发展及其效益会得到改善；反之则不然。森林环境像其他生态系统一样，有一定弹性，有一定阈值，有一系列的反馈作用，能对外部干扰进行内部结构和功能的调整，以保持系统的自我调节能力。人们把森林这个复杂的生态系统的自我调节能力称为森林环境的可塑性。森林环境的可塑性是有一定限度的，超过了它的阈值，可塑性就会消失，森林环境就会遭到破坏。人类利用森林环境的可塑性，就是要对森林环境进行定向改造和培育，使其系统结构的功能更佳。

(7) 公益性

森林环境是自然界最重要的生物库、能源库、基因库、二氧化碳储存库、氧气生成库、绿色水库、天然抗污染的净化器。对自然环境的大气圈、水圈、岩石圈和生物圈都具有重要的作用，对人类环境的改善具有良好作用。它造福人类，具有公益性的特点。森林环境是人类生存环境不可缺少的组成部分，也是建设人类更加美好生存环境中最积极、最可塑、最活跃的公益因素。

0.1.3 功能

森林环境不仅影响生物圈中各种生物的生存和发展，还影响和作用于非生物圈即土壤圈、岩石圈、水圈、大气圈，对它们产生一定的调控，起着维持地球生态平衡的重要作用。森林不仅占有近30%的陆地面积，占有地球60%以上的生物量，而且具有巨大的生态效益、社会效益、经济效益，即通常所说的森林的三大效益。

(1)生态效益

森林的生态效益是指森林在维持生物之间、生物与环境之间的动态平衡中所具有的一切功能。通常包括涵养水源、保持水土，防风固沙、保护农田，调节气候、改善环境，净化大气和水体、降低噪声、防治污染，维护生物多样性等功能。

①*涵养水源、保持水土*。由于具有良好的地表覆盖，强大的植物根系以及土壤渗透系统，森林生态系统成为涵养水源、防止水土流失的最佳系统。降水进入森林生态系统，由林冠层进行最初的截留，降落到树冠上的水，有一部分沿枝叶集中到树干向下流，并将水流导向根系周围的土壤，有助于植物吸收利用。覆盖于地表的枯枝落叶层具有极强的吸水能力，通常可以吸收自身重量2~4倍的水分，可将吸收的水分逐渐转移向土壤，并能够借助良好的土壤结构将地表径流最大限度地转化为地下径流。森林凭借庞大的林冠、深厚的枯枝落叶层和发达的根系，起到良好的蓄水保土和减轻地表侵蚀的作用。

②*防风固沙、保护农田*。森林是抵挡风沙侵袭的天然屏障。防护林能起到保护农作物不受风害的作用，主要是由于林带可以改变气流结构和降低风速，在林带附近风速降低后，风的动能也随之减弱，使流沙固定。通常情况下，1 hm^2 防护林可保护逾1500 hm^2农田免受风害。

③*调节气候、改善环境*。森林是陆地生态系统中对气候影响最显著的植被类型。全球森林约占陆地面积的1/3，在吸收二氧化碳减缓全球温室效应和调节局部地区气温方面具有重要作用。树木通过光合作用吸收固定二氧化碳，合成有机物，释放氧气，城市和乡间的绿化可降低气温，削弱城市“热岛效应”，有效调节城乡气候。

森林是一种特殊的下垫面，可以不同程度地影响气温的年际变化。森林具有庞大的林冠层，可以在大气与地表之间调节温度和湿度，形成林内光线柔和、空气湿润、温度变化小、平静无风的小气候，也影响了周围环境。森林的蒸腾作用可使大气降温，高温酷暑的夏季林内温度比林外低，使人感觉凉爽舒适。

④*净化大气和水体、减少噪声、防治污染*。森林通过吸收同化和吸附阻滞的形式将环境中的污染物从危害人类生活的环境转移到别处，是环境的“吸毒器”和“除尘器”。森林树木枝繁叶茂，可以阻挡气流和降低风速，也使烟尘在大气中失去动力而降落，加之树冠周围和叶片表面湿度大，烟尘很容易吸附其上，待降雨冲刷过后叶片又可恢复吸附粉尘能力。

森林中物种复杂，形成了多层结构。森林的林冠层可以在截留雨水的过程中减少大气降水携带的各种污染物；地被物截留的污染物通过地被层微生物进行分解；土壤可以通过化学吸附和金属元素沉降吸附污染物，起到净化水体的作用。

噪声污染常使人的听力降低，影响人们的休息和工作，降低工作效率，还干扰语言通信和联络。林木的树干、树冠对噪声有很大的吸收作用。因此，营造林带可以有效隔音，降低噪声污染。

⑤维护生物多样性。森林是一个完整的生态系统，森林中的林木、林地、湿地、河流、野生动植物等都是其生态系统的要素，也是生物多样性保护的对象。森林作为生物多样性的载体和最重要组成部分之一，发挥着巨大的生态服务功能和价值。随着整个地球生态系统价值被日益重视，森林维护生物多样性的功能理应得到全社会的充分认识。

(2) 社会效益

森林的社会效益是指由于森林的存在而对人类的身心健康、社会文化和精神文明方面起到促进和提高的作用，包括美学效益、心理效益、游憩效益、纪念效益、科学效益、教学效益等。森林所形成的特殊小气候对人的身体健康有着积极的影响，使人精神放松；同时森林能繁荣森林文化，促进生态文明建设，实现绿色发展、乡村振兴，提高人类文化素养，为人们提供旅游休憩的场所，提高人们的生活质量。

以森林资源为基础的第一产业，在社会上带动形成以林产食品工业、林产油料工业、林产香料工业、林产涂料工业等加工业为主的林业第二产业，以及以林业运输、林业商业、森林旅游、林业教育等为主的林业第三产业。第九次全国森林资源清查数据显示，我国林业第一、二、三产业比重由 2003 年的 86∶3∶11 调整为 2017 年的 37∶28∶35。我国现代林草业科学调整优化产业结构，深入挖掘各产业内在价值，以科技投入、智力支持带动第一、二、三产业融合发展，推动产业结构优化升级，努力以新思想引领新思路、新理念开创新局面，融入可持续生态资源的利用过程中，持续带动社会效益高质量发展。

(3) 经济效益

森林的经济效益是指从森林中直接取得木材和其他产品的直接效益。森林可为人类提供多种用途的木材和其他林产品，包括干果、鲜果、森林蔬菜、食用菌、木本粮油、饮料、食用动物等多种食物，栲胶、紫胶、香料、染料、松香、毛皮等多种工业原料，人参、杜仲、紫杉醇等多种药材，根雕、盆景等多种工艺品，以及多种园林观赏植物等。总之，森林可为人类提供多种林产品，满足人类的物质需要，人类的衣、食、住、行和生产等活动都离不开森林。因此，森林不仅是人类重要的环境条件，也是人类可利用的再生资源，对人类有着重要的经济效益。

总之，森林具有的生态、社会、经济三大效益和其所发挥的功能，是确保地球所有物种持续、安全、健康生存的重要条件。

0.2 认识森林环境课程

0.2.1 课程性质

森林环境课程是林业类专业的专业基础课，也是林业类专业的一门综合性很强的专业群平台课。该课程以认知能力的培养为主导，重点培养学生掌握从事林业类相关工作所必需的土壤、气象、森林生态等方面的基础知识和基本技能。

0.2.2 课程地位

按照林业类专业人才培养方案的课程体系，森林环境课程的前修课主要有森林植物、森林调查技术、森林动物、自然地理等，后续课程主要有林木种苗生产技术、森林营造技术、森林经营技术、森林资源经营管理、林业有害生物控制技术等。森林环境课程以前修课程的知识与技能为基础，为后续专业课程的学习奠定基础。

森林环境课程为国土治理、环境保护、林草业发展、农牧业生产、水利交通以及园林生态环境建设提供理论基础；为人类认识、预测、调控、管理、利用和保护森林环境提供理论依据；对相关岗位所要求的职业能力培养和职业素质养成起主要支撑和明显促进作用；为渗透生态平衡理念，促进人类与森林环境协调发展奠定理论基础。

0.2.3 课程内容

森林环境课程体现了高等职业教育林业类专业人才培养改革的理念，打破了传统的学科化体系，以培养认知能力为主导，全面改革课程的教学内容，以可持续发展教育理念为指导，博采众家之长，以森林与环境因子的关系及生态平衡理念为主线设计教学单元；以强化职业基本能力培养为目标，充分调动学生学习的积极性，实现理论知识与实训一体化。课程的主要内容可概括为以下 3 个方面。

①学习树木与环境的生态关系。重点是光、温度、水分、大气、土壤、地形、生物和人为等环境因子的特点、变化规律对树木的作用与生态意义，认识树木对这些因子的适应性及其生态类型，以及森林对这些主要环境因子的影响和改造作用。

②学习森林群落与环境的生态关系。一方面是认识森林群落的结构特征，另一方面是认识森林群落由于空间和时间的变化，由一种类型演变为另一种类型的原因及森林群落分布的规律性。

③把森林群落与其环境联系起来视为一个系统进行全面认识。着重学习森林生态系统中各生物与非生物成分之间的相互作用和相互影响，以及它们之间物质循环和能量流动的途径与规律，为调节和控制系统发展，维持系统生态平衡提供依据。

0.2.4 课程任务

森林环境课程的任务主要是阐明森林环境因子的特点及变化规律，揭示树木与环境的相互关系，控制和调整树木与环境的关系，充分发挥树木的生态适应潜力，使其能最充分地利用环境资源，提高对环境条件的利用率；应用群落和生态系统理论，揭示森林群落的结构、功能、形成和发展规律及其与环境的关系，以及它们因环境变化而发生相应变化的内在规律，最大限度地发挥森林群落的生产潜力和对环境的改造作用，维持地球生态平衡，维护和改善人类生存的自然和社会环境。

0.2.5 课程要求

通过森林环境课程的学习，培养学生具备一定的专业知识、职业能力和生态素质。

要求掌握与森林密切相关的气象、土壤基础知识及其对森林的生态作用；掌握地形、生物和人类活动对森林的生态作用；掌握森林群落的基本知识及分布规律；掌握森林生态系统的基本知识；掌握森林对森林环境建设的促进作用等知识。

要求具备观测与森林有关气象因子的能力；具备土壤调查、分析和土壤培肥等技能；具备森林群落样地调查的基本能力；具备进行森林生态系统平衡调控等能力。

要求学生具备辩证思维能力和可持续发展观念；具备稳固的专业思想和求实创新精神；具备坚强的意志和实践动手能力；具备与人相处、与人沟通的综合素质；具备良好的职业道德和社会责任感。

0.3 森林环境建设意义

森林环境建设是林草业发展的主要内容，是生态建设的主要载体，是森林资源富集的重要条件，是美丽中国的重要象征，在维护国家生态安全中居于首要地位。当前，随着人们对优美生态环境、优质生态服务的需求和对美好生活向往的日益增长，实现生态安全和绿色可持续发展已经成为世界各国共同的追求。我国经济社会快速发展，以及人口压力对生态环境造成了巨大压力，资源约束趋紧、环境污染严重、生态系统退化现象严峻。这就要求我们必须树立尊重自然、顺应自然、保护自然的生态文明思想，坚持生态为民、保护为主、绿色发展、科学利用，践行绿水青山就是金山银山的理念，把山水林田湖草沙一体化保护的理念融会贯穿森林环境建设的各方面和全过程，建立国土生态安全体系，建设山川秀美的生态文明社会。

林草业是发展绿色经济、循环经济、低碳经济的重要领域，是提升国家生态竞争力、促进经济社会可持续发展的重要保障。没有发达的林草业，就没有良好的生态。中国林草业在构建完善的林草生态体系、发达的林草产业体系、繁荣的生态文化体系基础上，承担着建设和保护森林生态系统、管理和恢复湿地生态系统、保护和修复草原生态系统、改善和治理荒漠生态系统、维护和发展生物多样性、实施重大生态修复工程、构建生态安全格局、促进绿色发展、建设美丽中国、应对全球气候变化等方面做出重大贡献。中国林草业将以建设生态文明、促进绿色增长为主题，以改善生态、改善民生为主线，严格保护林草资源，不断增加林草资源总量，努力实现生态良好的奋斗目标，为维护国家生态安全、建设美丽中国、提供科学的世界观和方法论，为实现人们建设安居乐业增收、天蓝地绿水净的美好家园做出新的更大贡献。

森林作为陆地生态系统和人居环境的重要组成部分，是国家强盛、人民富裕的象征，没有森林，就没有人类，更没有人类文明。森林及森林环境与人类的关系极其密切，对人类生存环境有着巨大的影响，是人类不可缺少的环境条件，是人类生存和发展的基础，又是人类保护和利用的对象。森林环境建设是生态建设、林草业发展和林草资源管理的一项十分重要的基础性工作，其建设对构建科学合理的森林环境体系，保育自然资源，保护生物多样性，维护自然生态系统健康稳定，服务社会，维持人与自然和谐共生具有重要意义。在《中华人民共和国国民经济和社会发展第十四个五年规划和 2035 年远景目标纲要》(简称“十四五”规划)执行的关键时期，森林环境建设将深入践行绿水青山就是金山银山理念，协同推进降碳、减污、扩绿、增长，建设人与自然和谐共生的美丽中国。

单元1 森林与森林生态环境

知识架构

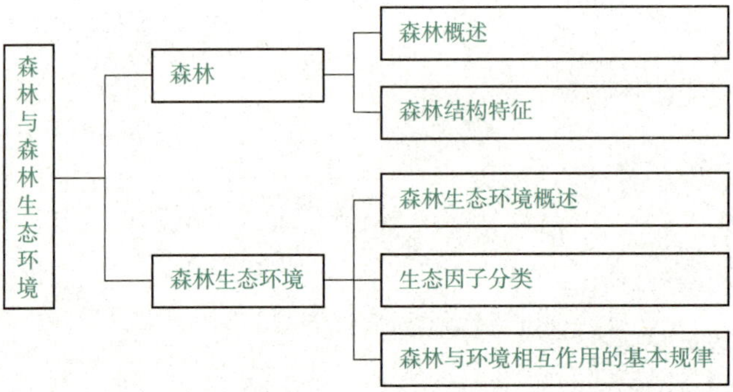

知识目标

1. 熟悉森林的结构特征。
2. 理解森林与环境相互作用的基本规律。
3. 掌握森林的概念。
4. 掌握森林的类别及生态因子的分类。

技能目标

会观察并判别森林的结构特征。

素质目标

1. 树立社会主义生态文明观，践行绿水青山就是金山银山理念。
2. 树立可持续发展观念，培养学生合理开发、合理利用自然资源的意识。

1.1 森林

1.1.1 森林概述

我国古代就有关于森林的论述，如西汉《淮南子》一书中有“木丛曰林”的记载。“森林”二字由五木组成，是众多树木的意思，依据森林的表象，人们认为大量树木聚合在一起就是森林。其实，这仅仅是森林的一个外部特征，不能全面反映森林的本质和基本特征，只有进一步明确森林与环境之间、森林与生物成分之间的相互关系，才能正确认识森林。

1.1.1.1 森林的概念

森林是以乔木为主的具有一定面积和密度的植物群落，受环境的制约又影响环境，形成独特的生态系统整体。

森林已不单纯是一个客观存在的自然体，而是与人类息息相关的以木本植物为主体的复杂生态系统。在我国林业发展实践中，为了保障《中华人民共和国森林法》的稳定和有效实施，也可将森林定义延展为乔木林、竹林和国家特别规定的灌木林。这样既保证概念的完整性，又不会产生认识分歧。人们正确认识森林，合理保护和利用森林，才能最大限度地发挥森林的生态、社会、经济三大效益。

1.1.1.2 林木与孤立木

森林是一个复杂的整体，并非树木的简单聚合，除了乔木以外，还有许多灌木、草本、苔藓、地衣等植物，以及各种动物、微生物。森林生物之间相互作用、相互影响，各自占有有限的营养空间，而且互相庇荫，互为环境。

密集生长在一起的林木，创造了一种比较稳定、庇荫的环境，使林内的植物、动物、微生物各得其所，相互促进，自由生长。一般情况下，林内每株树木的生长限制在一定的空间范围内，相互之间为了争夺充足的阳光而迅速向上生长，下部枝条则加速死亡脱落，所以，树干通常高大、通直、圆满，自然整枝良好，枝下高较高，树冠较小，且多集中于树干上部。

林外生长在空旷地的孤立木，树干通常尖削度大，枝下高较低，树冠庞大。同龄的林木形成显著差别（图 1-1）。这充分表明林内外环境的不同导致了林木与孤立木形态的差异。

图 1-1 林木与孤立木

1.1.1.3 森林的基本特征

森林与环境的相互作用和影响是森林的最基本特征。森林植物需要从周围的环境中获取必需的光照、热量、水分、大气、土壤等营养物质和能量，才能保证其正常的生长发育，林木的生活依赖于环境。在不同的环境条件下，特别是不同气候、土壤影响下，常常形成不同的森林类型，所以森林受环境影响很大，有什么样的环境，就有什么样的森林。同时，在树木的生长过程中，通过枯枝落叶分解、水分蒸腾、气体交换等形式把物质和能量归还于环境。森林在发展过程中发挥着涵养水源、保持水土，净化大气、减低噪声、调节气候、防风固沙、保护农田，防治土壤侵蚀等功效，对环境又有着极其重要的影响。

1.1.1.4 森林的类别

按主导功能不同，将森林划分为公益林与商品林两大类别。

(1)公益林

公益林是指以保护和改善人类生存环境、维持生态平衡、保存种质资源、科学实验、森林旅游、国土保安等需要为主要经营目标的森林、林木、林地，包括防护林和特种用途林。

①防护林。防护林是指具有水源涵养、水土保持、防风固沙、保护农田牧场、防岸与护路等功能的各种森林。

②特种用途林。特种用途林是指具有战备、环境保护、科学实验等用途的森林，如国防林、实验林、母树林、环境保护林、风景林等。

公益林按事权等级划分为国家级公益林和地方级公益林。

国家级公益林是指由地方人民政府根据国家有关规定，并经国务院林业主管部门审核认定，由国家林草局分期分批公布的公益林。

地方级公益林是指由各级地方人民政府根据国家和地方的有关规定，并经同级林业主管部门审核认定的公益林。

(2)商品林

商品林是指以生产木材、竹材、薪材、干鲜果品和其他工业原料等为主要经营目标的森林、林木、林地，包括用材林、经济林和能源林，其他以发挥经济效益为主要目的的森林也归为商品林。

①用材林。用材林是指以生产木材或竹材为主要目的的森林。

②经济林。经济林是指以生产果品、油料、饮料、调料、工业原料、药材等林产品为主要目的的森林。

③能源林。能源林是指以生产燃料和其他生物质能源为主要目的的森林。

以上介绍的防护林、特种用途林、用材林、经济林、能源林是根据国民经济需要和森林效益划分的森林五大林种。

1.1.2 森林结构特征

森林结构特征是指森林植物和周围环境条件之间以及森林植物之间相互作用的表现形式，是一种能赋予人们直观感觉的外貌特征。不同的森林有着不同的结构特征。森林的结构特征一般包括：森林的组成，森林的层次，森林的郁闭度和密度，森林的起源，森林的年龄，森林覆盖率，森林的立地质量等。

森林的结构特征通常是人们采取各种经营措施的依据，因此在林业生产上通常按照上述结构特征的差异，将森林划分为不同的林分。所谓林分，是指结构特征基本相同，而与周围有显著差别的森林地段(小块森林)。林分是区划森林的最小地域单位，是森林经营管理的基本单位和森林测定的基本对象，也是森林经理工作中划分小班的主要依据。

1.1.2.1 森林的组成

森林的组成较为复杂，有生物成分如乔木、灌木、藤本、草本、苔藓、地衣、蕨类，以及动物、微生物等，也有非生物成分如光、热、水、气、土等。但在森林群落中，乔木是最引人注目的部分，也是各种效益最大的部分，由于乔木树种的建群作用，其他与之共同生活的植物、动物、微生物的种类组成、数量、生长状况都随乔木结构特点的变化而变化。因而在林业生产实践中，森林的组成主要是指乔木树种的组成。所谓树种组成，是指组成森林的乔木树种及其蓄积量或株数所占的比重。根据树种组成，可将森林划分为单纯林和混交林。

①单纯林。或称纯林，是指由一个树种(组)组成，或虽由两个以上树种组成但其中一个树种的蓄积量或株数占林分蓄积量或株数65%(含)以上的林分。

②混交林。混交林是指没有一个树种(组)的蓄积量或株数占林分蓄积量或株数65%(含)以上的林分。在混交林中蓄积量或株数占优势的树种称为优势树种，其他树种称为混交树种。在森林经营中，有时还将树种分为目的树种和非目的树种，目的树种通常是指经营价值较高的树种，是人们培育经营的对象，否则就称为非目的树种。目的树种和非目的树种主要是根据不同地区的林木生长情况，以及是否符合一定经营目的确定的。

树种组成以十分法表示，如10华，表示华山松纯林；8松2栎，表示松占80%，栎占20%。树种在林分中所占比重不足1成，仅有2%~5%时，以“+”号表示，在2%以下时，则以“-”号表示，如8松2栎+椴-榆，表示林分中松占8成，栎占2成，椴不足1成，仅2%~5%，榆所占比重在2%以下。当两个树种占比相同时，如各占50%，应将经济价值高的排在前面。其中的百分比可以根据各树种的株数或蓄积量占总株数或总蓄积量的比例确定。

1.1.2.2 森林的层次

森林的层次是指森林中各种植物成分所形成的垂直结构。通常可分为乔木层、灌木层和草本植物层3个基本层次。

(1)乔木层

乔木层由高大的乔木树种组成，位于森林群落的最上层，是森林的主体，其树冠的枝叶表面可吸收到充足的阳光进行光合作用。在乔木层林冠下，经常还有许多由它们自身繁殖的后代，这些幼年植株是乔木层的后继者，是林业经营中后代更新和封山育林的基础，关系着森林群落的演替方向，应给予重视。

乔木层中，通常高大的树种处于最上层，稍矮的处于次层或更下一层，这样，就使林冠有不同的层次，由此产生林层(或称林相)的概念。林层是指乔木树冠的垂直配置所构成的层次。

按照林层(林相)一般可将森林分为单层林和复层林。

①*单层林*。林冠高低相差不大，分不出明显的层次，也就是仅由1层林冠组成的林分。

②*复层林*。林冠高低有一定层次，即由2层以上林冠组成的林分，有时又称双层林、三层林等。在复层林中，植株最多，蓄积量最大的层次为主林冠层，其他则为次林冠层，主林冠层可能是乔木层中的第一层，也可能是第二层。主林冠层对光照的吸收、反射和透射有很大影响，因而，也影响到主林冠层下光量和光质、温度、湿度等小气候条件，对林内小环境的形成起主导作用。

乔木层中层次的多少，主要取决于气候、土壤条件和林冠特性。纬度越低层次越多。我国北方寒冷地区易于形成单层林，温暖湿润的南方易形成复层林，热带雨林的林冠层次最多。

(2)灌木层

灌木层处于乔木层以下，是所有灌木型木本植物的总称，包括灌木及生长不能达到乔木层高度的乔木。在林业上灌木层有时也被称为下木层。到达灌木层的光照强度大为减弱，因此这一层树种一般都具有一定的耐阴性。灌木层在对改变林内小气候、促进林木自然整枝、改良林地土壤、拦截地表径流、防止土壤侵蚀、影响天然更新等方面，具有很大的作用。

(3)草本植物层

草本植物层位于灌木层之下，生长在森林的最下一层，覆盖在林地表面，包括地衣、苔藓在内的所有草本植物。为了与覆盖在土壤表层的死地被物(枯落物和一切死有机体)相区别，又称活地被物层。在该层次中，光照强度显著减弱，一般占入射光的1%~5%，故在某些稠密的森林内往往草本植物稀少。常绿阔叶林下的草本大多由耐阴种类组成，而在落叶林内，草本层中早春的喜光种类占有一定数量。草本层对林地有遮蔽和改良作用，它们可作为判断林地土壤性质的依据之一，如林下大叶、肉质多汁的植物较多，通常表明土壤较为潮润肥沃。但茂密的草本层对天然更新常有一定妨碍作用。

森林中还生长着一些没有固定层次的植物，如藤本植物、寄生植物、附生植物等，它们有时处于乔木层，有时处于灌木层，在森林中的位置很不稳定，它们本身不能形成层次，而是依附于其他层次之中，因而称其为层间植物或层外植物。这些植物是热带森林中很显著的组成成分，有一定的指示意义。

森林的成层现象既指地上部分，也包括地下部分，地下成层现象主要是由于植物根系类型、土壤理化性质、土壤水分和养分状况不同而形成的。一般情况下，林木的地下根系层次常与地上层次相对应。例如，乔木的根系入土较深，灌木的根系较浅，草本的则多分布于土壤表层。乔木的根系又分为深根性与浅根性，位于上层的喜光树种多属深根性，下层耐阴树种则多为浅根性，也就是说，位于不同层次的乔木树种，其根系也分布在不同层次，从而可以更充分地利用土壤养分。

总之，森林的层次是森林植物与环境相互作用的结果，具有重要的生态意义。林内各层植物都分别占有适合其本身生长的小生境，而此小生境又依赖于其上面各个层次，特别是主林层。发育完好的森林中，各个层次的植物种类都具有相互适应性和相对稳定性，各个层次特别是下层对位于其上面的层次具有更大的依赖性。如果上层林木被毁，必然导致林内环境的改变，原来依附于上层林木而存在的下层植物自然也跟着消失，或被另外一些植物所代替。

1.1.2.3　森林的郁闭度和密度

郁闭度和密度都是表示森林疏密程度的指标。

(1)郁闭度

郁闭度是指林冠投影面积与林地面积之比，它可以反映一片森林中林冠彼此衔接的程度或是林冠遮盖地面的程度。郁闭度用十分法表示，即 0.10、0.20、0.30、0.40、0.50、0.60、0.70、0.80、0.90、1.00。常将其分为以下几个等级：郁闭度 0.10~0.19 为疏林地；0.20~0.40 为弱度郁闭；0.41~0.69 为中度郁闭；0.70 及以上为密林地。

郁闭度的大小与树种及环境条件有关。喜光树种形成的森林郁闭度常较小，通常在幼龄期能保持较高的郁闭度，后期因林冠疏开，最大郁闭度也仅有 0.70 左右。耐阴树种组成的森林郁闭度较高，几乎在整个生长发育过程中都保持高度郁闭状态。气候、土壤条件与郁闭度的大小也有密切关系。一般气候寒冷、土壤干燥瘠薄处的森林郁闭度较小，气候温暖，土壤水肥条件优越地区的森林，常具有较高的郁闭度。森林郁闭度的大小反映森林对光能的利用程度。郁闭度大，对光能的利用比较充分；郁闭度小，对光能的利用率低。森林郁闭度大小对林冠下的光照强度和质量有很大影响，郁闭度大，林冠下的光照强度弱，且生理辐射少，从而影响到下木、活地被物和幼苗、幼树的生长发育。

林冠的郁闭状态可以分成两类：水平郁闭和垂直郁闭。水平郁闭是指树冠基本上在一个水平面上互相衔接。单层林的林冠为水平郁闭。单纯林，尤其是针叶树的单纯林，在大多数情况下具有这个特点。垂直郁闭是指树冠高低参差不齐，上下呈镶嵌排列的郁闭状态。复层林的林冠为垂直郁闭。垂直郁闭通常比水平郁闭更能充分地利用太阳能，因而可获得比较高的生物量。但不是所有的垂直郁闭都较水平郁闭优越，这主要取决于培育森林的技术水平和林冠的结构特征。

(2)密度

密度是指单位面积上林木株数的多少，单位为株/hm^2 或株/亩*。它可以反映林分中每株树木平均占有营养面积的大小，由此可以衡量林木在一定的年龄阶段对林地的利用程度和生长发育状况。

林分密度常因树种和立地条件的差别而异。在相同的年龄下，天然林中一般喜光树种组成的森林密度较小，耐阴树种组成的森林密度较大。土壤、气候条件恶劣的地区林分中

---

* 1 亩≈667m^2。

单位面积的株数较少；土壤肥沃，温、湿条件较好的地区，单位面积的株数较多。但在同一气候区内，立地条件较好的林分，由于林木生长迅速，自然稀疏强烈，林木株数常较少。人工林单位面积的株数，在幼林期是由栽植密度(初植密度)决定的，栽植密度过大或过小都不利于未来森林的发展，应根据不同树种的特性和森林培育目的设计不同的栽植密度。

郁闭度、密度二者常有一定的联系，但并不是完全一致的，有时林分密度大，其郁闭度也大，但郁闭度大的林分，其密度有时并不大。在林业经营中，力求采用新的林业技术，使林分中的林木能更充分地利用光能、空间和地力，形成对林木生长最有利的密度和郁闭度，以期达到最大生产量。

1.1.2.4 森林的起源

森林的起源通常是指森林最初发生的方式，它是描述林分中乔木发育来源的标志。在林业生产实践中，按照森林的起源，可将森林分为天然林和人工林两类。

①天然林。天然下种、人工促进天然更新或萌生形成的森林、林木和灌木林(不含人工林采伐后萌生形成的森林)。

②人工林。人工植苗(包括植苗、分植、扦插)、直播(穴播或条播)或飞播方式形成的森林、林木、灌木林(包括人工林采伐后萌生形成的森林)。

无论是天然林还是人工林，凡是由种子起源的森林都称为实生林。当原有林木被采伐或因自然灾害(火烧、病虫害、风害等)被破坏后，有些树种可由根株上萌发或由根蘖形成森林称为萌生林或萌芽林，幼小的萌生林常呈簇状生长。萌生林大多数为阔叶树种，如山杨、白桦、栎类等，少数为针叶树种，如杉木，也能形成萌生林。

确定森林起源的方法主要有考查已有的资料、现地调查或访问等。现地调查时，可根据林分特征进行判断，如人工林有较规则的株行距，林木分布比较均匀整齐，树种较单纯，多为单纯林，或者几个树种在林地上的分布具有某种明显的规律性，同时，树木年龄基本相同，一般为同龄林，林下植物种类也相对单一。天然林则相反，没有规则的株行距，林木分布不均匀，没有规则的树种结构和比例，林下植物种类较多，林内生物多样性较为丰富。

1.1.2.5 森林的年龄

森林的年龄通常是指林分内林木的平均年龄，它是森林生长发育的指标，代表林分所处的生长发育阶段。人工林的年龄比较一致，容易确定林分年龄，而天然林中林木年龄因天然下种和更新的时间不同很少完全相同，在年龄上相差很大，因此，通常用龄级而不是以年为单位表示林分的年龄。林木在一定的年龄阶段生长发育的特点相似，将这一年龄阶段称为龄级，并用Ⅰ、Ⅱ、Ⅲ、Ⅳ、Ⅴ等依次表示不同的龄级。

(1)龄级期

不同树种，龄级期的长短不同，主要根据树木生长的快慢确定龄级期，一般生长缓慢的树种龄级期较长，常以20年为一个龄级，如云杉、冷杉、红松、落叶松、红豆杉等；生长较快的树种龄级期较短，常以10年为一个龄级，如马尾松、云南松、华山松、湿地松、思茅松等；生长迅速的树种龄级期更短，常以5年为一个龄级，如杉木、泡桐、杨、柳、桉、桤木等；生长非常快的，常以3年或2年为一个龄级期，如毛竹等。

由于栽培技术能促进林木的生长，因而人工林的龄级期较天然林短。例如，我国北方的落叶松、樟子松、冷杉等，天然林规定20年为一个龄级，而人工林则以10年为一个龄级。南方的栲、樟、楠、栎等，天然林规定20年为一个龄级，而人工林则以10年为一个龄级。在同一年龄阶段范围(龄级)内，可以对其采用相同的经营措施。

(2)同龄林和异龄林

森林按年龄结构的不同，可分为同龄林和异龄林。林分内林木年龄相差不超过一个龄级的为同龄林；年龄相差超过一个龄级的称为异龄林；林分的林木年龄完全一致的称为绝对同龄林。绝对同龄林在天然林中是难以找到的，而人工林则在大多数情况下为绝对同龄林。

森林在自然状态下，形成同龄林还是异龄林，因树种不同而异。一般喜光树种多形成同龄林，因为喜光树种一旦占据了林地，它们的幼树难以在喜光树种下成长起来；但耐阴树种却易形成异龄林，这是因为它们的幼树能忍耐一定的庇荫而在林冠下顽强存活。

森林的年龄结构还取决于所处的环境条件，在极端恶劣的气候、土壤条件下，易形成同龄林；较好的环境条件下则利于形成异龄林。

1.1.2.6 森林覆盖率

森林覆盖率是指以行政区域为单位，森林面积与土地面积的百分比，是反映一个国家或地区森林面积占有情况、森林资源丰富程度及实现绿化程度的指标，是确定森林经营和开发利用方针的重要依据之一。

在计算森林覆盖率时，森林面积包括郁闭度0.2以上的乔木林地面积和竹林地面积，以及国家特别规定的灌木林地面积、农田林网以及“四旁”(村旁、路旁、水旁、宅旁)林木的覆盖面积。

$$\text{森林覆盖率}=\frac{\text{森林面积}}{\text{土地总面积}}\times 100\% \tag{1-1}$$

森林由于受地理环境的制约和影响，地区分布很不平衡。中国幅员辽阔，全国绝大部分森林资源集中分布于东北、西南等边远山区和台湾山地及东南丘陵，而广大的西北地区植被资源以草原为主。为了反映大尺度范围内草原覆盖状况，一般采用草原综合植被盖度作为量化指标。草原综合植被盖度是指某一区域各主要草地类型的植被盖度与其所占面积比重的加权平均值。

截至2023年，中国的整体森林覆盖率达到了24.02%，森林面积达到了$2.31\times10^{8}\ hm^{2}$，草原综合植被盖度达50.32%。

1.1.2.7 森林的立地质量

立地质量即通常所说的立地条件，是指对影响森林生产力的所有生境因子(包括气候、土壤、地形、生物等)进行综合评价的一种量化指标。立地质量是科学造林、育林的基础，通过评价立地质量，真正做到适地适树，科学造林，为速生、优质和产量预测奠定基础。

在营造森林时，能否遵循适地适树的原则，对提高林地生产力有很重要的意义。多年的实践分析证明，林地生产力的高低与林分高之间有着密切关系，年龄相同，林分越高，说明立地条件对该树种越适合，林地的立地条件越好，林地生产力越高，而且用林分高反映立地条件较灵敏，也比较容易测定，所以，以既定年龄时林分的平均高或优势木的平均高作为评定立地条件高低的依据，为各国普遍采用。在我国，常用的评定立地质量的指标有以下两种。

(1)地位级

一般按林分平均高和林分平均年龄来确定森林的地位级。通常将地位级分为5级，用罗马数字Ⅰ、Ⅱ、Ⅲ、Ⅳ、Ⅴ表示，Ⅰ级表示林地生产力最高，Ⅴ级表示林地生产力最低。依据林分平均高和林分年龄的关系编制成的表，称为地位级表。地位级表一般是按地区分树种编制而成的，使用地位级表评定林地的质量时，先测定林分的平均高和林分平均年龄，然后即可从地位级表中查出该林地的地位级。

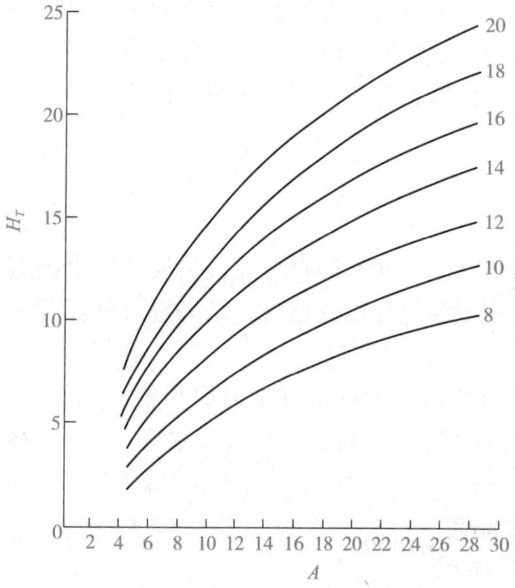

图1-2　福建杉木地位指数曲线

(2)地位指数

一般按林分上层高(H_T)和林分平均年龄(A)来确定森林的地位指数。所谓上层高，就是指林分中优势木的平均高。一般一个标准地内选测3株优势木树高作为平均高。依据优势木平均高和平均年龄编制的表称为地位指数表。一般分地区/树种编制地位指数表。依据表中数据绘制的曲线称为地位指数曲线(图1-2)。查得的地位指数越大说明林分立地条件对该树种越合适，立地质量越好，林地生产力越高。

例如，福建某杉木林分优势木平均年龄为16年时的平均高为17.6 m，从图1-2中可查得地位指数为20，表明该杉木林地生产力较高。与地位级相比，地位指数是一个更能直观反映立地质量的数量指标，因此地位指数法成为常采用的评定立地质量的方法。通常应用于同龄林或相对同龄林分。

实践技能1　森林结构特征的观察

一、目标

了解森林及林分的概念，熟悉森林结构特征的主要内容。

二、场所

校园附近、森林公园、实训林场等地。

三、形式

在教师指导下，利用所学知识，对森林结构特征逐一进行实地观察记录。

四、材料与用具

记录夹、笔记本、笔，以及照相设备。

五、内容与方法

（一）观察林木与孤立木

分别观察记录林木和孤立木的特征，并进行比较。

1. 林木

林木一般树干高大、通直、圆满，自然整枝良好，枝下高较高，树冠较小，且多集中于树干上部。

2. 孤立木

孤立木通常尖削度大，枝下高较低，树冠庞大。

（二）观察森林的结构特征

选择某一林分对其主要结构特征进行观察记录。

1. 森林的组成

观察并区分单纯林或混交林。

单纯林（或称纯林）是指仅由单一树种组成的森林。在森林经营中通常将由若干树种组成，但其中一个树种的蓄积量或株数占林分蓄积量或株数65%（含）以上的林分称为纯林。

2. 森林的层次

观察并区分乔木层、灌木层、草本植物层及层间植物层。对乔木层进一步观察是单层林或复层林。

乔木层：由高大的乔木树种组成，位于森林群落的最上层，是森林的主体。

灌木层：处于乔木层以下，是所有灌木型木本植物的总称，包括灌木及生长不能达到乔木层高度的乔木，在林业上灌木层有时也被称为下木层。

草本植物层：位于灌木层之下，生长在森林的最下一层，覆盖在林地表面，包括地衣、苔藓在内的所有草本植物的总称。

层间植物层：森林中还生长着一些没有固定层次的植物，它们本身不形成层次，而是依附于其他层次之中，如藤本植物、寄生植物和附生植物等。

3. 森林的起源

观察并判别属于天然林或人工林。

天然林：天然下种、人工促进天然更新或萌生形成的森林、林木和灌木林（不含人工林采伐后萌生形成的森林）。

天然林通常没有规则的株行距，林木分布不均匀，没有规则的树种结构和比例，林下植物种类较多，林内生物多样性较为丰富。

人工林：人工植苗（包括植苗、分植、扦插）、直播（穴播或条播）或飞播方式形成的森林、林木、灌木林（包括人工林采伐后萌生形成的森林）。

人工林通常有较规则的株行距，林木分布比较均匀整齐，树种较单纯，多为单纯林，或者几个树种在林地上的分布具有某种明显的规律性，同时，树木年龄基本相同，一般为同龄林，林下植物种类也相对单一。天然林则相反，没有规则的株行距，林木分布不均匀，没有规则的树种结构和比例，林下植物种类较多，林内生物多样性较为丰富。

4. 森林的郁闭度和密度

对所观察林分的郁闭度和密度进行目测估测。

郁闭度：是指林冠投影面积与林地面积之比，它可以反映一片森林中林冠彼此衔接的程度或是林冠遮盖地面的程度。

简单的目测法可通过估计树冠间露出天空的比例来判断郁闭度，如占样地 30%，则树冠郁闭度为 70%，用十分制表示，即写成 0.7。观察时要多看多算，不应局限在局部区域。

密度：是指单位面积上林木株数的多少。单位面积株数较多的林分密度较大，反之则较小。

5. 森林的年龄

观察并识别同龄林或异龄林。

同龄林：林分内林木年龄相差不超过一个龄级的为同龄林。同龄林通常具有水平郁闭的特点。

异龄林：林分内林木年龄相差超过一个龄级的称为异龄林。异龄林常表现出垂直郁闭的形式。

6. 森林覆盖率

对一个地区森林面积占土地面积的百分比进行估测。森林覆盖率是反映该地区森林面积占有情况或森林资源丰富程度及实现绿化程度的指标。

7. 森林的立地质量

观察同年龄不同林分的高生长，大概判断其立地质量。

森林的立地质量与林分高之间有着密切关系，通常在相同年龄时，林分越高，说明立地条件对该树种越适合，林地的立地质量越好，林地生产力越高。

六、注意事项

以观察为主，不要求对森林的结构特征进行测定；野外作业要注意安全，提高森林防火意识。

七、报告要求

记录林木与孤立木的特征并进行比较；要求逐一观察森林各结构特征，并写出其主要特点。

1.2 森林生态环境

1.2.1 森林生态环境概述

1.2.1.1 环境与森林环境

环境是一个综合性的概念，是相对于某一中心事物而言的，与某一中心事物有关的周围事物，就是这个中心事物的环境。因此，环境因中心事物的不同而不同，随中心事物的变化而变化。对于生物而言，生物生存空间所有因素的总和即生物环境，环境中的每一个因素称为环境因子。对于森林来说，其生存地段周围的空间，即森林生物生存空间所有因素的总和就是森林环境。对于林木而言，林木之间也互为环境。森林与其所居住的环境密切相关，二者的关系错综复杂，既相互联系，又相互影响。

1.2.1.2 生态因子与生活因子

①生态因子。在环境因子中，对森林植物有作用的因子称为生态因子。

②生活因子。在生态因子中有一些是森林植物所必需的，没有这些因子植物便不能生活。对于植物来说，光、热、水、气、矿物盐类等通常称为生活因子。这些因子缺乏任何

一个，植物便不能生存，它们是森林的生存条件。而闪电和空气中的污染物质等，虽然对森林植物产生影响，但并非森林植物所必需，所以它们不是生活因子，而只是生态因子。

1.2.1.3 森林生态环境

森林生态环境，简称生境，是指森林植物或群落生长的具体地段环境因子的综合。森林植物生长必须具备一定的生态环境条件，森林的生态环境质量有高有低，一般情况下，阳光充足、温暖湿润、土壤深厚肥沃、人为干预良好的环境适宜森林植物生长，阴湿寒冷、土壤干燥贫瘠、人为干扰破坏严重的环境会影响植物的生长发育。

1.2.2 生态因子分类

生态因子在综合作用过程中的性质各不相同。为了便于研究它们之间的相互关系，掌握它们的作用，将性质相近的因子归纳在一起，这种归纳的方法称为生态因子分类。通常将生态因子分为气候因子、土壤因子、地形因子、生物因子、人为因子五大类。

1.2.2.1 气候因子

气候因子可分为光、温度、水分、大气等，其中光因子又可分为太阳辐射、光照强度、光的性质、光照时间等，这些因子对森林植物的形态、结构、生理、生化、生长、发育、生物量以及地理分布均具有不同作用。温度因子可分为土温、气温、生物学温度、积温、节律性变温和非节律性变温等，它们对植物的生长、发育、引种和地理分布均有很大作用。水分因子由于空气湿度，降水的性质(雨、雪、雾、露、雹)、数量以及季节分配不同而对森林植物有不同的影响。大气的组成、气压、风、寒潮等对森林植物也有一定的影响。气候因子随地理位置和海拔的改变而改变，这种变化会影响森林的分布和生长。

1.2.2.2 土壤因子

土壤因子包括土壤的形成、土壤的物理性质、土壤酸碱性、土壤有机质、土壤营养与肥料等。土壤的形成与土壤剖面发育层次、土壤分类与分布相关，对森林的生长发育及分布产生影响。土壤的物理性质又因土壤质地、土壤结构、土壤孔隙的不同影响土壤肥力，从而对树木的生长产生影响。酸碱性不同的土壤，生长着与之相适应的生态类型。土壤有机质、土壤营养与肥料对促进林木生长有重要意义。土壤是气候因子和生物因子共同作用的产物，所以其本身必然受到气候因子、地形因子和生物因子的影响，同时对生长在土壤中的植物、动物、微生物产生作用。因此，不同的土壤环境生存着与其相应的植物、动物和微生物。

1.2.2.3 地形因子

地形因子是间接发生作用的生态因子，其本身对生物虽然没有直接的影响，但地形变化会引起光、热、水、肥、气的重新分配，从而影响森林植物的生长。在巨地形中，江河的走向和山脉的走向、不同区域的特殊地形地貌对森林的分布有很大的影响；在山地条件下，海拔、坡度、坡向、坡位等也是影响林木生长发育的重要因素。

1.2.2.4 生物因子

生物因子可分为植物、动物、微生物，包括森林植物间的生态作用，森林植物与森林动物、土壤微生物之间的相互作用和影响等。

1.2.2.5 人为因子

人为因子是指人类活动对森林的作用和影响。人为因子作为森林环境的生态因子之一，对森林的营造、保护、开发、利用或破坏等有着重要的影响和作用，能对森林的发展及人类的生存环境带来正面或负面的影响。

森林的保护和利用不是纯生物、纯技术的问题，而是一个复杂的社会问题，人是构成社会的基础，所以人为因子对森林的作用是非常重要的。当然，在强调人为因子的重要作用时，必须尊重自然和经济社会发展规律，不能忽视自然生态因子不可代替的生态作用。例如，自然界中森林植物适应生态因子中温度的年变化表现出的物候现象，是人为力量不可控制的；又如，生态因子中的昆虫授粉可使虫媒花植物在广大区域范围内传粉，促进开花结实，这绝非人工授粉所能代替的；再如，世界上主要的成林树种如松类，都是经由风媒传粉的。

对于森林环境，人类既要尊重自然规律对其进行优化控制，也要将对森林环境的不良影响降低到环境容量所能承受的最低水准。随着当前全球对环境保护的重视，我国以生态文明建设、山水林田湖草沙系统治理、林业生态工程建设为主的新思想、新方向、新举措，转变了过去人们对森林的过度开发或破坏的局面，增加了森林植被，保护了水土资源，改善了农林生产条件，减少了土壤侵蚀，减少了自然灾害的发生率，使生态恶化的局面得到控制，充分体现了人为因子对森林的积极作用，为生态环境建设和林业的可持续发展奠定了良好的基础。

1.2.3 森林与环境相互作用的基本规律

森林与环境之间存在着密切的关系，是一个辩证的统一体。各生态因子与森林植物的相互影响过程，虽然错综复杂，但存在着普遍性规律。森林与环境相互作用的基本规律主要有以下几方面。

1.2.3.1 生态因子的综合作用

每一个生态因子都是在与其他因子的相互影响、相互制约中发挥作用。在生态环境中，既没有孤立存在的生态因子，也没有单一生态因子的环境。环境总是处于多因子有规律的综合作用中，森林植物的生命活动也是在不断变化着的环境条件中进行的。一个生态因子无论对森林植物有怎样重要的意义，其作用也只有在其他因子的配合下才能显现出来。例如，当二氧化碳、水和温度条件都适宜时，充足的光照条件可有效地提高植物的光合作用效率，但如果水分不足，光照过强反而会使光合作用效率降低。在生态环境中，某一个因子的变化，又会在一定程度上引起其他因子的变化。例如，光照强度的变化必然会引起大气和土壤温度及湿度的改变，表现出生态因子的综合作用。

1.2.3.2 生态因子的主导作用

在整个生态环境中，生态因子的作用虽然是综合的，但各个生态因子所处的地位并不相同，对森林植物所起的作用是非等价的。有的生态因子，在一定条件下常对其他生态因子的变化起更大的作用，甚至对整个生态环境的变化起着主导作用，引起这些作用的因子称为主导因子。例如，光周期现象中的日照长度和植物春化阶段的低温就是主导因子。主导因子并不是绝对的，而是可变的，随着时间、空间而变化，随着森林植物的发育年龄而变化。例如，在水分充足的地方，光照条件往往在整个生态环境中起主导作用，而在沼泽地区，水分条件则起主导作用。在林业生产中，造林后 2~3 年内，影响幼林生长好坏的主导因子常常是杂草的竞争；当林分郁闭后，影响林木生长的主导因子往往是林分密度过大而引发的营养空间竞争。

1.2.3.3 生态因子的同等重要性和不可替代性

生态因子虽非等价，但对于植物的生命活动都不可缺少，如植物生长过程中，光照、热量、水分、空气、无机盐类等同等重要。一个因子的缺少不能由另一个因子来替代，否则便会引起植物的正常生命活动失调，生长受到阻碍甚至死亡，这就是生态因子的同等重要和不可替代性。

森林植物要求生存环境具有其所需要的全部生活物质，无论对所需因子的需求量多还是少，不存在重要性高低的差异。例如，植物对铁元素和稀有元素的需要可能是微量的，但这些元素一旦缺少，植物的生命活动就将完全终止；再如，梨树缺少微量元素锌时，就会出现小叶病，所以它们与植物需要量较大的因子，如光照、热量、水分、二氧化碳等相比具有同等的重要性。

1.2.3.4 生态因子的可调节性和可补偿性

虽然生态因子是同等重要和不可替代的，但在一定情况下，某一因子在数量上的不足可以通过其他因子的加强而得到调节或补偿，从而获得相同的生态效果，这就是生态因子的可调节性和可补偿性。例如，当光照强度不足使植物的光合作用减弱时，提高光照强度能使光合作用提高，但增加二氧化碳的浓度同样可以补偿光照不足所引起的损失。所谓补偿，也是植物体内的自我补偿，是在生态因子的综合作用中，某一因子的减弱所引起生长上的损失，由另一因子的增加所获得的增益予以弥补。

1.2.3.5 生态因子的限制作用

尽管生态因子是可调节和可补偿的，但这种调节和补偿作用是非常有限的，超过一定限度后，植物的生长便会受到限制。限制植物生长或生活的因子，称为限制因子。自然界限制植物生长的因子很多，不仅矿物养分可以成为限制因子，其他的生态因子如水分、温度、光照、二氧化碳等也可以成为限制因子。这些生态因子量的变化大于或小于植物所能

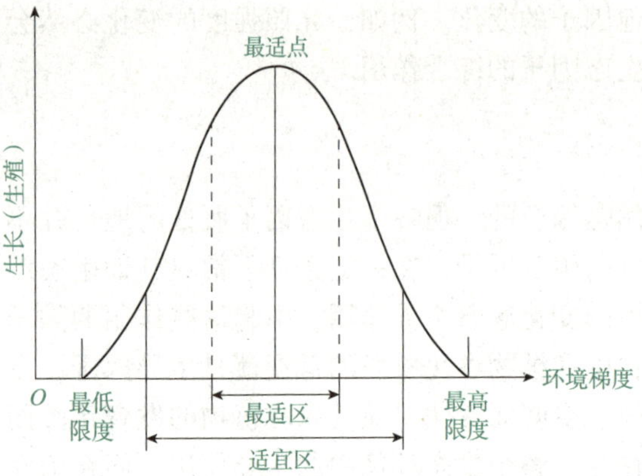

图 1-3　生物对生态因子的耐受曲线

忍受的限度，就会导致植物死亡。

通常把植物忍受生态因子变化的上限和下限之间的适应范围，称为生态幅或植物的耐性限度。各种植物对于同一个因子的生态幅不同，有的较宽，有的较窄。在上、下限的范围内，又有一个最适区（图 1-3）。在最适区内，植物生长发育最好、生长率最大，向着最高限度和最低限度两极发展，生长逐渐减弱，超过极限时，则不能生存。

在林业生产实践中，对某一限制因子的作用，往往可通过一定的措施加以消除，如干旱可通过灌溉解除，杂草竞争可通过除草解除，林分过密可通过间伐调节等。但是通过人为措施消除限制因子的作用，必须在一定的限度范围内。例如，热带植物（橡胶、椰子、可可、胡椒等）的北移所受到的低温限制，可以通过防寒措施和抗性育种解决或缓解，但所有措施都不能改善它们畏寒的本质，引种也只能限定地在一定范围内进行才能成功。

1.2.3.6　生态因子作用的阶段性

环境中的生态因子不是固定不变的，而是处于周期性的变化之中。植物本身对生态因子的需要也是不断变化的，在不同的年龄阶段和发育阶段要求也不同。换句话说，植物对生态因子的需要是分阶段的。例如，大多数植物发芽所需要的温度比正常营养生长的温度低，营养生长所需要的温度又常较开花结实的温度低。又如，光因子是植物生长发育极为重要的因子，但对有的树种来说，在种子萌发阶段光并不十分重要，幼苗阶段的需光量相对较少，幼树阶段的需光量较大，林分郁闭后，需光量又逐渐减少，林分成、过熟时需光量最少，即树木生长对光的需要量是分阶段的。

1.2.3.7　生态因子作用的统一性

树种在生活过程中，对外界环境有一定要求，这种特性即树种的生态学特性。生态因子是综合在一起对森林起作用的，而树种在其系统发育过程中，长期适应的是整个生态环境，而非某一个因子，不同的树种对光照、热量、水分、土壤等条件的要求有所不同，树种的生态学特性与各种生态因子之间，存在着有规律的联系和统一。因此，林业生产中的植树造林活动应该强调适地适树原则。例如，松树抗旱能力强，与其干旱瘠薄的生活环境相统一。又如，喜光树种不怕日灼、容易繁殖、生长快、不怕杂草竞争的特性，常与阳光强烈、温度变化大、杂草繁茂的环境相统一。耐阴树种则完全相反，其抗日灼能力差、生长速度缓慢、对杂草的竞争能力弱的特性常常与光照微弱、温度变幅小、杂草稀疏的环境相统一。

应当指出，植物与环境相统一的关系并不是固定不变的。当外界环境条件发生改变时，树种在不利的环境中，其生长发育方式必然发生改变，其遗传性也可能发生变异，这种变异通过相当长的时期会得到固定。树种的生态学特性和生物学特性一样，是由其遗传性决定的，是在长期的自然选择过程中适应外界环境而形成的。

1.2.3.8 生态因子作用的指示性

森林和其生活的环境是一个辩证统一体，不同的森林群落能反映不同的环境条件。我国西汉时期刘安《淮南子》关于“欲知其地，物其树”的论述，也充分说明利用森林植物的生长和变化可指示变化的环境条件。例如，有垂柳生长的地方，常指示土壤水湿；有山茶生长的地方，常指示土壤偏酸性；有兰花生长的环境常偏阴性，且土壤深厚、肥沃。

利用森林植物的指示作用来研究立地条件，可以更加清楚地认识立地条件对植物的适宜程度，更加具体地表达环境条件的综合作用，也有利于解决实际生产问题。但是，应当注意不要把森林植物对环境的指示作用绝对化，因为植物在一定环境中生存，并不仅仅取决于立地条件，同时取决于植物之间的相互作用以及人为因素等综合条件的影响。

知识拓展

森林康养

森林康养是以丰富多彩的森林景观、沁人心脾的森林空气环境、健康安全的森林食品、内涵浓郁的生态文化等为主要资源和载体，配备相应的养生休闲及医疗、康体服务设施，开展以森林体验、修身养性、调适人体机能、延缓衰老为目的的森林游憩、度假、疗养、保健、养老、教育等活动的统称。它是我国大健康产业的新模式、新业态、新创意，不仅能推动全面经济改革，优化产业结构，培育新业态、新商业模式，而且是扩大内需、增加就业、拉动经济的一个新的重要增长点。

森林康养需要依托于森林康养资源、森林康养基地、森林康养文化等开展活动。

森林康养资源是指森林环境中有利于人类健康并对心理产生积极影响，可以为森林康养开发利用，并可产生生态效益、社会效益和经济效益的森林景观、森林空气环境、森林食材等各种要素的总和。

森林康养基地是指以森林资源及其赋予的生态环境为依托，通过建设相关设施，提供多种形式森林康养服务，实现森林康养各种功能的森林康养综合服务体。

森林康养文化是以森林环境为载体的一种长期形成的有关养护身体和生命的物质文化和精神文化。

森林康养在一些发达国家呈现出方兴未艾之势。在《中华人民共和国国民经济和社会发展第十三个五年规划纲要》(简称“十三五”规划)中，我国已将森林康养列为重要发展产业。2019 年，国家林业和草原局、民政部、国家卫生健康委、国家中医药管理局联合印发《关于促进森林康养产业发展的意见》。其中特别阐明，森林康养是以森林生态环境为基础，以促进大众健康为目的，利用森林生态资源、景观资源、食药资源和文化资源并与医学、养生学有机融合，开展保健养生、康复疗养、健康养老的服务活动。森林康养产业作为新兴业态，是典型的绿色经济，是将生态环境资源转化为生态产品，同时通过生态产品和服务，形成更加优良的生态资源的重要载体。

党的十九届五中全会对 2035 年远景目标作出部署，其中全面推进健康中国建设，实施积极应对人口老龄化国家战略，为发展健康产业提供了重要的战略指导和根本遵循。提出要加快形成以国内大循环为主体、国内国际双循环相互促进的新发展格局。国内大循环的战略支点就是强大的内需，卫生健康消费是重要的内需来源。健康中国建设应该在新发展格局中发挥关键性、支撑性作用，要持续深化卫生健康供给侧结构性改革，不断完善康养产业链，推动和健康产业相关的食品、饮用品、保健养生、康养、医养等产业融合发展，为健康产业营造良好的发展环境和应用空间。

发展森林康养是践行绿水青山就是金山银山理念的重要路径，是助力乡村振兴战略的重要载体，是一项利国利民利企的大事、好事，要从 4 个方面大力发展好森林康养产业。一要切实夯实资源基础。森林康养要有好的森林环境，一定要在保护和恢复森林生态系统的前提下进行，不能片面追求经济效益，更不能打着森林康养的名义挖山、砍树、毁林、建房。二要切实夯实产业发展的研究基础。吸收和借鉴国外森林康养的经营模式、科研成果和先进经验，结合我国的实际情况，认真开展森林康养基础研究，完善技术、标准体系。三要强化服务管理。规范开展康养基地建设，标准制定、认证和管理，森林康养课程设置及康养师培训管理。四要加强政策供给。森林康养既是一项产业，也是一项重要的公益事业，应当在相关政策上予以扶持，促进森林康养快速有序发展。

森林与人类健康息息相关，森林康养的提出与发展，不仅为促进人民健康与科学养老，推动健康中国建设，开发了新模式、丰富了新内容、创造了新活力，也为大健康和养老产业的发展，创造了新机遇、新思路和新业态，具有重要的现实作用和深远的战略意义，对创新绿色发展模式，迈入健康生活新时代作出重要贡献。

复习思考题

一、名词解释

1. 森林；2. 林分；3. 林层(林相)；4. 郁闭度；5. 密度；6. 森林覆盖率；7. 环境；8. 森林生态环境；9. 生态因子；10. 生活因子；11. 生态幅；12. 公益林；13. 商品林。

二、填空题

1. 根据树种组成，可将森林划分为__________和__________。

2. 森林的层次通常可分为__________、__________和__________3 个基本层次。

3. 按照林层或林相一般可将森林分为__________和__________。

4. 森林中生长着一些没有固定层次的植物，如藤本植物、寄生植物和附生植物等，称其为__________。

5. 按照森林的起源，可将森林分为__________和__________两类。

6. 森林按年龄结构的不同，可以区分为__________和__________。

7. 在森林类别划分中，按主导功能不同将森林划分为__________与__________两大类别。

8. 根据国民经济需要和森林的效益划分的森林五大林种分别为__________、__________、__________、__________和__________。

9. 通常将生态因子分为______、______、______、________和________五大类。

三、判断题（正确的打“√”，错误的打“×”）

1. 大量树木聚合在一起就是森林。 (　　)
2. 森林是受环境强烈影响的，有什么样的环境，就有什么样的森林。 (　　)
3. 人工林有较规则的株行距，林木分布比较均匀整齐，树种较单纯，多为单纯林。 (　　)
4. 北方寒冷的地区易于形成复层林，温暖湿润的南方易形成单层林。 (　　)
5. 天然林含人工林采伐后萌生形成的森林。 (　　)
6. 林分密度大，其郁闭度也大，但郁闭度大的林分，其密度有时并不大。 (　　)
7. 不同树种，龄级期的长短是不同的，主要是根据树木生长的快慢确定年龄范围。 (　　)
8. 相同年龄时，林分越高，说明立地条件对该树种越适合，林地的立地条件越好，林地生产力越高。 (　　)
9. 一般按林分平均高和林分平均年龄来确定森林的地位级。 (　　)
10. 防护林是指具有水源涵养、水土保持、防风固沙、保护农田牧场、防岸与护路等功能的各种森林。 (　　)
11. 树种的生态学特性与各种生态因子之间，存在有机的联系和统一。 (　　)
12. 有垂柳生长的地方，常常指示其生长环境的土壤水湿，表示生态因子作用的阶段性。 (　　)

四、选择题

1.（　　）的树干，一般高大、通直、圆满，自然整枝良好，枝下高较高，树冠较小，且多集中于树干上部。

A. 林木　　B. 孤立木　　C. 下木　　D. 灌木

2. 森林不单纯是一个客观存在的自然体，而是与人类息息相关的以（　　）为主体的复杂生态系统。

A. 草本植物　　B. 木本植物　　C. 菌类植物　　D. 藻类植物

3. 在林业生产实践中，森林的组成主要就是指（　　）的组成。

A. 灌木　　B. 草本植物　　C. 蕨类植物　　D. 乔木树种

4. 单纯林（或称纯林）是指由一个树种（组）组成，或虽由两个以上树种组成但其中一个树种的蓄积量或株数占林分蓄积量或株数（　　）以上的林分。

A. 55%（含）　　B. 65%（含）　　C. 75%（含）　　D. 85%（含）

5. 郁闭度在（　　）为疏林地。

A. 0. 10～0. 19　　B. 0. 20～0. 40　　C. 0. 41～0. 69　　D. 0. 70 以上

6. 每一个生态因子都是在与其他因子的相互影响、相互制约中起作用，在生态环境中，既没有孤立存在的生态因子，也没有单一生态因子的环境，这是生态因子的（　　）规律。

A. 综合作用　　B. 主导作用　　C. 阶段作用　　D. 指示作用

五、简答题

1. 简述天然林和人工林的特点。
2. 如何理解生态因子中的人为因子？
3. 森林与环境相互作用的基本规律有哪些？
4. 森林的三大效益是什么？
5. 森林环境的特点有哪些？

单元2 光与森林

知识架构

- 光与森林
  - 太阳辐射
    - 基本概念
    - 日照时间
    - 光照强度
  - 光的生态作用
    - 光谱成分对树木的生态作用
    - 光照时间对树木的生态作用
    - 光照强度对树木的生态作用
  - 光能的利用与调控途径
    - 林内光照条件
    - 调节光能利用率的途径

知识目标

1. 了解太阳辐射的基本知识。
2. 掌握以光照强度、光照时间为主导因子的树种生态类型。
3. 掌握林内光照条件的基本特点。
4. 熟悉调节与利用光能的途径。

技能目标

1. 会使用照度计。
2. 会测定光照强度。
3. 会判断树木的耐阴性。

素质目标

1. 理解"碳达峰、碳中和"战略目标及生态安全的中国方案，培养学生爱国精神、民族自信。

2. 培养学生团队合作精神，引导学生扎根生态文明建设。

2.1 太阳辐射

2.1.1 基本概念

2.1.1.1 太阳辐射的由来

太阳是一个巨大的炽热的气体球，它的表面温度约为6000 K，越向内部温度越高，中心约1500×10^4℃。光球表面大约以7.3×10^7 W/($m^2\cdot s$)的速率不停地向四周发射能量。

太阳以电磁波的形式时刻不停地向周围空间放射出巨大的能量，称为太阳辐射。太阳辐射能量99%以上的电磁波波长在0.15~4 μm。

2.1.1.2 太阳辐射光谱和太阳辐射强度

太阳辐射能按其波长顺序排列而成的波谱，称为太阳辐射光谱。太阳辐射光谱按其波长分为紫外线(波长小于0.4 μm)、可见光(波长0.4~0.76 μm)和红外线(波长大于0.76 μm)3个光谱区(图2-1)。其中可见光区的能量占太阳辐射总能量的50%左右，由红、橙、黄、绿、青、蓝、紫7种颜色的光组成；红外线区占太阳辐射总能量的43%左右；紫外线区占太阳辐射总能量的7%左右。

太阳辐射强度是指在单位时间内垂直投射到单位面积上的太阳辐射能，单位是W/m^2。

2.1.1.3 到达地面的太阳辐射

到达地面的太阳辐射由两部分组成：一部分是太阳以平行光线的形式直接投射到地面上的辐射，称为太阳直接辐射(S')；另一部分是太阳辐射被大气散射后，从天空各个方向投射到地面的辐射，称为散射辐射或天空辐射(D)。两者之和称为太阳总辐射($Q=S'+D$)。

影响太阳直接辐射大小的主要因素有太阳高度角、大气透明度、云况、海拔、纬度等。

影响散射辐射强度的主要因素有太阳高度角和大气透明度，同时还与云况、海拔等有关。

在晴朗无云的日子里，总辐射由太阳直接辐射与散射辐射组成；在太阳被云层遮蔽时，总辐射仅由散射辐射组成。

总辐射也随太阳高度角、大气透明度、云量、海拔等因素而变化。这些因素对总辐射的影响与对太阳直接辐射的影响是一致的。

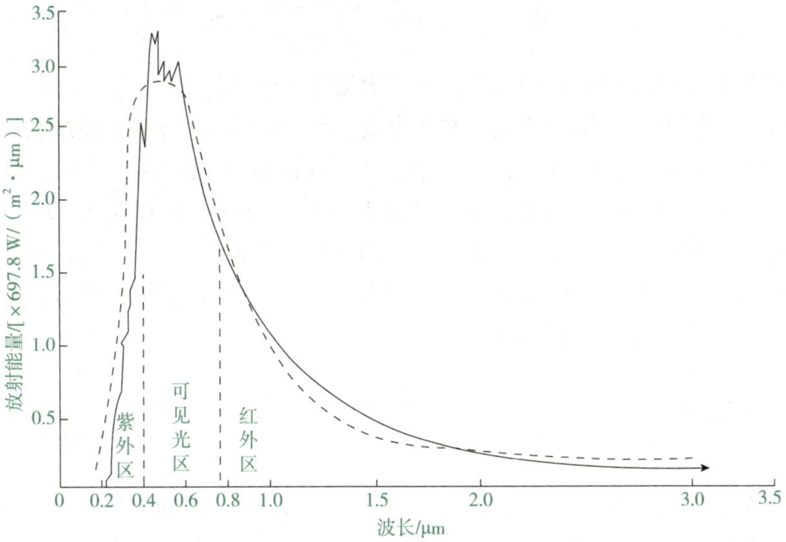

图 2-1 太阳辐射光谱

一天中，到达地面单位面积上的太阳辐射总量，称为太阳辐射日总量。太阳辐射日总量的大小不仅与太阳高度角和大气透明度有关，还与日照时间的长短有密切关系。

一年中，在中、高纬度地区，夏季太阳高度角大，日照时间长，太阳辐射总量大；冬季太阳高度角小，日照时间短，太阳辐射总量小。但由于各地水汽含量、云量和降水量的分布情况不同，所以有些地区太阳辐射的最大值不一定出现在夏季，而出现在春季或秋季。在低纬度地区，一年中太阳高度角和日照时间的变化不大，所以太阳辐射的年变化也不大。

一年中，到达地面单位面积上的太阳辐射总量，称为太阳辐射年总量。由于太阳高度角随纬度的增高而逐渐减小，所以太阳辐射年总量一般也随纬度的增高而减小。但是，受海拔、云量、雨季等因素的影响，太阳辐射年总量的空间分布是很复杂的。据研究，我国太阳辐射年总量在 $3550\times10^6 \sim 8370\times10^6$ J/m²，西部地区较高，年值在 $5300\times10^6 \sim 8370\times10^6$ J/m²，以青藏高原最高；东部地区较低，年值在 $3300\times10^6 \sim 6000\times10^6$ J/m²，最小值在川黔等地，年值小于 4000×10^6 J/m²。

2.1.2 日照时间

日照时间是指从日出到日落之间太阳照射的时间，又称为日照时数，以小时(h)为单位。它包括可照时数和实照时数两种。

不受任何障碍物和云雾的影响，从日出到日落太阳照射的时间，称为可照时数。可照时数的多少取决于地理纬度和季节。在北半球，夏半年(春分至秋分)可照时数大于 12 h，并且随纬度的增高而延长；冬半年(秋分至春分)可照时数小于 12 h，并且随纬度的增高而缩短。

地面因受障碍物和云雾等影响，从日出到日落太阳实际照射的时间，称为实照时数，用日照计观测得到日常生活中所讲的日照时间，实际上就是实照时数。衡量一个地方的日照条件，常用日照百分率表示，即

$$日照百分率(\%)=\frac{实照时数}{可照时数}\times 100 \quad (2\text{-}1)$$

日照百分率大，说明该地日照充足，对农林业生产有利。

日照时数在一定程度上反映了当地的辐射状况，取一年的或一个生长季的日照时数均可。

我国西部地区除藏东南以外，日照丰富，年日照时数达 3000 h。敦煌、吐鲁番以及西藏各地年日照时数超过 3400 h，是我国日照资源最佳的地区，拉萨素有“日光城”之美称。华北和东北地区日照资源也很丰富，年日照时数可在 2800 h 以上，其中内蒙古年日照在 3000~3200 h 以上。东北地区的山地日照比较少。黄河流域和海河流域的日照资源在全国居中等地位，年日照时数在 2400 h 左右。

2.1.3 光照强度

太阳辐射除了热效应外，可见光还具有光效应。表示光效应的物理量称为光照强度，简称照度。光照强度是指入射(或到达)物体表面单位面积上的(可见光)光通量，单位是勒克斯(lx)。在晴天，光照强度的强弱取决于直射光和散射光的强弱，在阴雨天仅取决于散射光。

2.2 光的生态作用

2.2.1 光谱成分对树木的生态作用

2.2.1.1 光对种子发芽的影响

种子萌发阶段一般可在无光条件下进行，但有一部分树种的种子，特别是一些储藏养分较少的小粒种子，需要在有光照的条件下发芽。例如，黑松、落叶松、冷杉和桦木等树种的种子，就是典型的需光发芽种子，红、黄光对其具有促进作用。而有些植物的种子需要在黑暗中才能发芽，光照会推迟或抑制种子发芽，如一些百合科植物和蓖麻等。

2.2.1.2 光对植物光合作用的影响

植物利用太阳辐射光谱中的可见光进行光合作用，并转化为化学能。在可见光中，红橙光和蓝紫光是被植物吸收最多的光，具有最大的光合活性。对植物光合作用有效的光谱成分，称为有效辐射(也称生理辐射)。有效辐射大致包括 0.4~0.7 μm 波段的太阳辐射。只有绿光在光合作用中很少被利用，这是因为绿色叶片透射和反射的结果，所以有人也称绿光为生理无效光。

不同波长的光对于光合作用产物的成分也有影响。实验证明，植物在不同波长的光照下进行光合作用，其光合作用产物成分不同。例如，红光有利于碳水化合物的形成，蓝光有利于蛋白质的合成。因此，可以通过光质控制光合作用产物，改善植物品质。

此外，在诱导植物形态建成、向光性及色素形成等方面，不同波长的光作用也不同。例如，可见光中的蓝紫光与青光对植物生长及幼芽的形成有很大作用，能抑制植物茎的伸长而使植物形成粗矮的形态，还能引起植物向光性的敏感，促进花青素的形成。紫外线也能引起植物向光性的敏感，抑制植物茎的伸长，促进花青素的形成，还能杀死病菌，提高种子的萌发能力。高山植物一般都具有茎干短矮、叶片缩小、毛茸发达、叶绿素增加、花色鲜艳等特征，这是因为在高山上温度较低，且蓝、紫、青等短波光以及紫外线较多。

2.2.2 光照时间对树木的生态作用

光照时间不仅影响植物光合作用时间的长短，对植物开花结实也有较大影响。植物开花受白天与黑夜、光照与黑暗的交替及时间长短影响的现象，称为光周期现象。其中研究得较多的是植物成花的光周期现象。按照植物对光周期反应的不同，可将植物分为长日照植物、短日照植物、中日照植物和日照中性植物 4 个主要生态类型。

2.2.2.1 长日照植物

长日照植物是指每天的光照时间超过 12～14 h 才能形成花芽开花，且光照时间越长，开花越早，否则便只能进行营养生长的植物。原产于中高纬度的植物，如落叶松、唐菖蒲、晚香玉、瓜叶菊等属于这一类，其开花期通常在全年日照较长的季节。用人工方法延长光照时间可促使这些植物提前开花。

2.2.2.2 短日照植物

短日照植物是指每天的光照时间少于 12 h，但需多于 8 h 才能开花结实的植物。而且在一定范围内，这类植物接受黑暗时间越长，开花越早，在长日照下只能进行营养生长而不开花。原产于低纬度的植物，如山茶、一品红、三角梅、芙蓉花、菊花、蟹爪仙人掌等属于这一类。这类植物通常在早春或深秋开花。若用人工方法缩短光照时间，可促使它们提前开花。

2.2.2.3 中日照植物

中日照植物是指植物的日照时间在 12 h 左右时才能开花。临界日照范围一般为 10～14 h，如甘蔗(要求在 12.5 h 的日照条件下才能开花)、甜根子草就是这类植物。

2.2.2.4 日照中性植物

日照中性植物是指经过一段时间的营养生长后，只要其他条件(如温度、湿度等)适宜，在不同日照长度下都能开花的植物，如月季、紫薇等属于这一类。

光周期不仅影响植物的开花，而且对植物的营养生长和芽的休眠也有明显的影响。通常延长光照时间能使树木的节间生长速度增加和生长期延长，而缩短光照则生长减缓，促进芽的休眠。例如，刺槐、白桦、槭树在长日照条件下，能维持生长，而在 2～4 周的短日照情况下即停止生长。树木秋季停止生长，进入冬季休眠，也是在短光照诱导下完成的。城市里路灯两旁的落叶树，在春天常比其他地方的同种树木萌动早、展叶早，在秋天落叶迟、休眠晚，即生长期明显延长，就是由于灯光使其处于长光照条件下，缺乏短光照诱导落叶的信息。所以，可以利用短日照处理来促使树木提早休眠，准备御寒，增强越冬能力。

2.2.3 光照强度对树木的生态作用

2.2.3.1 光照强度与树木的生长发育

光照强度直接影响林木的光合作用强度。在其他生态因子基本适宜的条件下，在一定范围内，随着光照强度的减弱，光合强度也减弱。当植物进行光合作用吸收的二氧化碳与呼吸作用释放的二氧化碳相等时的光照强度，称为光补偿点(CP)。如果林木在低于光补偿点的环境中生活，消耗将大于积累，就无法生长。例如，林冠下的幼树，有时因光照不足，叶片和嫩枝枯萎，甚至死亡。当光照强度高于光补偿点时，光合强度随着光照强度的增大而增大，并不断积累有机物质，林木生长也随之加快。但当光照强度增加到一定程度后，光合作用增加的幅度逐渐减缓，达到一定的限度后，光合作用不再随光照强度的增大而增强，这时的光照强度称为光饱和点(SP)。光照强度过大，会破坏林木的原生质，引起叶绿素分解，或引起高温使林木失水过多而关闭气孔，光合作用因此而减弱甚至停止。

光补偿点和光饱和点因树种的不同而有很大差异，并随环境条件、植物年龄和生理状态有一定幅度的变动。就树种而言，喜光树种光补偿点和光饱和点均较高，如马尾松、落叶松、白桦、杨、柳、栎、枫等；而耐阴树种的光补偿点和光饱和点均较低，如山毛榉、冷杉、云杉、福建柏等。就环境而言，光补偿点随温度的升高而增高，随二氧化碳浓度增大而降低。另外，干旱缺水易引起光补偿点升高，而水肥条件适宜，则光补偿点降低。因此，可通过调节外界生态条件来降低光补偿点，提高林木对太阳能的利用率。

光对林木的发育也有很大的影响。林木的开花结实必须有充足的营养积累，而充足的光照，有利于营养积累，促进花芽形成。长期生长在郁闭林冠下的植物开花较少或不开花。受光充足的树木，一般发育良好，开花结实也早。例如，松树生长在空旷地上，10～20年即大量结实，而生长在林内则需20～30年。受光充足的树木，不但结实多，而且品质好；反之，结实少，品质差。同一树木，树冠向阳侧和上部所结种子，也比背阴侧和下部所结种子多，并且品质好。一般适宜花果形成的光照强度超过营养生长所要求的光照强度，故母树林应适当疏伐。

2.2.3.2 光照强度与树木的形态结构

(1)光对苗木根系生长的影响

充足的光照，能促进苗木根系的生长，形成较大的根茎比率。弱光照下大多数林木的幼苗根系都较浅，较不发达，从而影响林冠下幼苗、幼树的生长和存活。在森林中，光照弱而造成根系不发达，再加上根部竞争而造成土壤水分短缺，这往往导致林下幼苗死亡。

(2)光对植物胚轴延伸的影响

光对植物胚轴的延伸有抑制作用，如在弱光下幼苗茎的节间充分延伸形成细而长的茎；而充足的光照则会促进组织的分化和木质部的发育，从而使苗木幼茎粗壮低矮，节间较短。因此，在水肥充足的条件下，大多数树种采用全光照育苗能获得较高的产量和培育出健壮的苗木。

(3)光对树木叶片形态结构的影响

叶片是树木直接接受阳光进行光合作用的主要器官，对光照有较强的适应性。因其所处生境中的光照强度不同，叶片在形态和结构上往往产生相应的变化。经常处于强光下发育的叶片称为阳生叶，长期处于弱光或庇荫下发育的叶片称为阴生叶，它们在形态结构上存在显著差异(表 2-1)。

表 2-1 树木阳生叶与阴生叶形态结构上的主要差异

叶片类型	叶片形状	角质层厚度	叶肉组织分化	叶脉密度	叶绿素含量	气孔分布
阳生叶	厚而小	较厚	栅栏组织发达	较密	较少	较密
阴生叶	薄而大	较薄或缺	海绵组织发达	较疏	较多	较稀

由于植物叶片形态结构在强光下趋向阳生结构，在弱光下趋向阴生结构，因而喜光树种的叶片主要具有阳生叶的特征。耐阴树种适应光照强度的范围较广，阳生叶与阴生叶分化较明显，通常处于树冠上部和外围的叶片趋向于阳生叶的特征，位于树冠下部和内部的叶片具有阴生叶的特征。

(4)光对树冠形态的影响

喜光树种有明显的向光性，一般形成稀疏和叶层较薄的树冠，透光度较大。若处在光照度分布不均匀的条件下(如林缘)，枝叶向强光方向生长茂盛，向弱光方向生长较弱，形成明显的偏冠现象，有时甚至导致树干偏斜扭曲，髓心不正。而耐阴树种向光性较差，对弱光的利用程度较高，适应光照程度的范围较广，往往形成比较浓密和叶层较厚的树冠，透光度较小。

2.2.3.3 光照强度与树种的耐阴性

(1)树种耐阴性的概念及类型

树木一般需要在充足的光照条件下才能完成其正常的生长发育，但是不同树种对光的需要量及适应范围是不同的，特别是对弱光的适应有显著的差别。一些树种能适应比较弱的光照条件，可在庇荫条件下正常生长发育；另一些树种只能在较强的光照条件下生长发育，忍耐庇荫的能力差。这是树种在系统发育过程中对光照条件长期适应的结果。

树种的耐阴性是指树种能够忍耐庇荫的能力。在林业上，树种的耐阴性主要是指在林冠的庇荫下能否正常生长，并完成其更新的能力。

根据树种的耐阴程度，一般可将其分为喜光树种、耐阴树种和中性树种 3 种生态类型。

①喜光树种。只能在全光照或强光照条件下才能正常生长发育，不能忍耐庇荫，在林

冠下一般不能正常完成下种更新的树种，如湿地松、落叶松、樟子松、白桦、马尾松、云南松、栓皮栎、相思树、刺槐、臭椿，以及杨属、柳属、桉属等树种。

②耐阴树种。能忍耐庇荫，在弱光下可以正常进行下种更新的树种。有些强耐阴树种甚至只有在林冠下才能完成更新过程，如铁杉、云杉、冷杉、杜英、甜槠、白楠、竹柏、福建柏、山茶、红豆杉等。

③中性树种。介于喜光树种和耐阴树种之间的树种。这类树种既可在全光照条件下正常生长，也能够忍受一定程度的庇荫，随树种的年龄和环境条件的差异，往往表现出不同程度的偏阳性或偏阴性特征，如红松、椴树、水曲柳、杉木、毛竹、侧柏、香樟、榕树等。

(2)树种耐阴性的鉴别

树种的耐阴性是整个林业生产过程中必须考虑的重要因素之一。例如，育苗、造林树种的选择，林农间作、混交林树种的搭配，抚育管理以及采伐更新方式等，都要考虑树种的耐阴程度，以便合理地制定相应的措施。鉴别树种耐阴性通常采用以下方法。

①根据树种的更新特性鉴别。在林业生产中，通常根据幼树在林冠下忍耐庇荫的程度来鉴别树种的耐阴性。耐阴树种的幼树忍耐庇荫的时间较长，可在林冠下顺利完成更新。喜光树种则相反，它们在林冠下生活的时间很短，如果不及时给以充分的光照，就会相继死亡。所以，耐阴树种属林冠下更新的树种，而喜光树种是迹地、空旷地更新的树种。

②根据树种的外部形态构造鉴别。喜光树种的树冠比较稀疏，透光度较大，自然整枝强烈，枝下高较高，林冠层次比较单一。耐阴树种树冠的枝叶比较稠密，树冠透光度较小，自然整枝较弱，枝下高较低，林冠层次比较复杂。

③根据树种的生物学和生态学特性鉴别。喜光树种对不良环境条件(如霜害、日灼等)的抵抗能力强；耐干旱、瘠薄的土壤；光补偿点和光饱和点一般都较高，在强光下有较强的光合作用，呼吸、蒸腾作用旺盛。耐阴树种则不耐日灼、霜害，抵抗能力弱；要求比较湿润、肥沃的土壤环境；光补偿点和光饱和点一般偏低，在弱光条件下有较强的光合作用，呼吸、蒸腾作用较弱。因而，喜光树种生长快，成熟早，寿命短。耐阴树种则生长慢，成熟晚，开花结实迟，寿命长。

树种的耐阴性主要受自身遗传性所支配，还受其他因素的影响而有一定幅度的变异。同一树种在不同的生长发育阶段，具有不同的耐阴能力。一般树木在幼苗阶段比较耐阴，随着年龄的增长，需光量逐渐增加，开花时需光最多。同一树种在不同环境条件下，对光的要求也有变化。例如，生长在湿润温和的气候条件下，树木比较耐阴，而在干燥寒冷的气候条件下则多趋向喜光；生长在肥沃湿润土地上的树木耐阴性较强，而生长在干燥瘠薄土壤上的树木则耐阴性较差；纬度和海拔越高，树种的喜光性越强，反之，则耐阴性越强。

实践技能2　光照强度的测定

一、目标

了解照度计的构造和工作原理；学会使用照度计；掌握光照强度的测定方法。

二、场所

校园、林场等。

三、形式

在教师指导下选设测点，并进行现场的光照强度测定。

四、材料与用具

4~6 人为一组，每组配备照度计 1 台，记录表格若干。

五、内容与方法

1. 照度计的结构原理

照度计是根据光电效应原理制成的。其主要由光度头［又称受光探头，包括接收器、$V(\lambda)$对滤光器、余弦修正器］和读数显示器两部分组成(图 2-2)。

2. 照度计的使用

以型号 TES1330A 照度计为例，简要介绍照度计的使用步骤如下。

①打开电源。

②打开光度头盖子，将光度头水平放在测量位置或手持光度头手柄处并保持水平。

③按下量程键选择合适的量程。如果显示屏左端只显示“1”，表示照度过载，需要调整量程。

④照度计开始工作，并在显示屏上显示照度值。

⑤显示屏上显示数据不断变动，当显示数据比较稳定或观测时间到时，按下锁定键，锁定数据。

⑥读取并记录显示屏显示的数值，填入表 2-2 中。

1.显示屏；2.光度头；3.盖子；4.导线；5.电源键；6.锁定键；7.量程键。

图 2-2　照度计

表 2-2　光照强度的测定记录

测定时间：__________年______月______日

测点位置	读数				结果			
	1	2	3	平均	1	2	3	平均
林　内								
林　外								

光照强度等于显示屏中显示读数与量程倍数的乘积，单位为 lx。

光照强度 = 读数×量程倍数

例如，显示屏幕上显示读数“206”，右下角显示状态为“200 000”，右上角显示“×100”，照度测量值则为 20 600 lx，即 206×100。

⑦按一下锁定键，取消读值锁定功能。

⑧每次测量工作完成后，按下电源开关键，切断电源。

⑨盖上光度头盖子，并放回盒里。

六、注意事项

①在测定光照强度时，照度计的光度头应保持水平。

②注意根据实际光照强度选择合适的量程。

③照度计不使用时，应切断电源，并盖上光度头的盖子。

七、报告要求

以小组为单位，汇总不同测点的几次观测值，求出各测点的平均值，然后进行对比分析。要求数据齐全，计算结果正确，分析结论准确。

2.3 光能的利用与调控途径

2.3.1 林内光照条件

太阳光照射到林冠后，一部分被反射(20%~25%)，一部分在林冠层中被吸收(35%~75%)，还有一部分透过林冠投射到林内(5%~40%)。透过林冠的光，无论在强度上还是光质上都有显著的改变。林内光照的基本特点：强度减弱，光质改变，分布不匀及日照时间缩短。

2.3.1.1 林内光照强度

林内的光照强度与森林的树种组成有关。喜光树种组成的林分，林内光线较强。针阔叶混交林，林内光线较弱。据测定，较稀疏的栎树林与针阔叶混交林相比，上层林冠对阳光的反射率分别为18%和10%，吸收率分别为5%和79%，透射率分别为77%和11%。

一年中，随季节的更替，植物群落的叶量也有变化，因而透入林内的光照强度也随季节而不同。落叶林尤其是落叶阔叶林变化最大，针阔叶混交林次之，针叶林和常绿阔叶林变化最小(表2-3)。

表2-3 林内光照强度的变化 %

观察时间	林内测的光照量			
	针叶林	针阔叶混交林	落叶阔叶林	常绿阔叶林
萌芽发叶前(4月)	8	22	51	21
萌芽发叶后(5月)	7	14	23	21
盛叶时期(9月)	4	4	5	20

林分郁闭度和叶面积指数对树冠的透光度有很大的影响。林分郁闭度和叶面积指数越大，林冠的透光率越小；反之，越稀疏的林冠透光率越大(表2-4)。

表 2-4 林分郁闭度与林内光照强度的关系

林 分	郁闭度	自然光相对强度/%
落叶松林	0.5	31.5
红松林	0.71	22.6
臭松林	0.87	5.6

树种不同，其枝叶对光的反射和吸收情况也不同，在这方面树叶的色泽起一定作用。由于树叶色泽随季节而变，所以树叶对光的吸收情况也随之发生变化。一般在生长季中，树叶的吸收率最高，早春较低，秋季树叶变色后最低。

2.3.1.2 林内光谱成分

林内散射光经林冠多次反射、吸收，在光质上已有很大变化，主要是林内光照中生理辐射显著减少，且绿光占比较大，这是因为被林冠吸收的主要是含生理辐射较多的红橙光和蓝紫光以及紫外线，吸收绿光很少。据报道，投射到林冠上的生理辐射约有 80%被林冠吸收，有 10%被反射，其余被林冠下地被物吸收，仅有 2%左右到达林地。

2.3.1.3 林内光照分布与日照时间

林内的光主要由散射光及透过林冠空隙的直射光组成。散射光在林内一般分布均匀，而透过林冠空隙的直射光在林地上形成大小不等的光斑，其大小和数量与林冠的空隙度及其分布有关，也受林冠高度的影响。郁闭的云杉林中，光斑面积占林地面积的 5%~10%，郁闭的桦木林中占 10%以上。林内光斑的光质与林外差异不大，但强度随林冠高度的增高而减少。由于一年四季的变化和昼夜的更替，林内光斑也不断移动，使林地普遍受到直射光的照射，但照射的时间较短。森林中直射光照总时数约为空旷地的一半，在郁闭度大的林分，甚至不到 1/10。

森林内光照条件的改变，不仅影响林木本身的生长和品质，也影响着林下灌木和地被的生长。充分郁闭的林冠，林内光照不足，林分中会出现较强的自然整枝、林木分化和自然稀疏现象，林下的灌木、地被物也较稀少。

2.3.2 调节光能利用率的途径

单位地面上植物生产有机物质所固定的光能与照射到同一地面上的光能之比，称为光能利用率。光能利用率直接关系着森林生产力的高低。有关研究表明，在水、热、矿质元素得到保证的情况下，生理辐射有效利用系数 10%是理论上可能达到的产量上限。由于各种原因，如生长期内温度、水分供应、矿质元素等不可能满足植物的最适要求，植物群落下层受光量不足，二氧化碳浓度低，生长初期叶面积很小，漏光量多，成熟期光合机能减退等的影响，一般都难以达到产量上限。例如，森林植物群落的光能利用率一般仅为 0.5%~1.5%(以净产量计)。因此，提高光能利用率的潜力还很大。

可以从两方面提高林木对光能的利用效率：一是提高林木群体光能利用率，如时间上和空间上的合理配置，改善小生境条件(光照、通气、温度、水分、养分等)；二是选育高光合效率和低呼吸效率的品种，提高个体光合效率。在林业生产实践中，通常采取以下措施。

(1)合理密植

光合作用是通过叶子进行的，因此林地上叶面积的大小是形成林分木材产量的物质基础。林木群体在一定条件下，要有一定数量的叶面积，才能有效地利用光辐射，提高木材产量。林木过于稀疏，叶面积指数过小，会有一部分光辐射通过株间空隙，落到林地上浪费。种植过密，叶面积指数过大，则植株互相遮阴，处于中下层的叶子很难获得光辐射，致使光合速率下降，呼吸作用消耗过多的有机物质，木材产量下降。叶面积指数多大为最适宜，需视树种特性、林龄和立地条件而定。据调查，一般林木叶面积指数以7~10为宜。如栎类为7.5，松类为7~10。贵州锦屏和湖南会同的杉木速生丰产经验表明，当种植密度由每亩75株增至每亩200株时，随着密度的增加，虽然胸径减小，但树高和木材产量都是增加的，当种植密度为每亩200~300株时，树高和胸径都减小，但木材产量仍有增加。当密植至每亩300株以上时，则树高、胸径和木材产量都下降。可见，密植要合理，不是越密越好。

(2)提高光辐射利用

①营造混交林。林业生产上，营造混交林也是提高光辐射利用效率的有效途径。在纯林中常有一定量的光辐射透过林冠而浪费，而混交林中，阴阳树种搭配，高矮错落，层次较多，相互填补空隙，这样就为充分利用太阳的直接辐射、反射辐射和透射辐射创造了良好的条件。倪善庆等研究证明，阔叶喜光的泡桐和针叶偏阴的杉木混交，与杉木纯林相比，能明显提高光辐射利用效率。混交林的光合强度比纯林提高30.7%~86.6%。邓瑞文等的研究也指出，具有多层次、多树种结构的混交林，有着最大的叶面积指数、最强的遮光度、最高的光合生产量和最佳的光辐射利用效率。因此，营造多层次、多种结构的混交林，应是今后营造人工林的方向。

②林农间作。林农间作也是充分利用地力和太阳光辐射的一种有效措施。林农复合经营在种群、时间和空间结构上采用了合理的生态设计，尽可能地延长了光合时间，并根据生物种群内光辐射分布规律，合理配置群落在垂直面和水平面上的结构层次，使单位叶面积保持较高的光合生产率，从而有效提高林农间作复合系统的光能利用率。

(3)调整光合产物的积累和消耗

林木木材产量的高低，主要取决于光合作用和呼吸作用这两个生理过程的相对速度。只有当光合作用速率超过呼吸作用速率时，才可能有干物质的积累。在正常情况下，光合作用制造的干物质通常为同期呼吸消耗量的8~9倍，甚至10倍以上。但是如果生产中措施不当，如密度过大或抚育管理不及时，就有可能降低光能利用效率，严重时还会出现呼吸消耗超过光合积累的现象。所以，在营林过程中，可以通过改善林分结构，提高光能利用率。根据树木的特性、年龄、环境条件及林木生长动态，及时地通过间伐及人工修枝措施，调整林分的密度和林冠的郁闭度，保持林分合理的结构，最后才能获得较高的经济产量。实践经验证明，抚育间伐、人工整枝等措施，均能调节林内光辐射状况，改善森林环境，促进林木生长发育，有利于林木速生丰产。

(4)加强水肥管理

加强水肥管理可增加光合叶面积，提高光合生产力，而且能延长叶片的生长周期，为提高木材产量创造条件。例如，对苹果施硫酸铵肥料后，光合速率明显增加(表2-5)。目前，我国在果树和一些经济林经营中，已注意应用精细化的科学灌溉和施肥，但对用材林管理尚缺乏应有的施肥灌溉措施，阻碍了森林生长量的迅速提高。

表2-5 施肥对苹果光合速率的影响

施肥前后	施肥日期/(日/月)	平均气温/℃	平均光合速率/[$mgCO_2$/(100 cm^2·h)]	
			不施肥区	施肥区
施肥前	24/7~4/8	22.2	9.8	10.1
施肥后	22/8~1/9	20.4	9.9	12.8
	11/10~22/10	11.1	7.9	17.7
	23/10~3/11	9.1	1.2	7.2

(5)科学育苗

在育苗过程中，可根据树种特性，利用光照条件来促进某些树种种子发芽，通过调节光照条件，提高苗木的产量和质量。例如，在高温、干旱地区，可通过架设荫棚或利用有色塑料薄膜对苗木进行适当遮阳；但在气候温暖、降水量多的地区，对一些植物，特别是喜光植物进行全光育苗，更能促进其生长。在有条件的地方，通过人工延长光照时间，促进苗木生长，也可取得显著的效果。有资料记载，连续光照，可使欧洲赤松苗木生长加速5倍，使落叶松生长加速16倍，且苗木的直径和针叶也增长很多。

(6)选育良种

采取育种措施，培育具有高光效低呼吸、生长期较长、抗逆性较强、干枝叶根各占干物质总量的百分率较为合理、经济转换系数较高的优良树种或单株个体，是一种取得干材丰产的重要途径。

知识拓展

光环境的调控在生产实践中的应用

1. 调整花期

每到元旦、春节及国庆等节假日，很多大城市会展出多种不时之花，集春、夏、秋、冬各季花卉开放于一时，以达到丰富和强化节日气氛的目的。人们可根据植物开花对日照时数的不同要求，通过人为调整光照时间，控制花卉花期来满足市场的需求。菊花、一品红、叶子花、蟹爪仙人掌等属于短日照植物，在秋、冬季节日照变短时才陆续开花。如想让这些花卉提前到国庆节开花，就必须进行遮光处理。根据所确定的开花时间，每天只给8~9 h光照，其他时间完全遮光。菊花经遮光处理，20 d即可现蕾，50~60 d即可开花；一品红单瓣种在国庆节前45~55 d进行处理，重瓣种在国庆节前55~65 d进行处理；叶子花和蟹爪仙人掌可于国庆节前45 d进行处理，都可达到在国庆节开花的目的。

在短日照季节，对长日照植物进行补充光照，可使其提前开花。例如，唐菖蒲、晚香玉、瓜叶菊等长日照植物，在秋、冬及早春的短日照条件下不开花，可在温室内用白炽灯、日光灯或弧光灯等人造光源对其进行每天 3 h 以上的补充光照，使每天光照时间达 15 h左右，可达到催花的预期效果。

对短日照植物进行长日照处理，能阻止花芽形成，达到推迟花期的目的。例如，秋菊的正常花期为 10 月下旬至 11 月，欲使它在 1~2 月开花，可选用晚花品种，采用人工增加照明的方法，具体如下：从日落起，在距植株顶梢 1 m 以上处使用 100 W 的灯泡照明 6 h，使其全天光照时间达到 14~16 h，处理 80 d 左右，即从 8 月中旬至 11 月中下旬。

2. 改变休眠与促进生长

日照长度对温带植物的秋季落叶和冬季休眠等特性有着一定的影响。长日照可以促进植物萌动生长，短日照有利于植物秋季落叶休眠。因此，控制光照时间可以促进植物萌动或调整休眠。例如，由于夜间路灯、霓虹灯等灯光的照射延长了光照时间，城市的树木在春天萌动早、展叶早，在秋天落叶晚、休眠晚，即生长期明显延长。

在植物育苗过程中，调节光照条件，可提高苗木的产量和质量。在高温、干旱地区，应对苗木适当遮阴，但在气候温暖、降水量多的地区，对一些植物，特别是喜光植物进行全光育苗，更能促进其生长。在有条件的地方，通过人工延长光照时间，促进苗木生长，可取得显著的效果。

3. 引种驯化

在植物的引种工作中，了解植物光周期的生态类型十分必要。引种时要考虑引种地和原产地日照长度的季节变化，以及该种植物对日照长度的敏感性和反应特性、该种植物对温度等其他生态因子的要求。不同植物对光周期的要求不同，只有在适合的光周期下，才能正常地开花结实。通常，短日照植物由北方向南方引种时，由于南方生长季节光照时间比北方短，气温比北方高，往往出现生长期缩短，发育提前的现象。短日照植物由南方向北方引种时，由于北方生长季节光照时间比南方长，气温比南方低，往往出现生长期延长，发育推迟的现象。而长日照植物由北方向南方引种时，则发育延迟，甚至不能开花，若要使其正常发育，必须满足其对长日照的要求，补充光照时间。长日照植物由南方向北方引种时，则发育提前。

4. 混交树种配置

掌握树种的生态类型，在树种的栽植和配置中非常重要。在混交林中，选择喜光树种和耐阴树种搭配，一方面可以形成较为复杂的垂直结构，充分利用了光能，有效地提高了光能利用率；另一方面可使种间矛盾出现得晚且较为缓和，树种间的有利作用持续时间较长，为速生丰产打下了基础。

复习思考题

一、名词解释

1. 太阳辐射；2. 太阳辐射强度；3. 日照时数；4. 光照强度；5. 太阳直接辐射；6. 散射辐射；7. 光周期现象；8. 光能利用率。

二、填空题

1. 太阳辐射光谱按其波长分为_________、_________和_________3 个光谱区。

2. 到达地面的太阳辐射由__________和__________两部分组成。

3. 日照时数包括________和________两种，日常生活中所讲的日照时数实际上就是________。

4. 光对树木的生态作用主要表现在________、________和________3个方面。

5. 根据树种的耐阴程度，可将树种分为__________、________和________3个主要生态类型。

6. 根据植物对光周期反应的不同，可将植物分为________、________、________和________4个主要生态类型，其中________植物接受光照时间越长，开花越早；而________植物在一定范围内，接受黑暗时间越长，开花越早。

7. 晴天，光照强度的强弱由________和________决定；阴雨天，光照强度仅取决于________。

8. 可见光中对植物生理活动最有效的光是________，而生理无效光是______。

9. 城市里路灯下的植物在春天萌动早，秋天休眠晚，主要是因为____________。

10. 一般，耐阴树种的光补偿点和光饱和点均______，而喜光树种的光补偿点和光饱和点均______。

11. 单向光会使树木发生________现象，即出现树木向光面枝叶________，背光面枝叶________。

三、选择题

1. 短日照有利于植物(　　)。

A. 秋季落叶，促进休眠　　B. 生长，延长生长期

C. 无影响

2. 一般，(　　)树种能忍耐庇荫，在弱光下可以正常进行下种更新。

A. 喜光　　B. 耐阴

C. 中性

3. 短日照植物多是在(　　)的季节开花。

A. 昼长夜短　　B. 昼短夜长

C. 昼夜长短相等

4. 长日照植物是指每天的光照时间超过(　　)才能形成花芽开花的植物。

A. 8 h　　B. 10 h

C. 12~14 h　　D. 16 h

四、判断题(正确的打“√”，错误的打“×”)

1. 在北半球，夏半年可照时数随着纬度的增高而增长。(　　)

2. 日照百分率大，说明该地日照充足，对农林业生产有利。(　　)

3. 植物的光合作用总是随着光照强度的增大而增大。(　　)

4. 紫外线能促进植物的节间增长，引起植物徒长。(　　)

5. 耐阴树种属林冠下更新的树种，而喜光树种是迹地、空旷地更新的树种。(　　)

6. 充足的光照，能促进苗木根系的生长，形成较大的根茎比率。 ( )
7. 耐阴树种的叶片往往为阴生叶，而喜光树种的叶片往往为阳生叶。 ( )
8. 森林中的光照时间明显缩短。 ( )
9. 短日照植物由南方向北方引种时，往往出现生长期延长，发育推迟的现象。 ( )
10. 林内光照中生理辐射显著增加，且绿光占的比例较大。 ( )

五、简答题

1. 光谱成分对林木的生长发育有哪些影响？
2. 高山植物有何特点？为什么？
3. 什么是树种的耐阴性？如何区别喜光树种和耐阴树种？了解树种的耐阴性有哪些实际意义？
4. 光对树木形态结构有哪些方面的影响？
5. 树木阴生叶与阳生叶的形态结构有何差异？
6. 试述林内光照的基本特点。
7. 试述提高林木光能利用率的途径。

单元3 温度与森林

知识架构

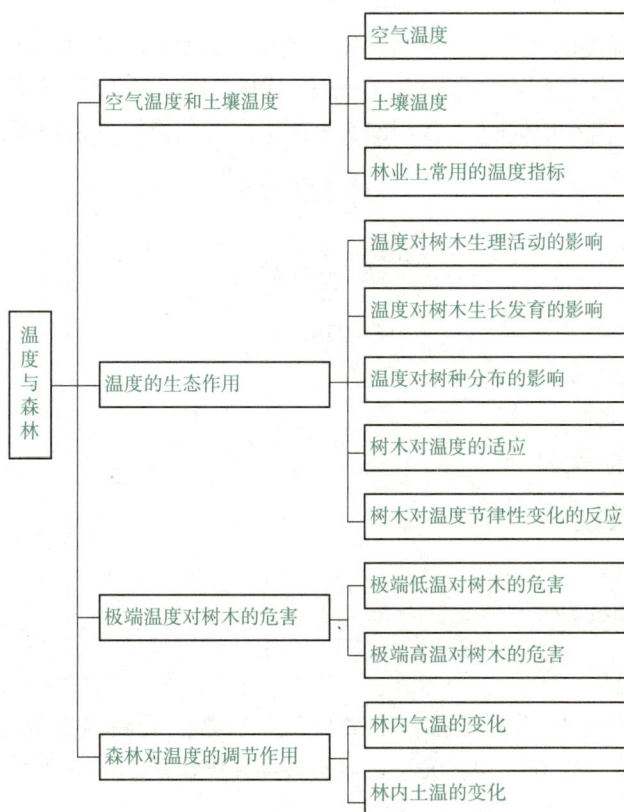

- 温度与森林
  - 空气温度和土壤温度
    - 空气温度
    - 土壤温度
    - 林业上常用的温度指标
  - 温度的生态作用
    - 温度对树木生理活动的影响
    - 温度对树木生长发育的影响
    - 温度对树种分布的影响
    - 树木对温度的适应
    - 树木对温度节律性变化的反应
  - 极端温度对树木的危害
    - 极端低温对树木的危害
    - 极端高温对树木的危害
  - 森林对温度的调节作用
    - 林内气温的变化
    - 林内土温的变化

知识目标

1. 了解空气温度和土壤温度的变化规律。
2. 熟悉林业上常用的温度指标。
3. 掌握温度对树木的生态作用。
4. 掌握极端温度对林木的危害及其防御措施。

5. 了解林内的温度变化规律。

技能目标

1. 会使用常用温度表。
2. 会进行气温和土温观测。

素质目标

1. 培养学生建立抓住事物关键影响因素的意识。
2. 培养学生严谨细致、认真负责、实事求是的职业习惯。

3.1 空气温度和土壤温度

表示物体冷热程度的物理量，称为温度。气象上常用的温度单位是摄氏温标(符号 t，单位℃)，欧美部分国家通用华氏温标(符号 F，单位°F)，在理论计算方面则多用绝对温标或开氏温标(符号 T，单位 K)，常用的 3 种温标之间的换算关系如下：

摄氏温标：
$$t=\frac{5}{9}(F-32) \tag{3-1}$$

华氏温标：
$$F=\frac{9}{5}t+32 \tag{3-2}$$

开氏温标：
$$T=273.15+t \tag{3-3}$$

式中 t——摄氏温度符号，℃；
F——华氏温度符号，°F；
T——开氏温度符号，K。

3.1.1 空气温度

3.1.1.1 气温的变化

(1)气温的日变化

一天中，气温有一个最高值和一个最低值。通常，最高温度夏季出现在 14：00～15：00，冬季出现在 13：00～14：00，比地面最高温度出现的时间推后 1～2 h；最低温度出现在日出前后。

一天中，最高温度与最低温度的差值，称为温度日较差。气温日较差小于地面温度的日较差，是地区天气和气候的一个特征值，其大小受纬度、季节、地形、下垫面性质、天气状况和海拔等影响。一般气温日较差随纬度的升高而减小，随海拔的增加而减小(表 3-1)；暖季大于冷季，凹地大于平地，平地大于凸地，晴天大于阴天(图 3-1)，陆地大于海洋，且海陆的影响超过纬度的影响。我国气温日较差由东南向西北逐渐增大，东南沿海在 5℃左右，西北地区在 15℃左右，敦煌地区甚至可达 40℃。

表 3-1 气温日较差与海拔的关系

地名	海拔/m	年平均日较差/℃	地名	海拔/m	年平均日较差/℃
泰山	1533.7	6.5	西安	396.9	10.6
泰安	128.8	11.5	黄山	1840.4	6.0
华山	2064.9	6.5	屯溪	145.4	9.7

注：引自中国气象科学数据中心——中国地面气象观测历史数据集。

(2)气温的年变化

在北半球的中、高纬度大陆地区，一年中最热月平均气温和最冷月平均气温分别出现在7月和1月；海洋上分别出现在8月和2月，比大陆落后一个月左右。

一年中，最热月平均气温与最冷月平均气温的差值，称为气温年较差。气温年较差受纬度、距海远近、天气状况、海拔等因素的影响。一般情况下，气温年较差随纬度的增高而增大(图3-2、表3-2)，随海拔的增加而减小(表3-3)。在纬度相同(或相近)的情况下，距海越远，气温年较差越大(表3-4)；云雨多的地区气温年较差小。雨季出现的时间还会影响到最热月和最冷月出现的时间。例如，印度6月和7月正是雨季，所以最热月不在7月而在雨季前的5月。

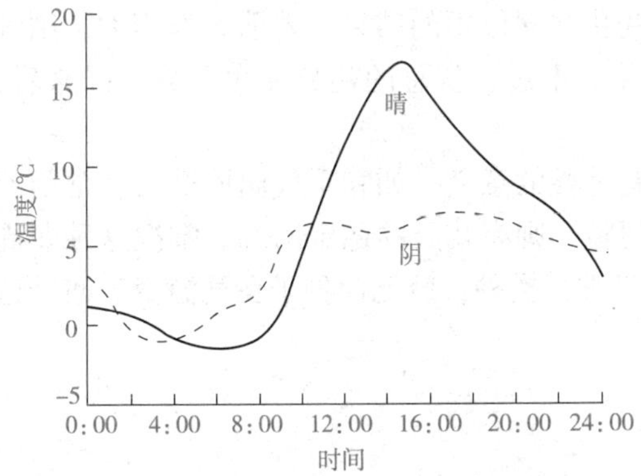

图3-1 天气状况对气温日变化的影响

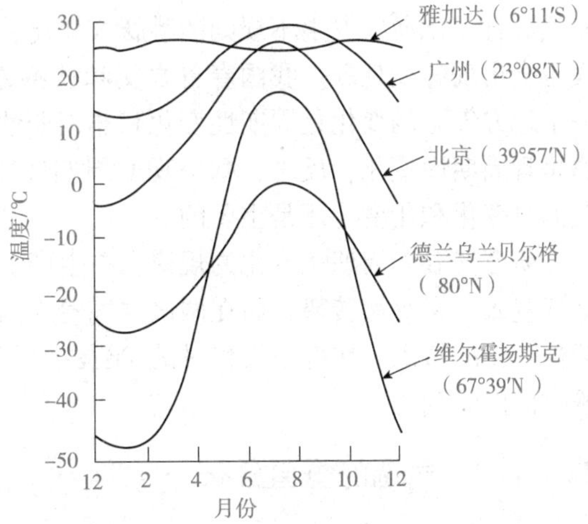

图3-2 不同纬度的气温年变化

表 3-2 气温年较差与纬度的关系

地名	纬度	气温年较差/℃	地名	纬度	气温年较差/℃
西沙群岛	16°50′N	6.0	北京	39°48′N	30.4
海口	20°02′N	11.2	哈尔滨	45°41′N	42.2
广州	23°08′N	15.1	海拉尔	49°13′N	46.4
杭州	30°40′N	24.8			

注：引自中国气象科学数据中心——中国地面气象观测历史数据集。

表 3-3　气温年较差与海拔的关系

地名	海拔/m	气温年较差/℃	地名	海拔/m	气温年较差/℃
泰山	1533.7	26.4	屯溪	145.4	24.3
泰安	128.8	29.0	峨眉山	3047.4	17.8
黄山	1840.4	20.8	乐山	424.2	19.0

注：引自中国气象科学数据中心——中国地面气象观测历史数据集。

表 3-4　气温年较差与距海远近的关系

地名	纬度	距海远近	气温年较差/℃	地名	纬度	距海远近	气温年较差/℃
台北	25°02′N	近	13.8	青岛	36°09′N	近	26.3
桂林	25°20′N	远	20.4	济南	36°41′N	远	28.8
上海	31°10′N	近	24.3	大连	38°54′N	近	28.8
南京	32°00′N	远	26.0	保定	38°50′N	远	32.7

注：引自中国气象科学数据中心——中国地面气象观测历史数据集。

(3)气温的非周期性变化

长期的气象观测资料证明，气温除有稳定的日周期和年周期变化外，还有由大规模的空气水平运动引起的非周期性变化。例如，阴雨天气的骤然放晴，晴天的骤然转阴，都会使气温日变化曲线发生不规则的跳跃式变化；在冷暖空气不时侵入的地区，气温年变化曲线也会出现急变现象。我国春夏之交和秋冬之交，这种非周期性变化非常明显。实际上，一个地方气温的变化是周期性变化和非周期性变化共同作用的结果。若前者作用大，则气温呈现周期性变化；反之，则呈现非周期性变化。不过，从总的趋势和大多数情况来看，气温日变化和年变化还是主要的。

研究气温非周期性变化的规律，在生产上有重要的意义。如春季气温回升后，常因冷空气侵入，又突然转寒，而在两次空气侵入的间隙，则有几天的稳定回升。掌握这种非周期性变化的特点，在冷空气将过的"冷尾、暖头"进行播种，就能使种子在气温稳定回升这段时间内顺利出苗。

3.1.1.2　气温的垂直分布

在对流层中，气温随高度的增加而递减。这是因为地面是大气主要而直接的热源，所以离地面越远，则温度越低。对流层中气温随高度而降低的程度，在不同地区、不同季节、不同高度是不一致的。一般情况下，平均高度每上升 100 m，气温约下降 0.65℃，这一关系被称为气温垂直递减率，用 γ 表示，记作 $\gamma = 0.65℃/100\ m$。在某些情况下，在大气的某一高度范围内，也会出现气温随高度的增加而升高的逆温现象。形成逆温的条件有多个，常见的逆温是在夜间地面有强烈辐射，或高层有暖空气流入时形成。

(1)辐射逆温

由于地面强烈辐射冷却而形成的逆温，称为辐射逆温。晴朗无云或少云的夜间，地面很快辐射冷却，贴近地面的气层也随之降温，离地面越近降温越多，离地面越远降温越少，形成了自地面开始的逆温。随着地面辐射冷却的加剧，逆温逐渐向上扩展，黎明时达最强。日出后，地面很快增温，逆温从下而上消失。其形成过程如图 3-3所示。辐射逆温在盆地、谷地、洼地常年可见，尤以秋冬季节为多，且持续时间长。辐射逆温的厚度一般为 200~300 m，有时也可达 400 m 或以上。在山区建立工厂时，必须调查当地逆温层的厚度和持续时间，为设计烟囱的高度提供科学依据，避免山谷中大气被污染。

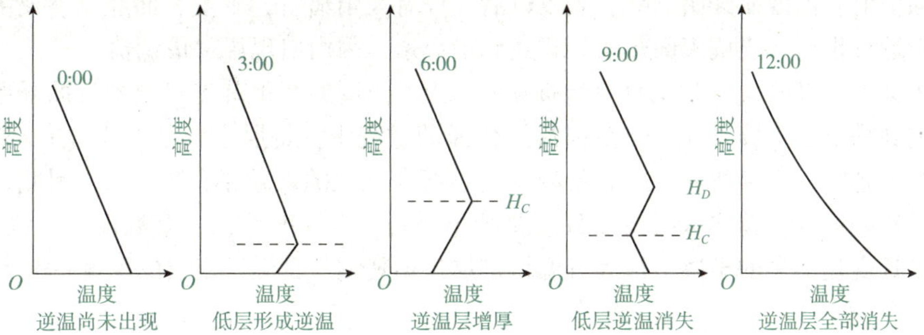

H_C辐射逆温消失；H_D辐射逆温形成。

图 3-3　辐射逆温形成过程示意

(2) 平流逆温

平流逆温是由于暖空气流到冷下垫面上而形成。例如，冬季来自海洋的气团流到冷的大陆上，或秋季空气由低纬度地区流到高纬度地区时，都可能发生平流逆温。这种因空气的平流而产生的逆温，称为平流逆温。夜间可使平流逆温加强，而白天地面增温可使平流逆温减弱，从而使平流逆温的强度具有日变化的特点。平流逆温在一天中的任何时候都可能出现，持续时间可达 1~2 d，甚至多天。

逆温层的存在使山区气温垂直分布发生变化，气温最高值并不出现在底部，而是出现在山地中部的某一高度上，称为暖带。暖带对农林业生产有很大的利用价值，是宝贵的气候资源。例如，对低海拔植物向高海拔地区引种，柑橘、橡胶等亚热带、热带经济植物北移时，暖带对其安全过冬、避免冻害都是一个有利条件。四川盆地、汉中盆地以及长江中下游地区的大量资料说明，山顶和山麓柑橘园冻害最严重，而山腰冻害较轻。

另外，出现逆温时，冷而重的空气在下，暖而轻的空气在上，大气处于最稳定的状态，很难发生上下扰动。因此，生产上常对逆温现象加以利用。用烟雾剂防治植物病虫害时，可利用逆温层的阻挡作用，使药剂均匀洒在植物上，提高防治效果。熏烟防霜冻时，烟雾正好弥漫在近地层，保温效果好。因此，摸清逆温层的高度、厚度、强度和持续时间，对农林业生产具有实际意义。

3.1.2　土壤温度

3.1.2.1　土壤温度的变化

(1) 土壤温度的日变化

①土壤表面温度一天中有一个最高值和一个最低值。通常最高值出现在 13：00 左右，

最低值出现在将近日出的时候。这是因为中午(12：00)虽然太阳辐射最强，但地面热量积累并未达到最大值。午后太阳辐射虽然逐渐减弱，而土壤表面热量收入仍大于支出，即热量差额为正值，所以温度还会继续上升。到13：00左右地面热量收支才达到平衡，这时土壤表面热量积累达到最大值，于是出现温度最高值。这以后，太阳辐射不断减弱，热量差额转为负值，温度便开始下降。入夜以后，没有太阳辐射，土壤表面经过整夜散热，直至翌日将近日出时，土壤表面热量累积达到最小值，因而出现温度最低值。

②土壤温度日较差随深度的增加而减小。土壤温度的变化首先从土壤表面开始，然后逐渐影响到深层。土壤表面的热量向深层传递的过程中，每层土壤都会吸收一部分热量。这样，深度越深，土层所获得的热量越少，温度变化也随之减小(图3-4)。因此，表层土壤温度日较差最大，越往深层温度日较差越小，到一定深度后，土壤温度几乎没有变化。土壤温度日变化消失的土层，称为日温恒定层。据观测，日温恒定层的深度一般大于1 m。

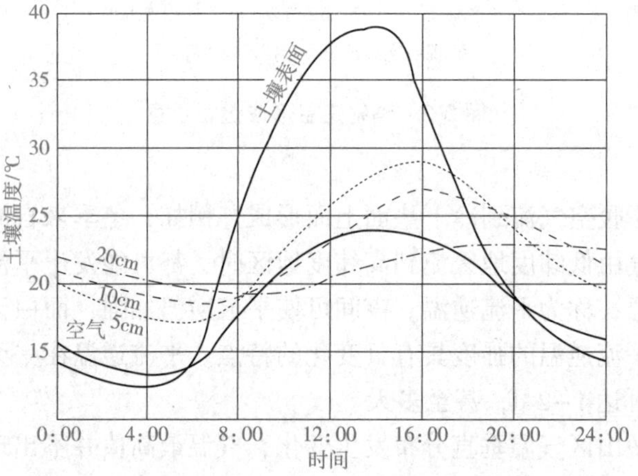

图3-4　地面和浅层土壤温度的日变化

③土壤日最高温度和日最低温度出现的时间随着深度的增加而推后。深度每增加10 cm，土壤日最高温和最低温出现的时间落后2.5~3.5 h。这是因为热量向下或向上传递都需要时间。

土壤温度日较差的大小主要取决于地面热量差额和土壤热属性，同时受纬度、季节、天气条件及下垫面状况等因素的影响。土温日较差一般是低纬度大于高纬度，内陆大于沿海，夏季大于冬季，晴天大于阴天，凹地大于平地，阳坡大于阴坡，干土大于湿土，裸地大于覆盖地。

(2)土壤温度的年变化

在北半球的中高纬度地区，土壤表面最热月平均气温出现在7~8月，最冷月平均气温出现在1~2月，分别落后于太阳辐射最强的6月和最弱的12月。低纬度地区，太阳辐射年变化小，地面温度主要受云量和降水的影响，故年变化较复杂。例如，海南因7月多云雨，最热月平均气温出现在6月；昆明因6月进入雨季，最热月平均气温出现在5月；赤道附近，在一年中太阳直射两次，土温年变化有两个起伏，最热月平均土温分别出现在春分和秋分以后，最冷月平均土温分别出现在夏至和冬至以后。

土温年较差随纬度的升高而增大(表 3-5)，这是因为太阳辐射的年变化随纬度的升高而增大。土壤的自然覆盖(夏季的植物覆盖和冬季的积雪覆盖)使土温的年较差减小。个别年份的特殊天气，如夏季降水多能避免土温过高，冬季积雪较多能减少冬季土温的降低，都使土温年较差减小，而且使土温最高月和最低月出现的时间提前或推迟。

表 3-5 不同纬度地面温度年较差

地名	纬度	年较差/℃	地名	纬度	年较差/℃
广州	23°08′N	15.9	北京	39°57′N	34.7
长沙	28°12′N	29.0	沈阳	41°46′N	39.8
汉口	30°38′N	29.8	哈尔滨	45°45′N	46.8
郑州	34°43′N	30.6			

注：引自中国气象科学数据中心——中国地面气象观测历史数据集。

土温的年变化随深度的增加而减小。到一定深度后，土温年变化消失，该深度以下称为年温恒定层。该层开始的深度，在低纬度地区为 5~10 m，中纬度地区为 15~20 m，高纬度地区约为 25 m。

一年中，土温最热月和土温最冷月出现的时间也随深度的增加而推后。在中纬度地区，通常每深入 1 m，推后 20~30 d。

3.1.2.2 土壤温度的垂直分布

由于太阳辐射和地面有效辐射的作用，土壤温度的垂直分布可归纳为日射型、辐射型和过渡型(混合型)3 种类型(图 3-5、图 3-6)。

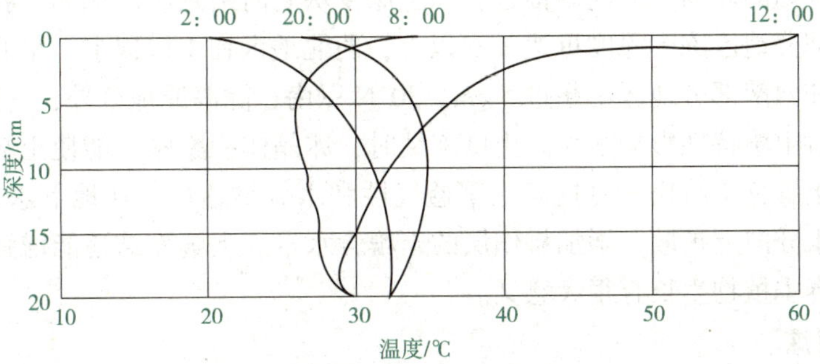

图 3-5 一天中土壤温度的垂直分布

①日射型。土壤温度随深度增加而降低，热量从上层往下层输送的类型。一般出现在白天(如 12：00)或夏季(如 7 月)，这是由于土壤表面首先增温而引起的。

②辐射型。土壤温度随深度增加而升高，热量从下层往上层输送的类型。一般出现在夜间(如 2：00)或冬季(如 1 月)，这是由于土壤表面首先强烈冷却而引起的。

③过渡型(混合型)。日射型和辐射型同时存在的类型，一般出现在昼夜交替和冬夏过渡的时候。例如，一天中 8：00 和一年中 4 月的土温垂直分布，上层为日射型，下层为辐射型；而一天中 20：00 和一年中 10 月的土温分布，上层为辐射型，下层为日射型，这两种类型都属于过渡型。

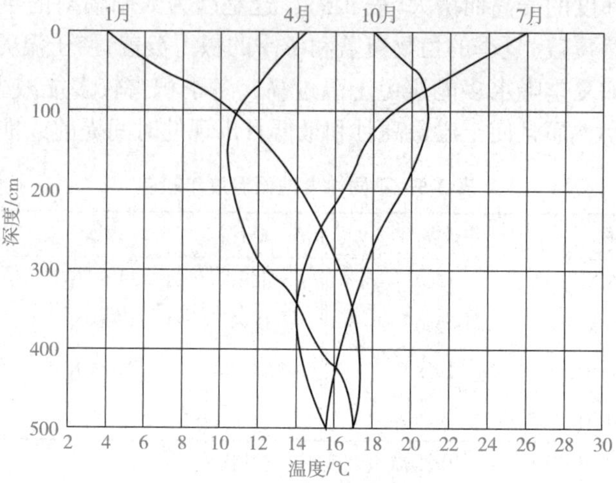

图 3-6　一年中土壤温度的垂直分布

3.1.2.3　土壤的冻结与解冻

(1) 土壤冻结

当土壤温度降低到0℃以下时，土壤中的水分结成冰，冻固了土粒，使土壤变得非常坚硬，这就是土壤冻结。冻结后的土壤称为冻土。由于土壤水分中含有不同浓度的盐分，其冰点比纯净水低，所以土温在0℃时并不冻结，只有在0℃以下时才会发生冻结现象。

土壤冻结往往在几次强冷空气自北向南爆发引起剧烈降温后出现。因此，从地理分布看，土壤冻结开始的时间由北向南推进，冻土深度从北向南减小。例如，我国东北地区及新疆、内蒙古部分地区冻土深度可达3 m以上，西北地区在1 m以上，华北地区在1 m以内，长江以南和西南部分地区不超过5 cm。30°N以南，除高原地区外，一般无冻土现象。

土壤冻结对土壤特性影响很大。土壤冻结时，冰晶体积膨胀，能使土粒破裂，孔隙度增大，解冻后土壤变得疏松，可提高土壤透气性和水分渗透性。在地下水位不深的地区，冻结能使下层水分向上扩散，增加耕作层的土壤含水量。土壤冻结还能增强浅根树种的抗风性。这些对春季植物生长有很大意义。

(2) 土壤解冻

春季由于太阳辐射增强，地面温度逐渐升高，土壤表层开始解冻，并逐渐向深层发展。在土壤解冻之初，由于冻土还未完全融化，上层土化冻后的水分不能下渗而造成地面泥泞，称为返浆。返浆有利于缓解当地的春旱。

3.1.3　林业上常用的温度指标

3.1.3.1　生物学温度

林木的各种生命活动过程，如光合作用、呼吸作用、蒸腾作用，以及植物的生长发育和地理分布等，均与土壤温度和气温密切相关。对林木生长发育和各种生理生化作用有重要影响的温度，称为生物学温度。通常用3个基本指标来表示，即生物学最低温度、生物学最适温度和生物学最高温度。

对于林木来说，生物学最低温度是某一生理活动起始的下限温度；生物学最适温度是某一生理活动最旺盛和最适宜的温度；生物学最高温度是某一生理活动能忍受的最高温度。在最适温度下，林木生长发育迅速而良好；在最低温度(或最高温度)下，林木停止生长发育，但仍维持生命。如果温度继续降低(或升高)，就发生不同程度的危害直至死亡。某一种温度对于林木的作用，不只取决于它的热能强度，还取决于作用时间的长短，同时因林木的发育阶段及生长状况的不同也有所不同。

生物学温度是最基本的温度指标，用途很广。在确定温度的有效性、树种种植与分布区域，计算生长发育速度及光合潜力等情形下，均需考虑以上3个生物学温度指标。

3.1.3.2 平均温度和极端温度

平均温度和极端温度通常用气温的平均值和极端值反映。平均温度包括日平均、候平均、旬平均、月平均和年平均温度，是用来说明一个地方温度的平均状况的。平均温度与林木的生长发育有一定关系，但有时并不能完全说明问题。例如，有时从日平均温度或年平均温度来看，对于林木的生长是适宜的，但最高温度和最低温度却产生不利的影响。又如，从林木要求的温度范围来看，尽管平均温度偏低，但在白天和生长季温度较高，仍能满足林木生长的要求。因此，除平均温度外，还需要用极端温度表示温度的变化范围。

3.1.3.3 界限温度

具有普遍意义、能标志某些重要物候现象的开始、终止或转折点的温度，称为界限温度。一般界限温度取日平均温度0℃、5℃、10℃、15℃、20℃。这些温度的起止日期和持续时间在林业生产上有重要意义。

春季日平均气温稳定高于0℃的日期表示土壤解冻、积雪融化，田间作业开始；秋季日平均气温稳定降到0℃以下的日期表示土壤冻结的开始和田间作业的停止。日平均气温在0℃以上的持续期为温暖期，在0℃以下的持续期为寒冷期。

在温带地区，春季或秋季日平均气温稳定通过5℃的日期，表示大多数林木开始生长或停止生长。5℃以上的持续期为生长期。

10℃以上的持续期为温带树种的活跃生长期。

15℃以上的持续期为暖温带树种的活跃生长期。

20℃以上的持续期为热带、亚热带树种的活跃生长期。

界限温度具有一定的概括性，如确定5℃为多数温带树种生长的界限温度，但就某一具体树种而言，可能有1~2℃的差异，只是比较接近，共同使用同一指标，即界限温度是对同类指标的近似概括值。

3.1.3.4 一定温度持续期

林木在生长发育过程中，不仅要求一定的温度范围，而且要求有相当长的持续期。温带和寒带树种除了要求适宜生长发育的一定温度的持续期外，还要求一定低温的持续期。据研究，云杉的生长要求气温不低于 24℃的持续时间 65 d 和低于 0℃的持续时间100 d。新疆的塔杨移栽到福建，由于始终得不到所需的低温，虽可生长，但不结实。

3.1.3.5 温度变幅

温度日变化还常与其他气象要素的日变化相结合，对林木的光合作用、呼吸作用产生影响。

白天光合作用与呼吸作用同时进行，夜间只进行呼吸作用。因此，在昼夜温度变化不超过植物所能忍受的最高温度和最低温度的情况下，白天温度较高时，往往也有较强的日照，有利于光合作用，积累较多的有机物质；夜间温度降低，呼吸作用减弱，消耗积累物质少，可使林木迅速生长。但有时也由于白天蒸腾耗水较多，水分供应不足而导致光合作用降低。

3.1.3.6 积温

林木的生长发育除了要求一定的温度范围和温度持续期外，还对积温有一定的要求。所谓积温，是指树木完成其生活周期或完成某一生长发育阶段所需的一定温度总量。积温可分为活动积温和有效积温两种。

(1)活动积温

活动积温是指林木某一生长发育期或整个生长发育期内等于或高于生物学最低温度的全部温度总和，见式(3-4)，或可表示为某一段时期内的平均气温与该时期天数的乘积，见式(3-5)，即

$$A = \sum_{i=1}^{Y} (X_i \geqslant X_0) \tag{3-4}$$

或

$$A = X \times Y \tag{3-5}$$

式中 A——活动积温，℃；

Y——完成某生长周期或发育阶段经历的天数，d；

$X_i \geqslant X_0$——该时期内等于或高于生物学最低温度的日平均温度，℃；

X_0——生物学最低温度，℃；

X——该时期内 $X_i \geqslant X_0$ 的温度值之和除以 $X_i \geqslant X_0$ 的天数得到的日平均气温，℃。

(2)有效积温

有效积温是指林木某一生长发育期或整个生长发育期内超出生物学最低温度的温度值总和，见式(3-6)，或可表示为某一段时期内的平均气温减去生物学最低温度，其值与该时期天数的乘积，见式(3-7)，即

$$K = \sum_{i=1}^{Y} (X_i \geqslant X - X_0) \tag{3-6}$$

或

$$K = (X - X_0) \times Y \tag{3-7}$$

式中 K——有效积温，℃；

$X_i \geqslant X - X_0$——第 i 天超出生物学最低温度的温度值($X_i \geqslant X_0$)，℃；

其余符号含义同上。

一般来说，在研究林木对热量的要求、作物生育期的预报以及病虫的预测预报等工作中，常采用有效积温。在气候分析、气候区划工作中，则多采用活动积温，它基本上能够反映某一地区的热量多少。

积温在生产中有着广泛的用途。例如，在林业生产中的引种、林木物候期、病虫害发生期的预报，以及生产经营活动安排等工作中，积温均可提供一定的科学依据。

实践技能 3　气温和土温的观测

一、目标

了解常用温度表的构造原理，熟悉温度表的种类、用途及安装，掌握温度表的使用以及气温、土温的观测方法，具备对温度观测资料进行一般整理和分析的能力。

二、场所

实验室，气象观测场或校园。

三、形式

先以小组为单位，由教师介绍常用温度表的有关知识以及气温、土温的观测方法，然后以个人为单位，在教师的指导下进行实际观测。

四、材料与用具

预先在气象观测场内安装好两套仪器：百叶箱内安装干球温度表、湿球温度表、最低温度表、最高温度表，观测地温地段安装地面温度表、地面最低温度表、地面最高温度表、曲管地温表(分别测定 5 cm、10 cm、15 cm、20 cm 深的土壤温度)；观测记录纸若干；各温度表的订正值表。

五、内容与方法

（一）气温和土温的人工观测

1. 温度表的构造原理

测定气温和土壤温度用的温度表都是玻璃液体温度表，其构造主要分为 4 部分(图 3-7)，即感应部分、毛细管、刻度磁板和外套管。温度表的感应部分是一个充满测温液体的球部，其外形有球状或柱状等。毛细管一端封闭，另一端与感应部分相连。这种温度表就是利用感应液体会随温度改变而引起体积膨胀的特性，由毛细管中液柱的位置变化来测定温度的。感应部分和毛细管的一部分充满感应液体。通过毛细管后面的刻度磁板读出温度的具体数值。常用的感应液体(或测温液)有水银和酒精两种，其中又以水银居多。因为水银的比热小、导热系数大、沸点高、内聚力大，用水银作为感应液体可以使温度表有较高的测温精度。但由于水银的凝固点较高(-38.9℃)，故不宜用来测量低温。而酒精的凝固点较低(-117.3℃)，可以代替水银测低温。但酒精的膨胀系数不稳定、易挥发、与玻璃有浸润作用，误差较大，故不常采用。

2. 气象观测中常用温度表

（1）普通温度表

普通温度表即一般的套管式玻璃液体温度表，其感应液体为水银。温度表的球部有球形、桃形、圆柱形等。测定空气温度和湿度用的干球温度表、湿球温度表、地面温度表和曲管地温表都属于这种类型。

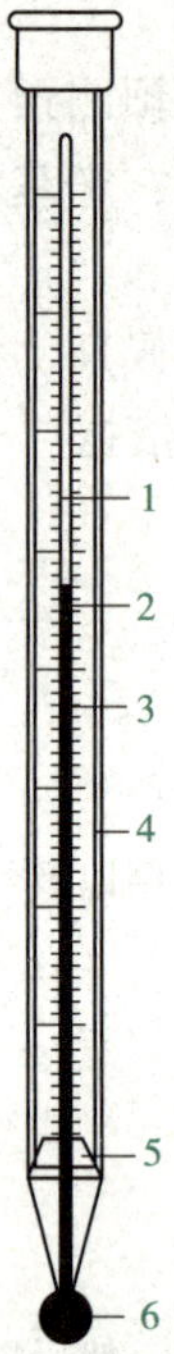

1.毛细管；2.水银柱；3.刻度磁板；4.外套管；5.鞍托；6.感应部分。

图 3-7　干球温度表（套管式）

曲管地温表一套共 4 支，分别用来测定深度为 5 cm、10 cm、15 cm、20 cm 土壤的温度。

曲管地温表的球部为圆柱形，球部与表身弯曲成 135°。4 支温度表的长度不同，安装后其读数部分裸露在地面以上。为了防止套管内空气的对流，套管内刻度板以下部分用棉花充填。

（2）最高温度表

最高温度表是用来测定一定时段内的最高温度的，其感应液体为水银。

如图 3-8 所示，最高温度表在接近球部的内管里镶有一根玻璃针尖，使球部与毛细管之间形成一个窄口。当温度上升时，球部内的水银膨胀，压力增大，迫使水银挤过窄口上升到毛细管内；当温度下降时，球内水银收缩，但由于无足够的压力使水银挤过窄口回到球部，水银在窄口处断开。这样，窄口以上的水银顶端就保持在过去曾感受到的最高温度示度处。

为了防止毛细管内的水银受重力影响下滑，从而改变示度，最高温度表应平放，球部稍低。

（3）最低温度表

最低温度表是用来测定一定时段内的最低温度的，感应液体为酒精。

如图 3-9 所示，最低温度表的毛细管比一般水银温度表的粗，毛细管的酒精柱内有一蓝色的哑铃状游标。当温度下降时，酒精柱收缩下降，借助酒精柱顶端表面张力的作用，带动游标一齐下降；当温度上升时，酒精可以绕过游标，从游标与毛细管壁间的缝隙上升，而不致带动游标。所以，游标远离球部一端的示度即为前一段时间内温度表曾感受到的最低温度。

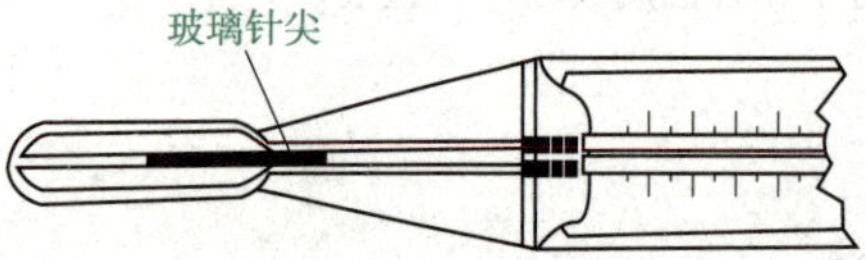

图 3-8　最高温度表（表身局部）

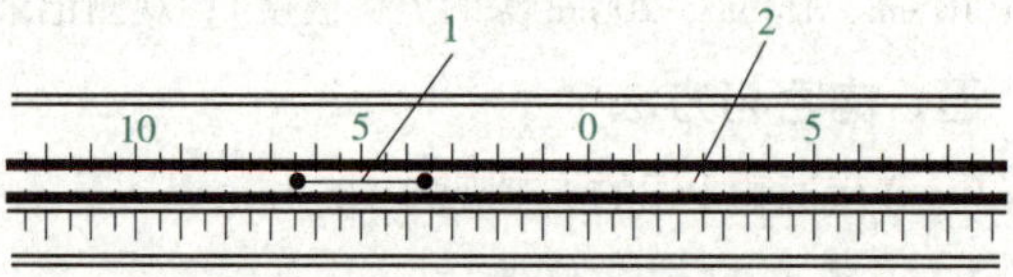

1. 游标；2. 酒精柱。

图 3-9　最低温度表（表身局部）

为防止游标因重力下滑，在使用时也应将最低温度表平放，球部稍高。

3. 气温和土温观测

（1）室内练习

在室内熟悉各种温度表的形状、构造和性能。可以用手掌或温水作热源，模拟温度升降变化，并练习读数（保留 1 位小数）和订正。

（2）仪器安装

①气温表的安装。气温表必须安装在特制的百叶箱内的温度表支架上。其中干、湿球温度表应垂直挂在铁支架两端的环内，干球温度表在东边，湿球温度表在西边，球部朝下，球部中心离地面 1.5 m。湿球的下方固定一个带盖的水杯，杯口离湿球约为 3 cm。最高、最低温度表分别水平安放在支架下部的横梁钩上，球部朝东，离地面分别为 1.53 m 和 1.52 m（图 3-10）。

②地温表的安装。地面温度表和曲管地温表安装在观测场南侧、面积为 2 m×4 m 的裸地上，地表应

疏松、平整、无杂草，且与整个观测场地面相平。

地面温度表的安装：3 支地面温度表并排平放在地段中央偏东的地面上，球部向东，由北向南依次为地面温度表、地面最低温度表、地面最高温度表，表身相距 5 cm。球部和表身一半埋入土中，一半露在地面上边[图 3-11(a)]。不可用土掩埋整个球部。

曲管地温表的安装：曲管地温表安装在地段中央偏西的土层中。按 5 cm、10 cm、15 cm、20 cm的顺序自东向西排列，各温度表之间相距 10 cm[图 3-11(b)]。5 cm 的曲管地温表距离地面最低温度表头 20 cm。安装时球部向北。

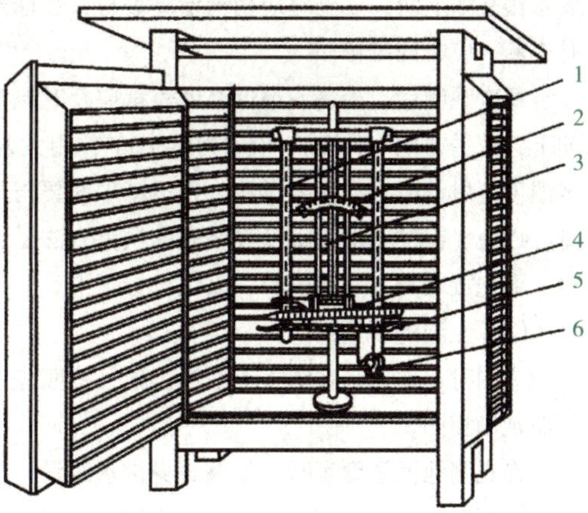

1. 干球温度表；2. 湿球温度表；3. 毛发湿度表；
4. 最高温度表；5. 最低温度表；6. 水杯。

图 3-10　百叶箱内部

安装时，在埋设地段的地面上画出安装位置，然后挖一条长约 40 cm、宽约 20 cm 东西向小沟。沟的北壁为一垂直面，南壁与地面呈 45°斜坡(图 3-12)。沟底由东向西逐渐加深，并呈阶梯状(共 4 个阶梯)，各阶梯距地面的垂直深度分别为5 cm、10 cm、15 cm和 20 cm。沟底与沟坡的土层要压紧。而后，将各支温度表按顺序背靠南壁放入沟中，并与沟底相贴。最后培土将沟填平。填土时，土层也须适度压紧。

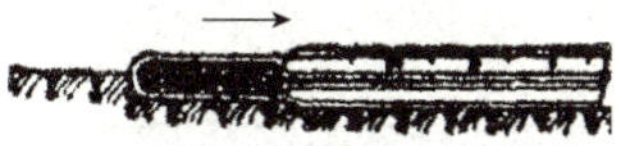

(a) 地面温度表安装示意(表身局部)

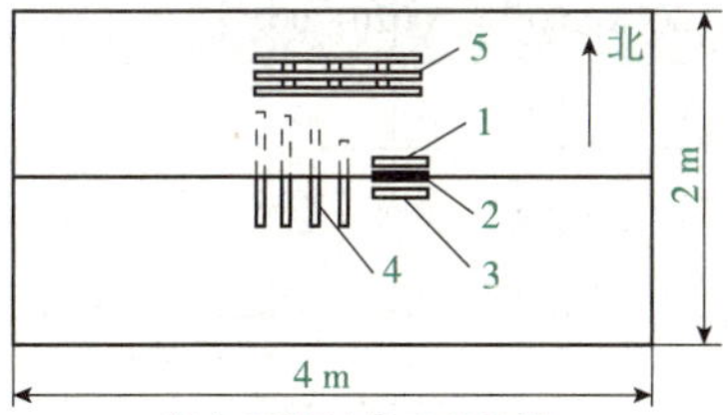

(b) 安装地温表的地段
1.地面温度表；2.最低温度表；3.最高温度表；
4.曲管地温表；5.踏板。

图 3-11　地面温度表安装示意

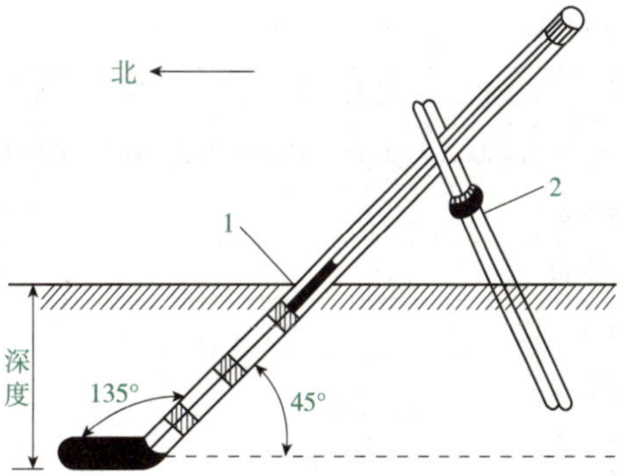

1. 红漆记号；2. 支架。

图 3-12　曲管地温表安装示意

为便于正确安装曲管地温表和日后检查深度变化，在温度表上有一红漆记号，安置后的土面应与记号齐平。

为了在观测时不践踏土壤，应在曲管地温表北面 40 cm 处沿东西方向设置一踏板。踏板长100 cm，宽约 30 cm。

4. 气温和土温的观测与记录

每天 2：00、8：00、14：00、20：00 进行 4 次气温和土温的观测(表 3-6、表 3-7)。其中，最高温度表和最低温度表只在 20：00 观测 1 次。

(1) 气温的观测

轻轻打开百叶箱，按干球温度表、湿球温度表、最高温度表、最低温度表的顺序读数记录，复读后调整最高温度表和最低温度表。

温度表读数时应注意：动作要迅速，先读小数，后读整数；视线应与水银柱顶端表面相切，最高温度表水银柱如上滑，观测时应稍稍抬高表身，让球部朝下，使水银柱下滑后再读数；最低温度表的酒精柱如有中断，应收回维修。

每次观测后，最高、最低温度表都应及时调整。最高温度表的调整方法是，用手握住表身中部，球部朝下，把手臂向下伸直，向前伸出约 30°，用大臂在前后 45°范围内甩动，直至水银柱示度接近当时的干球温度。甩动时，动作要迅速，且甩动平面要与刻度板的刻度面一致。放回原处时，应先放球部，后放表身，以免水银柱上滑。最低温度表的调整方法是，将球部向上抬起，使游标落在酒精柱的顶端。放回原处时，要先放表身，后放球部，以免游标下滑。

（2）土温的观测

观测时，要求踏在踏板上俯视读数，按照先地面后地中、由浅到深的顺序进行观测记录。观测方法和气温观测相同。

在观测地面温度表时，如果表身被水淹没，应水平地将其从水面取出，并迅速读数，记录后将表内水排除，把表重新安放好，并在备注栏注明“地温表被水淹没”。

若地面温度表被雪覆盖，应于观测前 10 min 将其取出置于雪面上，球部及表身一半埋入雪中。

夏季炎热的时候，8：00 观测后，将地面最低温度表收回，放于阴凉处，到 20：00 观测前重新调整放回原处。

当地面温度低于−36℃时，停止观测地面和最高温度表，将其收回室内，而只用最低温度表进行观测。其酒精柱示度为地面温度；游标示度为地面最低温度。

表 3-6　气温的观测记录

观测时间：________年______月______日　　　　　　　　　　　　　　　　℃

测量项	读数				器差				订正后				合计	平均
	2：00	8：00	14：00	20：00	2：00	8：00	14：00	20：00	2：00	8：00	14：00	20：00		
干球温度表														
湿球温度表													—	—
毛发表														
最高温度表													日最高	
最低温度表													日最低	
水汽压														
相对湿度														
露点温度													—	—
饱和差													—	—

表 3-7　土温的观测记录

观测时间：________年______月______日　　　　　　　　　　　　　　　　℃

深度	读数				器差				订正后				合计	平均
	2：00	8：00	14：00	20：00	2：00	8：00	14：00	20：00	2：00	8：00	14：00	20：00		
0 cm														
地面最高													日最高	
地面最低													日最低	
5 cm														

（续）

深度	读数				器差				订正后				合计	平均
	2：00	8：00	14：00	20：00	2：00	8：00	14：00	20：00	2：00	8：00	14：00	20：00		
10 cm														
15 cm														
20 cm														

曲管地温表被雪覆盖而无法读数时，可以不进行读数。若估计积雪会很快融化，可把表身的积雪除去，然后读数。

冬季地面结冻前，应将全部曲管地温表取回。取回的时间最好在旬底、月底、年底，以便于统计。翌年地面解冻后，再把曲管地温表放回原处，继续观测。

夏季预计可能降雹时，应提前用防护罩把地面温度表和曲管地温表罩好，以免被冰雹损坏。

5. 整理观测记录

（1）器差订正

读出温度表的示值（保留 1 位小数）后，要做器差订正。订正值在每支温度表所附的检定证上查得。例如，3366 号温度表的检定证见表 3-8，某时刻温度读数为 20.3℃，由检定证查得，订正值为-0.1，订正后的温度值为 20.2℃。

表 3-8　各温度示值的订正值　　℃

示值		订正值	示值		订正值
由	至		由	至	
-30.0	-20.1	+0.1	-4.9	+5.0	0.0
-20.0	-15.0	+0.2	+5.1	+35.0	-0.1
-14.9	-5.0	+0.1	+35.1	+40.0	-0.3

（2）日最高、最低值的确值

从当日最高、最低气温和各定时气温（包括前一天 20：00 气温）中挑选最高、最低值，即为当日真正的最高、最低气温。

从当日地面最高、最低温度和各定时地面温度（包括前一天 20：00 地面温度）中挑选最高、最低值，即为当日真正的地面最高、最低温度。

（3）求算日平均温度（$\overline{T}_{日}$）

①4 次观测时。

日平均值用下式计算：

$$\overline{T}_{日}=\frac{1}{4}(t_2+t_8+t_{14}+t_{20}) \tag{3-8}$$

式中　t_2，t_8，t_{14}，t_{20}——分别表示 2：00、8：00、14：00、20：00 的定时观测值，对应气温或土温，℃。

②3 次观测时。

气温：2：00 气温以订正后的自记记录代替。无自记仪器的，2：00 气温用 1/2×（当日最低气温+前一天 20：00 气温）求得。

其平均气温可用下式计算：

$$\overline{T}_{日}=\frac{1}{4}\left[\frac{1}{2}(t'_{20}+t_{min})+t_8+t_{14}+t_{20}\right] \tag{3-9}$$

式中 t'_{20}——前一天20：00气温,℃；

t_{min}——当日最低气温,℃；

其余符号同前。

土温：2：00地面(0 cm)温度用1/2×(当日地面最低温度+前一天20：00地面温度)求得。

地面(0 cm)温度的日平均值可用下式计算：

$$\overline{T}_{日}=\frac{1}{4}\left[\frac{1}{2}(t'_{20}+t_{min})+t_8+t_{14}+t_{20}\right] \tag{3-10}$$

式中 t'_{20}——前一天20：00地面(0 cm)温度,℃；

t_{min}——当日地面最低温度,℃；

其余符号同前。

在计算5 cm、10 cm地温的日平均时，2：00的记录可用8：00的记录代替，其日平均可按下式计算：

$$\overline{T}_{日}=\frac{1}{4}(2\times t_8+t_{14}+t_{20}) \tag{3-11}$$

另外，2：00的15 cm、20 cm地温可作空白不计，它们的日合计、日平均可按3次记录统计。

6. 注意事项

①观测气温和土温时，不能用手触摸温度表球部，且切勿将温度表拿离原处读数。

②最高温度表、最低温度表调整后，一定要注意安放的先后顺序。

③温度表读数时，视线应与观察面顶端相切，并注意复读，避免错漏。

④按照要求做好检查、维护工作。

(二)气温和土温的自动观测

1. 观测仪器

自动观测时由自动气象站完成气温的自动观测、存储和传输。

2. 观测时间

自动观测时，每日每小时观测1次，自动观测的定时观测数据是正点的观测数据。正点，即为每小时的0分。

3. 观测内容

自动观测时，应测定每分钟、每小时气温，记录每小时最高气温、最低气温及其出现的时间。

4. 观测和数据处理

(1)采样

不能实现多线程采集时，采样顺序为：气温、地温。测量要素的每分钟平均值为瞬时气象值。平均值在等时间间隔内取得(表3-9)。

表3-9 气象要素采样频率

测量要素	采样频率次/min	测量要素	采样频率次/min
气温	不低于6	地温	不低于6

(2)数据存储

至少应储存最近3 d的每分钟和每小时正点观测数据。采集器内部的数据存储器应具备掉电保存功能。

5. 算术平均法计算数值

气温和地温采样频率为 6 次/min，去掉一个最大值和最小值，余下的 4 个采样值求算术平均值。

六、报告要求

独立完成对气温和土温的观测记录，并进行读数的订正、极值的挑选和日合计、日平均的计算。然后绘制一天土温的垂直分布图，并进行分析。要求数据齐全，计算结果正确，分析结论准确。

3.2 温度的生态作用

3.2.1 温度对树木生理活动的影响

树木的各种生理活动只能在一定温度范围内顺利进行，通常用生物学的最低温度、最适温度和最高温度说明其关系。在最低温度与最适温度范围内，温度升高，生理生化反应加快；温度降低，生理过程减慢。不同树种、不同发育期、不同生理过程及不同环境条件对于三基点温度的要求是不同的(表 3-10、表 3-11)。

表 3-10 温带树种的三基点温度 ℃

生理过程	三基点温度		
	最低温度	最适温度	最高温度
光合作用	5~6	20~30	40~50
呼吸作用	-10	30~40	50
种子发芽	0~5	25~30	35~40
林木生长	5	25~30	35~40

表 3-11 各地各类树种光合作用的最适温度 ℃

树种	温度	树种	温度
热带、亚热带常绿树种	25~30	常绿针叶树种	10~25
温带树种	20~35	干旱地区的树种	15~35

从表 3-10 可见，温带树种呼吸作用比光合作用的适应温度范围大，最适温度也较高。例如，落叶松的芽在-25~-20℃时还有微弱的呼吸；乔木树种在超过 50℃的高温时，呼吸作用才迅速下降。因此，在温度达到光合作用的最高温度时，树木的光合作用已基本停止，而呼吸作用仍在旺盛进行，此时不仅不能积累有机物质，而且会消耗已贮藏的有机物质，所以长时期的高温，有时会导致树木因饥饿而死亡。

温度对树木的蒸腾作用有两个方面的影响：一方面，温度的变化影响空气湿度(饱和差)，从而影响树木的蒸腾作用；另一方面，温度的变化直接影响叶片温度和气孔的开闭，并能使角质层蒸腾与气孔蒸腾的比例发生变化。温度越高，角质层蒸腾与气孔蒸腾的比例越大。在一定范围内，蒸腾作用随温度的升高而加强，温度升高到一定程度，蒸腾作用达到最强。蒸腾过大而树木吸水没有相应提高时，则产生萎蔫，甚至死亡。

3.2.2 温度对树木生长发育的影响

3.2.2.1 温度对树木种子发芽的影响

树木种子的萌发与环境的温度密切相关，适宜的温度条件有利于促进酶的活性，加速种子的生理生化反应，从而加速种子发芽。一般温带树种种子发芽的最低温度为0~5℃，最高温度为35~40℃，最适温度为25~30℃。但不同树种种子发芽的最适温度不同。油松、侧柏、刺槐等种子为23~25℃，马尾松为25℃，落叶松为25~30℃，杉木为22℃。但也有些温带和寒温带树种的种子和越冬芽必须经过一段低温时期，才能顺利萌发。

3.2.2.2 温度对树木生长量的影响

一般在0~35℃时，温度越高，树木生长越快。因为温度上升，酶的活性增强，细胞膜透性增大，树木对生长所必需的水分、二氧化碳、盐类的吸收增多，光合强度提高，从而促进细胞的分裂和伸长，加速了树木的生长。不同树种或同一树种的不同发育阶段对温度的要求不同。例如，热带树种要求月平均温度在18℃以上才能开始生长，亚热带果树（如柑橘等）在15~16℃开始生长，温带果树在10℃，甚至低于10℃就开始生长。

在一年中，从树液流动开始到落叶为止的日数，称为树木的生长期。不同树种的生长期长短不同，生长期的长短还常随地区温度条件而异。我国南方树种的生长期大多比北方树种长，特别是在湿润的热带，树木全年都在生长。例如，生长期为20年的马尾松的平均数据，在广西树高为17.95 m，胸径为20.43 cm，材积为0.273 82 m^3；而在其北界河南，树高仅为8.3 m，胸径为7.75 cm，材积降到0.021 64 m^3。

3.2.2.3 温度对树木根系的影响

温度直接影响地下部分根系的生长及其对水分、矿物质的吸收。土温降低时能增加水分的黏度，从而降低水分及溶质进入根细胞的速度，并妨碍它们在体内的运转。喜温树种比耐寒树种受低温影响更为显著。过高的土温能使根系过早成熟与木栓化，减少了吸收的总面积；高温还会破坏根细胞内酶的活性，破坏根的正常代谢过程，从而影响根的吸收能力。

土温稍低于气温对植物吸水、吸肥有利，因为根系生长温度比地上部分生长温度低，除了土壤过分干燥和冻结外，树木根系几乎全年都能生长。所以北方在土壤冻结前、春季土壤解冻后造林，南方在冬季造林。

3.2.2.4 温度对树木开花结实的影响

一般来说，温度越高，树木发育越快，果实成熟越早。但一些树种的花芽分化和开花必须经过低温过程，如果得不到所需要的低温就不能开花。因为低温的刺激能引起种子一系列生理生化反应，促进发育。例如，需在适当低温条件下开花的桂花，当温度升至17℃以上时，会抑制花芽的膨大，使花期推迟。因此，低温是限制它们向暖气候区扩展的主要原因。又如，我国从地中海沿岸引种到广西柳州以南的油橄榄，因冬季低温不足而很少开花结实。多数树种开花结实阶段时的最适温度比生长最适温度高。所以，树木开花结实时，若遇低温易受严重危害。

3.2.3 温度对树种分布的影响

温度不仅影响树木的生理活动和生长发育，而且制约树种的分布。主要表现在：每一树种只能在各自所适应的温度范围内生长，同时需要有一定的热量累积(积温)才能完成其正常的生活周期。

(1)极端温度(高温、低温)常是限制树种分布的最主要条件

高温会使树木呼吸作用过强、光合作用减弱、代谢平衡失调，且树木在高温地区缺少必要的低温刺激而不能开花结果。而低温限制主要表现在代谢失调、组织结冰，导致机械组织损伤。例如，由于高温的限制，白桦、云杉在自然条件下不能在华北平原生长；苹果、梨、桃等不能在热带地区栽培；在长江流域和福建等地，黄山松因高温限制，只能分布在海拔1000~1200 m，在此海拔以下，黄山松则由马尾松代替。可见，海拔1000~1200 m是黄山松的高温界限，是马尾松的低温界限。杉木和马尾松的北界分别是秦岭和淮河。樟树的北界是长江北岸。受到低温的限制，橡胶、可可不适于在亚热带地区栽种。

(2)积温表示树种在生长发育过程中对热量的要求

不同树种在整个生长发育过程中要求的积温不同，如柑橘需要4000~5000℃的有效积温(生物学最低温度为10℃)，椰子需要5000℃以上，紫丁香开花需有效积温202℃，而刺槐则为374℃。在自然条件下，一般对积温要求高的树种，只能分布在较低的纬度，如椰子、橡胶树、槟榔、咖啡等分布在热带，柑橘、茶、棕榈分布在亚热带；对积温要求低的树种则分布在纬度较高的地区，如红松、落叶松、樟子松、水曲柳、桦树、黄波罗等。

3.2.4 树种对温度的适应

树种对温度条件的要求，是树木在系统发育过程中对温度条件长期适应的结果。按照树种对温度的要求程度，可把树种分为3种生态类型。

(1)耐寒树种

有较强的耐寒性，对热量不苛求，如落叶松、红松、樟子松、白桦、山杨、云杉、冷杉、黑桦等。

(2)喜温树种(不耐寒树种)

要求生长季有较多的热量，耐寒性较差，如椰子、橡胶树、榕树、柑橘、樟树、杉木等许多热带、亚热带起源的树种。

(3)半耐寒树种

对热量要求和耐寒性介于上述二者之间，可在比较大的温度范围内生长，如松、桑、椴、杨、柳、核桃楸、鹅耳枥、栎、刺槐等。

温度是限制树木分布的重要因素，但并非唯一因素。其他如光照、水分、土壤等也都能限制树种的分布。因此，在具体分析树种分布时，除注意温度条件外，还必须全面考虑各生态因子的综合影响。

3.2.5 树木对温度节律性变化的反应

在自然界中，温度随昼夜和季节而发生有规律的变化，称为节律性变温。树木长期适应这种变温结果，能从生长发育等方面反映出温度的这种节律性变化的特点。

3.2.5.1 昼夜变温与温周期

植物对温度昼夜规律性变化的反应，称为温周期现象。它主要影响植物种子的发芽、生长、产品质量等方面。有些种子在恒温与变温下发芽同样良好，但大多数种子在交替变温条件下发芽率更高。更重要的是，在最低温度与最高温度范围内，昼夜温差越大，越有利于营养物质的积累，以及提高植物的生长量和品质越。温周期对树木的有利作用，是因为白昼适当高温有利于光合作用，夜间适当低温使呼吸作用减弱，从而使净积累增多。例如，西藏东部林区的生物生产力比沿海同纬度地区要高得多。在四川宜宾地区马尾松蓄积量为268 m^3，而浙江永嘉地区同一龄级马尾松蓄积量仅为201 m^3。有些树种的幼苗对温周期有强烈的反应。在不同的昼夜温度组合下进行火炬松育苗，昼夜温差最大的一组生长最好(苗木高度32.2 cm)，恒温的一组生长最差(苗木高度10.9 cm)。果树栽培中也有类似的情况，如白天温度较高，夜间温度较低，则苹果直径较大，果色鲜艳，品质好。

3.2.5.2 季节变温与物候

植物长期适应一年四季温度的节律性变化，形成与此相适应的生育节律，称为物候。植物发芽、展叶、现蕾、开花、结果、果实成熟、叶变色、落叶、休眠等生长发育阶段都与一定的季节气候相关。各个生长发育阶段的开始和结束的具体时期，称为物候期。大多数植物在春天地面温度回升时开始发芽、现蕾、生长；夏季气温较高时开花、结实；秋末气温下降、天气转凉时落叶，进入休眠。

树木的物候现象还与过去一段时间的温度高低直接相关，每个物候需要一定的积温，它反映过去一个时期内气候和天气的累计，是比较稳定的形态表现。一年中只有经过冬季低温和夏季高温的变化，植物才能完成正常的生长发育过程。多年的物候资料可作为指导林业生产和制定营林措施的依据。

3.3 极端温度对树木的危害

温度除了节律性变化外，还经常发生非节律性变温，包括温度的突然降低和突然升高。这种突然出现的极端温度对林木影响很大，往往会对林木造成危害。

3.3.1 极端低温对树木的危害

3.3.1.1 霜冻

(1)霜冻的概念

霜冻是指在植物生长季节，地面、植株表面和近地面气层的温度突然下降到0℃以下，致使植物遭受冻害或死亡的现象。春季树木开始生长时或秋季树木停止生长前，枝条尚未木质化，气温突然降至0℃以下，就会发生霜冻，使林木受害。出现霜冻时，如果空气中水汽饱和，植物表面有霜；如果空气中水汽未达饱和，不出现霜，但温度已降到0℃以下，植物仍受伤害，这种霜冻称为黑霜冻。

林木受冻害的程度与降温的速度、持续时间以及温度回升的快慢有关。逐渐降温，树木不易受害，而突然降温或交错降温(冷热变化频繁)和持久降温，会使植物严重受害，甚至死亡(表3-12)。不同植物或能忍受最低温度的能力不同，所以受害的指标也不同(表3-13)。一般来说，同一种植物不同生长发育期能忍受最低温度的能力也不同，休眠期抗寒能力最强，营养生长阶段居中，生殖生长阶段最弱。此外，植物幼苗期的抗寒力也比较弱。

表3-12 降温速度与樱桃受害程度 %

降温速度	冻死率
温度缓慢降至-12℃，后由-12℃迅速降至-20℃	15
温度迅速降至-12℃，后由-12℃缓慢降至-20℃	75
温度一开始就迅速下降，直至-20℃	96
温度一开始就缓慢下降，直至-20℃	3

表3-13 几种热带、亚热带树种受害指标 ℃

树种	开始受冻的温度	严重受冻的温度	致死温度(地上部分)
毛竹	-5	-15~-12	<-20
温州蜜柑	-7	-9	-11
桉树	-10	—	—
油橄榄	-10~-7	-15	—
木麻黄	<10	5	—
橡胶树	5~2	0	0

(2)霜冻的种类

①按霜冻发生的季节分类。霜冻一般发生在秋季和春季，因而有早霜冻和晚霜冻之分。秋季发生的霜冻为早霜冻，春季发生的霜冻为晚霜冻。第一次早霜冻称为初霜冻，最末一次晚霜冻称为终霜冻。各年因气候条件不同，初霜冻和终霜冻发生的早晚不同。

春季正值林木萌芽，秋季苗木或新梢尚未木质化，因此，初霜冻和终霜冻对植物危害最大。初霜冻发生越早，终霜冻结束越晚，对植物的危害越大。

从初霜冻到终霜冻之间的时间，称为霜期；而从终霜冻到初霜冻之间的时间，称为无霜期。一般无霜期长对植物生长发育有利。

②按霜冻形成的原因分类。霜冻的形成不仅与寒潮、冷空气活动有关，而且受夜间地面辐射冷却程度的影响。按其成因可分为3类。

a. 平流霜冻。由于大规模强冷空气的侵袭而形成的霜冻，称为平流霜冻。这种霜冻因冷空气侵袭的范围较大，所以霜冻危害区域较广，持续时间也较长，一般3~4 d。有时虽然温度不是很低，但因阴冷天气时间长，热带作物也会受到严重危害。平流霜冻多在初春和晚秋或冬季强大寒潮爆发时在南方出现。

b. 辐射霜冻。在寒冷、晴朗、无风或微风的夜晚，由于地面或植物表面辐射冷却降温而形成的霜冻，称为辐射霜冻。多出现在土壤还没有足够增热的早春和土壤已经强烈冷却的晚秋。它一般发生在夜晚和清晨，日出后终止。但在强冷高压控制下可连续几个夜晚出现。辐射霜冻的发生是局部的，它的强弱受地形、地势和土壤性质的影响较大，所以一般出现在谷底、洼地干松的土壤和枯枝落叶层。

在森林边缘和林冠下的幼树，因受到森林的保护，夜间热量损失较少，一般不易出现辐射霜冻。因此，在造林时多采用择伐作业，这样可减少林中幼树受霜冻危害的概率，有利于森林更新。

c. 平流辐射霜冻(混合霜冻)。在冷空气入侵和夜间辐射冷却共同作用下形成的霜冻，称为平流辐射霜冻。入侵的冷空气温度在0℃以上，并不足以形成霜冻。但因夜间的辐射冷却，促使地面和贴近地面的气层温度降到0℃以下，形成霜冻。这种霜冻常出现在初秋和晚春，一个地区每年的初霜冻和终霜冻多属平流辐射霜冻。春季正值植物发芽时期，秋季作物成熟，这时出现的霜冻危害最为严重。

(3)影响霜冻的因素

霜冻的发生和严重程度首先取决于天气条件，其次是当地的自然条件，如地形和下垫面的状况等。

①天气条件的影响。当冷空气入侵时，地面为冷高压控制，天空中无云或少云，空气湿度小，有利于地面和贴地层的辐射冷却，地面有效辐射最大，所以容易出现霜冻。

②地形地势的影响。洼地、盆地、山谷等地形，由于冷空气易于聚积而不易分散，所以霜冻较重，持续时间也较长(表3-14)；从山的各部位来说，山脚霜冻最重，山坡中段最轻，山顶只有比较轻的平流霜冻。农谚中的“风打山梁霜打洼”就是霜冻的生动写照(图3-13)。不同的坡向和坡度对霜冻的影响也不同，大体上是北坡重，南坡轻；东坡及东南坡重，西坡及西南坡轻；陡坡比缓坡轻。平流霜冻则迎风坡比背风坡危害严重。

表3-14 不同地形发生霜冻的危害程度

地　形	冷空气径流特征	危害程度
山顶和斜坡上部	流出	最小
平原和平坦的山顶	没有流出	中等
广阔平坦的谷地	微弱地流入	中等以上
窄而弯曲的谷地	流入大于流出	大
盆地	只有流入	最大

③下垫面的影响。在干燥而疏松的砂土上，霜冻的发生比在潮湿而紧实的黏土上频繁，强度也较大，这主要是由于它们的热容量和导热率不同。在临近湖泊或水库的地方霜冻轻，并且早霜冻来得迟，晚霜冻结束得早。

此外，在村庄或树林保护下的田地霜冻轻些，林中空旷地的霜冻有时重些。

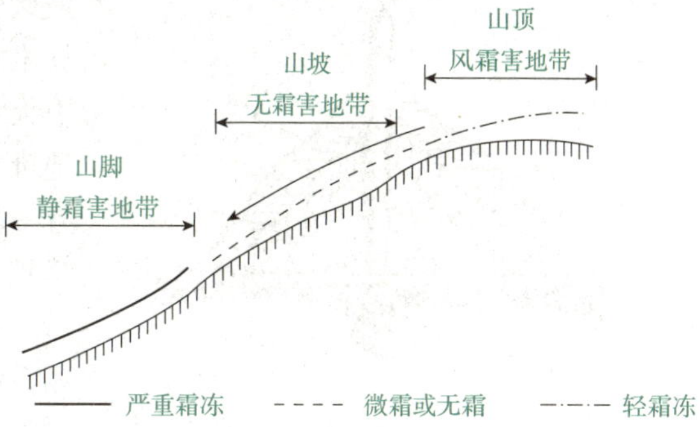

图 3-13 山脚、山坡和山顶的霜冻

(4)霜冻的危害

霜冻对树木的危害并非来自霜本身，而是低温所引起的伤害。一般来说，0℃以下的低温可使细胞之间的水分形成冰晶，它们不断从邻近细胞中夺取水分并冻结，冰晶逐渐增大，使细胞受到机械压缩，同时导致原生质胶体物质凝固，使细胞变性和细胞壁破裂，最终导致植物死亡。

早霜冻危害常在树木仍在生长还未进入休眠状态时发生，故引自南方的树种易受害。晚霜冻往往危害过早萌芽的树种，所以从北方引至南方的树种应种植在较阴凉的地方，抑制早期萌动。霜冻发生时常有逆温层出现，靠近地表的气温最低，故幼苗受霜冻危害较大。植株的幼嫩部分，如刚萌芽的顶芽、新梢、嫩叶、没有木质化的枝条，也容易遭受冻害。

(5)霜冻防御措施

预防霜冻的措施大致可以分为两类：一类是改进栽培管理技术，增强树木抗寒性；另一类是霜冻来临前夕，用直接加热或减少辐射冷却作用的方法，提高林木附近地面层的空气温度，防御霜冻危害。

①栽培管理技术措施。因地制宜，对不同品种的苗木要尽量做到合理布局。例如，在谷地和洼地霜冻较重的地方，选择耐寒品种，并适当提早播种，使越冬时苗木长得大一些，就可提高它的抗寒能力；在山坡中部和靠近水边的地方，霜冻较轻，可种植抗寒能力较弱的树种，南坡温度较高，在山坡上可种植喜温的树种。在华南地区，为了避免霜冻的危害，多把橡胶树种在避风向阳的中上坡。

改良品种，培育抗寒性能强的苗木品种，可减轻霜冻危害。

冬前增施磷钾肥，可增强苗木抗寒能力。

防护林可以削弱冷空气的强度，提高近地面空气的温度，使霜冻不易发生。在没有防护林的地方也可以临时设置风障。

②物理方法(应急措施)。

a. 熏烟法。熏烟法是在将要发生霜冻的夜晚或清晨，点燃烟堆使之形成稳定的烟雾。一般熏烟可使贴地气层增温 1~3℃。该方法的增温效应是由于烟堆燃烧时放出热量，提高了近地层空气的温度。此外，烟堆在燃烧时放出大量烟粒，形成烟幕，可以阻挡地面长波辐射，增加大气逆辐射，使地面有效辐射减弱；同时烟粒的大量增多，促使水汽凝结，放出潜热。熏烟能减缓空气温度的下降，使霜冻不易发生。

烟堆的材料是秸秆、野草、枯枝落叶、木屑和其他农林业废料。可就地取材，但材料

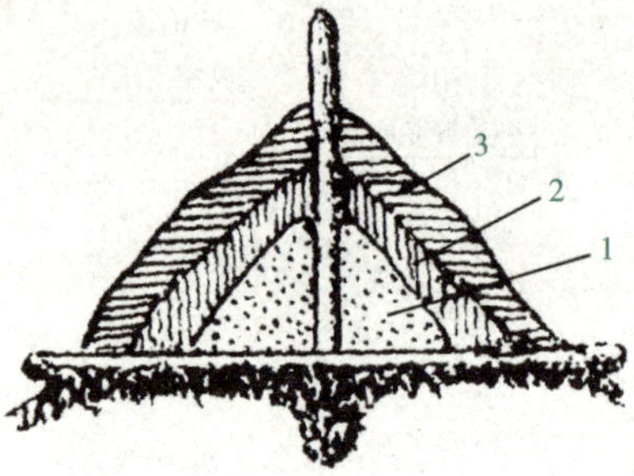

1. 干燥易燃物质；2. 潮湿的杂草或落叶；3. 土。

图 3-14　烟堆剖面

应该较为干燥，不宜夹杂过多不能燃烧的杂物，烟堆材料应在 10 kg 以上，烟堆的下部为易燃的引火物(图 3-14)。堆积的形式不限，坑式、平地堆放、窑式等均可，在田地四周每隔 3～5 m 置一堆。熏烟时不宜燃烧过猛，并且要使烟幕维持到日出后 1.5～2 h。

近年来，多利用燃烧化学烟雾剂制造烟幕防霜。因为其产生的烟幕的浓度大、范围广、持续时间长，防御霜冻的效果好。但人工施放烟雾受天气条件限制很大，它必须在近地面层为逆温层、风速较小时才能发挥熏烟防霜的作用。如果风速在 2 级以上，效果就不明显，因为这时空气交换迅速，雾热量容易散失，不能形成烟。

b. 灌水法。霜冻来临之前灌水，可增加土壤湿度，并使土壤的热容量和导热率随之增大，从而减缓土壤温度的下降。此外，灌水还可以使空气湿度增大，露点温度提高，当夜间空气冷却时，空气中水汽发生凝结而放出潜热，使空气温度升高。空气中水汽增多，大气逆辐射增加，减少了地面和植物体的热量损失。所以，灌水也可以防御霜冻。这种方法简便易行，应用广泛，效果明显。试验证明，土壤灌水后地面平均温度可提高 2~3℃，持续时间可达 2~3 d。

有些国家采用喷水法防霜冻。其原理是在连续或间断出现霜冻的夜晚(视降温的情况而定)，将水喷到植株上，当水结冰时释放潜热，使植物体内温度保持在 0℃左右，从而避免霜冻的危害。

c. 覆盖法。利用各种覆盖物将苗木和作物覆盖起来，能显著减弱土壤和植株表面的辐射冷却，从而达到防御霜冻的目的。据测定，覆盖物(如稻草等)表面的温度往往最低，这不利于苗木地上部分安全越冬。因此，要在覆盖物上再盖一层薄土。

对于果树和一些重要的经济作物，常采用搭暖棚或用稻草包裹干茎的方法防御霜冻，以保证其安全过冬。目前我国各地广泛使用塑料薄膜保温，这对发展蔬菜生产，培育珍稀植物苗木有着重要作用。

3.3.1.2　冻害

冻害是指在严寒季节，因为温度过低(低于 0℃)，使越冬作物和果树等的根系、茎秆、枝条等被冻坏，以致死亡的现象。冻害中最常见的是霜冻。在我国热带和亚热带地区，有些林木越冬时容易遭受冻害，如温州蜜柑，冬季遇−9～−7℃低温就会严重受害，植株大量死亡。据统计，浙江沿海大约每隔 6 年遭受一次冻害。

3.3.1.3　寒害(冷害)

在植物生长季节里，温度降低到植物当时所处生长发育阶段的生物学最低温度以下(高于 0℃)，使植物生理活动受到障碍或植物某些组织受到危害的现象，称为寒害或冷害。例如，橡胶树的生物学最低温度是 5℃，生长季节如果气温降低到 4℃，树干基部常因低温而溃烂，即出现烂脚病，使产量减少。因此，在西双版纳种植橡胶树，应选择海拔

200 m以上、经常出现逆温的地段或西南坡中部，在其他坡向上，冬季则应采用防寒罩、单株包扎等措施防御寒害。

3.3.1.4 冻拔(冻举)

土壤冻结时因体积膨胀把苗木连同土壤抬起，解冻时土壤下陷，使苗木根系暴露在地面而死亡，称为冻拔或冻举。这种现象多发生在寒温带、温带以及亚热带的中山地区，土壤含水量多、土壤质地较细的立地条件，幼苗最容易受害。

3.3.1.5 冻裂

在北方的冬季，树干的南面尤其是西南面，白天阳光直接照射，植物吸收热量多，树干温度高；夜间降温迅速，树干外部冷却收缩快。而由于木材导热慢，树干内部仍保持较高温度，收缩小，结果使树干纵向开裂，这种现象称为树干冻裂(北方称“破肚子”)。冻裂通常幼树发生多，老树少；阔叶树多，针叶树少。一般用石灰水加盐或加石硫合剂对树干进行涂白，降低树干昼夜温差，可减少树干冻裂。

3.3.1.6 生理干旱

春季天气回暖，地上部分开始活动，而土壤尚未化冻，林木根系很难从土壤中吸收水分，但是地上部分继续蒸腾，这样持续一定时间，就会造成植株失水干枯甚至死亡，称为生理干旱。

3.3.2 极端高温对树木的危害

3.3.2.1 日灼(皮伤)

树木受强烈的太阳辐射，使温度增高而引起枝干形成层和韧皮组织局部坏死，这种现象称为日灼或皮伤。受害树木的树皮呈现斑点状死亡或片状剥落，轻者伤口为病菌的侵入创造了条件，重者树叶干枯、凋落，甚至会造成植株死亡。日灼多发生在树皮光滑树种的成年树上，如云杉、毛白杨、桃、银杏、檫木、柠檬桉等。林缘、林墙处的树木及孤立木也易遭受灼伤。

预防措施：一是注意造林树种的选择和混交搭配。一般易灼伤的多为耐阴树种，造林时应与喜光树种混交，并以带状混交最好，以便第一层喜光树种为第二层耐阴树种创造遮阴条件。二是加强浇灌，保证树体对水分的需求。三是位于林缘、林墙处的树木或孤立木可采用树干涂白的办法，减少树体对热量的吸收，降低树皮温度，避免高温灼伤。

3.3.2.2 根颈倒伏(根颈灼伤)

当土壤表面温度增高到一定程度时，幼嫩苗木根颈部的形成层和输导组织被灼伤，呈环状坏死而倒伏，这种现象称为根颈倒伏或根颈灼伤。在少雨缺水地区的苗木常遭受根颈倒伏而枯死。采取早晚喷灌浇水、地面覆草、局部遮阴、适当早播等措施可以防止或减轻根颈倒伏。

3.4 森林对温度的调节作用

森林对温度的影响，主要表现在气温和土温两方面。

3.4.1 林内气温的变化

在夏季和白天，由于林冠阻挡和吸收了部分太阳辐射，植物蒸腾又消耗了一部分热量，加之林内空气湿度大，增温也较慢，所以林内温度低于空旷地。例如，南方杉木林内，夏季温度比林外低3.6~4.1℃。在冬季和夜晚，林冠的覆盖阻挡了林内空气的对流和林内热量的扩散，使林内温度高于空旷地2~3℃。

在一天或一年中，林内的最高温度低于空旷地，最低温度高于空旷地，即林冠减小了气温日较差和年较差，使林内温度变化趋于缓和。在中高纬度地区，林内气温日较差和年较差都比林外空旷地小，最高温度和最低温度出现的时间也落后于林外空旷地。林内具有冬暖夏凉、夜暖昼凉的特点。

3.4.2 林内土温的变化

在林内，林冠和枯枝落叶层阻挡了土壤对热量的吸收与扩散，所以夏季和白天，林内的土温低于林外；而在冬季和夜间，林内的土温高于林外。林内土壤温度的年较差和日较差都比林外小，年平均土温低于林外。此外，林内和林外的土温变化都随深度的增加而减小，但林内土温有显著变化的土层深度比林外的浅。

林内温度的这种变化特点可使幼苗、幼树免受高温和低温的危害，有利于林冠下更新。同时为林木生长创造了优良的生境。

由于冬季林内温度较高，因而土壤不易冻结。即使冻结也比空旷地时间迟且冻结层较薄，但解冻却比空旷地早，有利于春季积雪融化，水分逐渐渗入土壤。

森林对温度的影响，不仅对林业生产有利，同时，对农牧业也有很大的促进作用。特别是草原和森林草原地区，防护林带能使地表的气温和土温变幅减小，生长季延长。据黑龙江省龙江县调查，该地区由于大规模营造防护林，生长季延长了7~10 d。

通过抚育间伐或修枝可以减小林分密度，稀疏林冠，使光线适当透入林地，有利于提高林内气温和土温，促进幼苗、幼树的生长，同时可以促进微生物的活动，加速枯枝落叶的分解，提高土壤肥力和森林生产力。

知识拓展

自动气象站简介

随着时代的不断进步，大部分地面气象观测站已转变为自动观测或半自动观测(图3-15)。

图 3-15 自动气象站

与传统气象观测相比，自动气象站运行过程中不需要人力的大量投入，减少了观测成本和人力资源的浪费，提高了观测效率。

1. 自动气象站设置要求

观测场应建在平整的下垫面上，不应建设在建筑物上面。站点位置应能保持长久固定，避免频繁迁移。观测场应能代表周边一定范围内的气象状况，且交通便利，便于设备的维修，具备必要的通信条件。

需注意避开地方性雾、烟等大气污染严重的地方。四周障碍物的影子不能投射到日照和辐射等观测仪器的受光面上，附近没有反射阳光强的物体。在日出方向和日落方向内，障碍物遮挡仰角不大于 5°。在城市或工矿区，观测场应选择在最多风向的上风方。场地应平整，保持有均匀草层(不长草的地区例外)，草高不能超过 0.25 m。对草层的养护，不能对观测记录造成影响。场内禁止种植作物。保持观测场地自然状态，场内铺设 0.3~0.5 m 宽的小路(禁止用沥青铺面)，人员只允许在小路上行走。有积雪时，除小路上的积雪可以清除外，应保护场地积雪的自然状态。观测场的防雷设施必须符合气象行业规定的防雷技术标准要求。仪器设备紧靠东西向小路南面，观测员应从北面接近仪器，尽量减少观测员的观测活动对观测记录代表性和准确性的影响。

观测场内仪器设施的布置要注意互不影响，便于观测操作：①高的仪器设施安置在北面，低的仪器设施安置在南面。②各仪器设施东西排列成行，南北布设成列，东西间隔不小于 4 m，南北间隔不小于 3 m，仪器距观测场边缘护栏不小于 3 m。

2. 自动气象站系统组成

自动气象站主要由数据采集器、传感器、供电系统、通信系统等几部分组成。

数据采集器在中央处理器的实时控制下，根据各个数据的不同时间间隔要求，完成数据的连续采集，进行预处理，然后将数据传给主控机。

传感器将气象要素的变化转换成电量的相应变化，以便完成自动测量。观测项目一般包括气温、气压、湿度、风向、风速、降水、能见度、地面温度(含草面温度)、浅层地温、深层地温、大型蒸发、日照、辐射、天气现象、云量、云高。

供电系统配有蓄电池充放电控制电路，通过电源控制板，最终采用直流供电，可保证自动气象站在无太阳能或其他电源补充时，在一定时间内仍然可正常工作。

通信系统负责将采集器采集的数据，通过无线或其他方式发送给中心站服务器。

3. 自动气象站维护要求

①每月检查供电设施，保证供电安全。

②每年春季对防雷设施进行全面检查，复测接地电阻。

③当设备故障时及时进行维护或维修。

④定期校准和检定(表3-15)。

表3-15 自动气象站设备定期校准和检定周期

仪器	方式	周期	仪器	方式	周期
气压传感器	检定	1年	蒸发传感器	检定	1年
温度传感器	检定	2年	光电式数字日照计	检定	2年
湿度传感器	检定	1年	地面温度传感器	检定	2年
风速传感器	检定	2年	草面温度传感器	检定	2年
风向传感器	检定	2年	浅层地温传感器	检定	2年
翻斗雨量传感器	检定	1年	深层地温传感器	检定	2年

复习思考题

一、名词解释

1. 温度日较差；2. 温度年较差；3. 逆温现象；4. 积温；5. 活动积温；6. 有效积温；7. 土壤冻结；8. 霜冻；9. 温周期现象；10. 物候。

二、填空题

1. 一般，温度日较差随纬度的增加而______，温度年较差随纬度的增加而______。距海越远的地方，温度日较差和温度年较差________。

2. 温度“25℃”的正确读法是____________________。

3. 我国的气温日较差从东南沿海向西北内陆逐渐__________。“早穿皮袄午穿纱，围着火炉吃西瓜”的农谚正是我国西北地区气温日较差__________的真实写照。

4. 日平均气温在__________以上的持续时期为温暖期，__________以下的持续时期为寒冷期。

5. 生物学三基点温度是指__________、__________和__________。

6. 根据成因，可把霜冻分为____________、____________和____________3种。

7. 根据霜冻发生的季节，可分为____________和____________两种。

8. 通常，发生在0℃以上的低温危害称为________，发生在0℃以下的低温危害称为________。

9. 不同植物或同一种植物的不同生长发育期能忍受最低温度的能力不同。一般来说，

________期抗寒能力最强，________期居中，________期最弱。

10. 初霜冻和终霜冻对植物危害最大，因为________________________________。

11. 按照树种对温度的要求程度，可把树种分为 3 种生态类型：________、________和________。

12. 温周期对树木生长有利，是因为白昼适当高温有利于__________，夜间适当低温使________减弱，从而使净积累增多。

三、选择题

1. 日灼多发生在(　　)。
   A. 树皮粗糙树种的成年树上　　B. 树皮光滑树种的成年树上
   C. 树皮粗糙树种的幼年树上　　D. 树皮光滑树种的幼年树上
2. 抗寒能力较弱的树种可种植在(　　)。
   A. 谷地　　B. 山顶
   C. 山坡中部和靠近水边的地方　　D. 洼地
3. 原产于热带、亚热带的喜温树种不能在温带栽种的主要原因是(　　)。
   A. 低温的限制　　B. 高温的限制
   C. 长日照的限制　　D. 短日照的限制
4. 最高温度表调整后放回原处时，应(　　)。
   A. 先放表身，后放球部　　B. 先放球部，后放表身
   C. 不分先后顺序　　D. 保持平放
5. 一般，(　　)以上的持续期为树种的生长期。
   A. 20℃　　B. 15℃　　C. 10℃　　D. 5℃
6. 日射型的土温垂直变化特点是(　　)。
   A. 土温随深度的增加不变　　B. 土温随深度的增加而增加
   C. 土温随深度的增加而降低　　D. 土温随深度的增加先增加后降低

四、判断题(正确的打“√”，错误的打“×”)

1. 土壤表面的温度日较差最大，越往土壤深层温度日较差越小。(　　)
2. 平流逆温是由于冷空气流经暖的下垫面而形成的。(　　)
3. 只要平均温度能满足林木生长发育的需要，林木就可正常生长发育。(　　)
4. 最低温度表的游标离球部近端的示度就是前一段时间内曾经出现的最低温度。(　　)
5. 在炎热的夏季，8：00 观测后，将地面最低温度表收回，放于阴凉处，到 20：00 观测前重新调整后放回原处。(　　)
6. 背风坡的平流霜冻比迎风坡严重。(　　)
7. 霜冻对树木的危害并非源自霜本身，而是低温所引起的伤害。(　　)
8. 在北方的冬季，树干的南面尤其是西南面常发生树干冻裂现象。(　　)
9. 最低温度表酒精柱中的游标在温度降低时不移动。(　　)

10. 最高温度表中的测温液柱(水银柱)在温度降低时不下降。 ( )

11. 在一定的温度范围内，昼夜温差越大，植物的产量越高。 ( )

五、简答题

1. 土壤温度的日变化和年变化各有何特点？

2. 土壤温度的垂直分布可分哪几种类型？各有何特点？为什么乘地铁或在地窖时感到冬暖夏凉？

3. 常见的逆温种类有哪些？各有何特点？逆温现象在生产上有哪些方面的应用？

4. 极端温度对树种分布有何影响？

5. 林业常用的温度指标有哪些？

6. 林内温度与空旷地温度主要有哪些差异？

7. 影响霜冻发生的因素有哪些？影响的情况如何？

8. 农谚“风打山梁霜打洼”的含义是什么？

9. 极端低温对林木的危害有哪些？

10. 预防霜冻的措施有哪些？

11. 一个地方有山地、有谷地，点烟防霜的烟堆应放在什么地方？为什么？

12. 极端高温对林木有哪些危害？可以采取哪些预防措施？

六、计算题

1. 已知某植物的生物学最低温度为10℃，该植物3月20日播种，到3月27日出苗，这8天的日平均气温是16℃。试计算该植物从播种到出苗所需要的活动积温和有效积温。

2. 设某旬逐日平均气温分别为11.0℃、9.5℃、10.0℃、9.8℃、10.2℃、12.3℃、13.6℃、15.7℃、14.1℃、16.3℃。试计算10℃以上的活动积温和有效积温。

单元4 水分与森林

知识架构

- 水分与森林
  - 大气水分
    - 空气湿度
    - 蒸发与蒸腾
    - 水汽的凝结
    - 降水
  - 土壤水分
    - 土壤水分的类型
    - 影响土壤水分有效性的因素
    - 土壤含水量的表示方法
    - 土壤水分的消耗与调节
  - 水分对树木的生态作用
    - 水分对树木的重要性
    - 树木对水分的需要和适应性
    - 水分异常对树木的影响

知识目标

1. 了解空气湿度的表示方法。
2. 熟悉水汽的凝结条件和水汽的凝结物。
3. 熟悉降水的种类及降水的表示方法。
4. 掌握土壤水分类型的有效性及土壤水分的调节措施。
5. 掌握水分对树木的生态作用。

技能目标

1. 会使用空气湿度测定仪器。
2. 会观测空气湿度。
3. 会测定土壤水分。

素质目标

1. 树立绿水青山就是金山银山理念，具备良好的生态文明意识。
2. 培养学生在实践中的全面观察、独立探索能力，并具备一定的团队合作意识。

4.1 大气水分

4.1.1 空气湿度

4.1.1.1 空气湿度的表示方法

空气湿度是指表示空气中水汽含量或潮湿程度的物理量。其大小，一方面取决于空气中水汽含量的多少，另一方面受温度的影响。气象上常用下述 5 种方法来度量空气湿度的大小。

(1)水汽压(e)

空气中水汽所产生的分压力，称为水汽压，用 e 表示。它是大气压力的一部分。水汽压的单位与气压单位一样，用百帕(hPa)表示。空气中水汽含量越多，水汽压就越大；反之，则小。其数值可由干球温度、湿球温度和当时的气压值计算得到。

空气中所能容纳的水汽含量，与温度有密切关系。温度越高，空气中所能容纳的水汽就越多。但在一定温度条件下，一定体积空气中能容纳水汽分子的数量是有一定限度的。当水汽含量没有达到这个限度，这时的空气称为未饱和空气；当水汽含量恰好达到这个限度，这时的空气称为饱和空气，饱和空气的水汽压称为饱和水汽压(E)；当水汽含量超过这个限度，这时的空气称为过饱和空气。一般来说，超出的那部分水汽会凝结成水滴。

饱和水汽压随温度的升高而显著增大(表 4-1、表 4-2)。其原因是水温升高时，水分子的平均动能增大，单位时间内跑出水面的水分子增多，水汽密度增大。当水面上的水汽密度增大到一定值时，落回水面的分子与跑出去的才能相等(动态平衡即饱和状态)；同时，随着温度的增高，水汽分子的平均动能也增大。所以，饱和水汽压随着温度的升高而增大，随着温度的降低而减小。

表 4-1 水面的饱和水汽压与温度的关系

t/℃	E/hPa	t/℃	E/hPa
-40	0.19	10	12.28
-30	0.51	20	23.90
-20	1.25	30	42.28
-10	2.87	40	73.86
0	6.11		

表 4-2 不同温度下冰面和过冷却水面的饱和水汽压

温度/℃	冰面/hPa	过冷却水面/hPa	温度/℃	冰面/hPa	过冷却水面/hPa
0	6.11	6.11	-25	0.64	0.80
-5	4.03	4.21	-30	0.38	0.51
-10	2.62	2.87	-35	0.23	0.31
-15	1.67	1.91	-40	0.13	0.19
-20	1.05	1.25			

(2)绝对湿度(a)

单位体积空气中所含的水汽质量，称为绝对湿度，也就是水汽密度，单位为 g/m^3。它表示空气中水汽的绝对含量。空气中水汽含量越高，绝对湿度就越大。它与水汽压有如下的关系：

$$a = 289\,\frac{e}{T} \tag{4-1}$$

式中 a——绝对湿度，g/m^3；

e——水汽压，hPa；

T——绝对温度，K。

(3)相对湿度(r 或 U)

空气中实际水汽压与同温度下饱和水汽压的百分比，称为相对湿度。其表达式为：

$$r = \frac{e}{E} \times 100\% \tag{4-2}$$

式中 r——相对湿度，%；

e——实际水汽压，hPa；

E——饱和水汽压，hPa。

相对湿度表示当时温度下空气中的水汽含量距离饱和的程度，能直接反映出当时空气的干湿程度。当空气未饱和时，$e<E$，$r<100\%$；当空气饱和时，$e=E$，$r=100\%$；当空气过饱和时，$e>E$，$r>100\%$。

相对湿度的大小不仅随空气中水汽含量的多少而变化，而且随温度的升降而变化。当水汽压不变时，气温升高，饱和水汽压迅速增大，相对湿度减小；反之，气温降低，饱和水汽压比实际水汽压变小得更快，相对湿度增大。气温不变时，水汽越多，相对湿度越大。

(4)饱和差(d)

在一定温度下,饱和水汽压与实际水汽压之差称为饱和差,单位为 hPa。其表达式为:

$$d=E-e \tag{4-3}$$

饱和差是空气中的水汽含量距离饱和的绝对数值。在一定温度下,e 值越大,d 值越小,表示空气越接近饱和,相对湿度越大。当 $e=E$ 时,$d=0$,$r=100\%$时,表示空气达到饱和。在森林火险等级预测预报中和研究蒸发及蒸腾时常用到饱和差。因为在不同温度下,即使相对湿度相同,饱和差却不尽相同。

(5)露点温度(t_d)

当空气中的水汽含量不变且气压一定时,通过降低气温,使空气中的水汽达到饱和时的温度,称为露点温度,简称露点,单位为℃。

显然,露点温度时的饱和水汽压就是当时空气的实际水汽压。气压一定时,空气中的水汽含量越多,露点越高;反之亦然。所以露点是反映空气中水汽含量多少的物理量。在实际大气中,空气经常处于未饱和状态,所以露点常比气温低,只有空气达到饱和状态时,二者才相等。因此,根据气温(t)与露点(t_d)差值的大小,大致可以判断空气距离饱和的程度。t 与 t_d的差值越大,说明空气越干燥;t 与 t_d的差值越小,说明空气越潮湿。同时,根据 t 与 t_d的差值,还可知气温降低多少时,会有凝结现象发生。

上述表示湿度的方法,是为适应研究大气中的物理过程和天气分析预报工作的不同需要而提出来的。总之,它们反映的是有关湿度的两个方面情况:绝对湿度、水汽压、露点是说明空气中水汽的含量;而相对湿度、饱和差、温度露点差则表示距离饱和的程度。

4.1.1.2 空气湿度的变化

(1)水汽压的日变化和年变化

①水汽压的日变化。影响水汽压变化的主要因子是蒸发强度和湍流交换强度,二者都与温度有关。当温度升高时,蒸发作用增强,湍流往往也增强。由于它们相互制约,产生不同的结果,所以水汽压的日变化有两种类型:

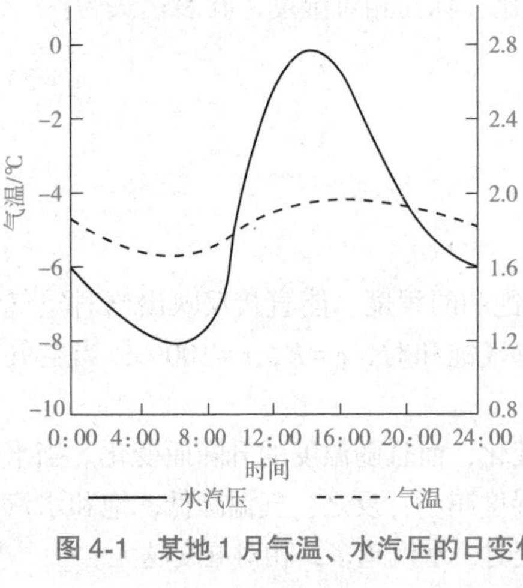

图 4-1 某地 1 月气温、水汽压的日变化

a. 单波型。水汽压日变化与气温日变化一致(即与蒸发的日变化一致)。一日内有一个最大值和一个最小值,最大值出现在午后温度最高的时候,最小值出现在清晨温度最低的时候。这种类型多出现在海洋上、岛屿和沿海地区,以及大陆上湍流不强的秋冬季节(图 4-1)。这主要是因为海洋和沿海地区温度日变化较小,湍流作用较弱,又有充足的水源可供蒸发;秋冬季节的大陆上湍流不强,蒸发出的水汽多停留在低空。

b. 双波型。水汽压在一日内有两个最大值和两个最小值。最小值出现在清晨温度最低时和午后湍流最强时，最大值出现在 9：00~10：00 和 21：00~22：00。这种类型多出现在大陆上湍流较强的夏季(图 4-2)。清晨，地面和贴地层空气温度最低，水汽大多凝结为露，这时空气中水汽的含量很小，水汽压最小。日出后，地面温度上升，蒸发加强，水汽压逐渐增大，但随着气温的升高，低层趋于不稳定，湍流混合加强，水汽向上传递。9：00~10：00 时段后，湍流混合使水汽上传的作用大于地面蒸发的作用，水汽压反而减小。这种情况可一直维持到下午或日落前。在这之后，由于气温下降，湍流减弱，同时湍流混合已经使上下层水汽趋于均匀，上传的水汽量就大大减少，而这时地面温度尚未大量降低，蒸发量减少不多，蒸发使水汽压增大的作用又成为主要方面，所以水汽压又重新增大。到21：00~22：00，地面温度因辐射冷却而降低，蒸发很弱，且在地面温度低于露点时，还会有露、霜等凝结现象产生，因而水汽压又减小，到次日清晨达最小值。

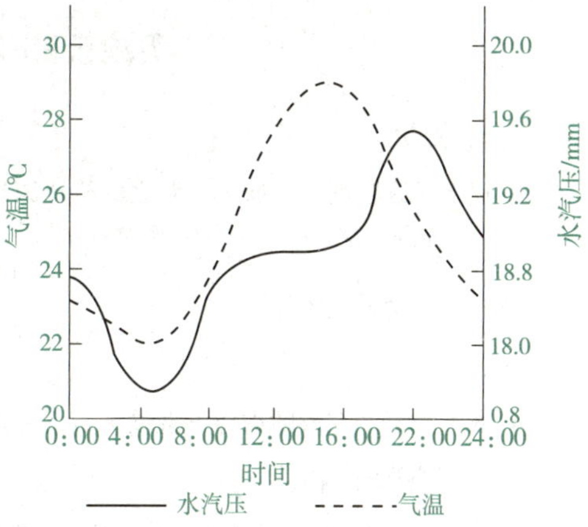

图 4-2　某地 7 月气温、水汽压的日变化

②水汽压的年变化。水汽压的年变化和气温的年变化相似，最大值出现在蒸发强的 7~8 月，最小值出现在蒸发弱的 1~2 月。

(2)相对湿度的日变化和年变化

相对湿度的日变化及年变化几乎与气温的变化相反。温度升高时，蒸发加强，使实有水汽压增大，但因饱和水汽压增大更多，结果相对湿度反而减小，温度降低时则相反。

一天中，相对湿度最大值出现在清晨气温最低时，最小值出现在午后气温最高时(图 4-3)。但在沿海地区，由于白天海风带来大量水汽，夜间陆风阻止湿空气进入，所以滨海地区相对湿度表现为日高夜低，与气温的日变化一致。

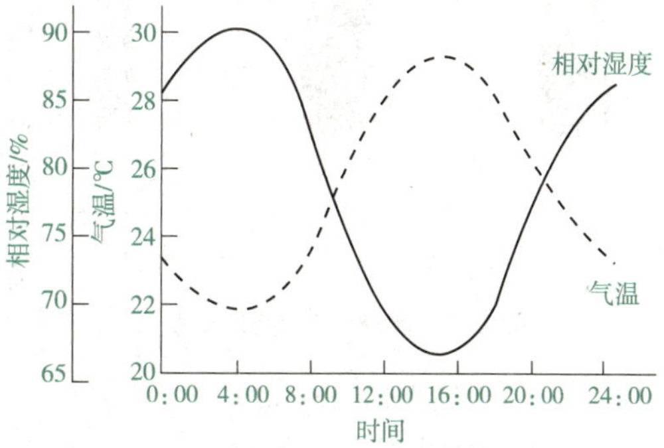

图 4-3　相对湿度的日变化

一年中，相对湿度一般是夏季最小，冬季最大。但在季风盛行地区，由于夏季风来自海洋，冬季风来自内陆，受气温和水汽的双重影响，相对湿度反而是夏季最大，冬季最小。我国大部分地区属于季风区，由于各地所处的地理位置不同，相对湿度年变化的特点也不一样。例如，华北地区春末夏初多吹干热风，相对湿度最小，盛夏初秋为雨季，相对湿度最大(太原 4 月最小为 48%，7 月最大为 72%)。又如，长江中下游地区，初夏为梅雨季节，相对湿度最大，入秋后为秋高气爽天气，相对湿度最小(南京 7 月最大为 80%，10 月最小为 71%)。西北内陆地区因不受季风影响，相对湿度的年变化与一般情况相符(乌鲁木齐 1 月最大为 80%，7 月最小为 44%)。

树木的生长发育和分布不仅受温度条件的影响，而且与空气湿度等其他气候因子有关。例如，杉木、毛竹在生长过程中需要较大的相对湿度(80%左右)，否则生长缓慢。

实践技能 4　空气湿度的观测

一、目标

了解干湿球温度表、通风干湿表的构造原理；学会使用它们的方法；掌握空气湿度的测定方法。

二、场所

校园、气象观测场等。

三、形式

4~6 人一组，在教师指导下选设测点，并进行现场空气湿度的测定。

四、材料与用具

①小百叶箱 1~2 个，其内安装：干球温度表、湿球温度表、最高温度表、最低温度表各 1 套，《湿度查算表》15~20 本，蒸馏水，记录表格若干。

②按 4~6 人一组计算，每组配备：通风干湿表 1 台、蒸馏水 1 瓶、记录表格若干。

五、内容与方法

1. 干湿球温度表测定空气湿度

（1）测湿原理

干湿球温度表是由两支型号、大小完全相同的普通水银温度表组成。其中一支用来测定气温，称为干球；另一支球部包扎脱脂纱布（图 4-4），纱布伸入水杯，使其保持湿润，称为湿球。二者垂直挂在小百叶箱内的温度表支架上，左边是干球，右边是湿球（图 4-5）。干湿球温度表处在同一环境中，当空气未饱和时，湿球纱布上的水分随时都在蒸发，蒸发过程中消耗的热量来自周围空气。所以，湿球温度低于干球温度（空气温度），它们的差值称为干湿差。空气湿度小，湿球纱布上的水分蒸发快，失热多，则干湿差大；反之，则干湿差小。因此，可以根据湿球温度和干湿差来确定空气湿度。此外，蒸发速度还与气压、风速等有关。根据这些因子，可以导出下列基本公式，即

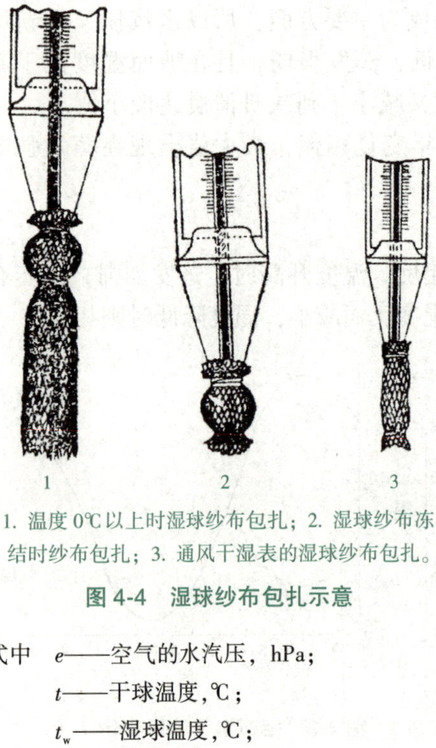

1. 温度 0℃以上时湿球纱布包扎；2. 湿球纱布冻结时纱布包扎；3. 通风干湿表的湿球纱布包扎。

图 4-4　湿球纱布包扎示意

$$e = E_w - AP(t - t_w) \tag{4-4}$$

式中　e——空气的水汽压，hPa；

t——干球温度，℃；

t_w——湿球温度，℃；

P——气压，hPa；

A——与通风速度和温度表球部形状有关的测湿系数，$℃^{-1}$；

E_w——湿球温度下的饱和水汽压，hPa。

在实际工作中，若每次用公式计算，过于繁杂且易出错误，为使用方便，中国气象局依据上述的公式，编制出《湿度查算表》。这样，只要测得 t、t_w、P 值，借助《湿度查算表》，从相应表中可查得水汽压（e）、相对湿度（U）、露点（t_d）和饱和差（d）。

（2）湿球温度表的使用

①湿球纱布包扎（图 4-4）。用统一规定的吸水性良好的纱布包扎球部，包扎时，湿球温度表从百叶箱

中取出，洗干净手后，再用清洁的水将球部洗净，然后用长约 10 cm 的新纱布在蒸馏水中浸湿，平贴无皱褶地包卷在水银球上(纱布的绝大部分留在下边)，纱布的重叠部分不要超过球部周围的 1/4；包好后，用纱线把高出球部上面的纱布扎紧，再将纱布弄平，用纱线把球部下面的纱布紧靠着球部扎好，不宜过紧，最后剪掉多余的纱线。

冬季，湿球纱布开始结冰后，取走水杯，并在湿球球部下端 2~3 mm 处剪断(图 4-4，2)。

②湿球融冰。湿球结冰，不能用水杯供水时，在每次观测前均须润湿湿球纱布，其目的是使湿球纱布能有足够的水分(或冰衣)，保持湿球表面有良好的蒸发，以获得正确的湿球示度。融冰用的水温不可过高，水温相当于室温，能将湿球上的冰层融化即可。融冰时，将湿球球部浸在水杯内，待冰层完全融化(用湿球温度的示度来判断)，移开水杯，用杯口将聚集在湿球纱布上的水滴除去。一般在观测前 30 min 左右进行溶冰；风大时可在观测前 20 min 进行；风小且湿度大时，在观测前 50 min进行。

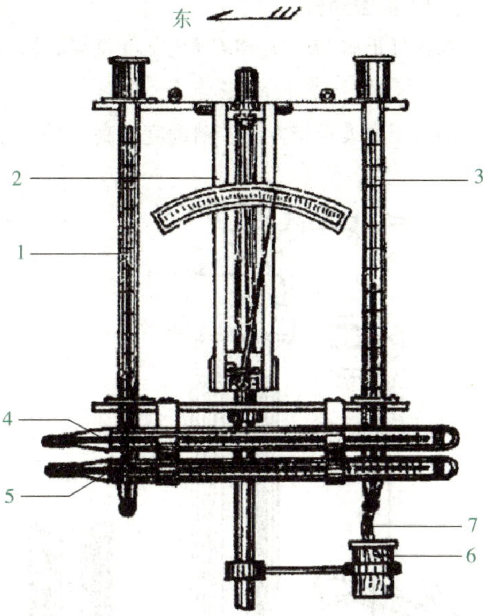

1. 干球温度表；2. 毛发湿度表；3. 湿球温度表；4. 最高温度表；5. 最低温度表；6. 水杯；7. 纱布条。

图 4-5 小百叶箱内温度表的安置

(3) 观测和记录

测定空气湿度的准确度与湿球示度是否准确密切相关。湿球观测记录的方法与干球一样(先观测干球后观测湿球，先读取小数后读取整数，复读一次)。但当进行融冰观测时，在读数前，要在湿球示度已稳定不变时才进行读数和记录。在读数后，再用铅笔侧棱试试纱布软硬，以确定湿球纱布是否冻结。如已冻结，应在湿球观测值右上角加记“B”字。若湿球示度不稳定，不论是从零下迅速上升到零度，还是从零度继续下降，都说明融冰不恰当，湿球不能读数，湿度改用毛发湿度表或湿度计来测定。

气温在-10. 0℃以下时，停止观测湿球温度，改用毛发湿度表或湿度计测定湿度。但在冬季偶有几次气温低于-10. 0℃的地区，这时仍可用干湿球温度表进行观测(表 4-3)。

表 4-3 空气湿度的观测记录(一)

观测时间：_______ 年_____ 月_____ 日

测量项	读数				器差				订正后				合计	平均
	2：00	8：00	14：00	20：00	2：00	8：00	14：00	20：00	2：00	8：00	14：00	20：00		
干球温度表/℃														
湿球温度表/℃													—	—
最高温度表/℃													日最高	
最低温度表/℃													日最低	
水汽压/hPa														
相对湿度/%														
露点温度/℃													—	—
饱和差/hPa													—	—

（4）查表换算

根据订正后的 t、t_w和 P 查《湿度查算表》，即可获取 e、U、t_d和 d。

2. 通风干湿表测定空气湿度

通风干湿表携带方便，精确度较高，是一种野外或小气候测定空气温度、湿度的良好仪器(图 4-6)。

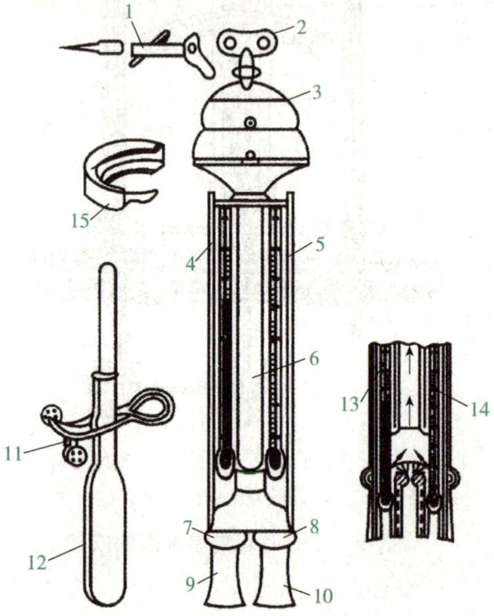

1. 挂钩；2. 钥匙；3. 通风器；4、5. 护板；6. 中央圆管；7、8. 垫圈；9、10. 保护管；11. 铜夹；12. 滴管；13. 干球温度表；14. 湿球温度表(包纱布)；15. 防风罩。

图 4-6　通风干湿表

（1）通风干湿表构造原理

其作用和原理与百叶箱干湿球温度表基本相同，主要不同之处在于它的构造。

通风干湿表的构造如图 4-6 所示。由图 4-6 可见，两支型号完全相同的柱状温度表固定在金属架上，感应球部装在双重防护辐射外套管和内套管内。双重护管借三通管与中心管与风扇相连通。此外，还有湿润纱布用的玻璃滴管，滴管插在附有铜夹的橡皮囊内。防风罩用来保护风扇不受强风影响。铁挂钩用来吊挂通风干湿表。每支温度表均有检定证。由于仪器表面镀有反射力强的镍和铬，且球部安装在能防止热辐射和热传导的双重护管中，所以可用于野外观测。

（2）观测和记录

通风干湿表中湿球纱布的包扎如图 4-4 所示。包扎方法与百叶箱中湿球温度表一样，球部下端的纱布留 2~3 mm。

测定前，把通风干湿表挂在测杆上，悬挂高度视要求而定，测定高度在 0.5 m 以下时，应水平悬挂，温度表的球部向着迎风面，并避免阳光直射；测定高度在 0.5 m 以上时，应垂直悬挂。

读数前 4~5 min 必须按以下步骤完成准备工作：

①湿润湿球纱布。用滴管吸满蒸馏水，管口朝上，慢慢地垂直插入内套管内湿润纱布为 5~10 s，然后小心地抽出滴管。

②上发条通风。用钥匙上发条(切忌过紧，应剩下一转)，开动风扇。当风扇转动时，空气由防护管吸入，经过中心管，由顶部的排气口排出，可保持温度表球部附近的风速稳定于 2.5 m/s。

③悬挂仪器。发条上好后，应小心地将通风干湿表挂在测杆上。

④观测。仪器挂好后，经过 4~5 min，方可读数(表 4-4)。

表 4-4　空气湿度的观测记录(二)

观测时间：________年______月______日

重复	通风干湿表						干湿球差值 Δt/℃	相对湿度 U/%
	干球 t/℃			湿球 t_w/℃				
	读数	订正值	订正后	读数	订正值	订正后		
1								
2								
3								
平均								

当气温低于0℃时，为使温度表充分感应所测环境，应于读数前30 min，湿润纱布，上发条，挂在所测环境中。读数前4 min再通风一次，但不再润湿纱布。观测时应注意湿球是否结冰，示度是否稳定。当风速大于4 m/s时，应将防风罩套在风扇迎风面的缝隙上，使罩的开口部分与风扇旋转方向一致，这样不影响风扇的正常旋转。

3. 空气湿度的自动观测

（1）观测仪器

自动观测时由自动气象站完成气温的自动观测、存储和传输。

（2）观测时间

自动观测时，每日每小时观测1次，自动观测的定时观测数据是正点的观测数据。正点即为每个整时的00分。

（3）观测内容

自动观测时，应测定每分钟、每小时相对湿度或露点温度，记录每小时最小相对湿度及其出现时间。

（4）观测和数据处理

①*采样*。相对湿度测量时，采样频率应不低于6次/min，测量要素的1 min平均值为瞬时气象值，平均值在相等时间间隔内取得。

②*数据存储*。至少应储存最近3天的每分钟和每小时正点观测数据。采集器内部的数据存储器应具备掉电保存功能。

（5）算术平均法计算数值

相对湿度采样频率为6次/min，去掉最大值和最小值，余下的4个采样值求算术平均数。

（6）注意事项

①温湿度传感器安装在百叶箱内，传感器感应部分中心离地面1.5 m。

②保持温度传感器不锈钢护管的清洁、干燥。

③定期清洁和更换湿敏电容湿度传感器滤膜。

④不应用手触摸湿敏电容。

⑤传感器故障时应及时更换。

⑥每日定时检查通风干湿表传感器贮水箱水位，检查通风电机。

⑦每周更换通风干湿表传感器纱布。污染较重的地方应缩短更换期限。

⑧气温接近0℃时，通风干湿表传感器停用，并将水倒净。

六、注意事项

①干湿球温度表的湿球球部不能没入水中，应与水杯口保持3 cm的距离。

②进行干球、湿球读数时，要注意复读。通常湿球温度低于干球温度(空气温度)。

③湿球纱布应保持清洁。

④湿润湿球纱布所用的必须是蒸馏水。

⑤仪器的金属部分，特别是保护管的镀镍面应细心保护，观测后，将通风干湿表置于匣内。取时，应手拿风扇帽盖下的颈部。

⑥定期检查风扇旋转是否正常。

七、报告要求

个人独立完成。要求如实记录每一个观测值，并进行订正，然后查取e、U、t_d和d。要求读数准确，记录清楚，数据齐全，订正、查算结果正确。

4.1.2 蒸发与蒸腾

4.1.2.1 蒸发

(1)水面蒸发

自然条件下的水分，经常发生水相变化。由液态的水转变成水汽的过程，称为蒸发；由固态的冰直接转变成水汽的过程，称为升华。方便起见，将两者统称为蒸发。水分在蒸发过程中要消耗热量，使蒸发面的温度降低，这对林木非常重要，因为它能减弱太阳辐射对林木的过分增热。蒸发速率主要受下列气象因子的影响。

①温度。蒸发面和空气的温度越高，蒸发速率越快；反之，则越慢。

②空气湿度。饱和差越大，距离饱和越远，空气越干燥，蒸发就越快；反之，则越慢。

③风。风能加强空气的湍流扩散作用，带走蒸发面上的潮湿空气，带来较干燥的新鲜空气，使蒸发面上维持较大的饱和差，因而风能促使蒸发加快。

④气压。蒸发面上的气压越高，水分子逸散出蒸发面越困难，蒸发就越慢。在高山上，大气压很低，空气稀薄，使蒸发速率显著地增大。

此外，蒸发速率还与蒸发面的性质和形状有关。在同样温度下，冰面上的蒸发速率比水面上慢，海水比淡水慢，凹面比凸面慢。

(2)土壤蒸发

土壤蒸发是土壤水分以水汽状态向大气中扩散的现象。土壤蒸发大致可分为3个阶段。

第一阶段：土壤水分充足阶段。当土壤经过降水、灌溉或下层土壤水分在毛细管力作用下，不断地升向土表，而使土壤表层的水分保持饱和状态时，土壤蒸发主要在土表进行，蒸发速率与同温度下水面的蒸发相近，主要受气象因子的影响。这一阶段由于土壤水分较多，蒸发速率较快，所以应通过中耕松土切断毛细管来阻止蒸发，以减少土壤深层水分的损失。

第二阶段：土壤表层干涸阶段。土壤表层因蒸发变干，土壤内部蒸发的水汽通过地表干土层的孔隙进入大气。蒸发速率开始减慢，受气象因子的影响减小。这一阶段应采取镇压措施来保墒，减少土壤的孔隙度，限制土壤蒸发，以保持土壤含水量。

第三阶段：土壤干燥阶段。土壤含水量低于使植物发生萎蔫时的含水量，土壤水分的毛细管作用已经停止，只能以气态水的形式通过土壤孔隙扩散到大气中，显然这时的蒸发速率很小，受气象因子的影响不明显。在此阶段未达到以前即应进行灌溉，才能满足植物对水分的需求，否则植物将会枯萎死亡。

土壤蒸发除受温度、湿度、风等气象因子影响外，还与土壤的结构、土壤表面状况、地形、方位等因子有关。对于第一阶段的土壤蒸发来说，土粒越小，形成的毛细管越细，毛细管力越大，能使较深层的土壤水分上升到土表，因蒸发而损失的土壤深层水分就越多。但对第二、第三阶段土壤蒸发来说，土粒大而疏松的土壤，孔隙较大，有利于水汽的扩散，因而砂土蒸发快，黏土蒸发慢；翻耕过的土壤，因表面粗糙、蒸发面大，比未翻耕过的土壤表面蒸发强，但是由于翻耕后切断了土壤的毛细管，减少了深层土壤水分的损失；凸起地形因风速大，湍流强，蒸发比凹地大；山地的南坡温度高，蒸发量最大，其次为西坡和东坡，北坡为阴坡，故蒸发量最少；裸地蒸发大于覆盖地蒸发，因此，铺沙、盖草、搭棚等均可减少土壤水分的蒸发。

4.1.2.2 植物蒸腾与蒸散

(1)植物蒸腾

植物通过根毛从土壤中吸收水分之后，经输导组织送到叶片及其他器官，再经过气孔和植物表面以水汽形式扩散到空气中的过程，称为植物蒸腾。因为植物可以通过气孔的开闭主动调节蒸腾，以适应水分代谢的需要，所以蒸腾过程是一种物理作用和生理作用相结合的过程。由根系进入植物体内的水分只有1%参与生理过程，而99%的水分都由于蒸腾而消耗掉。这种水分的大量消耗是植物不可缺少的一种有效的消耗。因为蒸腾作用是植物吸收和输送水分的主要原动力，在此过程中植物所必需的各种营养物质被输送到各个部位。此外，蒸腾作用还可以大幅降低叶片温度，从而避免因辐射引起的强烈增温，防止叶片灼伤枯萎。

植物蒸腾速率与气象因子有密切关系。在一定温度范围内，蒸腾速率随温度的升高而增加，随空气的湿度增大而减小，有风时蒸腾加快。

(2)蒸散

在有植被的地方，既有土壤蒸发，又有植物蒸腾。蒸发与蒸腾之和，称为蒸散。蒸散速度主要取决于植物种类、形态结构和气象因子。

4.1.3 水汽的凝结

水汽转变为液态水的过程，称为凝结；水汽直接转变为固态水的过程，称为凝华，方便起见，将二者统称为凝结。

4.1.3.1 大气中水汽凝结的条件

(1)大气中的水汽达到饱和或过饱和状态

要满足此条件有两个途径：在一定温度下，不断增加空气中的水汽含量，使实际水汽压增大；或使含有一定量水汽的空气降低温度至露点以下。在自然界中很难通过增加水汽含量产生凝结，大多数凝结现象发生在降温过程中。常见的降温形式有夜间的辐射冷却和空气在上升过程中的绝热冷却等。

(2)具有凝结核

实验表明，在纯净的空气中，即使相对湿度达到300%~400%，仍不会发生凝结。而在纯净的空气中投入具有吸湿性的凝结核，相对湿度在100%~120%，就会发生凝结。

凝结核能促进凝结的主要原因是，凝结核吸附水汽的能力比水汽分子之间的相互碰撞合并力要强；同时，凝结核的存在使水滴半径增大，曲率减小，饱和水汽压减小，易于发生凝结；且吸湿性凝结核吸水后形成较大的溶液滴，使饱和水汽压减小，当相对湿度接近100%时，就会发生凝结现象。

在大气中，经常有相当数量的凝结核存在，如盐粒、硫化物、氮化物、尘粒、烟粒、沙粒、花粉等，所以相对湿度接近 100%时，就会产生云、雾等凝结现象。一般大工业区出现雾的机会比其他地区要多。

4.1.3.2 水汽的凝结物

(1)地面上的水汽凝结物

①*露和霜*。在晴朗无风或微风的夜晚，地面和地物表面因辐射而迅速冷却降温，当其表面温度降到露点温度以下时，就产生了水汽凝结现象。若地面和地物表面温度高于0℃时，凝结物为液态的露；若地面和地物表面温度低于0℃时，则凝结物为固态的霜。

在温带地区露水量很少，夜间露最多相当于 0.1~0.3 mm 的降水量，但在热带地区多露之夜的露水量可相当于 3 mm 的降水量，日平均约 1 mm 的降水量。露水量虽然有限，但对植物的生长有利。在干热的天气里，露有利于植物复苏，可以缓和干旱引起的枯萎，特别是在干旱少雨地区，露水占年降水量的 30%以上时，夜间的露常有维持植物生命的功用。但是露经常形成的地方湿度大，病虫害严重。如水果表面上沾有大量的露水，果面会产生锈斑，影响水果的品质。

②*雾凇和雨凇*。雾凇是一种呈粒状和晶状的乳白色、疏脆结构的固体凝结物。当微风把雾滴吹到冷地物的垂直面时，就形成雾凇，常见于寒冷有雾微风的天气条件下。我国高山地区以及东北地区的东部较多出现。东北与华北称雾凇为树挂。吉林雾凇有“中国琦花”之称，为中国四大自然景观之一。

雨凇是在地面和地物(树枝、电线)上形成的一层光滑透明的冰层。雨凇是过冷却雨滴和雾滴与低于 0℃的地面或地物接触时冻结而成。

雾凇和雨凇都会造成压断电线、电杆，折断树枝和树干，危害农林业生产，影响邮电通信和交通运输。1952 年 2 月，在河南省鸡公山地区，雨凇、雾凇同时出现，林木折干率达 4.6%~42.86%，枝条折断率达 13.62%~64.7%，严重之处高达 100%。又如，2005 年 2 月 6 日，江汉平原、鄂西南、鄂东北地区共有 18 个县(市)出现雨凇，6 h 积冰直径在 2~8 mm，最大雨凇积冰直径达 20 mm。致使湖北省五峰县 40 多座 110 kV 线塔倒塌，4 条 110 kV 输电线路受到破坏，供电瘫痪，电网结构遭到破坏，对华中电网运行造成了极大损害。

(2)大气中的水汽凝结物

①*雾*。雾是近地层空气温度降低到露点以下时，空气中的水汽凝结成小水滴或小冰晶，悬浮于空气中成乳白色幕状，使水平能见度降低的一种天气现象。

根据空气冷却的原因，可将雾分为辐射雾、平流雾、蒸发雾、锋面雾、上坡雾等。但最常见的是由于夜间地面辐射冷却而形成的辐射雾和暖湿空气平流到冷的下垫面而形成的平流雾。

雾的地理分布一般是沿海多于内陆，高纬度多于低纬度。因为沿海地区水汽较内陆丰富，而高纬度比低纬度气温低，这些都有利于近地面气层空气达到饱和而凝结。因此，我国沿海地区雾日较多。但是地处我国西南内陆的四川、贵州一带雾日也较多，这是受当地特殊地形——四川盆地和云贵高原的影响，使这里降水量较多，水汽充足且不易流走，因此具有形成雾的条件。

②云。云是悬浮在大气中的水滴、过冷却水滴、冰晶或它们混合组成的可见聚合体。

云和雾没有本质的区别。不同之处仅在于云的凝结高度比雾高，所以雾的底部接地，而云的底部不接地。正如气象学家柯本所说："云为空中之雾，雾为地面之云。"山腰之雾在地面看见则为云层。

云是水汽凝结物，因此水汽凝结的条件就是云形成的必要条件。云的存在和发展，还必须使大气维持过饱和状态，而冷却和水分补充是达到大气中水汽饱和状态的两种方式。空气的上升运动，如对流、波动和地形的抬升作用等，都可使空气绝热冷却降温，同时还可不断地由地面向云中输送水汽。

在天气预报中，往往根据天空中云的总量来划分天气的阴晴。总云量是指天空被所有云遮蔽的总成数。如总云量占天空 30%以下的为晴天；占天空 30%~50%的为少云天气；60%~80%的为多云天气；80%以上的为阴天。

4.1.4 降水

地面从大气中获得的水汽凝结物，总称为降水。它包括两部分：一部分是大气中水汽直接在地面或地物表面以及低空形成的凝结物，如露、霜、雾和雾凇，又称为水平降水；另一部分是由云中降落到地面上的水汽凝结物，如雨、雪、霰、雹等，又称为垂直降水。

4.1.4.1 主要降水

(1)雨

从云中降落到地面上的液态水滴，称为雨。按降雨的性质分为连续性降水、阵性降水、毛毛状降水。

①连续性降水。降水时间长，强度变化小，降水范围广。这种降水强度不大，对树木生长有效。但若降水强度太大，降水持续时间太长，常因日照时间短和光照强度小，不利于树木的光合作用，尤其在花期会影响开花和授粉，从而对树木生长发育造成不利的影响。

②阵性降水。降水开始和终止时间比较突然，降水强度大(有时甚至可达 300 mm/h)，时间短，范围小，具有时降时停的间断性特征。这种降水径流量大，降水利用率低，不利于水土保持。例如，暴雨可以击落树叶、击倒草本植物、破坏土壤表层的结构、侵蚀表土，甚至造成山洪暴发，土壤被冲蚀，给林木带来灾害。

③毛毛状降水。极小的滴状液态降水，降水强度很小(0.05~0.25 mm/h)，落在水面上不起波纹，落在干土上没有湿斑。这种降水有利于土壤和植物的吸收，但对干旱严重的地区，无法有效缓解旱情。

(2)雪

由冰晶和过冷却水滴混合组成的云中，过冷却水滴的饱和水汽压比冰晶的大，因而水汽由水滴表面转移到冰晶上，并在冰晶的棱角上凝华，形成各种各样的六角形雪花。雪花逐渐增大后降到地面。如果降雪时低空的气温低于0℃，降落到地面的是雪；如果降雪时低空的气温接近0℃，降落到地面的便是雨夹雪。

雪对树木既有利也有害。“冬雪当被”，雪不易传热，具有保护土壤、防止冻结过深伤害树木根系及保护幼树越冬等作用。在早春干旱地区，雪作为主要水分来源，对春季植物的生长发育有利。雪还可增加土壤中的氮肥，雪中含的氮化物比雨水多5倍，因此有“瑞雪兆丰年”之说。但大雪可使树木发生机械损伤，如折枝、断干、损冠甚至雪倒、雪崩，危害很大。另外，春季融雪降低了土温，会缩短植物的生长期。

(3)霰

霰是白色不透明的小冰球，由过冷却水在冰晶的各个方向上冻结而成，其直径为2~5 mm，落在地面上能反弹，松脆易碎，常出现在降雪之前。

(4)雹

雹是由透明和不透明的冰层相间组成的固态降水。雹多为球形，直径为几毫米到几十毫米。降雹时常伴随着狂风暴雨，降水强度大，持续时间短，但降水量很大，对树木和其他的高秆植物有严重的机械摧残作用。

4.1.4.2 降水的表示方法

(1)降水量

降水量是指从云中降落到地面上的降水，未经蒸发、渗漏和流失而在水平面上积聚的水层深度，以mm为单位，取1位小数。一天(24 h)中降水量达0.1 mm时算作1个雨日。雾、露、霜、雾凇和吹雪不作降水量处理。

降水量的多少对育苗、造林、引种和树种的分布有较大的影响。对各地不同树种的大量研究表明，生长期内的降水量与树木的直径生长成正相关。树木的高生长量不仅受当年降水量的影响，还与上一年秋、冬季节的降水量密切相关。

(2)降水强度

降水强度是指单位时间内的降水量，其单位以mm/h或mm/d表示。

我国一般夏季降水强度最大，越接近沿海地区，其降水强度也越大。台湾是我国降水强度最大的地区。降水强度过大，会对农业生产造成巨大损害。按降水强度的大小，可将雨分为小雨、中雨、大雨、暴雨、大暴雨和特大暴雨。降雪可分为小雪、中雪、大雪和暴雪。降水等级的划分见表4-5。

表4-5 降水等级的划分 mm/d

降水等级	24 h降水量	降水等级	24 h降水量
小雨	<10.0	特大暴雨	≥200.0
中雨	10.0~24.9	小雪	<2.5
大雨	25.0~49.9	中雪	2.5~4.9
暴雨	50.0~99.9	大雪	5.0~9.9
大暴雨	100.0~199.9	暴雪	≥10.0

4.2 土壤水分

4.2.1 土壤水分的类型

根据水的物理形态以及水分子在土壤中所受吸力，并考虑被植物利用的关系，土壤水分可分为下列 4 种类型。

(1) 吸湿水

由土粒分子引力吸附的气态水，称为吸湿水，土粒分子产生引力的主要原因是土粒表面的表面能。这种水被土粒紧密吸附，不能移动，无溶解力，植物不能吸收利用，属无效水。

当空气水汽饱和时，吸湿水达到最大含量，这时土壤含水量的百分数，称为吸湿系数，也称最大吸湿水量。

$$\text{土壤吸湿水量} = \frac{\text{风干土重} - \text{烘干土重}}{\text{烘干土重}} \times 100\% \tag{4-5}$$

它的大小与土壤质地和有机质含量有关，黏土和富含有机质的土壤吸湿系数大。

风干土是指采集回来的新鲜土壤在干净、无挥发性酸、碱气体的室内通风处摊开自然风干，一般需经过 2~7 d 才能达到自然风干状态(具体天数视土壤所含水分、质地以及天气情况等有所不同)，不能暴晒。烘干土是将土壤样品置于 105℃下烘干至恒重，此时土壤有机质不会分解，而土壤中的自由水和吸湿水全被驱除的土壤。

(2) 膜状水

把达到最大吸湿量的土壤，再用液态水来继续湿润，土粒吸湿水外层可吸附液态水分子形成水膜，这种吸附在吸湿水层外的液态水，称为膜状水。

林木只能利用一部分膜状水，膜状水运动速度很慢，不能及时补给植物需要，属弱有效水。膜状水达最大量时的土壤含水量百分数，称为最大分子持水量，在膜状水未被利用完之前，植物就已发生永久萎蔫。植物出现永久萎蔫时土壤含水量的百分数，称为凋萎系数(萎蔫系数)，凋萎系数是有效含水量的下限。

(3) 毛细管水

借助毛细管引力吸持和保持在毛细管孔隙中的水，称为毛细管水，又称为毛管水。毛细管水是一种自由水，它可沿毛管上升至根系活动层，在林业生产中，毛细管水是土壤中最有效的水分。根据毛细管水和地下水有无联系，可分为毛管上升水和毛管悬着水。

①毛管上升水。指地下水借毛管作用上升，并保持在土壤毛管孔隙中的水。毛管上升水达最大量时，土壤含水量的百分数，称为毛管持水量。它的大小随地下水位的变化而改变。

②毛管悬着水。大气降水或灌溉后吸持在毛管孔隙中的水，称为毛管悬着水。它和地下水不相连接，而“悬挂”在土壤上层的毛管孔隙中。在毛管孔隙发达的黏质和壤质土壤中，毛管悬着水主要在毛管孔隙中；在砂质或石砾含量的土壤中，毛管悬着水围绕在土粒或石砾相互接触的地方，称为触点水。

毛管悬着水达最大量时的土壤含水量百分数，称为田间持水量。不同质地土壤的田间持水量相对稳定。当土壤含水量降低至田间持水量的70%时，植物不能及时吸收所需水分，生长受阻，这时的土壤含水量称为植物生长阻滞含水量。

(4)重力水

降水或灌溉强度过大时，毛管已无剩余引力，多余水在重力作用下向下渗透，这种水称为重力水。当土壤所有孔隙均充满水分时的含水量，称为全蓄水量或饱和含水量。

下渗重力水在下部土层遇到不透水层时，就会在该层上面聚积起来形成地下水。重力水是地下水的重要来源。地下水的水平面距地表的深度，称为地下水位。地下水位要适当，不宜过高或过低。地下水位过低，地下水不能通过支持毛细管水方式供应植物；地下水位过高，不但影响土壤通气性，而且在干旱地区的土壤还易产生盐渍化。重力水因下渗速度快，植物很少利用，属多余水。

4.2.2 影响土壤水分有效性的因素

土壤水分的有效性，是指其能否被植物利用，以及利用的难易。土壤有效水包括田间持水量到凋萎系数之间的水分。土壤有效水范围受土壤质地、土壤结构、土壤有机质含量的影响。

(1)土壤质地

土壤质地对水分有效程度的影响主要取决于土壤的表面积和孔隙性质(表4-6)。

表4-6 土壤质地与有效含水范围的关系 %

土壤质地	田间持水量	凋萎系数	有效含水范围
砂土	12	3	9
砂壤土	18	5	13
轻壤土	22	6	16
中壤土	24	9	15
重壤土	26	11	15
黏土	30	15	15

(2)土壤结构

团粒结构总孔隙度大，毛管孔隙发达，有效水含量高，故田间持水量大，扩大了土壤水的有效范围(表4-7)。

表 4-7 土壤结构和水分状况(降水量：26.1mm) %

时间	非团粒结构土壤的含水量	团粒结构土壤的含水量
降水前	7.13	10.62
降水后 1 昼夜	12.75	18.41
降水后 3 昼夜	9.25	18.55

(3) 土壤有机质含量

有机质疏松多孔，持水量大，同时又能改善土壤质地和结构，增大田间持水量。因此，有机质含量多的土壤，田间持水量也大，有效水范围增加(表 4-8)。

表 4-8 有机质对有效含水范围的影响 %

类型	田间持水量	凋萎系数	有效含水范围
黏壤土	20.2	7.1	13.1
泥炭	166.0	82.3	83.7
1/2 黏壤土+1/2 泥炭	31.0	14.5	16.5
4/5 黏土+1/5 泥炭	21.6	8.5	13.1

4.2.3 土壤含水量的表示方法

土壤含水量的表示方法很多，常用的有以下几种：

(1) 土壤质量含水量

土壤质量含水量用土壤含水量与烘干土质量之比表示。这是一种最常用的表示方法。

$$土壤质量含水量=\frac{湿土质量-烘干土质量}{烘干土质量}\times 1000 \tag{4-6}$$

除上述用质量比表示外，还可以用一定体积土壤中水所占的体积比表示土壤含水量，其中，水与土壤的体积单位为 cm^3，计算公式：

$$土壤质量含水量的体积百分率=\frac{水所占体积}{土壤总体积}\times 100\% \tag{4-7}$$

土壤质量含水量的质量百分率与体积百分率可以互相换算。

(2) 水层厚度

为了使土壤含水量能与降水量相比较，常用水层厚度来表示土壤贮水量，单位为 mm，计算公式：

$$水层厚度=土层厚度\times 土壤质量含水量\times 土壤密度 \tag{4-8}$$

(3) 土壤的相对含水量

土壤的相对含水量，是指土壤绝对含水量占田间持水量的百分比，计算公式：

$$土壤的相对含水量=\frac{绝对含水量}{田间持水量}\times 100\% \tag{4-9}$$

4.2.4 土壤水分的消耗与调节

4.2.4.1 土壤水分的消耗

来自大气降水、人工灌溉和地下水的土壤水，大都不能长期保留在土壤中，而以不同方式逐渐消耗，如径流、渗漏、蒸发等。

①径流。径流有3种，即地表径流、侧向径流和地下径流。

②渗漏。降水或灌溉水到达地面以后，土壤上层孔隙很快就充满水分，借重力和毛细管引力向下层渗漏。

③蒸发。指土壤水分以水汽状态向大气扩散。

4.2.4.2 土壤水分的调节

调节土壤水分能减少有效水分的损失，排除多余的水和提高植物对水分的利用效率，促进土壤水、肥、气、热的协调，有利于林木的生长发育。主要包括以下措施。

①深耕改土、增施有机肥料。这种措施可形成良好的土壤结构，提高土壤的透水性和蓄水性。雨后或灌溉后松土，能破除土壤板结，更有利于保水。

②中耕松土时结合除草。能有效防止杂草与苗木争水争肥。

③合理灌溉。合理灌溉就是及时不间断地供给苗木、林木必要的水分，保持土壤含水量不低于植物生长阻滞的含水量。灌水除可以增加土壤水分，还可以调节土温，排除土壤的污浊空气，改善土壤水、气、热状况。

④排水。土壤水分过多应尽量排出，排水的方式有明沟排水、暗沟排水和生物排水等。土壤中过多的水分排出后，可以改善土壤通气状况、减小土壤热容量、提高土温。早春播种前排水有利于苗木种子发芽出土。

⑤遮阳覆盖。夏季在苗床搭棚遮阳或盖草等，可降低土温和显著减少蒸发，有利于苗木的生长。

⑥应用土壤保湿剂和有机水。土壤保湿剂简称TAB制剂，能吸收超过本身重300~1000倍的水分，再供植物吸收。有机水是有机吸附剂和水制成的固体水，其中97%是水，放在林木根系周围可较长时间供给苗木对水分的吸收，这对西北干旱地区植树造林、提高树木成活率等有重大意义。

实践技能5 土壤含水量的测定

一、目标

掌握烘干法、酒精燃烧法测定土壤含水量的原理和方法。

二、场所

实验室。

三、形式

4~6人一组，在教师指导下在实验室进行现场操作测定。

四、材料与用具

①烘箱1~2台。

②按4~6人一组计算，每组配备：天平(感量0.01 g)、干燥器、铝盒、量筒或量杯、小刀或铁丝、95%乙醇、火柴、记录表格若干。

五、内容与方法

1. 烘干法测定土壤质量含水量(表4-9)

(1)方法原理

土壤样品(自然湿土)在保温105℃的烘箱中烘至恒定质量，计算样品中损失的质量与烘干土质量的比例，乘以1000，即得土壤质量含水量。如果已测定了土壤密度，把土壤质量含水量乘以土壤密度，即得土壤体积含水量。

(2)测定步骤

①取有编号带盖的铝盒，洗净，烘干，放入干燥器中冷却至室温，称量铝盒质量，记为m_0。注意盖号、盒号必须相同，切勿调乱。

②称取自然湿土样品20.00 g(精确至0.01 g)，放入已知质量的铝盒中，均匀平铺，盖好盒盖，称量铝盒加湿土的质量，记为m_1。

③揭开铝盒盖子，放入烘箱中，在105℃的温度下烘至恒定质量(约12 h)，含有机物质多的土样(>80 g/kg)不宜在105℃以上烘烤过久；取出后放入干燥器内冷却至室温(20~30 min)。

④从干燥器内取出铝盒，盖好盒盖，称量铝盒加烘干土的质量，记为m_2。

(3)结果计算

$$土壤质量含水量=\frac{m_1-m_2}{m_2-m_0}\times 1000 \tag{4-10}$$

式中 m_0——铝盒质量，g；

m_1——湿土加铝盒质量，g；

m_2——烘干土加铝盒质量，g。

$$土壤体积含水量=土壤质量含水量\times\frac{土壤密度}{水的密度} \tag{4-11}$$

表4-9 烘干法测定土壤质量含水量记录

土壤编号______________

重复	铝盒号	铝盒质量 m_0/g	铝盒质量+湿土质量 m_1/g	铝盒质量+烘干土质量 m_2/g	土壤质量含水量 W/(g/kg)
1					
2					
3					
平均	—	—	—	—	

2. 乙醇燃烧法测定土壤质量含水量(表 4-10)

（1）乙醇燃烧法原理

利用乙醇在土壤中燃烧放出的热量，使土壤水分迅速蒸发干燥。由燃烧前后质量之差计算出土壤质量含水量。

（2）测定步骤

①称量干燥的铝盒质量 m_0。

②称量自然湿土 10.00 g(精确至 0.01 g)，放入已知质量铝盒中，称量铝盒加湿土的质量，记为 m_1。

③加入乙醇约 10 mL，使土壤为乙醇饱和，点燃乙醇，待将燃尽时用小刀或铁丝搅动，使受热均匀燃尽。

④至室温后，再加入酒精，点燃，进行第 2 次燃烧，重复 3 次质量可达恒定，称量铝盒加干土的质量，记为 m_2。

表 4-10　乙醇燃烧法测定土壤质量含水量记录

土壤编号________________

重复	铝盒号	铝盒质量 m_0/g	铝盒质量+湿土质量 m_1/g	铝盒质量+干土质量 m_2/g	土壤质量含水量 W/(g/kg)
平均	—	—	—	—	

（3）结果计算

同烘干法。

$$土壤质量含水量=\frac{m_1-m_2}{m_2-m_0}\times 1000 \tag{4-12}$$

式中　m_0——铝盒质量，g；

m_1——湿土加铝盒质量，g；

m_2——干土加铝盒质量，g。

六、注意事项

①烘干法测定需进行 3 次平行测定，取其算术平均值，其平行差值不得大于 10 g/kg。

②烘干法测定土壤含水量的误差主要在于采样的代表性、天平的精确度以及 105℃下烘干过程中有机质可能有部分因氧化分解损失的质量。因此，烘干法测定土壤含水量时，首先必须注意采样的代表性，增加采样的重复次数来弥补其代表性的不足。

③含水量很高的黏质土壤必要时可再烘烤 3~4 h，前后两次称的质量相差不大于 0.05 g，即为恒定的质量。

④乙醇燃烧法测定土壤含水量时，一定要重复燃烧 3 次，至室温后再称量。

⑤乙醇为易燃危险品，整个操作过程要注意用火安全。

七、报告要求

个人独立完成或以小组为单位完成。有关测定数据全部记录到表 4-9、表 4-10 中，并分别计算出两种测定方法的土壤质量含水量。要求数据完整，计算结果正确。

4.3 水分对树木的生态作用

4.3.1 水分对树木的重要性

水分是构成植物体的主要成分之一。树木根、茎、叶等生长活跃部分的含水量在90%以上；树干的含水量较少，但也在50%左右；风干的种子其含水量也有10%左右。

树木的生命活动需要水，水是光合作用的原料，有机质的水解作用要有水分的参与。土壤养分的吸收及各种营养物质在树木体内的运转和利用，都离不开水分。

水分使树木组织保持膨胀状态，使器官保持一定的形状和活跃的功能。

树木还通过蒸腾作用来调节自身温度。若失水过多，树木的生理过程将受到抑制，导致树木萎蔫甚至死亡。

水分不仅影响树木的生长，还会影响它们的地理分布。年降水量很少的地方，木本植物难以生长，自然不会有森林的存在。在我国，一般年降水量在400 mm以上的地区才分布有茂密的森林植被；降水量在300~400 mm的地区，为森林草原；降水量在200~300 mm地区为草原；200 mm以下为荒漠地带。在半干旱或干旱地区，随着海拔升高，气温降低，相对湿度增高，降水量逐渐增大，到一定高度才有森林出现。例如，新疆阿尔泰山和天山北麓，海拔1000 m以下多为草原或荒漠，海拔1500~3000 m才有落叶松、云杉、山杨、桦木等树种形成的森林。

不同树种对温度和水分的要求有差异，所以它们分布的地理区域也不同。例如，茶树、柑橘、杉木、毛竹等经济果林要求生长在年降水量为1000~2000 mm的亚热带季风气候区，而蒙古栎、榆、小叶杨、白桦等则生长在年降水量为500 mm的温带地区。

总之，一个地区降水量的多少以及分配状况，不但影响着该地区的植被类型，还将影响到树种的分布。

4.3.2 树木对水分的需要和适应性

4.3.2.1 树木对水分的需要

树木对水分的需要，是指树木在正常生长过程中所吸收或消耗的水分。不同植物需水量是不一样的。通常木本植物的需水量大于草本植物。这是因为木本植物的体积大，蒸腾量也大。有人测定过，1株玉米每天从土壤中吸收水约2 kg，而1株橡树每天消耗的水分可达570 kg。树木从土壤中吸收的水分，99%消耗于蒸腾作用上，用于制造碳水化合物等产物的只是很少一部分，一般不超过1%。

树木对水分的需要随树种、树木的发育期、生长状况及环境条件而异。一般针叶树的需水量小于阔叶树；处于休眠状态的树木小于正在生长的树木；北方树种小于南方树种；一天中，树木白天的需水量多于夜间；晴朗多风的日子需水量则多于无风的阴天。

树木的需水量多用蒸腾量来表示，但蒸腾量只能表示树木的耗水程度。不同树种对同样数量水分的有效利用程度不一样，也就是说，有的树种比较节约用水，有的则消耗水分较多，这取决于各树种光合作用和蒸腾作用的水平。因此，在植物生理学上常用植物每生产 1 g 干物质所需的水分来表示其需水量，称为蒸腾系数。

测定表明，云杉、北美黄杉、水青冈，每生产 1 g 干物质平均消耗的水分分别为 231 g、173 g 和 169 g，属于耗水量低的树种；而松、桦、栎类，每生产 1 g 干物质平均消耗的水分分别为 300 g、317 g 和 344 g，属于耗水量高的树种。

4.3.2.2 树木对水分的适应性

树种对水分的适应性，是指树种对土壤水分(或土壤湿度)条件的要求。它与树种需水量的含义不同。有些树种对水分的需要量可能不是很大，但对水分条件的要求却可能很严格，如云杉的耗水量较低，但要求生长在潮湿的土壤环境中。有些树种对水分的需要量可能很大，但对水分条件的要求却不一定严格，如松树的耗水量较大，却可生长在较干旱的地方，因为它可借助发达的根系和较高的细胞渗透压，从水分较少的广大区域和较深的土层里吸收较多的水分来保证正常的生理活动。生长在干旱条件下的树种，需水量不一定小。因为在气候干燥和温度很高的情况下，它需要通过大量蒸腾来降低体温以适应灼热的环境。当然，有些树种不仅对水分的需求量很大，而且对土壤水分条件的要求也很严格，如赤杨对水分的需要量大，对土壤水分条件同样要求比较严格，喜生于水分充足的地方。

由此可见，树木对水分的需要和要求有一定的联系，但却是两个不同的概念，两者有可能是一致的，也可能不一致。

根据树种对土壤水分的适应性，可将树种分为旱生树种、湿生树种和中生树种 3 类。生产上应根据这种特性，采取相应的培育措施。

(1)旱生树种

旱生树种是指在长期干旱条件下能忍受水分不足，维持正常生长发育的树种，如梭梭、柽柳、骆驼刺、马尾松、云南松、油松、樟子松、黄檀、侧柏、栓皮栎、柠条、沙拐枣、沙棘、山杏、木麻黄等。这类树木种子能在沙漠、草原或干热山坡等干旱地方生长。它们对干旱的适应方式多种多样，但概括起来主要具有以下特点。

①*细胞渗透压高*。旱生树种根细胞的渗透压一般为 4053～6079.5 kPa，有的高达 10 132.5 kPa。这类植物的细胞液浓度都很高，吸水力特别强，细胞内有亲水胶体和多种糖类，抗脱水的能力很高，所以抗旱能力强。

②*根系发达*。旱生树种的根系一般都很发达，有的把根扎入土壤深层，以利用地下水，如沙漠地区的骆驼刺地上部分只有 20～30 cm，而根系深达 30 m。另一些旱生树种扎根并不深，但其侧根发达，形成伸展很宽且密集的根系。

③*具有控制蒸腾作用的结构，或叶器官较不发达，甚至退化*。旱生树种的叶形较小，以缩小蒸腾面积；有的旱季落叶或落枝，叶面卷曲；有的叶面有发达的角质层、蜡质层或茸毛，栅栏组织发达，以减少水分消耗；有的气孔下陷或气孔数目减少。所有这些构造都

有利于降低蒸腾作用。

④具有发达的储水组织。有的旱生树种具有发达的储水组织，以适应干旱，如南非的瓶子树、西非的猴面包树，可储水 4 t 以上。

(2) 湿生树种

湿生树种是指能够生长在潮湿环境中，且抗旱能力较弱的树种。这类树种的特点主要是，根系不发达，分生侧根少，根毛也少；细胞液浓度低，渗透压小，为 810.6~1215.9 kPa；叶片大而薄，栅栏组织不发达，角质层薄或无，气孔多而敞开，控制蒸腾的组织很弱，叶片摘下后常迅速凋萎。此外，为适应缺氧的生境，有些湿生树种的茎组织疏松，也有些树种着生板状根或气生根，以利于气体交换。属于湿生类型的树种有池杉、枫杨、垂柳、赤杨、水松、水杉、落羽杉等。

(3) 中生树种

中生树种是指生长于中等水湿条件下，不能忍受过干或过湿条件的树种，是介于上述两类之间的中间类型。大部分森林树种都属于这一生态类型，如红松、落叶松、冷杉、核桃、板栗、枫香、梧桐、椴、槭、山杨、千金榆等。中生树种缺乏适应长期干旱或过湿的形态构造和功能。

将树种划分为旱生、中生、湿生 3 种类型不是绝对的。因为它们之间并没有明显界限。同时，树种对水分的适应性还与其他生态因子有联系。

4.3.3 水分异常对树木的影响

4.3.3.1 干旱与洪涝

(1) 干旱

长期降水稀少会引起空气和土壤干燥，破坏植物体内水分平衡，因缺水而使植物的生长受到抑制、引起叶片枯萎甚至整株死亡的现象，称为干旱。

①按干旱发生的原因分类。根据干旱发生的原因，可以分为大气干旱和土壤干旱。

a. 大气干旱。无雨或少雨，空气湿度很小，这时尽管土壤中有充足的水分，但根系吸收的水分满足不了植物蒸腾的需要，而使植物发生凋萎或死亡的现象，称为大气干旱。生产上所讲的干热风就是大气干旱的一种形式。干热风在我国北方麦区经常发生，此外，西北、华北等地区也为干热风多发区。

b. 土壤干旱。土壤水分不足而使植物得不到应有的水分，植物体内水分平衡失调，引起植物枯萎甚至死亡的现象，称为土壤干旱。土壤干旱是长期降水稀少所引起的，这种情况下，温度通常偏高而湿度偏低，这就加强了土壤蒸发和植物蒸腾，植物对水分的需要量和从土壤中吸取的水量在一个相当长的时期内不相适应，使植物体内的水分日益减少。如果大气干旱和土壤干旱两种干旱同时发生，其危害就更为严重。

②按干旱发生的季节分类。根据干旱发生的季节，可以分为春旱、夏旱(伏旱)、秋旱。

a. 春旱。春季移动性冷高压经常自我国西或西北经华北、东北东移入海，受其影响，天气晴朗、空气干燥、土壤湿度低，加之春季气温回升、风速大、蒸发过多，就容易形成春旱。黄河流域的河北、河南、山西、陕西、甘肃、山东等地几乎每年都出现不同程度的春旱，所以华北一带有农谚“春雨贵如油”“十年九春旱”。此外，苏北和皖北地区也常出现春旱。

b. 夏旱。夏季副热带高压控制长江中下游地区，湖南、湖北、江西、安徽和江苏等地在其影响下盛行下沉气流，炎热干燥、蒸发量大，常出现伏旱。7、8月正值作物、树木生长发育旺盛期，需水量最大。因此，夏旱对树木生长发育极为不利，使其质量、产量下降。

c. 秋旱。秋季副热带高压减弱南退，蒙古高压加强南下，华中地区“天高云淡”，常出现秋高气爽的干旱天气。如2022年7~10月，长江流域发生了1961年有完整实测记录以来最严重的夏秋连旱。8月下旬旱情高峰时，长江流域农作物受旱面积 4.421×10^4 km^2。干旱造成植被长势偏差，严重损害了森林生态系统的结构与功能，导致森林生物量下降、生产力减弱。

此外，在东南沿海地区，夏秋干旱天气与台风活动也有关系。在台风活动少的年份或台风较少登陆的情况下，都易出现夏秋旱。

西北及内蒙古地区，地处大陆腹地，海洋上的水汽难以到达，致使全年降水稀少，常年干旱，形成大片沙漠、戈壁和荒原。

干旱对树木的危害很大，破坏了树木体内的水分平衡，能使树木生长过程停止、植株矮小、产量降低。干旱地区的树木大都低矮，树木的嫩枝、根部的延伸、直径生长、果实的发育等，都会由于得不到水分供应而受到限制。林业上为克服水分亏缺对树木生长的不良影响，常采用中耕除草和抚育间伐等措施来降低水分消耗，以促进林木生长。植树造林，增加森林覆盖率可适当缓解干旱的危害程度。

(2)洪涝

由于长期阴雨或大雨和暴雨，雨量过度集中，短期内出现大量降水，会出现河水泛滥、山洪暴发、土地和植物被淹或冲毁的现象，称为洪涝。

洪涝对树木的危害主要是在淹水情况下，土壤毛细管中充满了水，使土壤严重缺氧，导致根部呼吸作用减弱，土壤有机质的分解和养分的释放减缓，并造成土壤中 CO_2、CH_4、H_2S、有机酸等物质的大量积累，从而进一步阻碍根系呼吸和养分的释放，使根系中毒、腐烂，长期下去，势必导致树木窒息死亡。洪水泛滥会冲毁山林，破坏地表植被、土壤结构，给环境以毁灭性破坏，并严重危及人民生命和财产安全。

我国幅员辽阔，季风气候明显，每年都有不同程度的旱涝发生。干旱和洪涝相互关联，往往出现“南涝北旱”或“北涝南旱”的局面，而且干旱和洪涝常常同时出现在不同地区。其分布特点是“干旱一大片，洪涝一条线”。例如，2013年我国洪涝干旱灾害突出，汛期呈现南旱北涝的灾害格局。2013年年初，西南地区降水偏少、旱情突出，云南和四川南部自2009年入秋以来连续4年受旱。7月初至8月中旬，江南、江淮、江汉和西南地区东部遭遇历史罕见高温干旱。7月中旬，四川盆地、西北地区东部、华北南部及黄淮北部遭遇强降雨过程，多地降水量超历史极值，四川都江堰市幸福镇7月7日晚至11日累计降水量达1105.9 mm，相当于当地年平均降水量，陕西延川县7月7日至8月8日累计降水量达 614 mm，超过常年同期平均降水量 3 倍。8 月，东北地区受本地降水及境外客水叠加影响，多条河流出现特大洪水，发生近年来最严重洪涝灾害，损失为近十年同期最高。

(3)旱涝的防治措施

历史上中国就是水旱灾害的频发地区，水旱灾害是“心腹大患”，全民都必须有防旱涝的意识。以下是几种常见的抗旱防涝措施。

①兴修水利。中华人民共和国成立以来，持续不断开展水利建设，截至 2019 年年底，全国已建成各类水库 98 112 座，水库总库容 8983×10^{8} m^{3}，建成 5 级以上江河堤防 32.0×10^{4} km，同时进行了大规模农田基础设施建设，已建成设计灌溉面积 2000 亩及以上的灌区 22 844 处，耕地灌溉面积 3766.3×10^{4} hm^{2}，对蓄水、保水和合理利用水资源起到了良好作用。已建成流量 5 m^{3}/s 及以上的水闸 103 575 座，其中大型水闸 892 座。已累计建成日取水≥20 m^{3} 的供电机井或内径≥200 mm 的灌溉机电井共 511.7 万眼。这些水利工程的基础设施的建设为旱涝灾害防治奠定了基础。

②营造水土保持林和农田防护林。大规模营造森林能降低风速，减少径流量，保存积雪，提高土壤湿度和空气湿度，既能防止干旱，又能涵养水源，是抗旱防洪的根本措施。截至 2018 年年底，全国建设水土保持林 162.7×10^{4} hm^{2}，新增水土流失综合治理面积 6.4×10^{4} km^{2}，全国累计治理面积达 137.3×10^{4} km^{2}。“十三五”期间，全国共完成三北及长江流域等重点防护林体系建设工程造林任务 4860.5 万亩，工程区森林覆盖率由“十二五”期末的 13.02% 提高到 13.57%，通过大范围植树造林持续改善了区域旱涝灾害。

③改善生态环境。因地制宜实施重要生态系统保护和修复、生物多样性保护等重大工程，以遏制生态环境恶化，减轻干旱危害。

④采取有效的农业技术措施。选用耐旱耐涝品种，及时翻耙和中耕除草，喷洒抑制蒸发剂和覆盖等，减少土壤蒸发，提高农田保水能力。

⑤提倡节水灌溉。采用喷灌、滴灌、地下灌溉等先进方式，可节约大量水资源，提高水分利用率，同时达到更好的灌溉效果。

⑥人工降水。人工降水是指用人工的方法，向云层中播撒催化剂(干冰、碘化银、氯化钙、盐粉、尿素等)，促使云滴迅速增大，形成降水。我国的人工降水从 20 世纪 60 年代起步至今，在生产实践中已收到了一定的效果。

4.3.3.2 冰雹

(1)冰雹天气及危害

冰雹是一种严重的灾害性天气，冰雹降落时，常伴有强烈的阵风、暴雨和降温，有时还伴有龙卷风。

冰雹结构坚实，从云中降落到地面时具有一定的速度，因而能量较大。一场严重的冰雹，常造成草本植物茎叶严重机械损伤以致完全毁坏；落叶树木被打得片叶无存，树皮也被砸烂；常绿树木的新梢及侧枝被打断，严重影响林木的生长发育，甚至造成植株死亡。2012 年 4 月 30 日凌晨，江西省吉安市大部分地区普降大到暴雨，其中，安福县、吉安县等地遭受了大风和冰雹的侵害。吉安县有 4 个乡镇遭到特大暴风和冰雹袭击，持续了 1 个多小时，风力达 12 级以上，落下的冰雹直径超过 10 mm。吉安县太冲乡沿途都是拦腰折断的树木、倾斜的电线杆和掉落的广告牌，以及屋顶瓦片被掀掉的房屋。此次受灾以该县的大冲乡东汶村委会最为严重，在东汶村随处都是被折断的树木，树枝全都光秃秃的，叶子被暴风卷尽，景似寒冬。最令人痛心的是，上屋村的一棵千年古樟树，竟被暴风拦腰折断。据统计，此次大风冰雹袭击中有1500余株樟树等名贵古树被连根拔起；损毁林地1126 hm^2，林木蓄积量逾35 000 m^3，直接经济损失达1.1亿元。

(2)冰雹的预防和人工消雹

冰雹出现的范围小、时间短，而气象台站之间的距离比较大，观测时间间隔长，容易漏测。不过，近年来随着雷达技术被应用于跟踪冰雹云，冰雹的短期预报比较准确，林业工作者应及时利用短期预报，采取适当措施，尽量减少损失。目前，人工消雹的常用方法有以下两种。

①*撒播催化剂防雹*。这种方法的消雹原理和人工降水一样，增加冰雹云内的雹核，使云内水分冻结在更多的核上，成长为大量的小冰雹。小冰雹降落时，因云层下部温度高，可能融化为水滴，即使降落小冰雹，也可减轻危害。催化剂种类很多，如干冰、碘化银、尿素、氯化钠等，可用飞机从云顶向下撒播，或用高射炮，借助爆炸力，撒播于云内，或者在地面上用高温炉把催化剂化为蒸气，借热气流带入云中。

②*爆炸法防雹*。爆炸法是用土炮、高射炮或火箭等轰击冰雹云，这种方法国内外普遍采用，在我国也有很久的历史。爆炸法的防雹机理还不十分清楚，一般认为，冰雹内有固态水和气泡，炮击后，爆炸产生的冲击波震动，可以使部分冰雹破碎；冲击波和强烈的声波振荡，破坏了雹云内有规律的升降气流；冲击波使云体绝热膨胀，促使过冷却水滴冻结，生成更多的人工胚胎。总之，后两者都破坏了形成冰雹的条件，因此，冰雹云经炮击，多降阵雨或小冰雹。我国西南和西北地区在人工消雹方面已有丰富的经验和显著的成果。

4.3.3.3 雨凇和雪害

(1)雨凇

雨凇对植物的生长具有一定的影响。例如，1988年2月25日、26日两天，浙江省德清县莫干山地区出现的一次严重的雨凇危害，单株毛竹冰层重者达200~300 kg，轻者有100 kg，以致压断竹竿、竹梢，有的全株被压倒。又如，2002年12月25~26日，广西壮族自治区桂林市遭受雨凇灾害，临桂以北各县均出现冰冻和明显的雨凇，对桂林市常绿果树造成较大影响，局部地区造成严重损失，尤其是柑橘、枇杷等果树，均出现树冠结冰，枝、叶以及枇杷幼果、夏橙、留树保鲜的柑橘果实被严重冻伤。为减轻雨凇对植物的危害程度，可以用竹竿击落植物枝叶上的冰，并设支柱支撑。

(2)雪害

雪对林木的危害主要表现在积雪过多而造成的雪压和雪折。大雪可使树木发生机械损伤，如折枝、断干、损冠，甚至造成雪倒。如2008年1月中下旬至2月上旬，我国南方地区气候异常，导致大范围、长时间的强降雪及冰冻灾害。全国有15个省(自治区、直辖市)共128×10^4 km^2的国土面积受灾，其中森林破坏面积超过67×10^4 km^2，占全国森林面积的1/10。树木遭受冰雪灾害的主要损伤形式为冻害、压弯、折冠、折干以及掘根等。研究表明，不同树种对雨雪冰冻灾害的抗性不同，一般情况下，多分枝和大树冠树种易遭受雨雪冰冻灾害损伤；阔叶树比针叶树抗雨雪冰冻灾害能力差；常绿树种比落叶树种更易受到损伤；纯林较混交林抗御自然灾害的能力弱；人工林较天然林抗击风雪灾害的能力弱。另外，在生长季较短的地区，春季融雪降低了土温，从而也缩短了植物的生长期。同时融雪期时融时冻的交替变化易引起冻害。

在多雪地区，应在大雪前对园林树木大枝设立支柱，对常绿树、枝条过密的要进行适当的修剪，在降雪后要及时振落积雪并将压倒的枝条提起扶正。还要注意清理断梢、断枝，加强病虫害防治，以降低雪害的危害程度。

4.3.3.4 酸雨

酸雨是指 pH 小于 5.6 的降水。酸雨也称为酸沉降，主要有硫酸型和硝酸型两大类型。我国酸雨主要是硫酸型的。酸雨主要是因大气污染造成的，酸雨问题在全球范围内也十分普遍，是当今全球关注的重大环境问题之一。北美、欧洲地区和中国是世界排名前 3 位的酸雨区，其中西欧的部分国家发生严重酸雨危害，致使大片森林死亡、土地酸化。截至 2022 年，我国酸雨区面积达 48.4×10^4 km^2，占陆域国土面积的 5.0%。

酸雨对植物的危害是很明显的。酸雨可直接腐蚀叶片的角质层，使叶中的营养物质淋失。被淋失的营养物质包括无机化合物中的大量元素和微量元素，其中，淋失数量最多的是钾、镁、锰，还包括有机化合物中的糖类、氨基酸、有机酸、激素、维生素、果胶等。酸雨还可使土壤中的营养物质被淋失，引起土壤变质，致使植物缺乏营养而生长不良，甚至枯死。另外，酸性物质渗透到植物体中，其毒性会降低植物的免疫力，使植物生长衰弱，极容易感染病虫害。

知识拓展

植物对水环境的生态适应

由于长期生活在不同的水环境中，植物会产生固有的生态适应特征。根据水环境的不同以及植物对水环境的适应情况，可以把植物分为陆生植物和水生植物两大类。

生长在陆地上的植物统称为陆生植物，包括旱生植物、湿生植物和中生植物 3 种类型。

生长在水体中的植物统称为水生植物。水体生境的主要特点有弱光、缺氧、密度大等。水生植物对水体生境的适应特点为：体内有发达的通气系统，以保证植株各部位对氧气的需要；叶片常呈带状、丝状或极薄，有利于增加采光面积和对 CO_2 与无机盐的吸收；植物体具有较强的弹性和抗扭曲能力以适应水的流动。水生植物可分为沉水植物、浮水植物、挺水植物和漂浮植物 4 种类型。

①沉水植物。整株植物沉没在水下，与大气完全隔绝的植物，如金鱼藻、狸藻和黑藻等。

②浮水植物。指叶片漂浮在水面的植物，包括不扎根的浮水植物(凤眼莲、浮萍等)和扎根的浮水植物(有睡莲、王莲、菱角、眼子菜等)。

③挺水植物。指植物的根、根茎生长在水的底泥之中，茎、叶挺出水面的植物；常分

布于0~1.5 m的浅水处，其中有的种类生长于潮湿的岸边，如芦苇、香蒲、水芋、荸荠、莲、水芹等。

④漂浮植物。根不着生在底泥中，整个植物体漂浮在水面上的一类植物；这类植物的根通常不发达，体内具有发达的通气组织。如满江红、槐叶萍、凤眼莲、浮萍。

提高水分利用率的途径

1. 水分利用率及有效利用率

植物蒸腾消耗单位重量的水分所制造的干物质重量，称为水分利用率或蒸腾效率，其倒数称为蒸腾系数。水分利用率可用下式表示：

$$P_r = \frac{Y_d}{E_s} \times 100\% \tag{4-13}$$

式中 P_r——水分利用率；

Y_d——单位土地面积上获得的干物质质量，kg；

E_s——单位土地面积上植物消耗于蒸腾作用的总水量，kg。

显然，水分利用率(P_r)越高，表示蒸散一定的水量获得的干物质越多，用水越经济；反之，有效利用率低。我国干旱、半干旱、季节性干旱的地域辽阔，提高水分利用率极为重要。

2. 提高水分利用率的途径

我国是一个水资源较为贫乏的国家，节约用水、提高水分利用率十分重要。在农林业生产上常用的提高水分利用率的措施有灌溉、种植方式、风障、地膜覆盖、染色、作物种类及品种配置等。

灌溉中的滴灌、喷灌、暗灌、沟灌都比漫灌节水，灌溉时间为水分临界期时效益最高。在种植方式方面，研究认为在土壤水分充足时，适当密植与缩小行距，水分利用率较高；而在土壤缺水时，窄行距用水最经济，宽行距加大了乱流交换，耗水较多。至于行向，研究表明东西行向水分利用率最低，原因是偏西风机会多，植物体内风速加大，导致更多的水分损失。在大风情况下，防护林带、风障等可明显提高水分利用率。再者用地膜、麦草等覆盖以及地表染色可明显抑制土壤水分蒸发，保持土壤水分，特别是山地果树等根部的覆膜、覆草等措施，对减少山地水土流失、保持土壤水分、增加水分利用率、提高果品的产量和品质有着极为重要的意义。此外，合理施肥、应用抗蒸腾化学剂、搞好水利基本建设等对提高水分有效利用率也非常有效。

复习思考题

一、名词解释

1. 水汽压；2. 相对湿度；3. 土壤蒸发；4. 降水；5. 降水量；6. 降水强度；7. 酸雨；8. 洪涝；9. 干旱。

二、填空题

1. 空气湿度的表示方法有__________、__________、__________、__________

和__________5 种。

2. 一般，气温越高，相对湿度__________。

3. 在我国季风气候区，__________季相对湿度较大，__________季相对湿度较小。

4. 霜是当近地气层温度在__________ 时出现的水汽凝结物，而露是当近地气层温度在__________时出现的水汽凝结物。

5. 地面上的水汽凝结物有__________、__________、__________和__________。

6. 根据空气冷却的原因，可把雾分为____________、____________、____________、__________和__________5 种，其中谚语“十雾九晴”中的“雾”是指__________。

7. 按降雨的性质可分为__________、__________、__________3 种。

8. 根据水的物理形态及水分子在土壤中所受吸力，并考虑被植物利用的关系，土壤水分可分为__________、__________、__________、__________4 种类型。

9. 一般，年平均降水量在__________mm 以上才有茂密的森林分布。

10. 树种对水分的适应性是树种对__________条件的要求。

11. 根据树种对土壤水分的适应性，可把树种分为____________、____________和__________。其中，__________种类多，数量大，分布最广。

12. 树木对水分的需要，是指树木在正常生长过程中所__________的水分。

13. 土壤水分的有效范围在__________之间。

14. 按发生的原因，可把干旱分为__________和 __________；按发生的季节，又可把干旱分为__________、__________和 __________。

三、判断题(正确的打“√”，错误的打“×”)

1. 酸雨是指 pH 小于 4 的降水。 (　　)

2. 由于湿生树种控制蒸腾的组织很弱，所以叶片采摘下来后常常迅速凋萎。 (　　)

3. 对水分需要量大的树种必然要求在湿度大的土壤上生长。 (　　)

4. 吸湿水是土壤中的无效水分，而毛细管水是土壤中最有效的水分。 (　　)

5. 在实际大气中，空气经常处于未饱和状态，所以干球温度常高于湿球温度。 (　　)

6. 相对湿度能直接反映空气的干湿程度，相对湿度越大，表明空气越干燥；相对湿度越小，表明空气越潮湿。 (　　)

7. 对于水分充足的土壤，应通过中耕松土切断毛细管来阻止蒸发，以减少土壤深层水分的损失。 (　　)

8. 在有植被的地方，既有土壤蒸腾，又有植物蒸发。蒸发与蒸腾之和，称为蒸散。 (　　)

四、选择题

1. 暴雨的标准是 24 h 内的降水量在(　　)。

A. 150.0 mm 以上　　B. 100.0 mm 以上

C. 50.0 mm 以上　　D. 25.0 mm 以上

2. 通常，用于测定空气温度和湿度的干湿球温度表，其干湿球差值越大，空气湿度(　　)；干湿球差值越小，空气湿度(　　)。

A. 越大　　B. 越小　　C. 不确定

3. 饱和水汽压随温度的升高而(　　)。

A. 增大　　B. 减小　　C. 不变

五、简答题

1. 相对湿度的日变化和年变化各有何特点？
2. 大气中水汽凝结的条件有哪两个？水汽的凝结物主要有什么？
3. 土壤水分调节的措施有哪些？
4. 旱生、湿生和中生树种各有何特点？
5. 干旱和洪涝对树木各有何危害？如何预防？
6. 冰雹天气有何特点？对树木有何危害？如何预防？
7. 雪对树木有何危害？如何预防？
8. 酸雨有何危害？

六、计算题

1. 用体积为 50 cm^3 的环刀取土，称得湿土重 87.5 g，烘干土重 66.3 g。请计算该土壤的自然含水量。

2. 某绿地的土壤田间持水量为 22%，测得当时的土壤自然含水率为 10%，土壤密度为 1.4 g/cm^3，若使该绿地 1 hm^2 面积、20 cm 厚的土层有充足的水分，应浇水多少吨？

3. 测得某教室气温为 20℃，水汽压为 10 hPa，求算该教室当时的相对湿度。

单元5 大气环境与森林

知识架构

- 大气环境与森林
  - 大气环境
    - 大气的组成
    - 大气垂直分层
    - 大气污染及其对树木的危害
    - 风
    - 寒潮
  - 天气与气候
    - 天气
    - 气候
    - 我国气候特点
  - 森林对大气的生态作用
    - 树木对大气污染的抗性和监测作用
    - 树木对大气污染的净化作用
    - 森林碳汇作用
    - 风与森林的关系

知识目标

1. 了解大气组成和垂直分层。
2. 熟悉大气污染、风、寒潮的基本知识及其对树木的影响。
3. 理解天气与气候的概念。
4. 掌握森林对大气污染的净化作用及森林碳汇作用。

技能目标

1. 会解读天气预报。
2. 会进行风的观测。

素质目标

1. 培养学生的绿色低碳发展理念，具备节约意识和环保意识。
2. 具备严谨的工作态度，强调要爱护工具设备、规范操作仪器设施，能科学地开展大气环境监测。

5.1 大气环境

5.1.1 大气的组成

低层大气是由干洁空气、水汽及悬浮在大气中的液态和固态杂质3部分组成。

大气中除去水汽和杂质的整个混合气体，称为干洁空气。干洁空气主要分布在25 km高度以下的低层大气中，主要成分是氮气（N_2）、氧气（O_2）、氩（Ar）。此外，还有少量的二氧化碳（CO_2）、氖（Ne）、氦（He）、氪（Kr）、氙（Xe）、氢气（H_2）、臭氧（O_3）等。表5-1列出了低层干洁空气中主要气体含量。

空气中的主要成分对森林有着重要的生态作用，下面着重讨论氮气、氧气、二氧化碳和臭氧的生态意义。

表5-1　干洁空气的成分（25 km高度以下）　%

气体	容积百分比	质量百分数
氮气	78.09	75.53
氧气	20.95	23.14
氩气	0.93	1.28
二氧化碳	0.03	0.05
臭氧	1.0×10^{-6}	—

5.1.1.1 氮气

氮是构成蛋白质的重要原料，是森林植物生长不可缺少的元素。氮气在空气中虽占比最多，但除了豆科等少数含有根瘤菌的植物外，一般高等植物都不能直接利用。雷电可以将氮合成硝态氮，随降水进入土壤，被植物吸收利用，但数量很少。高等植物所需要的氮，主要依靠土壤有机物分解的铵态氮、硝态氮和无机氮等供给。此外，在工业上还可以用人工合成的方法制作氮肥，然后施于土壤供给植物所需。

5.1.1.2 氧气

氧气在大气中含量居第2位，是一切生命所必需的，是动植物呼吸所必需的，也是植物光合作用的产物。此外，氧还决定着有机物质的燃烧、腐败及分解过程。空气中氧气的含量很高，也很稳定，可以满足植物需要。但是在土壤水分过多或板结情况下，土壤中氧气的含量较少，二氧化碳积累过多，产生多种有害物质，会严重影响植物根系的呼吸和生长，有时甚至会出现缺氧中毒现象。所以林地应注意排水或经常进行松土，维持良好的土壤结构，以改善土壤氧气状况。

5.1.1.3 二氧化碳

二氧化碳在空气中的含量不多，仅占大气容积的0.03%左右，且多集中在20 km以下的气层里。二氧化碳是有机化合物氧化作用的产物，如燃料的燃烧、有机物的腐烂和分解，动植物的呼吸作用等。大气中二氧化碳的含量随时间、空间和天气而略有不同。大致是夏季多于冬季，夜间多于白天，阴天多于晴天，室内多于室外，城市多于农村。森林内因死地被物和土壤腐殖质的分解，加上树木和其他植物的根呼吸，使得土壤中的二氧化碳大大高于空气中的含量，在土壤和空气的气体交换中，就会有二氧化碳从土壤中释放出来。一天中，林内二氧化碳浓度随时间与高度不同而变化，最大值出现在夜间的地表层，最小值出现在午后的林冠层中。

二氧化碳在空气中的含量虽然不多，但是对森林植物的意义很大，它既是光合作用的主要原料，又是植物体主要构成元素的来源。森林植物通过光合作用把二氧化碳和水合成碳水化合物，构成各种复杂的有机物质。据分析，树木干重中碳占51%、氧占41%、氢占6.2%、氮占0.5%、其他成分占1.5%，其中碳和氧都来自二氧化碳。因此，在林木生长和森林产量形成中，二氧化碳的作用是十分重要的。二氧化碳对植物光合作用的影响，甚至大于光照强度。据试验，在适宜光照下，二氧化碳浓度增加3倍，光合强度也增加3倍，若二氧化碳浓度不变，把光照强度增加3倍，光合作用只增加1倍。因此，在强光下，二氧化碳的不足是光合生产率的主要限制因子，增加二氧化碳的浓度就能增加植物的生长量，这一措施被称为二氧化碳施肥。通常情况下，当大气中的二氧化碳浓度在0.03%~0.15%时，如果其他生态条件都适合，光合作用强度随着二氧化碳浓度的增加而增大，但超过这一范围，由于二氧化碳浓度过大，迫使气孔关闭，光合作用反而下降。

二氧化碳对太阳辐射吸收很少，却能强烈地吸收地面辐射，同时它又向周围空气和地面放出长波辐射，对地面和大气有保温作用，因此被称为“温室气体”。随着工业的迅速发展，人类开采和使用碳氢化合物燃料激增，加上森林的砍伐，尤其是对热带森林的滥伐，耕地面积减少，森林和各种植物同化二氧化碳的能力不断降低，大气中的二氧化碳含量不断增加，使温室效应加剧、气候变暖。

5.1.1.4 臭氧

大气中臭氧含量虽少，但很重要。活泼的臭氧聚集在20~25 km的高空，形成一个臭氧层。臭氧层能把入射的99%的太阳紫外线吸收掉，使地球上的生物免受过多紫外线的伤害。如果没有臭氧层的保护，地球上的一切生物将会被紫外线杀死。

5.1.1.5 水汽

大气中的水汽来自地球表面(海洋、湖泊、潮湿陆地等)，它的含量很少，并随时间、地点而变，其变化范围在0%~4%，高纬度地区比低纬度地区少，内陆比沿海少，冬季比夏季少。

一般来说，大气中水汽的含量是随着高度的升高而减少的。水汽绝大部分集中在低层，观测表明，在1.5~2 km高度，水汽的含量大约减少为近地面的1/2；3/4的水汽集中在4 km以下；在5 km高度上，水汽含量减少为近地面的1/10左右；再往上水汽就更少了；12 km以下的水汽约占水汽总量的99%。

大气中的水汽不断地进行着气态、液态、固态之间的状态变化，产生云、雾、雨、雪等一系列的升华或凝结现象，因此它在天气变化过程中扮演着重要角色，是成云致雨的物质基础。此外，水汽还有两个特点：一是当水汽发生相变时，能够吸收或放出潜热；二是水汽能强烈吸收或放射长波辐射，所以它也能影响地面和空气的温度变化。大气中水汽含量增加，也会使保温作用增强，气候变暖。

5.1.1.6 杂质

大气中悬浮着各种液态和固态的微粒，统称为杂质，也可称为气溶胶粒子，包括尘粒、烟粒、盐粒、花粉、孢子、细菌、液滴、冰晶等。它们多集中在3 km以下的大气低层，含量变化较大，一般城市多于农村，陆地多于海洋。

杂质能够减弱太阳辐射和阻碍地面散热，影响地面和空气的温度。具有吸湿性的杂质还是水汽的凝结核，对云、雨的形成起着重要作用。

5.1.2 大气垂直分层

由于地球引力作用，大气质量的2/3集中在低层。随着高度增加，空气密度迅速变小，空气变得越来越稀薄。当大气密度接近于星际气体密度时，即为大气上界。据气象卫星资料推算，大气上界为1000~1200 km。

世界气象组织根据大气温度的垂直分布、扰动程度、电离现象等不同性质，统一将大气在垂直方向分为5层(图5-1)，即对流层、平流层、中间层、热层(电离层或暖层)和外层(散逸层)。

5.1.2.1 对流层

对流层是大气底层，它的下界就是地面。对流层的厚度，在低纬地区平均为17~18 km，中纬地区平均为10~12 km，高纬地区平均为8~9 km。它集中了整个大气3/4的质量和几乎全部的水汽，主要天气现象如云、雾、雨、雪等都发生在这里。因此，对流层是对人类活动和地球生物影响最大的一个层次。对流层有以下3个主要特征。

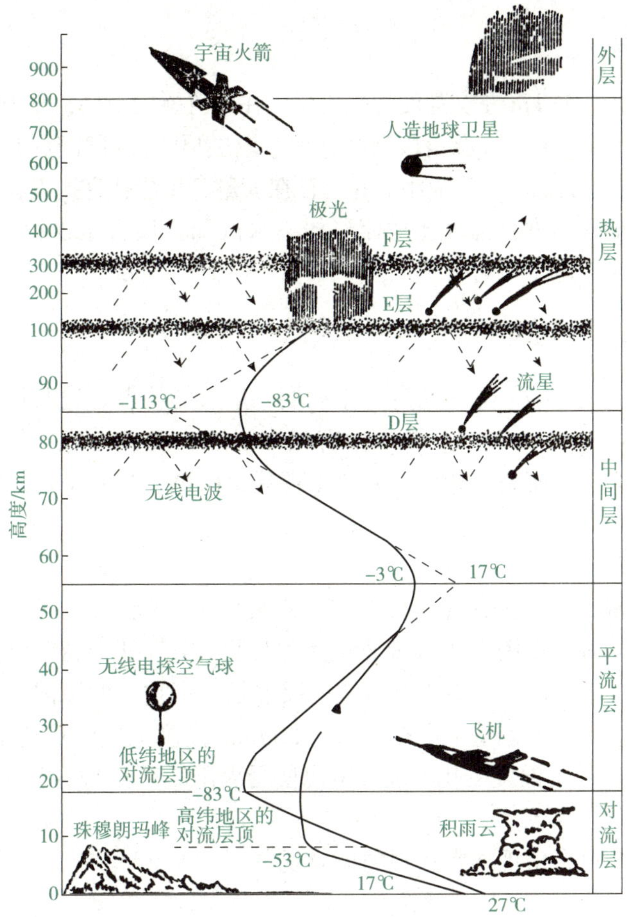

图 5-1　大气的垂直分层

(1)气温随高度的增加而降低

在不同地区、不同季节、不同高度，气温随高度的降低值是不相同的。平均来说，每上升 100 m，气温下降约 0.65℃。

(2)具有强烈对流运动

由于空气的对流运动，高层和低层空气得以交换和混合，使地面的热量、水汽、杂质等向上输送，这对于成云致雨有重要作用。

(3)温度和湿度等在水平方向上的分布不均匀

这是因为地表性质差异大而造成的，如寒带大陆的空气，因缺乏水源和受热较少，就显得干燥、寒冷；在热带海洋的空气，因水汽充分，受热较多，就比较潮湿、炎热。由于对流层中温度和湿度水平分布不均匀，促使空气发生大规模的水平运动，各地区的天气现象也随之变化。

此外，在对流层与平流层之间，有一个厚度为数百米至 2 km 的过渡层，称为对流层顶。这一层的主要特征是气温不随高度变化而变化或变化很小。对流层顶的温度，低纬地区约为-83℃，高纬地区约为-53℃。对流层顶对垂直气流有很大的阻挡作用，上升的水汽、尘粒多聚集其下，使那里的能见度降低。

5.1.2.2 平流层

自对流层顶向上到55 km左右高度为平流层。在平流层的下层，气温随高度变化而不变或微有上升，到30 km以上，气温很快升高，到平流层顶气温可升至-10℃左右。平流层这种温度分布特征，与它受地面影响极小，并且存在大量臭氧能够直接吸收太阳辐射有关。

在平流层中，空气的垂直运动比对流层弱，水汽和尘埃含量也很少，因此气流平稳，天气晴好，万里无云，适于飞行。

5.1.2.3 中间层

从平流层顶向上至85 km左右高度为中间层。这层的特点是气温随高度上升而迅速降低，顶部气温可降至-113～-83℃。该层内有相当强烈的垂直运动。在顶部近热层处的逆温，有利于水汽聚集，夏夜高纬地区有时会出现具银白色光芒的夜光云。

5.1.2.4 热层

中间层以上至800 km为热层(又称电离层或暖层)。热层内空气稀薄，空气分子在太阳紫外辐射和宇宙辐射的作用下变为离子和自由电子，空气处于高度电离状态。短波无线电通信之所以能够进行，电离层对无线电波的反射是一个重要的原因。在电离层内，气温随高度增加而迅速增高。据人造卫星探测，在300 km高度上气温可达1000℃，500 km高度上可达1200℃，再往上温度变化不大。电离层受太阳活动影响很大，太阳活动强时，电离层也随之加强。

在电离层内有时也会出现异常壮观的极光现象。

5.1.2.5 外层

外层又称散逸层，其高度在800 km以上，它是大气的外层，也是大气圈与星际空间的过渡地带。据研究，这一层的温度也是随高度的增加而升高的。由于该层温度很高，大气极其稀薄，分子间距离很大，空气粒子运动速度很快，又远离地面，受地球引力作用很小，因而一些高速运动的大气质点可以不断向星际空间散逸。

5.1.3 大气污染及其对树木的危害

5.1.3.1 大气污染

大气污染是指自然界及人类活动向大气中排放的各种有害物质，呈现出足够的浓度，达到了足够的时间，并超过了自然生态系统的净化能力，打破了生态平衡，足以对生物及人类的正常生存造成危害的现象。

人类活动，特别是现代工业和交通运输业的迅速发展，向大气中排放的有害物质越来越多、种类越来越复杂、污染越来越严重，其带来的生态环境恶化，已成为影响全世界的一种严重公害。

5.1.3.2 大气污染物

目前，已受到人们关注的污染物有100多种，可以把它们大体归纳为烟尘微粒、硫化物、氮化物、氧化物、卤化物和有机化合物6个种类(表5-2)。

表5-2 污染物的种类和成分

污染物种类	成分
烟尘微粒	炭粒、灰尘、硫酸钙、氧化锌、二氧化铅等
硫化物	二氧化硫、三氧化硫、硫酸、硫化氢、硫醇等
氮化物	一氧化氮、二氧化氮、氨等
氧化物	臭氧、过氧化物、一氧化碳等
卤化物	氯、氯化氢、氟化氢等
有机化合物	碳氢化合物、甲醛、有机酸、焦油、有机卤化物、酮甲苯、醚等

在工业区和城市中，空气污染特别严重。在众多污染物中，对人类威胁较大、影响范围较广的主要有煤粉尘、二氧化硫、一氧化碳、二氧化氮、碳氢化合物、硫化氢和氨。人为污染源主要有燃料燃烧时从烟囱排放出的废气、汽车尾气和工厂逸出的毒气。

目前，全世界范围内每年向大气排放的主要污染物数量见表5-3。

表5-3 每年向大气排放污染物的总量 $\times 10^8$ t

污染物种类	污染源	排放量
煤粉尘	燃烧设备，矿物粉尘	1.0
二氧化硫	燃烧设备，有色冶炼废气	1.46
一氧化碳	燃烧设备，汽车尾气	2.2
二氧化氮	燃烧设备，汽车尾气	0.53
碳化氢	燃烧设备，汽车尾气，化合设备废气	0.88
硫化氢	石油精炼，煤气、制氨工业设备废气	0.03
氨	化学工业设备废气	0.04

以上统计数据表明，全世界每年排入大气中的主要污染物的总量高达6.14×10^8 t。污染物中粉尘与二氧化硫占40%，一氧化碳占36%，二氧化氮、碳化氢以及其他废气占24%。《2020中国生态环境状况公报》显示，我国环境质量持续改善。2020年，废气中二氧化碳排放量为318.22×10^4 t，颗粒物排放量613.35×10^4 t，氮氧化物排放量为1181.65×10^4 t。

光化学烟雾是一种次生污染物。它是由石油燃烧和汽车尾气等排放出的一氧化碳、氮氧化合物，经太阳紫外线照射而生成的一种浅蓝色的有毒烟雾，其成分中臭氧占90%以上。光化学烟雾是强氧化剂，对人、畜、农作物、工业用品、建筑物等危害极大。1955年，这种有毒的光化学烟雾首先在美国的洛杉矶被发现，近年来在世界许多大城市均有不同程度的发现。

空气中二氧化硫、二氧化氮、二氧化碳等气体，同大气中的水发生化学反应，形成大量的硫酸、硝酸和盐酸以及其他有害物质，随降水降落于地面，称为酸雨($pH<5.6$)。酸

雨有强烈的腐蚀性，可引起土壤和水体的酸化，使树木的嫩枝、叶片腐蚀枯萎，并大量脱落，影响树木对水分的吸收和光合作用，最终导致大片森林死亡。我国生态环境部发布的《2019全国生态环境公报》显示：469个监测降水的城市(区、县)酸雨频率平均为10.2%，出现酸雨的城市比例为33.3%。酸雨主要分布在长江以南至云贵高原以东地区，主要包括浙江、上海的大部分地区、福建北部、江西中部、湖南中东部、广东中部和重庆南部。

5.1.3.3 大气污染对树木的危害

(1)大气污染对树木危害的表现

大气污染物主要从叶片气孔侵入叶肉组织，然后通过筛管运输到植物体其他部位，从而影响树木的生长发育。同时，某些有毒气体在树木体内进一步分解或合成新的有害物质，进一步侵害机体的细胞和组织，使其坏死。大气污染对树木的危害主要表现在两个方面。

①抑制光合作用。大气污染物进入叶片首先造成叶子生理上和组织上的危害，甚至引起落叶，光合作用受抑制。

②树木生长减弱，结实量减少，种子质量下降。树木长期生活在有害气体污染的环境中形成慢性中毒，虽然不立即枯死，但长势衰弱，正常生命活动受到破坏，表现为枯梢、叶面积缩小、叶片产生烟斑、同化效率降低、不结实或减少结实、种子质量变劣、发芽率低，以及烂根、茎质酥脆等慢性中毒症状。当树木遭到极限浓度有害物质的危害时，植株长势将明显衰弱和枯萎，出现急性中毒。

此外，由于大气污染使树木的生长势衰弱、正常生命活动受到破坏，树木对病虫害的免疫和抵抗能力将大大减弱。

(2)大气污染对树木危害的程度

大气污染对树木的危害，可以分为急性危害、慢性危害和不可见危害3种情况。急性危害是指在高浓度污染物影响下，短期内使树木叶片表面产生伤斑，或者直接使叶子枯萎脱落；慢性危害是指树木受低浓度污染物的长期影响，叶片褪绿；不可见危害是指树木受到低浓度污染物的影响，外表不出现受害症状，但其生理机能已经受到影响，造成生长势减弱、产量下降、品质变劣。

(3)大气污染对树木危害程度的环境条件

大气污染对树木的危害程度除与污染物的种类和浓度有着直接关系外，还与当地气象和地形等环境条件有关。

①风。风对大气污染具有自然稀释的能力，其稀释能力取决于风的大小和持续时间的长短。风速大于4 m/s时，可以移动并吹散被污染的空气，从而起到自然稀释作用；风速小于3 m/s时，能使污染空气移动但不易吹散；风速为0时，污染物的浓度不断增高达到危险程度。世界上的几次严重的大气污染都是发生在无风或微风的情况下(表5-4)。

风向也有重要影响，当树木生长在盆地底部、坡脚或污染源的下风方向时，受害严重，而坡上或污染源上风方向的树木则不易受害。

②光照。光照强度影响叶片气孔的关闭。白天光照强度大且气温高，叶片气孔张开，有毒气体容易从气孔侵入树木体内；夜间没有光照且气温降低，气孔关闭，有毒气体不易进入树木体内。所以，树木的抗毒性夜间高于白天。

③降水和大气相对湿度。降水能够冲刷掉污染物，减轻大气污染，但大气相对湿度增加，潮湿的叶片表面容易吸附和溶解大量有毒物质，使树木受害加重。

④地形。在窝风的丘陵和山谷、盆地等地方，工厂排放的污染物难于扩散，可加重大气污染的程度。世界上几次严重的大气污染事件，多发生在谷地和盆地(表 5-4)。

表 5-4 世界重大污染事件与地形的关系

事件	地形及污染源	主要污染物	受害情况
1930 年 12 月 1 日，马斯河谷烟雾事件	谷地（河谷长 24 km，两侧山高约 90 m），无风，有逆温层；3 个铁厂、3 个金属厂、4 个玻璃厂、3 个锌冶炼厂排出的烟雾	二氧化硫、氟化物、飘尘	6000 多人患呼吸道感染病，63 人死亡
1948 年 12 月 20 日，多诺拉烟雾事件	谷地(马蹄形河湾，两岸山高 120 m)，无风，有逆温层；大型炼铁厂、硫酸厂和锌厂排出的烟雾	二氧化硫及其微粒物质	6000 多人患呼吸道感染病，3 d 后 18 人死亡
1952 年 12 月 5~9 日，伦敦化学烟雾事件	河谷盆地，无风，有逆温层，大气相对湿度 90%；家庭和工厂的排烟	二氧化硫及飘尘	4 d 内 4000 多人死亡
1955 年 3 月末至 9 月初，洛杉矶光化学烟雾事件	海岸盆地，微风，有逆温层；数百万辆汽车尾气及石油燃烧排出的废气	氮氧化物和碳氢化合物在太阳紫外线作用下，形成高温的光化学烟雾	400 多人死亡

5.1.4 风

5.1.4.1 风的概念

空气时刻处于运动状态中，有铅直运动和水平运动两种。空气的铅直运动形成上升或下沉气流。空气的水平运动称为风。从物理角度分析，风是矢量，包括风向和风速。风向是指风吹来的方向，气象上常用东、南、西、北等 16 个方位表示(图 5-2)。风速是单位时间内空气水平移动的距离，单位为 m/s 或 km/h。有时也用风力等级表示风速。

图 5-2 风向的 16 个方位

5.1.4.2 季风

一年中，由于大陆及邻近海洋之间存在的温度差异面形成而盛行的、风向随季节有显著变化的风系，称为季风。季风主要是由于海陆之间的热力差异而形成的。由于水的热容量大，所以陆地的增热和冷却都比海洋快且较剧烈。冬季，陆地比海洋更冷，大陆上是高气压，海洋上是低气压，形成从大陆吹向海洋的冬季风；夏季，大陆温度高、气压低，与之相邻的海洋则相对温度低、气压高，形成从海洋吹向大陆的夏季风(图 5-3)。由于海陆热力差异而产生的季风环流，大都发生在海陆相接的地方。在亚洲南部与印度洋相邻地区和亚洲东部与太平洋相邻地区，季节性的热力差异最大，因此该地区的季风特别明显(图 5-4)。

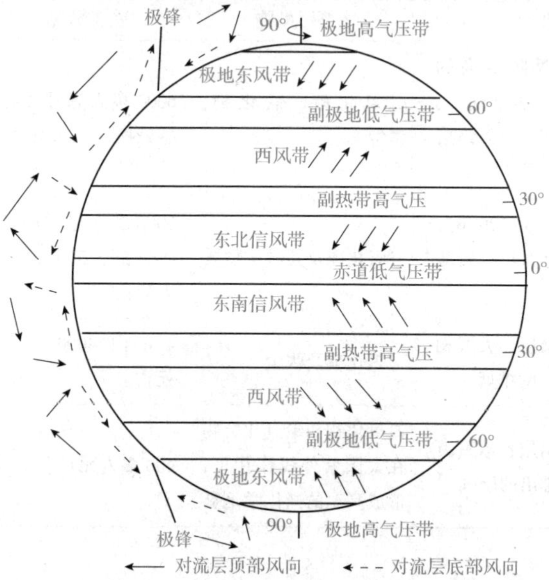

图 5-3　全球风带的分布示意

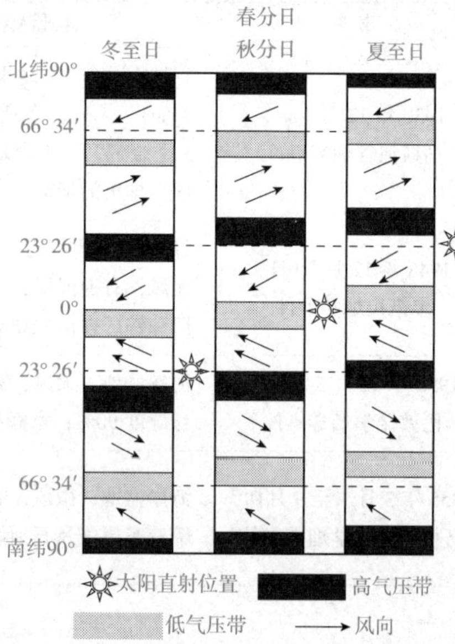

图 5-4　全球风带的季节移动示意

我国位于欧亚大陆的东南部，东临太平洋，南濒印度洋。冬季，大陆为强大的蒙古高压控制，海洋上则为阿留申低压控制，我国东部盛行寒冷干燥的偏北风(西北风到东北风)，主风向是西北风。夏季，大陆为印度低压控制，海洋上为太平洋副热带高压控制，我国盛行温暖而湿润的偏南风。东部地区吹东南风，西南地区因受印度季风的影响，吹西南风，这两股风通称为夏季风。

由于夏季海陆之间的气压差异不如冬季大，所以夏季风比冬季风弱。这是我国季风的一个主要特点。

在季风盛行的地区，除风向随季节而发生变化外，气温和降水的变化也很明显。一般来说，冬季风来自干冷的内陆，天气多晴朗干冷；夏季风来自湿热的赤道和热带海洋，温暖湿润，多云雨。例如，我国华北地区夏季的雨量占全年降水量的 60%~70%，长江流域占 30%~50%。

夏季风来临的强、弱、先、后决定着我国夏季降水量的多少和迟早。夏季风向多由东南吹向西北，所以我国降水量也是由东南向西北递减，并且南方雨季比北方来得早。夏季风强盛的年份，华北多雨，华中、华南偏旱；相反地，夏季风较弱的年份，华北偏旱，华中、华南偏涝。

5.1.4.3 地方风

与地形或地表性质有关的局部地区的风，称为地方风，主要有海陆风、山谷风和焚风等。

(1)海陆风

晴稳天气时，海岸附近，白天风由海洋吹向陆地，称为海风；夜间风由陆地吹向海洋，称为陆风。这种风向昼夜交替的地方风称为海陆风。

在晴稳的天气条件下，白天海岸上增热比海面上剧烈，空气受热膨胀上升，海岸上空的气压比海洋上空高。于是，空气由海岸上空流向海洋上空。海岸上空的空气流出，同时又使地面气压降低，而海洋上空由于空气的流入，产生下沉堆积，又使海面上气压升高。因此，海面低层空气由海洋流向海岸，形成海风，在海岸和海洋的上下层空气之间构成了热力环流。夜间，海岸冷却比海洋快，海洋上空气压比海岸上空高，空气从海洋上空流向海岸上空。而低层则相反，空气从海岸流向海洋，形成陆风，也构成了热力环流(图 5-5)。

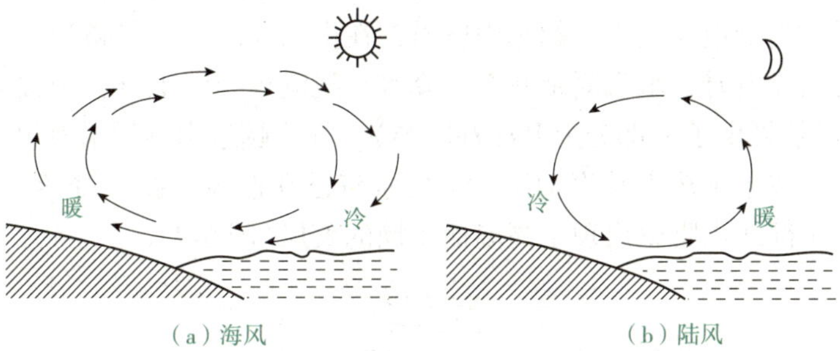

图 5-5 海陆风

海风可以调节沿海地区的气候。白天海风带来大量的水汽使陆地上空气湿度增大，有时会形成云和雾，甚至产生降水。同时还可降低沿岸气温，使夏季不至于炎热。

在地表热力性质不同的其他地区，如沙漠和草原之间、城市与乡村之间、大的江河或湖泊的沿岸、森林和旷野之间，也会出现类似海陆风的热力环流(只是强度上要弱得多)，对邻近地区的小气候产生一定的调节作用。

(2)山谷风

在山区，常出现一种风向随着昼夜交替而改变的风，称为山谷风。一般白天风从谷地吹向山坡，称为谷风；夜间风从山坡吹向谷地，称为山风。

山谷风形成的原因与海陆风相似，是由于山坡上的气温与谷地上空同一高度空气温度有所差异而产生的一种热力环流。日出后，山坡受热增温，但山谷中同高度上的空气，距地面较远，增温慢些，这样，山坡上空气因受热沿山坡上升，便成为谷风。夜间，山坡辐射冷却，气温降低快，谷中同高度上的空气则冷却得慢，因而山坡上的冷空气沿山坡下滑流入谷中，形成山风(图 5-6)。

山谷风可以影响山区气候。白天谷风能把水汽带到山顶，使谷中湿度减小，山上湿度加大，加之绝热上升冷却，常在山坡上形成云雨。夜间在盆地、河谷一带由于山风的影响往往多夜雨。在天山、秦岭及青藏高原与四川盆地相邻的地区常见此种现象。晚唐诗人李

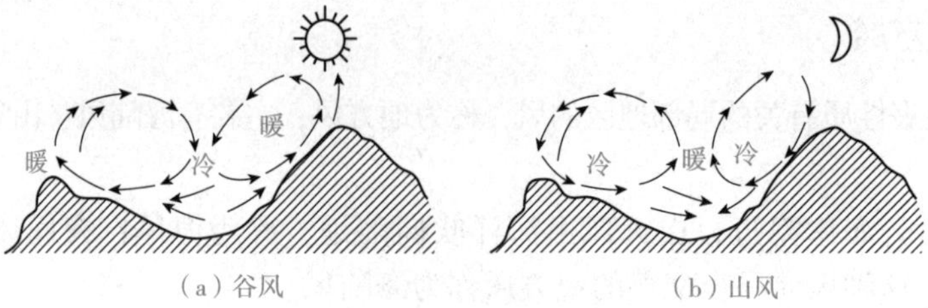

图 5-6　山谷风

商隐的“君问归期未有期，巴山夜雨涨秋池。何当共剪西窗烛，却话巴山夜雨时”正是四川盆地多夜雨的真实写照。夜晚的山风在生长季节里能降低温度，有利于植物体营养物质的积累。另外，在春秋季节，夜间山风把冷空气带到谷底，受到夜间地面强烈辐射冷却影响，容易发生霜冻危害且霜冻比较严重。

(3) 焚风

气流翻越山岭时，绝热下沉，在山的背风坡产生又干又热的风，称为焚风。

焚风的形成：当未饱和湿空气翻越山脉时，在山的迎风坡空气被迫上升，按干绝热直减率降温，到凝结高度时，水汽凝结并产生降水。气流再继续上升，则按湿绝热直减率降温(凝结释放的潜热抵消了一部分上升冷却降温)。气流越过山顶后沿背风坡下滑，空气由饱和变为不饱和，按干绝热直减率增温，加之水汽已在迎风坡凝结降落，气流湿度减小。因此，在背风坡中部或山脚就出现了高温而干燥的焚风(图 5-7)。

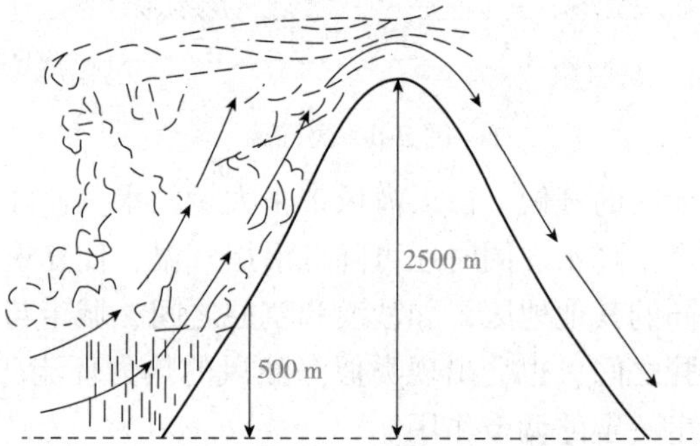

图 5-7　焚风形成示意

我国幅员辽阔，地形起伏，不少地方都有焚风现象，如喜马拉雅山、横断山脉、二郎山、太行山等高大山脉的背风坡，都有明显的焚风效应。例如，当偏西气流越过太行山下降时，位于太行山东麓的石家庄就会出现焚风。据统计，当焚风出现时，石家庄的日平均气温可升高 10℃左右。

无论冬季还是夏季，白天还是夜间，在山区焚风都可能出现。初春的焚风可使积雪融化，有利于灌溉；夏末的焚风可使粮食和水果早熟；强大而持久的焚风，会刮倒农作物、树木等，还可引起干旱和森林火灾。

5.1.5 寒潮

冬半年，强烈的冷高压(冷性反气旋)活动带来强冷空气侵袭，使所经过的地区产生急剧降温、霜冻、大风或伴有雨雪的过程，称为寒潮。

5.1.5.1 寒潮的标准及侵入途径

(1)寒潮的标准

寒潮是我国主要的灾害性天气之一。中央气象台规定，受冷空气影响，24 h 内气温剧烈下降 10℃以上，或 48 h 气温剧烈下降 12℃以上，同时最低气温降至 5℃以下的天气过程称为寒潮。达不到寒潮标准时，称为冷空气南下。

我国幅员辽阔、地形复杂，南北气候差异大，各地的生产活动不尽相同，全国采用同一寒潮标准难以满足各地的服务要求，因此许多气象台站根据当地具体情况，补充修订了适合本地区的寒潮标准。

我国境内一年四季冷空气活动频繁，2019 年 2 月中旬，我国北方地区出现冬季范围最大降水过程，近 1/7 的国土面积出现降雪。

(2)寒潮的侵入途径

入侵我国的寒潮主要发源于北冰洋地区和西伯利亚广大的雪原上。这两个地区接受太阳辐射少，全年温度低，尤以秋、冬两季更低，一般-60~ -40℃，有时低到-70~-60℃。因此聚集在这一带的干冷空气越积越多，到了一定程度，就像潮水一样随着一定的环流形势向南暴发，奔流而来，形成寒潮。由北向南而来的寒潮一般都要经过东经 70°~90°、北纬43°~65°这个关键区，然后由此入侵我国的路径又可分为西路、中路和东路 3 条：西路是从西伯利亚西部，经新疆穿过河西走廊而来；中路是从西伯利亚中部，经蒙古而来；东路是从西伯利亚东部，经我国东北而来。西路寒潮来得最早，次数最多，多出现在霜降前后。中路寒潮温度最低，危害最重，多出现在小雪到大雪节气。东路寒潮来得最晚，严寒程度较小，多出现在早春。

5.1.5.2 寒潮的危害及防御

寒潮过境，往往带来 7~8 级西北风和急剧降温的灾害天气，对林木危害极大。

(1)寒害和冻害

某些喜温树种，在生长期间遭遇骤然降温(温度仍在 0℃以上)，会发生寒害，使林木的生理作用失调，最终导致林木凋萎或死亡。如果温度继续急剧下降到 0℃以下，林木就会遭受更为严重的冻害。《中国气候公报 2022 年》显示，2022 年我国共发生 35 次冷空气过程(含寒潮过程 11 次)。2 月，南方地区出现持续低温雨雪寡照天气，对农业、电力、交通造成不利影响；初春，北方暴雪南方暴雨，影响大；秋末冬初，两次寒潮过程降温幅度大，影响范围广，多地出现冻害和雪灾。

(2)雪害

寒潮来临时，我国淮河以北由于空气比较干燥、少雨，有时偶有降雪；淮河以南常有雨雪，特别是寒潮南下的速度减慢或静止时，往往出现大范围雨雪天气，春季有时还可能出现雷暴、冰雹。当寒潮在南岭附近趋于静止时，可出现大范围持久的阴雨天气。例如，2008年，我国南方遭遇大范围雨雪自然灾害，上海、浙江、江苏、安徽、江西、河南、湖北、湖南、广东、广西、重庆、四川、贵州、云南、陕西、甘肃、青海、宁夏、新疆等20个省(自治区、直辖市)均不同程度受到低温、雨雪灾害影响。

(3)风害

寒潮侵袭时的大风常刮倒、折断树木和庄稼，人畜受伤，尤以北方的沙暴和暴风雪危害更为严重。如2000年1~3月，我国华北地区就发生了12次沙尘暴。当时我国正处于气象上反厄尔尼诺现象(即拉尼娜现象)的高峰期，这给我国北方冬春带来频繁的强寒潮、大风天气，其与我国北方地区日益严重的干旱和暖冬现象和日趋严重的沙漠化综合作用导致了风害的大量发生。所以，必须及时了解寒潮天气的动向。只有科学地做好退耕还林、还草工作，大范围恢复自然植被，才能减少风害带来的损失，实现生态环境的好转。

总之，寒潮是我国主要的灾害性天气。一次由北向南的强寒潮，几乎可以席卷整个中国，可使交通瘫痪、农林植物大面积受害、牲畜大批冻死，并使能源消耗急剧增加。但寒潮南下造成的低温，可使南方接近热带地区的冬小麦得以春化(满足对低温的要求)；剧烈降温使害虫和病菌无法过冬；寒潮带来的瑞雪能保护植物安全越冬；大范围雨雪能解除旱情，对植物生长有利。

寒潮的活动季节长，防御寒潮是一项复杂而经常的工作。小面积的育苗地，可采用温室、冷床、暖床、风障和覆盖等措施来防寒防冻。大面积防御，要掌握当地的气候变化规律，注意结合天气预报，科学安排生产活动。

实践技能6　风的测定

一、目标

了解风向风速表的构造和工作原理；学会风向风速表的使用；掌握风向风速表测定风向、风速的方法。

二、场所

校园、实验林场等。

三、形式

4~6人一组，在教师指导下选设测点，并进行现场的操作测定。

四、备品与材料

按4~6人一组计算，每组配备：轻便风向风速表1台(图5-8)，记录表格若干。

五、内容与方法

1. 风的人工观测

(1)三杯轻便风向风速表

三杯轻便风向风速表(图5-8)是测量风向和1 min平均风速的仪器。它由两部分组成：风向部分，包括风向盘、风向指针和制动小套管；风速部分，包括风速表按钮和风速表刻度盘。当按下风速按钮，启动风速表后，风杯随风转动即带动风速表主机体内的齿轮组，使指针在刻度盘上指示出风速。同时，控制系统也开始工作，待 1 min 后自动停止计时，风速指针也停止转动。

指示风向的风向盘是一个磁罗盘。当制动小套管打开后，罗盘即按地磁子午线方向稳定下来，风向随风摆动，其指针所指方向，即为当时的风向。

①观测时。应将仪器带至空旷处，由观测者手持仪器(或安装在小气候观测架上)，高出头部，主轴保持垂直，风向刻度盘与当时风向平行，观测者应站在仪器的下风方向。然后将风向盘的制动小套管向下拉，并向右转一个角度，风向盘即能自由旋转，按地磁子午线方向固定下来，注视风向标约 2 min，记录其最多风向。

②观测风向。待风杯旋转约半分钟，按下风速按钮，风速指针就回到零位，放开按钮后，时间指针和风速指针开始走动；1 min 后，指针自动停转，再读出风速示值(即指示风速，m/s)，将此值对应风速表检定曲线图，查出实际风速，取 1 位小数。

③ 观测完毕。将风向盘制动小套管向左转一个角度，小套管即弹回上方，固定好方位盘(切勿再按风速按钮)，将仪器放入盒内。

(2)风杯式风向风速表

风速的测量部分采用了微机技术，可以同时测量瞬时风速、瞬时风级、平均风速、平均风级、对应浪高 5 个参数(图 5-9)。仪器运行时，只能显示其中的一个参数。显示参数由风速显示键和风级显示键来切换，每按一次风速键显示参数就在瞬时风速和平均风速之间切换，每按一次风级显示键显示参数就在瞬时风级、平均风级、对应浪高之间切换，与此同时单位的标志记号也作相应的切换。风速会显示小数点，风速、浪高参数保留 1 位小数，风级显示整数，没有小数点显示。其他观测方法同三杯轻便风向风速表。

实训时可根据所使用仪器选择表 5-5、表 5-6 作为观测记录表。

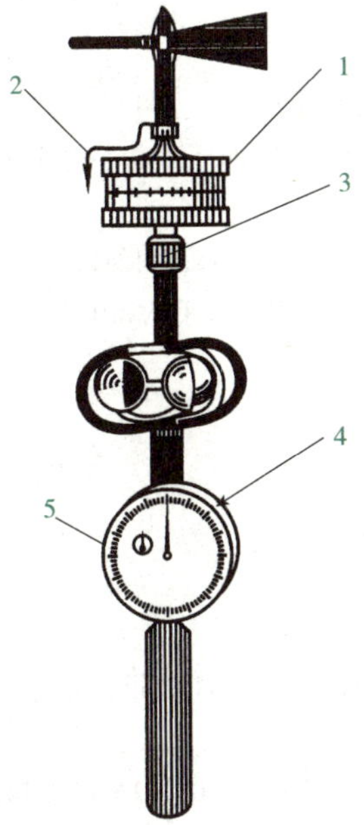

1. 风向盘；2. 风向指针；3. 制动小套管；
4. 风速表按钮；5. 风速表刻度盘。

图 5-8　三杯轻便风向风速表

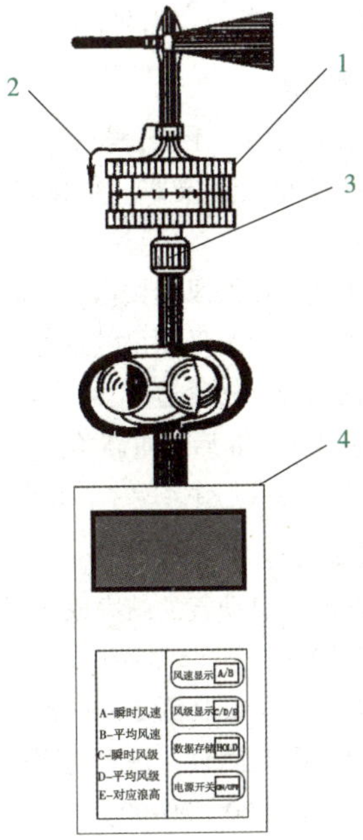

1. 风向盘；2. 风向指针；3. 制动小套管；
4. 风向风速表电子显示屏。

图 5-9　风杯式风向风速表

表 5-5　风的测定(一)

观测时间：__________ 年________ 月________ 日

林内					林外				
时间	风向	风速/(m/s)			时间	风向	风速/(m/s)		
		指示风速	实际风速	平均			指示风速	实际风速	平均

注：当风速为0时，即为静风，风向记为“C”。

表 5-6　风的测定(二)

观测时间：__________ 年________ 月________ 日

林内						林外					
时间	风向	参数				时间	风向	参数			
		瞬时风速/(m/s)	平均风速/(m/s)	瞬时风级/级	平均风级/级			瞬时风速/(m/s)	平均风速/(m/s)	瞬时风级/级	平均风级/级
平均						平均					

注：当风速为0时，即为静风，风向记为“C”。

(3)注意事项

①保持仪器清洁、干燥，若被雨雪打湿，使用后须用软布擦拭干净。

②避免碰撞和震动仪器。非观测时间，仪器放在盒内，切勿用手摸风杯，也不得用口对风杯猛烈吹气。

③平时不要随便按风速按钮，计时机构开始工作(即小红分针开始转动)后，切勿再按风速按钮。

④各轴承和紧固螺母不得随意拧动。当连接或卸下风向部分、风速部分、手柄和电子显示屏时不可猛拧，动作要慢而轻，松紧适度。

⑤仪器使用120 h后须重新检定。

2. 风的自动观测

(1)观测仪器

自动观测时由自动气象站完成气温的自动观测、存储和传输。

(2)观测时次

①定时观测。每日观测2 min平均风速和最多风向(或平均风向)的次数和时间，应符合下列要求之一；使用自动仪器观测时，每次观测应在正点前2 min内进行采样。

3次(8:00、14:00、20:00)；4次(2:00、8:00、14:00、20:00)；5次(8:00、11:00、14:00、17:00、20:00)；8次(23:00、2:00、5:00、8:00、11:00、14:00、17:00、20:00)；24次(每小时1次)。

②连续观测。可按下列要求进行：每小时观测1次瞬时风速和瞬时风向以及1 min、2 min、10 min平均风速和最多风向(或平均风向)；每日观测一日内10 min平均最大风速和平均风向(最多风向)以及出现时间，极大风速和极大风向以及出现时间。

（3）观测项目

可观测下列项目中的一项或多项：瞬时风速和瞬时风向；1 min 平均风速和最多风向（或平均风向）；2 min 平均风速和最多风向（或平均风向）；10 min 平均风速和最多风向（或平均风向）；10 min 平均最大风速和最多风向（或平均风向）、平均最大风速出现时间；极大风速和极大风向、极大风速出现时间。

（4）观测和数据处理

①采样（表 5-7）。不能实现多线程采集时，采样顺序为风向、风速。风向、风速的 3 s 平均值为瞬时气象值；平均值在等时间间隔内取得。

②数据存储。至少储存最近 3 d 的每分钟和每小时正点观测数据。采集器内部的数据存储器应具备掉电保存功能。

表 5-7　气象要素采样频率

测量要素	采样频率/（次/min）
风速	不低于 60
风向	60

六、注意事项

①最大风速从 10 min 滑动平均风速值中挑取，并记录相应的风向和时间。

②自动观测时需至少应储存最近 3 d 的每分钟和每小时正点观测数据。

七、报告要求

个人独立完成或以小组为单位完成。汇总不同测点的几次观测值，求出各测点的平均值，然后进行对比分析。要求数据齐全，结果正确，分析结论准确。

5.2 天气与气候

5.2.1 天气

5.2.1.1 天气的概念

天气是指某一瞬间或某一时段内各种气象要素所确定的大气状况。天气的变化对于人类的生产活动和人们的生活都有极大的影响，特别是寒潮、台风、暴雨、冰雹等气象灾害常常会给人们带来严重的危害，要引起重视。

天气是复杂多变的。同一时刻不同地区的天气不同，同一地区在不同时间里的天气也不相同。天气的这种变化可概括为周期性变化和非周期性变化两类。气象要素的日变化和年变化属于周期性变化，它们主要取决于太阳辐射、地球的自转和公转等常定天文因素的影响，其变化规律比较简单，而且也较易预测；而非周期性变化，如寒潮、台风、暴雨、冰雹等气象灾害的出现，则与气团、锋面、气旋和反气旋等天气系统的生成、消失、加强、减弱和移动有关。

在营林工作中，如采种、晒种、育苗、移植、造林、林地管理、防风、御寒、防治病虫害等一系列生产环节，都需要了解天气和天气预报的基本知识，以便充分利用有利的天气条件，尽量避免气象灾害的影响，以提高劳动生产率。

5.2.1.2 天气预报常识

(1)天气预报种类

①按预报内容分类。分为天气形势预报和气象要素预报。天气形势预报一般指高压、低压、槽、脊、锋面等天气系统的未来移动、强度变化及其生成、消失预报。气象要素预报则是指气温、风、云、能见度、降水及其他各种天气现象的预报，即通常讲的天气预报。

②按天气预报的时效分类。分为短、中、长期预报。时效 1~3 d 的预报为短期预报；3~10(或 15) d 的预报为中期预报；10(或 15) d 以上的月、季、年等预报为长期预报。

(2)常见天气符号

常见天气符号图形的含义如下。

晴：天空无云或虽有零星的云，但总云量占天空不到 3/10 者称为晴。有时天空中出现很高很薄的云，但对透过阳光很少有影响的也称为晴。

多云：当天空中的中、低云的云量占天空面积的 4/10~7/10 或高云云量占天空面积的 6/10 或以上时称为多云。

阴：凡中、低云的云量占天空面积的 8/10 及以上时称为阴。阴天时天色阴暗，阳光很少或不能透过云层。

小雨：24 h 内降水量小于 10.0 mm 或 1 h 内的降水量小于 2.5 mm 的称为小雨。

中雨：24 h 内的降水量为 10.0~24.9 mm 或 1 h 内的降水量在 2.6~8.0 mm 的称为中雨。

大雨：24 h 内的降水量达到 25.0~49.9 mm 或 1 h 内的降水量达到 8.1~15.9 mm 的称为大雨。

暴雨：24 h 内的降水量达到 50.0 mm 及以上和 1 h 内的降水量达到或超过 16.0 mm的称为暴雨；降水量达到 100.0~199.9 mm 的称为大暴雨；降水量达到或超过 200.0 mm 的称为特大暴雨。

冰雹：一种固体降水物，指云层中降下的直径大于 5.0 mm 的圆球形或圆锥形冰块，其形状也有不规则的。单体称为雹块，由透明或不透明冰层相间组成，大的雹块直径可达十几厘米。

雷阵雨：指伴有雷电现象的阵性降水。其特点是降水时间短促，开始和终止都很突然，降水的强度变化大。

雨夹雪：指雨滴和湿雪同时降落到地面的降水现象。发生时，近地面层的气温略高于0℃，当雪降落到这层空气中，部分雪融化成水滴。

小雪：指下雪时水平能见距离超过 1000 m 或 24 h 内的降雪量小于 2.5 mm 的降雪。

中雪：指下雪时水平能见距离在 500~1000 m 或 24 h 内的降雪量为 2.5~4.9 mm 的降雪。

大雪：指下雪时水平能见距离小于 500 m 或 24 h 内的降雪量大于或等于5.0 mm 的降雪。

雾：指贴地层空气中悬浮的大量水滴或冰晶微粒的集合体。当这种集合体使水平能见距离降到 1000 m 以下时称为雾；当水平能见距离在 1000~10 000 m 时称为轻雾。

霜冻：在春秋转换季节，白天气温高于 0℃，夜晚气温短时间降至 0℃以下的低温危害现象。出现时，百叶箱内的气温可不低于 0℃；地面或地物表面常出现霜，有时也可不伴有白霜，一些地方称为黑霜或杀霜。

台风：指发生在热带海洋上强烈的暖心结构的气旋性涡旋。当中心附近的最大风力达到 12 级及以上时称为台风。热带气旋中心附近的最大风力达到 10~11 级的称为强热带风暴；中心附近的最大风力为 8~9 级的称为热带风暴。

浮尘：尘土、细沙均匀地浮游在空中，使水平能见距离小于 10 km 的天气现象。

扬沙：风将地面尘沙吹起，使空气相当混浊，水平能见距离在 1~10 km 的天气现象。

沙尘暴：强风将地面大量尘沙吹起，使空气很混浊，水平能见距离小于 1 km 的天气现象。

5.2.2 气候

5.2.2.1 气候的概念

气候是指一个地方多年来常见的和特有的天气状况，既包括多年的平均天气状况，也包括极端或特殊的天气状况。因此，除统计各个气象要素的平均值，如平均温度、平均降水量等表示一个地方的气候特征外，还要分析各气象要素的极值、频率、变率、强度、持续时间，以及若干气象要素综合在一起的气候指标。

5.2.2.2 气候的影响因素

气候是可以随时间而变化的，只不过变化的时间尺度远比天气要长，常以亿年、千年或百年为单位，称为气候变迁。气候也是极其复杂的自然地理现象之一。所以，世界上形成了多种多样的气候区域。导致气候形成和变化的原因主要有以下几个方面。

(1) 太阳辐射

太阳辐射是地球表面的主要能源，也是大气中一切物理过程和物理现象发生发展的基本动力，所以它是气候形成的第一因素。不同地区的气候差异以及各地气候的季节交替，主要是由于太阳辐射在地球表面分布不均及其随时间变化的结果。

(2) 大气环流

太阳辐射在地球表面分布的不均匀，引起了各纬度之间的热量差异，从而产生了气压差异，于是空气从高压区流向低压区，形成大规模的空气运动。地球上各种规模大气运动的综合表现成为大气环流。大气环流是形成气候的第 2 个重要因素。它的作用在于通过气团之间的热量交换，使各地的热量和水分得到转移和调整。例如，在欧亚大陆西岸法国的波尔多(北纬 45°50′)和欧亚大陆东岸的俄罗斯符拉迪沃斯托克(海参崴，北纬 43°10′)，纬度十分相近，又都濒临大洋，但两地的冬季气候却有很大差异。波尔多 1 月平均气温为 5℃，而符拉迪沃斯托克(海参崴)则为-13.5℃，竟相差达 18.5℃之多。这种差别是因两地冬季气流性质不同而引起，波尔多冬季盛行西南风，是从大西洋吹来的暖气流，而符拉迪沃斯托克(海参崴)冬季盛行西北风，是从西伯利亚吹来的冷气流。又如，我国的长江流域和非洲的撒哈拉沙漠，都处在副热带纬度，也同样临近海洋，气候却截然不同。我国的长江流域因夏季海洋季风带来大量水汽，所以雨量充沛，成为良田沃野；而北非的撒哈拉则因终年在副热带高压控制下，干燥少雨，所以形成广阔的沙漠。由此可见，大气环流对气候的形成起着重要作用，当环流形势趋向于长期平均状态时，表现为气候正常；当环流形势在个别年份或季节出现极端状态时，即表现为气候异常。

(3) 地面状况

地面状况是影响气候的又一个重要因素。地面状况包括地面性质和地形。地面性质有海洋、陆地、冰面、雪面以及其他各种覆盖物等。地面性质影响辐射过程和气团的物理性质，而各种地形也对气候有不同影响。

(4) 人类活动

人类主要是通过对下垫面性质的改变来影响气候的；其次，由于人类活动改变了一部分大气的组成成分，增加了空气中微尘、杂质和二氧化碳等的含量，也一定程度影响了大气对太阳辐射能的收支，导致气候发生变化；最后，由于人类的生活和生产活动，大量消耗能源，“人为热”进入大气，导致气候变化，如大气中二氧化碳浓度升高，温室效应加剧，导致全球气温上升等。

5.2.2.3 小气候

所谓小气候，是指在局地内，因下垫面条件的影响而形成与大气候不同的贴地气层和土壤上层特殊的气候。小气候的特点主要表现在个别气象要素、个别天气现象的差异上(如温度、湿度、风、降水以及某些天气现象——霜、雾的分布等)，但不影响整个大气过程。局地下垫面条件的差异是形成不同小气候的根本原因，所以在不同的下垫面上就形成各种各样的小气候。例如，农田小气候、森林小气候、防护林带小气候、城市小气候等。

在前面的有关单元中，已经了解到林内的太阳辐射、温度、湿度、水分分配、大气状况以及风均在森林的作用下发生了改变，与空旷地产生了明显的差异，形成了特有的森林小气候。

与大气候相比，小气候具有范围小、差别大、很稳定3个特点。

①范围小。小气候现象的铅直尺度和水平尺度都是很小的。

②差别大。小气候考虑的尺度小，局地差异不易被大规模空气运动所混合，所以铅直方向和水平方向的要素相差都很大。

③很稳定。小气候具有规律的稳定性。小气候的尺度小，所产生的小气候差异不易被混合，因而各种小气候现象差异就比较稳定，几乎天天如此。

5.2.3 我国气候特点

我国大部分地区处于亚热带和温带纬度，因受海陆分布、地形和季风环流的影响，东南沿海地区具有季风气候的特点；西北地区因深居内陆，远离海洋，气候比较干燥，具有大陆性气候的特点。我国气候的基本特点表现为：季风性明显，大陆性很强；温度的时间变化和空间分布差异大；降水的季节变化和空间分布较为复杂。

5.2.3.1 气温

(1)四季的气温分布

我国四季分明，气温变化十分明显，主要特点是夏季酷热，冬季严寒，年较差很大(表5-8)。

表5-8 我国部分城市最冷月和最热月平均气温及年较差

地名	纬度	经度	海拔/m	最冷月平均气温		最热月平均气温		气温年较差/℃
				数值/℃	出现月份	数值/℃	出现月份	
漠河	53°29′N	122°21′E	279.6	-30.9	1	18.4	7	49.3
哈尔滨	45°41′N	126°37′E	171.7	-19.4	1	22.8	7	42.2
乌鲁木齐	43°54′N	87°28′E	653.5	-15.4	1	23.5	7	38.9
敦煌	40°08′N	94°47′E	1138.7	-9.3	1	24.7	7	34.0
北京	39°48′N	116°28′E	31.2	-4.6	1	25.8	7	30.4
青岛	36°09′N	120°25′E	16.8	-1.2	1	25.1	8	26.3
兰州	36°03′N	103°53′E	1517.2	-6.9	1	22.2	7	29.1
玉树	33°06′N	96°45′E	3702.6	-7.8	1	12.5	7	20.3
南京	32°00′N	118°48′E	8.9	2.0	1	28.0	7	26.0
上海	31°10′N	121°26′E	4.5	3.5	1	27.8	7	24.3
福州	26°05′N	119°17′E	84.0	10.5	1	28.8	7	18.3

（续）

地名	纬度	经度	海拔/m	最冷月平均气温		最热月平均气温		气温年较差/℃
				数值/℃	出现月份	数值/℃	出现月份	
桂林	25°20′N	110°18′E	166.7	7.9	1	28.3	7	20.4
昆明	25°01′N	102°41′E	1891.4	7.7	1	19.8	7	12.1
广州	23°08′N	113°19′E	6.3	13.3	1	28.4	7	15.1
文山	23°23′N	104°15′E	1246.3	10.5	1	22.5	7	12.0
海口	20°02′N	110°21′E	14.1	17.2	1	28.4	7	11.2
三亚	18°14′N	109°31′E	3.9	20.9	1	28.5	6	7.6
西沙	16°50′N	112°20′E	4.7	22.9	1	28.9	6	6.0

(2)气温年较差

我国气温年变化的特点是冬冷夏热，但冷热的程度和出现的时间则随大气环流、地理纬度、海陆位置、地形特征等情况的不同而异。

我国大部分地区7月最热，1月最冷，这表明大陆性气候很强。在沿海地区，特别是南方沿海地区，由于深受海洋对气温调节作用的影响，最热月可滞后到8月。云南南部和西藏南部，因受西南季风影响，5、6月雨季来临，此后气温下降，所以5、6月为最热月。

(3)霜期分布

我国的霜期地理分布特点如下。

①*从低纬度向高纬度霜期逐渐增加，纬度越高，霜期越长*。这种分布规律主要与纬度和大气环流有关。每年入秋后，我国北方首先受冷空气的侵袭，不但次数多，时间长，而且强度也大。各地霜期大致如下：东北和新疆北部约9个月，每年9月中下旬至翌年5月上中旬；华北平原、黄土高原和新疆南部约半年，每年10月中旬至翌年4月上中旬；长江流域约4.5个月，每年11月中旬到翌年3月下旬；东南丘陵地区不足1个月；华南沿海及台湾大部分地区，并不是每年都有霜期，只有冷空气特别强的年份，才可能在1月短期有霜出现；湛江以南全年没有霜期。

②*从沿海向内陆霜期增长*。例如，青岛(北纬36°09′)平均初霜日是11月18日，而济南(北纬36°41′)是11月4日，两地相差半个月；福州(北纬26°05′)平均初霜日是12月21日，赣州(北纬25°50′)是11月28日，两地相差20 d以上。但长江流域的霜期并非如此，而是靠海越近，霜期越长。上海和南京的霜期比武汉长，而武汉的霜期又比成都长，这种反常现象显然与寒潮路径有关。因为长江下游地势平坦，易受寒潮侵袭，而上游则因受东西走向的山脉屏障作用，初霜日一般出现较晚，东南丘陵地区霜期不足一个月。

③*海拔越高，霜期越长*。黄土高原比华北平原稍长。青藏高原上的拉萨霜期有238 d。云贵高原上以“春城”著称的昆明，霜期也有100 d左右。

5.2.3.2 降水

我国东临太平洋，西靠内陆，地形条件极为复杂，各地降水量的分布差异较大。

(1)降水量的地理分布

我国降水的地理分布归纳起来大致有如下规律。

①从东南沿海向西北内陆逐渐减少，等雨量线呈东北—西南走向。这主要是受海陆分布的影响和夏季风活动的结果，同时地形作用也加剧东南沿海与西北内陆之间的差异。

我国南部和东南沿海季风区内降水丰沛，年降水量超过 1000 mm，台湾和海南岛东部，年降水量超过 2000 mm；长江流域为 1200~1400 mm；秦岭、汉水和淮河流域一线为 800 mm；华北平原 500~700 mm；东北地区除长白山迎风坡上有 1000 mm 的降水量外，松辽平原的大部分地区只有 600~700 mm，而靠近内蒙古的东北地区西部降水量已减少到 400 mm 或更少；西北地区和内蒙古在 400 mm 以下，新疆南部的盆地仅有几十毫米。

从大兴安岭向南偏西，经坝上草原，过陕北到兰州，再至拉萨一线，相当于年降水量 400 mm 等雨量线，这条线大体上将我国分为东南湿润区和西北干燥区两大部分。这条线的西北，雨量稀少，是我国的干旱、半干旱区，自然植被以草原、半荒漠和荒漠为主。吐鲁番盆地、塔里木盆地和柴达木盆地是我国最干旱的地区，平均年降水量在 25 mm以下。这条线的东南地区，降水量较多，气候湿润，自然植被多为森林，也有利于发展农业。

②降水山地多于平原，迎风坡多于背风坡。高大的山地，地形起伏不平，各地受热不均，锋面常停滞不前，所以迎风坡地形雨和锋面雨较多，背风坡则因空气下沉，降水稀少。台湾的东、南、北 3 面迎着大洋来的热带气团、赤道气团和变性的极地海洋气团，所以年降水量在 2000 mm 以上，中央山地多在 3000 mm 以上，是我国平均降水量最多的地区(阿里山曾高达 6960.0 mm，火烧寮曾高达 8507.0 mm)。而在背风坡一侧的台湾海峡，降水量却不足 1000 mm，形成所谓雨影区(背风坡雨量特别稀少的区域)。此外，浙闽山地、南岭山地以及广西的十万大山、四川的峨眉山等地的迎风坡，降水量均超过 2000 mm，比附近低地多约 500 mm；华北平原四周的燕山、太行山以及山东丘陵的东南迎风坡，降水量可达 750 mm 左右；而海河流域仅 500 mm；河北中部不足 500 mm；黄土高原的背风坡更少，在 400 mm 以下。

③平均气旋路径通过的地带和台风活动频繁的地区雨量充沛。例如，长江流域初夏的梅雨，就是在热带海洋气团与极地大陆气团相交的极锋面上，常常发生连续不断的气旋波和低槽活动，从而导致降水。梅雨期间的降水量占全年降水量的 20%~30%。当夏季极锋北移后，东南沿海又经常遭受台风袭击，降水量仍然很多。这是长江流域、南岭山地以及东南沿海降水量多于华北的又一原因。

沿海岛屿和海岸降水较少，这与沿海岛屿的地形不高，温度较低，气流上升微弱，不易形成地形雨和雷雨有关。同时，又因这里风速强大，气旋经过时行速加快，气旋雨也就减少。

如将我国降水的分布与世界同纬度地区相比，也可明显地看出我国季风气候的特点。华南与西非撒哈拉沙漠中央地带纬度相当，华南年降水量为 1500~2000 mm；长江流域与撒哈拉沙漠北部纬度相当，其年降水量为 1000 mm，而撒哈拉大沙漠是世界上极端干燥的热带沙漠，年降水量不足 100 mm，甚至连续几年不下雨。黄河流域与地中海纬度相当，但降水量稍多，雨水主要集中在夏季，而地中海地带则是冬湿夏干。

(2)降水量的季节分配

我国降水的季节分配，大致与夏季风的进退时间是一致的。绝大多数地区以夏季降水最多，冬季降水最少，并且越向高纬度夏雨越集中，冬雨越稀少(表 5-9)，这是我国大陆性季风气候的重要特征。夏季南方地区降水量占年降水量的 40%~50%，华北、东北地区 60%~70%，内蒙古以及西北地区多达 70%以上。夏季不但降水多，降水强度也大。2019 年，全国平均降水量645. 5 mm，较常年偏多 2. 5%，比 2018 年偏少 4. 2%，为 2012 年以来连续第 8 个多雨年。1~4 月、7~8 月、10 月和 12 月降水量均偏多，9 月和 11 月降水量偏少；5 月和 6 月接近常年同期。年降水量最多和次多的是广东阳江(3055. 2 mm)和广西东兴(2984. 7 mm)，最少和次少的是新疆吐鲁番(1. 9 mm)和托克逊(3. 3 mm)。我国南方雨季长于北方，南岭以南，整个夏半年(春夏季节)多雨。北方的降水多集中在 7~8 月。

表 5-9　我国部分城市四季降水量占全年降水量的百分比　　%

地点	全年降水量/mm	春季占比/%	夏季占比/%	秋季占比/%	冬季占比/%	地点	全年降水量/mm	春季占比/%	夏季占比/%	秋季占比/%	冬季占比/%
基隆	2910. 7	27	19	24	30	北京	682. 9	10	75	13	2
西沙	1505. 3	8	44	42	6	青岛	777. 4	14	53	29	4
广州	1680. 5	31	44	18	7	哈尔滨	533. 5	13	65	20	2
长沙	1422. 4	42	29	16	13	呼和浩特	426. 1	13	69	15	3
赣州	1439. 8	39	33	14	14	乌鲁木齐	572. 7	29	51	16	4
南京	1026. 1	26	43	19	11	伊宁	263. 7	32	27	21	20
宜宾	1221. 4	19	54	21	6	酒泉	82. 2	15	54	22	8
昆明	991. 7	11	59	26	4	拉萨	453. 9	10	73	16	1

(3)雨热同季

我国气候具有夏季高温多雨、冬季寒冷少雨、高温期与多雨期一致的特征。但我国降水并不是很多，全国平均年降水量约在 630 mm，较全球陆地平均年降水量(800 mm)少约 21%，比亚洲平均降水量(740 mm)少约 15%。2020 年，我国年降水总量为 65 926. 5×10^8 m^3，平均降水量达 694. 8mm，较常年偏多，属异常丰水年份；平均气温 10. 25℃，较常年高 0. 7℃。

我国在季风气候的作用下，冬干夏湿的降水分布特点与冬冷夏热的温度变化特点相配合，形成了夏热多雨、雨热同季的气候环境，加之各种地形条件的配合，为我国的农林业生产提供了丰富的气候资源。我国既可栽培喜温喜湿的热带、亚热带植物，也可种植耐寒耐旱的温带植物，而且在作物和林木生长旺盛的夏季，气候温暖、雨水充沛，有助于作物的高产丰收。冬季虽然干冷，但大部分地区的作物已收获归仓，树木休眠越冬，对水分需要量很少，所以冬干对农林业生产并无大碍。

5.3 森林对大气的生态作用

5.3.1 树木对大气污染的抗性和监测作用

5.3.1.1 树木对大气污染的抗性

树木对大气污染的抗性，是指某树种在大气污染物的极限浓度范围内，能尽量减少受害或者受害后尽快恢复生机，继续保持旺盛生长的能力。

(1)树种与抗性的关系

①不同树种对大气污染的抗性不同。这是由于各种树种叶片的形态和解剖结构、叶细胞的生理生化特性的差异造成的。研究表明，叶片的栅栏组织与海绵组织的比值与树种的抗性有一定的正相关。通常，抗性强的树种，叶片面积小、气孔数量少，有较强的调节气孔开闭的能力。此外，在污染条件下，抗性强的树种细胞膜的透性变化不大，有利于过氧化物酶和聚酚氧化酶的活性，保持较高的代谢水平。就树种而言，一般常绿阔叶树的抗性高于落叶阔叶树，而落叶阔叶树又高于针叶树。针叶树抗性弱的原因，可能是与针叶上多而密的气孔带有关。

②同一树种在不同的生长发育阶段的抗性不同。中龄林大于幼龄林和老龄林；生长旺盛时期大于生长缓慢时期；休眠时期的抗性最强。

③同一树种对不同的有害气体的抗性不同。例如，刺槐对二氧化硫的抗性强，而对氯气的抗性中等。

(2)树木抗性的调查方法

确定树木抗性强弱的方法主要有野外调查、定点对比栽培和人工熏气 3 种。野外调查法是通过实地观测自然环境中不同树种在污染条件下的生长状况、叶片损伤程度等，评估其抗性表现。定点对比栽培法是在污染区与清洁区同时栽种相同树种，对比其生长差异、生理指标等，量化抗性能力。人工熏气法是在受控实验条件下模拟污染物，测定树木的生理生化响应，精确分析抗性机制。这些方法可单独或结合使用，综合评估树木的抗污染能力。

(3)树木抗性的分级

树木对大气污染物的抗性可分为 3 级，具体标准如下。

①Ⅰ级：抗性强。树木较长时间生长于一定浓度的污染环境中，或经受一次浓度较高的污染物危害后，能正常地生活，树叶能基本达到常绿，或虽然出现较重的落叶、落花、芽枯死等现象，但再生能力很强，数日后能再度萌发新叶，使生活过程得以继续进行，如银杏、臭椿、杜松、槐树等。

②Ⅱ级：抗性中等。树木较长时间生活于一定浓度的污染环境中，出现较严重的受害症状，节间缩短，小枝丛生，叶形变小或枯黄脱落，树冠发育差，并有枯梢现象，如沙松、樟子松、梓、泡桐等。

③Ⅲ级：抗性弱。树木很难较长时间生长于一定浓度的污染环境中，当经受一次浓度较高的大气污染物危害后，叶片受害症状明显，全株叶片受害普遍，树木会大量落叶、落花、芽枯死。很难恢复生长，并在短期内枯萎死亡，如油松、紫椴、白桦等。

一些常见树种对有毒气体的抗性分级见表5-10。

表5-10 常见树种对有毒气体的抗性

有毒气体	强抗性树种	中等抗性树种	弱抗性树种
二氧化硫	臭椿、女贞、旱柳、槐树、刺槐、构树、桑、丁香、冬青、夹竹桃、海桐、圆柏、银杏、苦楝、合欢、棕榈、大叶黄杨、栎、栾树	五角枫、木槿、黄连木、刺柏、白蜡、冷杉	杨树、泡桐、苹果、香椿、文冠果、华山松、铁刀木、红苋木
氟化氢	大叶黄杨、冷杉、旱柳、丁香、刺槐、圆柏、女贞、红柳、沙枣、柑橘、乌桕、樱桃、李、拐枣	三角枫、泡桐、槐树、梧桐、砀山梨、苹果、蓝桉、桃	杨树、刺柏、胡桃、臭椿、白蜡、杜仲、华山松、软枣
氯气	大叶黄杨、黄杨、女贞、海桐、臭椿、合欢、棕榈、夹竹桃、板栗、槲栎、麻栎、青冈栎、广玉兰、人心果	刺槐、构树、苦楝、胡颓子、菩提树、黄檀、华南朴	法国梧桐、杨树、梨、刺柏、白蜡、软枣、杜仲、油松
臭氧	银杏、柳杉、樟、海桐、青冈栎、夹竹桃、冬青、连翘、悬铃木	梨、日本赤松、樱花	胡枝子、垂柳、杨树

5.3.1.2 树木对大气污染的监测作用

大气污染中有些有毒气体毒性很大，但无色无臭，不易发现，而敏感植物却能及时出现反应。根据这一特性，利用对有毒气体特别敏感的木本植物来监测大气污染，可以指示污染程度，起到报警的作用。这种对大气污染敏感的树种被称为污染物的指示树种。例如，红松、雪松叶发黄枯萎，反映空气中二氧化硫浓度过高；丁香、蔷薇对汽车废气很敏感，是光化学烟雾的指示树种；杏、落叶松对氟化氢敏感，可用来监测氟化氢；女贞可监测汞等。

优良的指示树种应具有下列特点：①受害症状明显，干扰症状少。②生长期长，能不断抽生新枝、新叶。③栽植、管理和繁殖容易。④有一定的经济价值和观赏价值。

常见污染物质的指示树种见表5-11。

表5-11 常见污染物质的指示树种

污染物质	监测树种
二氧化硫	李、葡萄、落叶松、雪松、杨树、泡桐、枫杨、云杉、柳杉、核桃
氟化氢	雪松、云南松、落叶松、杏、樱桃、苹果、梅、落叶杜鹃
氯气	糖槭、杨树、刺柏、铁刀木、落羽松、红苞木、榆叶梅、珍珠梅、臭椿
臭氧	女贞、垂柳、山定子、梓树、牡丹

5.3.2 树木对大气污染的净化作用

5.3.2.1 维持大气中二氧化碳和氧气的平衡

森林是生态系统中二氧化碳和氧气的主要调节者，对于恢复和保持大气中二氧化碳和氧气的平衡起重要作用。绿色植物进行光合作用时，每产生 1 g 干物质要吸收 1.47 g 的二氧化碳，释放 1.07 g 的氧气。当然，植物呼吸也消耗氧气，但白天光合作用释放的氧气比呼吸作用消耗的氧气多 20 倍。正是因为有森林和其他绿色植物消耗空气中的二氧化碳并放出氧气，才使大气中二氧化碳的含量不致过高，氧气的含量不致过低。据报道，1 hm^2 阔叶林在生长季内一天可吸收 1 t 的二氧化碳，放出 0.73 t 的氧气。这些氧气足够 1000 人呼吸 1 d。因此，一个城市居民只要有 10 m^2 的森林面积就可以吸收其呼出的全部二氧化碳，并供给所需的氧气。但事实上，城市中各种燃料产生的二氧化碳量比呼吸量多 2~3 倍，所以平均每人必须有 30~40 m^2 的绿地面积，才能消耗掉过多的二氧化碳，保证供给人类生活所需要的氧气，以保持空气中氧气和二氧化碳的平衡。表 5-12 为多种树木对二氧化碳的吸收情况。

表 5-12 树木对二氧化碳的吸收量(干质量) mg/h

树种		二氧化碳的吸收量	
		最大	平均
落叶树	山毛榉	12.4	7.5
	栎树	11.0	5.8
常绿树	油橄榄	4.5	3.7
	月桂	3.3	2.1
	构树	3.0	1.7
针叶树	黄杉	5.3	3.0
	赤松	4.1	2.3
	云杉	4.0	2.2

5.3.2.2 减少粉尘污染

全世界每年降尘量可达 1×10^8 t，许多工业城市每年每平方千米降尘量达 500~1000 t 或更多，严重威胁着人类的健康。

森林能降低大气中的粉尘量，一方面是由于树木和森林能降低风速，随着风速的降低，空气中的灰尘在重力作用下降落；另一方面是由于森林枝繁叶茂、叶面积大、树叶表面凹凸不平，多茸毛，能分泌黏性油脂及汁液，吸附大量的灰尘。树体蒙尘后，经雨淋洗滴落林地，又可恢复滞尘能力。据报道，每公顷森林每年的滞尘量，松林为 36.4 t，云杉林为 32 t，青冈林为 68 t。此外，还有榆树、朴树、木槿、女贞、重阳木、泡桐、刺槐、悬铃木等都有很强的滞尘能力(表5-13)。据南京林业大学在南京的调查，林地与空旷地相比，林地能使空气中含尘量减少37.1%~60%。

此外，草地也有明显的减尘作用。这是由于生长旺盛的草皮，茎叶繁茂，根茎与土表紧密结合，使草皮上沉积的各种尘埃在大风天气不易出现二次扬沙和二次污染。所以，植树造林的同时应多栽植草皮，避免土壤裸露，这也是保护环境减少污染的一种有效措施。

表5-13 一些树木叶片单位面积上的滞尘量(距离污染源200~250 m) g/m^2

树种	滞尘量	树种	滞尘量	树种	滞尘量	树种	滞尘量
榆树	12.27	重阳木	6.81	栎树	5.89	夹竹桃	5.28
朴树	9.37	女贞	6.63	臭椿	5.88	桑树	5.39
木槿	8.13	大叶黄杨	6.63	构树	5.87		
广玉兰	7.10	刺槐	6.37	三角枫	5.52		

5.3.2.3 降低有毒气体的浓度

树木通过叶片气孔吸收大气中的有毒物质，降低有毒气体的含量；同时，树木能使某些有毒物质在体内分解，转化为无毒物质后代谢利用。例如，二氧化硫进入树木叶片后形成毒性很大的亚硫酸根离子，但经过树木自身氧化，能被树木转变为毒性较小的硫酸根离子(其毒性较低，通常不会对人体健康产生显著影响)。这样就能自行解毒，避免受害。

树木吸收毒气的量是相当大的，而且同一树种具有吸收多种有毒气体的能力，但也因树种而异(表5-14)。

树叶对有毒气体还具有累积能力，即随着时间的推移，其含毒量呈逐渐增加的趋势(表5-15)。

表5-14 树叶吸收二氧化硫和氟的量 mg

树种	每克干叶含二氧化硫的量	树种	每克干叶含氟的量
合欢	7.54	臭椿	0.095
悬铃木	7.14	加杨	0.084
加杨	7.08	泡桐	0.056
臭椿	6.56	女贞	0.048
梧桐	6.12	榉树	0.045
构树	4.74	桑树	0.035
夹竹桃	4.22	垂柳	0.021
女贞	3.54		
大叶黄杨	0.15		

表 5-15　几种植物积累的氯含量

植物	氯含量/(mgCl/g)		积累占比/%	植物	氯含量/(mgCl/g)		积累占比/%
	8月	11月			8月	11月	
木槿	19.8	27.7	39.9	侧柏	5.7	9.3	53
雀舌黄杨	16.0	24.8	55	夹竹桃	6.9	7.0	1.4
银桦	9.5	11.5	22	桃	6.0	6.3	5
垂柳	7.3	11.9	63	枇杷	3.0	11.8	290
蓝桉	8.6	9.2	7	香樟	7.6	9.3	22.4
龙爪柳	7.7	8.2	6.5				

由表可知，以上植物叶片积累的氯量最高可达 290%，最少为 1.4%；平均每种植物积累 51.4%，平均每月每种植物积累 17.1%。

资料显示，能强烈吸收二氧化硫的树种还有垂柳、苹果、刺槐、榆树、桃、蓝桉、枸橘、海桐、泡桐等；对氟化氢具有较强吸收能力的树种还有银桦、乌桕、梨、苹果、蓝桉、石榴、葡萄、桃、云南松等；吸氯量较强的树种还有蓝桉、刺槐等。

此外，森林的净化效应与有毒气体的浓度成正比，与污染源距离成反比关系（图 5-10）。密林的净化效应比疏林好。

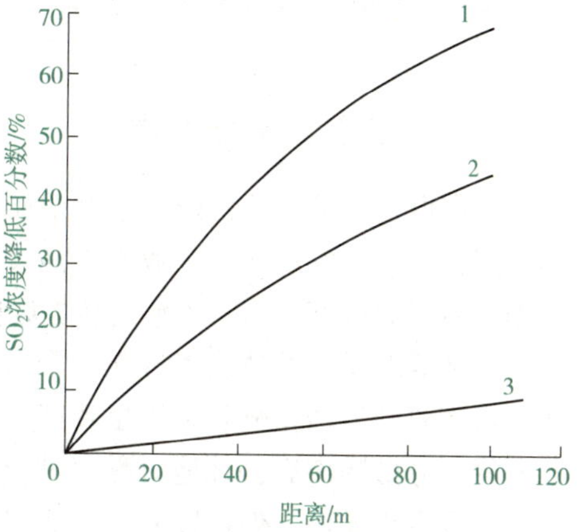

1. 高浓度 SO_2 通过林地时 SO_2 浓度；2. 林地（低浓度）；3. 无林地。

图 5-10　森林吸收 SO_2 的效应

5.3.2.4　森林有杀菌作用

空气中散布着细菌等微生物，森林的滞尘作用，一方面减少了细菌的载体，使细菌的生成和扩散受到了抑制，从而减少了大气中的细菌；另一方面树木能分泌出挥发性的杀菌素，杀死周围的细菌、真菌等。例如，柠檬桉分泌的杀菌素可杀死结核菌、肺炎球菌、痢疾杆菌以及多种致炎球菌和流感病毒。松、柏、樟、圆柏等许多树木，常分泌出芳香的植物杀菌素。西伯利亚冷杉夏季针叶中的挥发油具有很大的杀菌能力。目前，从其针叶中提取出的浸出液的杀菌有效期为 1 年。据估计，1 hm^2 松柏林 1 天即能分泌出 30 kg 杀菌素。有研究认为，2 kg 的植物杀菌素已够中等城市空气一次消毒的用量。

森林有杀菌作用，所以森林内的细菌较少。有研究测定，每平方米空气中所含的细菌数，森林内为 55 个，公园内为 1000 个，城市林荫道为 58 万个，城市大楼内为 400 万个。因此，绿化造林可以净化空气，改善环境，利于居民健康。

研究表明，常见的具有杀灭细菌等微生物能力的树种有冷杉、圆柏、侧柏、雪松、柳杉、黄栌、盐肤木、黑核桃、新疆圆柏、稠李、松、桦、橡、槭、椴、柠檬桉、悬铃木、紫薇、橙、复叶槭、柏木、白皮松等。

但不同类型的林地和草地的杀菌作用不一样（表 5-16）。

表 5-16 不同类型的林地和草地的单位体积空气含菌数　　个/m^3

类型	空气含菌数	类型	空气含菌数
松树林(黑松)	589	喜树林	1297
草地(细叶结缕草)	688	麻栎林	1667
柏树林(日本花柏)	747	杂木林	1965
樟树林	1218		

另外，树木根系的分泌物也能杀灭土壤中的病原菌，从而对土壤有消毒作用。资料显示，水流在通过30~40 m宽的林带后，细菌量减少了1/2；在流经50 m宽、30年生的杨桦混交林后，含菌量减少90%以上。由此可见，森林对空气、土壤和水体方面的杀菌作用显著。

5.3.2.5 森林能减弱噪声

噪声也是一种环境污染，它会妨碍人们休息、学习、工作，损伤人的听觉，使人们烦躁不安，甚至引发疾病。一般噪声高过50 dB，就会对人类日常工作生活产生影响。它已成为世界三大公害之一，人们称为"无形杀手"。

森林减弱噪声的功能表现在3个方面：一是森林茂密的枝叶对噪声起隔音作用；二是通过风吹树叶沙沙作响和鸟语虫鸣产生压制效应，减弱人们对噪声的感觉；三是树叶、枝条和树干分散噪声后，林地对噪声进行了强有力的吸收和反射。研究者认为，树木本身并不能吸收多少噪声，但可以起到反射和分散声波，减少噪声传播的作用。森林、行道树、林带、绿篱、片林和散生树丛都能降低噪声，使环境变得安静、舒适。

据测定，声音经过30 m宽的林带及灌木丛后可减弱7 dB，通过40 m宽的林带可以降低10~15 dB。研究表明，阔叶林降低噪声的效果比针叶林好，宽林带比窄林带效果好，疏散栽植的树丛比成行排列的片林效果好，不同树种混交比单一树种好，分枝低、树冠矮的乔木比分枝高、树冠高的乔木效果好。在行道树之间栽灌木，其隔音效果比单纯一行乔木好。在公路两旁密植灌木，在其后栽几行乔木能更有效地减弱噪声。

5.3.3 森林碳汇作用

5.3.3.1 森林碳汇的概念

森林是陆地生态系统中最大的碳库，在降低大气中温室气体浓度、减缓全球气候变暖中，具有十分重要的作用。通俗地说，森林碳汇主要是指森林吸收并储存二氧化碳的多少，或者是指森林生态系统减少大气中二氧化碳浓度的过程、活动或机制。森林碳汇需要有碳源，碳源是指产生二氧化碳之源。自然界中碳源主要是海洋、土壤、岩石与生物体。另外，工业生产、生活等都会产生二氧化碳等温室气体，它们都是主要的碳排放源。这些碳中的一部分累积在大气圈中引起温室气体浓度升高，打破了大气圈原有的热平衡，导致全球变暖；另一部分则储存在碳汇中。除了碳汇以外，碳中和作为一种新型环保形式，目前已经被越来越多的大型活动和会议采用，以积极推动绿色的生产、生活方式，实现绿色高质量发展。国家、企业、产品、活动或个人在一定时间内直接或间接产生的二氧化碳或其他温室气体排放总量，通过植树造林、节能减排、碳捕集与封存(CCUS)等方式进行抵消，实现排放量与吸收量的平衡，达到相对“零排放”。森林面积虽然只占陆地总面积的1/3，但森林植被区的碳储量几乎占到了陆地碳库总量的1/2，与气候变化有着直接的联系；而且树木还可通过光合作用吸收了大气中大量的二氧化碳，减缓温室效应。因此，森林在碳汇和碳中和中都有着重要作用。

5.3.3.2 森林碳汇的作用

森林生态系统是应对气候变化的一个关键因素，增加森林碳汇能力与降低二氧化碳排放是减缓气候变化的两个同等重要的方面。森林在碳汇中发挥着不可替代的作用。通过采取有力措施，如造林、恢复被毁生态系统、建立农林复合系统、加强森林可持续管理等，可以增强陆地碳吸收量。以耐用木质林产品替代能源密集型材料、生物能源、采伐剩余物的回收利用，可减少能源和工业部门的温室气体(主要有二氧化碳、甲烷、一氧化二氮、氢氟碳化物、氟碳化合物、六氟化硫、三氟化碳)的排放量。

国际社会对森林吸收二氧化碳的汇聚作用越来越重视。旨在减少全球温室气体排放的《联合国气候变化框架公约》(即《京都议定书》)于2005年2月16日在全球正式生效，这是一部限制世界各国二氧化碳排放量的国际法案。其规定，所有发达国家在2008—2012年必须将温室气体的排放量较1990年削减5.2%。同时规定，包括中国和印度在内的发展中国家可自愿制定削减排放量目标。2015年12月12日在巴黎气候变化大会上通过、2016年4月22日在纽约签署了《巴黎气候变化协定》，该协定为2020年后全球应对气候变化行动作出安排，长期目标是将全球平均气温较前工业化时期上升幅度控制在2℃以内，并努力将温度上升幅度限制在1.5℃以内。目前，国际知名学术期刊《自然》(*Nature*)发表的多国科学家最新研究成果显示，2010—2016年中国陆地生态系统年均吸收约11.1×10^{8} t碳，吸收了同时期人为碳排放的45%。

5.3.4 风与森林的关系

5.3.4.1 风对森林的影响

风是一个很重要的生态因子，风速的大小和性质，直接影响林木的生长、繁殖、更新、传播。一般情况下，和风是有益的，大风则有害。不同性质的风可引起其他生态因子的改变。如温度、水分、二氧化碳浓度等因子的改变，会影响到林木的蒸腾作用和光合作用。因此，风对森林具有直接和间接的影响。

(1)风对树木蒸腾作用的影响

研究表明，0.2~0.3 m/s的轻风，就能使蒸腾作用增强3倍。随着风速的增大，蒸腾作用也逐渐旺盛，但如果风速太大，导致植物耗水过多，叶片的气孔就会关闭，此时蒸腾作用和光合作用都会显著下降。因此，树木若长时间受强风吹袭，就会减少生长量，使器官小型化，旱生化，甚至发生枯梢或干死。

(2)风对树木繁殖的影响

大多数乔灌木树种靠风授粉。一些树种的花粉极微小，能随风飘散到几百千米或被风抬升到很高的空中。有的花粉上带有小气囊，更便于随风飘散。这些植物以风为媒繁殖后代。有些树种借助风力传播种子或果实，如杨属、柳属、落叶松属、桦属、槭属植物，以及油松、樟子松、水曲柳、臭椿等，它们的种实常有翅等附属结构以利随风传播。

(3)强风对树木形态的影响

在强风作用下，树木迎风面的芽经受机械摧残或过度的蒸腾，很难存活；而背风面的芽成活较多，枝条生长较好，整株树木或是偏冠，或是树冠集中于树干一侧，从而形成偏冠至旗状树冠，并使树干偏心。同时，旗状树的枝条数量比正常树的枝条少得多，这严重影响了树木的生产量和材质。

强风会给森林带来严重危害。它能引起树木落花落果，有时还会造成整树被吹倒或枝干被折断(风倒、风折)。尤其是阵发性的大风，其破坏力巨大。

各种树种的抗风能力不同。一般阔叶树种抗风能力大于针叶树种，而落叶阔叶树种又大于常绿阔叶树种。深根性的树种抗风倒的能力强，浅根性树种或生于潮湿地、沼泽地的树木抗风倒的能力弱。树干木材坚韧的抗风折能力强，而树干材质脆软的抗风折能力弱。在郁闭的森林内，林木树冠之间互相搭接、依托，抗风能力较强。森林一旦被疏开或采伐，其迹地上的保留木或林缘木，容易产生风折或风倒现象。

5.3.4.2 森林的防风作用

森林是风的屏障，森林能降低风速，并能改变方向，减轻风蚀危害等。

风速降低的程度主要取决于植物的体型大小、枝叶茂密程度。乔木防风的能力大于灌木，灌木又大于草本植物；阔叶树比针叶树防风效果好，常绿阔叶树又好于落叶阔叶树。

在大风盛行地区，可营造防风林带以减弱风的危害。防风林带宜采用深根性、材质坚韧、叶面积小、抗风力强的树种。乔灌结合的混交林防风效果好。

防风林带的防风效能与其结构有密切关系。林带结构通常根据透风系数和疏透度划分。透风系数是指林带背风面 1 m 处林带高度范围内平均风速与空旷地相应高度范围内平均风速之比。疏透度是指林带纵断面透光空隙的面积与林带纵断面积的百分比。

根据林带透风系数和疏透度的大小，一般可把林带划分为紧密结构、疏透结构和透风结构 3 类。

(1)紧密结构林带

紧密结构林带的透风系数在 0.3 以下，疏透度在 20%以下，林带纵断面枝叶稠密，透光孔隙很少，看上去像一道绿色的墙。气流为林带所阻，大部分气流从林带上方越过。而且很快下沉到地面，动能消耗少。在林带的背面接近林带处，风速会显著降低，形成一个静风区或弱风区。其防风距离为林带高的 10~15 倍，垂直方向可达 1.5 倍树高。

(2)疏透结构林带

疏透结构林带从上到下具有均匀的透光孔隙，或下疏上密。透风系数为 0.4~0.5，疏透度为 30%~50%。大约有 50%的气流从林带内部透过，最小弱风区在背风面 3~8 倍林带高度处。林带的有效防风距离为林带高的 25 倍，垂直方向可防护 1 倍以上树高。影响高度随透风系数减小而增大。

(3)透风结构(通风结构)林带

透风结构林带上下皆稀疏，强烈透风，透风系数 0. 6 以上，疏透度也在 60%以上。这种林带气流易通过，很少被减弱，仅少量气流从林带上越过，气流动能消耗很少，因此防风效应较差。有效防风距离为林带高的 15~20 倍。垂直方向的影响高度不足 1 倍树高。中国科学院沈阳应用生态研究所对这 3 种结构的防风效果进行了研究，结果见表 5-17。

表 5-17　不同结构林带的防风效应　　%

相对风速		位置					
		0~5 倍树高	0~10 倍树高	0~15 倍树高	0~20 倍树高	0~25 倍树高	0~30 倍树高
林带结构	紧密结构	25	37	47	54	60	65
	疏透结构	26	31	39	46	52	57
	透风结构	49	39	40	44	49	54

综合中外试验结果，一般可以认为，营造 1~4 行窄林带时，疏透度以 25%左右为宜，在营造 5~7 行较宽林带时，疏透度可适当增大。经各地观测实践，透风系数 0. 5 左右的林带，防风效果是最好的，它既有较大的防风距离，又有较大的风速降低。

知识拓展

林业和草原应对气候变化行动

2019 年，国家林业和草原局及各地林业和草原主管部门坚持以习近平生态文明思想为指导，认真贯彻落实习近平总书记等中央领导同志重要指示批示精神，深入践行绿水青山就是金山银山理念，认真贯彻落实国家应对气候变化总体部署，紧紧围绕《强化应对气候变化行动——中国国家自主贡献》确定的目标任务，认真履行部门职责，强化组织领导，加大政策保障，采取有力措施，努力推进林业和草原应对气候变化高质量发展，各项工作取得新进展、新成效。

1. 加强宏观指导，统筹推进各项工作

国家林业和草原局根据机构改革后的新职责和《林业应对气候变化“十三五”行动要点》《林业适应气候变化行动方案(2016—2020 年)》，制定印发了《2019 年林业和草原应对气候变化重点工作安排与分工方案》，细化年度任务安排，统筹推进各项工作落实。启动了“十四五”林业和草原应对气候变化行动要点研究。按照国家统一部署，完成了《中国国家自主贡献进展报告》和《中国本世纪中叶长期温室气体低排放发展战略》中林业和草原相关内容。

2. 加强资源培育，着力增加碳汇

通过狠抓林草种质资源保护、良种生产，深入推进大规模国土绿化行动，持续实施林业和草原生态建设工程，全面开展森林经营、精准提升森林质量等措施。据统计，2023年，森林蓄积量达到 194.93×10^8 m^3，比 2005 年增加 65×10^8 m^3。全国荒漠化土地面积连续减少，森林、草原面积持续增加，质量不断提升，生态状况逐步向好，森林和草原碳汇等生态功能和适应气候变化的能力不断增强。

3. 加强资源保护，努力减少碳排放

中共中央办公厅、国务院办公厅印发了《天然林保护修复制度方案》，确定了到 2020 年、2035 年、21 世纪中叶的目标任务、重大制度、支持政策和保障措施。天然林保护力度继续加大，天然林得以全面休养生息。加强古树名木保护，在 11 个省启动了第二批古树名木抢救复壮试点。通过持续加强森林、草原、湿地、荒漠等生态系统的保护，有效减少因人为和自然干扰导致的碳排放，为达到国家控制温室气体排放目标和应对全球气候变化作出了新贡献。

4. 加强基础研究，强化支撑保障

积极开展相关政策研究，密切跟踪《巴黎协定》及其实施细则谈判进程，聚焦我国林业和草原应对气候变化的重点领域和热点问题，组织开展"林业碳汇补偿的政策、机制和途径"等项目研究，取得了阶段性成果。2019 年，编印了 13 期《气候变化、生物多样性和荒漠化问题动态参考》，为国务院有关部门在应对气候变化方面开展决策提供了咨询。不断加强科技支撑工作，批复建立了 12 个陆地生态系统定位观测研究站，发布了第一批 50 个国家林业和草原长期科研基地名单，成立了 10 个国家林业和草原工程技术研究中心、第二批 139 个林业和草原国家创新联盟。2021 年 7 月 16 日，全国碳排放权交易市场开市。截至 2024 年年底，全国碳排放交易市场配额累计成交量 6.3×10^8 t，累计成交额 430.33 亿元。

5. 加强计量监测，服务清单编制

继续推进全国林业碳汇计量监测体系建设。制定印发了《2019 年全国林业碳汇计量监测体系建设工作方案》。完成了第一次全国林业（LULUCF）碳汇计量监测成果报告。第二次全国林业（LULUCF）碳汇计量监测已进入成果汇总分析阶段。在内蒙古自治区四子王旗开展了草原碳汇计量监测试点，取得了阶段性成果。优化碳汇计量监测顶层设计，制定了第三次全国林业（LULUCF）碳汇计量监测优化技术方案。发布了《竹林碳计量规程》等行业标准，正在制定《草原碳计量监测导则》等行业标准。

6. 加强业务培训，提升工作能力

实施了 2019 年度业务培训班计划，不断加强林草系统应对气候变化干部培训。在公务员法定培训中增设了"林业和草原应对气候变化"相关课程；举办了林业和草原应对气候变化专题培训班、第 13 期全国林业和草原应对气候变化政策与管理培训班。通过持续不断培训，各地林业和草原主管部门应对气候变化工作及林业碳汇项目开发能力得到了提高。出版《林业和草原应对气候变化主要文件汇编》，编写了《林业和草原应对气候变化知识读本》，为今后干部培训教育奠定了基础。

7. 加强国际合作，共同应对气候变化

积极参与联合国气候行动峰会相关工作。为我国与新西兰共同牵头的"基于自然的解决方案"领域提供了 8 个最佳实践案例、3 个行动倡议，展示了我国林业和草原应对气候变化的成就和经验。积极配合中国气象局，参加政府间气候变化专门委员会（IPCC）第六次气候变化评估相关报告、《IPCC 清单指南 2019 年修订》的评审，提出了相关意见建议。举办了中美国家温室气体清单中遥感与森林资源调查技术融合研讨会，分享了成果和经验。

8. 加强舆论宣传，营造良好氛围

中央领导同志义务植树、共和国部长义务植树、北京世界园艺博览会等重大活动期间，以及中国植树节、世界森林日、世界湿地日、世界防治荒漠化与干旱日、生物多样性日、世界野生动植物日、退耕还林还草 20 周年等重要时间节点，组织宣传我国林业和草原建设在维护生态安全、保护生物多样性、推进全球应对气候变化中发挥的重要作用。在 2024 年举办的第二十九届联合国气候变化大会的“中国角边会”上，以“全球气候治理与国际合作”为主题，传播中国声音，展现中国智慧。

复习思考题

一、名词解释

1. 干洁空气；2. 大气污染；3. 监测植物；4. 季风；5. 天气；6. 气候；7. 小气候；8. 森林碳汇；9. 碳中和。

二、填空题

1. 低层大气是由__________、__________和__________3 个部分组成。

2. 根据大气温度的垂直分布、扰动程度、电离现象等不同性质，把大气在垂直方向分为 5 层，即__________、__________、__________、__________和__________。

3. 对流层具有____________、____________和____________3 个主要特征。

4. 大气污染物主要是从____________侵入树木体内，对树木造成危害，所以植物受害症状一般首先在________表现出来。

5. 大气污染物对树木的危害可以分为________、__________和________ 3 种情况。

6. 通常树木的抗毒性夜间______ 白天。

7. 我国的霜期地理分布具有__________、____________ 和__________3 个特点。

8. 我国降水量的地理分布具有______________、____________和________________3 个规律。

9. 树木对大气污染物的抗性可分为________、________和________3 级。

10. 增强陆地碳吸收量的措施主要有____________、______________、____________、________等。

11. 防风林带的结构类型分为____________、____________和______________。

12. 按预报内容来划分，天气预报可分为____________和______________；按天气预报时效来划分，可分为____________、____________和______________。

13. 影响气候形成的因素有__________、____________、__________和____________4 个。

14. 入侵我国的寒潮路径有________、________和________3 条，其中__________势力最强。

三、判断题(正确的打“√”，错误的打“×”)

1. 臭氧层是地球生物的保护伞，因为它可以强烈吸收太阳紫外线，使地球上的生物免遭伤害。 (　　)
2. 目前，我国的大气污染物主要是煤烟型污染物。 (　　)
3. 同一树种在不同的生长发育阶段其抗性也有差异，其中开花期的抗性最强。 (　　)
4. 在山区，通常白天吹山风，夜间吹谷风。 (　　)
5. 焚风是在山的迎风坡产生的又干又热的风。 (　　)
6. 时效 1~5 d 的天气预报为短期预报。 (　　)
7. 我国绝大多数地区降水的季节分配特点是夏多冬少，并且越向高纬度夏雨越集中，冬雨越稀少。 (　　)
8. 增加森林碳汇能力与降低二氧化碳排放是减缓气候变化的两个同等重要的方面。 (　　)

四、选择题

1. 我国降水具有(　　)等特点。
A. 平原多于山地，迎风坡多于背风坡　B. 平原多于山地，背风坡多于迎风坡
C. 山地多于平原，迎风坡多于背风坡　D. 山地多于平原，背风坡多于迎风坡

2. 使用轻便风向风速表测定风向风速时，观测者应手持仪器高出头部，并且站在仪器的(　　)。
A. 上风方向　B. 下风方向　C. A 或 B 都可以

3. 在沿海地区，当天气晴稳时，白天吹(　　)，夜间吹(　　)。
A. 海风　B. 陆风　C. 山风　D. 谷风

4. 一般，对流层气温随高度的增加而(　　)。
A. 升高　B. 降低　C. 不确定　D. 时高时低

5. 常见的温室气体有(　　)。
A. CO_2、CH_4、O_3、N_2O 和 O_2　B. CO_2、CH_4、O_3、N_2O 和 N_2 等
C. CO_2、CH_4、O_3、N_2O 和 Cl_2 等　D. CO_2、CH_4、HFC_S、PFC_S、SF_6、NF_3 等

五、简答题

1. 优良的监测树种必须具备哪些特点？
2. 大气污染对树木的伤害程度与气象和地形等环境条件有何关系？
3. 森林净化空气的作用体现在哪些方面？
4. 我国季风气候区冬季、夏季各盛行什么风？各有何气候特点？
5. 海风对沿海地区气候有何影响？

6. 山谷风对山区气候有何影响？
7. 寒潮对林木有何危害？如何防御？
8. 我国气候的基本特征是什么？
9. 森林碳汇的作用是什么？

单元6 地形与森林

知识架构

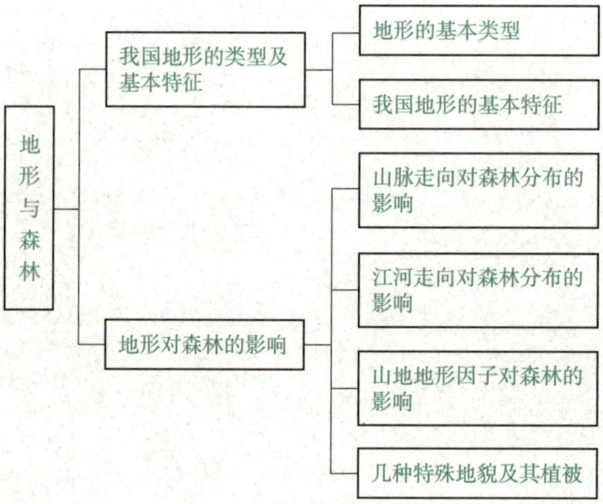

知识目标

1. 了解地形的概念及我国地形的基本特征。
2. 理解山脉走向、江河走向对森林分布的影响。
3. 掌握山地地形因子对森林的影响。

技能目标

会判别区分中国地形的基本类型。

素质目标

1. 坚持科技是第一生产力、人才是第一资源、创新是第一动力，积极应用数字林草技术赋能地形地貌识别和林地调查工作。

2. 树立社会主义生态文明观，践行绿水青山就是金山银山理念。

6.1 我国地形的类型及基本特征

地形是间接的生态因子，地形的变化引起光、热、水、肥、气等因子的重新分配。在山地条件下，地形条件是影响林木生长发育的重要因素，因此，研究森林与地形的关系有重要的意义。

地形是地物和地貌的统称，是指地球表面的形态特征。地球表面有陆地、海洋，有高山、平原，还有沟谷、盆地和丘陵等，虽然它们的规模不同，成因不一，并且还在不断地变化，但它们都是在一定的地质条件和历史条件下，通过内力(地壳运动、火山活动、地震)和外力(如流水、冰川、风、波浪)的共同作用形成的，表现出一定的外貌形态，把这些不同规模的不断变化着的起伏系统称为地形。

6.1.1 地形的基本类型

6.1.1.1 大陆地形的类型

大陆地形按地壳表面的水平和垂直方向空间位置的不同，一般分为山地、丘陵、高原、平原和盆地 5 种类型。其中山地、高原和丘陵约占陆地面积的 67%，盆地和平原约占陆地面积的 33%。

(1) 山地

按其海拔和相对高度的不同可分为以下几类。

①极高山。海拔在 5000 m 以上，相对高度大于 1000 m。

②高山。海拔超过 3000 m，相对高度在 1000 m 以上，山形高峻，峰尖壁峭。

③中山。海拔为 1000~3000 m，相对高度为 500~1000 m，有山脉形态但分割较碎。

④低山。海拔为 500~1000 m，相对高度为 200~500 m，外形平缓。其山顶、山脊呈圆形或棱角形。

(2) 丘陵

海拔在 500 m 以下，地表相对起伏，相对高度在 50~100 m，地形破碎，山麓与邻近平原逐渐过渡，且坡度不大的称为丘陵。地表特征是宽谷低岭，或聚或散。

(3) 高原

绝对高度在海拔 1000 m 以上，比较完整的大面积隆起地区称为高原，如青藏高原、云贵高原等，地表特征是古侵蚀面或沉积面保留部分平坦，其余部分崎岖。

(4) 平原

海拔多数小于 200 m，相对高度通常不超过 50 m，地表特征是平坦，偶有浅丘、孤山。

(5) 盆地

地形周围高、中间低，盆心与盆周高差在 500 m 以上，地表特征是内流盆地地势平坦，外流盆地分割为丘陵。

6.1.1.2 大陆地形的等级

在实践中，通常根据地形面积范围的大小，划分为巨地形、大地形、中地形、小地形和微地形5个等级。

(1)巨地形

巨地形是指水平距离数十千米至数百千米，垂直高度数百米至数千米的广大范围内的地形，如蒙新高原、秦巴山地、南岭山地等。

(2)大地形

大地形是指水平距离数百米至数十千米，垂直高度数十米至数百米范围内的地形，如山系的支脉、山前丘陵、分水岭、山间盆地等。

(3)中地形

中地形是指水平距离数十米至数百米，垂直高度数米至数十米范围内的地形，如孤山、丘陵、山岭的脊部、平原或盆地中的洼地等。

(4)小地形

小地形是指宽度2~50 m，高差2 m至数米范围内的地形，如小洼地、小沙丘、切割沟、冲积堆、山坡上明显的凸起等。

(5)微地形

微地形是指宽度1~2 m，高差1~2 m或稍大范围内的地形变化，如蚁类、鼠类活动所造成的或由根系、倒木所引起的微小地形变化。

6.1.2 我国地形的基本特征

6.1.2.1 地势西高东低

我国地势西高东低，自西向东逐级下降，形成一个层层降低的阶梯状斜面，成为我国地貌总轮廓的显著特征。

青藏高原雄踞我国西部，海拔平均达4000~5000 m，是我国最高的一级地形阶梯。青藏高原外缘以北、以东，地势显著降低，东以大兴安岭、太行山、巫山、雪峰山一线为界，构成我国第二级地形阶梯，主要由广阔的高原和盆地组成，其间也分布着一系列高大山地。在第二级地形阶梯边缘的大兴安岭至雪峰山一线以东，是第三级地形阶梯，主要以平原、丘陵和低山地貌为主。自北而南分布着东北平原、华北平原和长江中下游平原，海拔多在200 m以下，这里地势低平，沃野千里，是我国最重要的农业基地；也是人口、城镇、村落密集，工业基础雄厚，交通方便的经济区。

西高东低，呈阶梯状下降的地势，是我国地貌总轮廓最为突出的特点，对河流的影响最为显著。我国著名的江河，大多发源于第一、二级地形阶梯的地域，自西向东流，使来自东部潮润的海洋季风沿河道吹入内陆。在地势呈阶梯状急剧下降的地段，河流下切，坡大流急，峡谷栉众多，水力资源丰富，适于大型水利枢纽工程的梯级开发。

6.1.2.2 山脉众多

我国是一个多山的国家，高原约占全国陆地总面积的1/3。从最西的帕米尔高原到东部的沿海地带，从最北的黑龙江畔到南端南海之滨，大大小小的山脉，纵横交错，构成了我国地貌的骨架，常是不同地形区的分界，山脉延伸方向称作走向，我国山脉的分布按其走向可以分为5种情况。

(1)东西走向的山脉

东西走向的山脉主要有3列：最北的一列是天山—阴山，位于北纬40°~43°。其中，天山横亘于新疆中部，长1500 km，南北宽250~300 km。中间的一列位于北纬33°~35°，西部为昆仑山，中部为秦岭，东延到淮阳山。最南的一列是南岭，位于北纬25°~26°。

(2)南北走向的山脉

南北走向的山脉主要有两条，分布在西南和西北，分别是横断山脉和贺兰山。川西、滇北的横断山脉由一系列平行的岭谷相间的高山和深谷所组成，主要有邛崃山、大雪山、沙鲁里山、宁静山、怒山、高黎贡山等，海拔大多在4000 m以上。山脉之间夹峙着大渡河、雅砻江、金沙江、澜沧江、怒江等大河，河谷深切，形成高差显著的平行岭谷地貌。这一南北纵列的山脉，把全国分成东、西两大部分。

东部多为海拔低于3500 m的中山和低山，这些山脉以东北—西南走向为主，西部多为海拔超过3500 m的高山和高逾5000 m的极高山，这些山脉主要为西北—东南走向。

(3)东北—西南走向的山脉

主要分布在我国东部，也主要有3列：自西向东分为西列、东列与外列。西列包括大兴安岭、太行山、巫山、武陵山、雪峰山等。东列北起长白山，经千山、鲁中低山丘陵至武夷山，外列分布在大陆外侧的台湾岛上，山地占全岛面积的2/3，3000 m以上的山峰有62座，其中玉山主峰海拔3952 m，不仅是台湾第一高峰，也是我国东部最高的山峰。

(4)西北—东南走向的山脉

主要分布在我国的西部，著名的山脉有阿尔泰山、祁连山、喀喇昆仑山、可可西里山、唐古拉山、冈底斯山、念青唐古拉山等。

(5)弧形山系

弧形山系由几条并列的山脉组成，由基本上东西走向转为南北走向而与横断山脉相接，这些山脉大都山势高峻，气候严寒，普遍有现代冰川发育。其中最著名的山脉为喜马拉雅山，分布在中国与印度、尼泊尔等国边界上，绵延逾2400 km，平均海拔6000 m，其主峰珠穆朗玛峰，海拔为8848.86 m，是世界最高峰。

上述众多的山脉，纵横交织，把中国大地分隔成许多网格，镶嵌于这些网格中的分别有高原、盆地、平原和丘陵，从而构成了我国地貌网格状分布格局。

6.1.2.3 地貌类型复杂多样

我国地域辽阔，地质构造、地表组成物质及气候水文条件都很复杂。

在纵横交错形成我国网格状骨架的山地中，又镶嵌有四大高原、四大盆地、三大平原。青藏高原、内蒙古高原、黄土高原和云贵高原是我国的四大高原。塔里木盆地、准噶尔盆地、柴达木盆地、四川盆地是我国的四大盆地，均属于构造断陷区域。东北平原、华北平原和长江中下游平原是我国的三大平原，集中分布于东部第三级地形阶梯上的东西向与东北向山脉之间的网格中，面积辽阔、地势低平、交通便利、人口密集，为全国主要农耕基地。

我国的丘陵也主要分布在东部，即第三级阶梯地形面上，以雪峰山以东、长江以南的广大地区最集中，统称东南丘陵。其中，位于长江以南、南岭以北的称为江南丘陵；南岭以南，广东、广西境内的称为两广丘陵；武夷山以东、浙闽两省境内的称为浙闽丘陵。长江以北丘陵分布范围小，主要有山东丘陵和辽东丘陵。

东南丘陵主要分布在一系列东北走向的中、低山的两侧，其间错落排列着大大小小的红岩盆地，地表形态主要表现为绝对高度低、相对起伏小的丘陵。由于各地岩性不同，在江南丘陵分布着厚层红色砂岩和砾岩；浙闽丘陵花岗岩、流纹岩分布范围大；两广丘陵西部，石灰岩分布面积广，喀斯特地貌发育。山东丘陵和辽东丘陵坐落在山东半岛和辽东半岛上，由变质岩和花岗岩组成，地面切割比较破碎，海岸曲折，多港湾和岛屿，为著名的暖温带水果产区。

除山地、高原、丘陵、盆地、平原5种基本地貌类型外，由于地势垂直起伏大、海陆位置差异明显引起的外营力的地区差别及地表组成物质不同等，还形成了冰川、冰缘、风沙、黄土、喀斯特、火山、海岸等多种特殊地貌。

6.2 地形对森林的影响

6.2.1 山脉走向对森林分布的影响

绵延数百里或千里的山脉，高耸入云的山峰是气流活动的天然屏障。因此山脉走向对气候的影响较大，对温度和降水量的影响尤为显著，虽然一山之隔，但气候有较大的差异。我国地处季风气候区，东西走向的山脉能阻止暖气团北上及冷气团南侵，在山北冷气团受阻而积聚，在山南暖气团被抬升冷却致雨，形成山北干冷、山南湿热的不同气候，并在植被特征和群落结构上反映出来。这类山脉，北有天山和阴山，中有昆仑山和秦岭，南有南岭，它们都是我国气候上和植被上重要的天然界线。例如，秦岭山脉东西绵延数百千米，海拔在2000 m左右，太白山主峰3771.2 m，对南北气候交流起着重大隔离作用，加剧了山南与山北因纬度而引起的气候差异，成为我国亚热带与暖温带的天然界线。杉木、枫香、马尾松、樟树、棕榈等树种的天然分布只限于秦岭以南地区。秦岭南坡的地带性植被属于落叶阔叶与常绿阔叶混交林，北坡则属于落叶阔叶混交林。在经济树木方面，南坡的汉中有柑橘类亚热带水果生产，而在北坡的渭河河谷这些果树却不能安全越冬。南岭山脉也有类似的作用，它由一系列近东西走向的山地组成，北来的冷气团常常受阻于岭北。因此，南岭以南可以发展某些热带作物，具有热带环境特点，南岭以北热带作物不能越冬，具有亚热带环境特点。

山脉的走向对降水的影响也很大。我国的大陆降水主要靠东南季风从太平洋带来的水汽，因此，与东南季风成一定交角的大山脉，常是我国水分分布的天然界线。山脉的迎风面或临海面(东面或东南面)地形雨较多，湿度较大；山脉的背风面(西面或西北面)属于雨影区，降水较少，气候较干燥。例如，大兴安岭以东降水量在400 mm以上，属于森林区，是我国重要的林业生产基地；而大兴安岭以西降水量急剧减少至300 mm以下，属草原区或森林草原区，以牧业为主，发展林业的主要任务是营造防护林和固沙林。海南岛五指山的东南坡(迎风坡)年降水量在3000 mm，而西部(背风坡)只有800 mm。新疆中部的天山和西藏南部的喜马拉雅山都是东西走向的山脉，天山使南北疆的气候和植被有明显的差异，但却与秦岭相反。南疆干旱酷热，北疆严寒而稍湿润，南疆年降水量在100 mm以下，许多地方仅20 mm左右，是我国最干旱的地带；北疆的年降水量超过200 mm，阿尔泰山、天山山地可达600 mm。天山北坡海拔1200~2700 mm为森林带，而南坡是草原带。究其原因，是其降水主要靠北冰洋的气流带来所致。

位于西藏东南部的墨脱，地处喜马拉雅山的南坡和横断山脉的北端，属典型的高山峡谷地形。因其既免受来自北方冷空气的侵袭，又不断受到温热的印度洋季风的吹袭，海拔500 m以下地区具有常年湿热的热带气候，如墨脱虽处于北纬29°以北，仍有龙脑香科的娑罗双林为代表的热带雨林植被，这在世界上也属罕见。

我国西南的横断山脉是南北走向的，湿热的印度洋季风能沿山谷深入云南高原，河谷两侧生长着繁茂多样的热带和亚热带植被，如滇西北的独龙江河谷，虽已达北纬28°，但仍存在着热带雨林型的植被。

山地对气团的阻隔和抬升，因山体的情况而异，山越高、越大，山体越完整，其屏障和抬升作用越大，山脉两侧的气候和植被的差异也越显著。山体对气团的屏障和抬升作用，不仅在大地形中反映出来，在中地形中也存在，不过其作用较小，影响的范围较窄。

6.2.2 江河走向对森林分布的影响

江河对森林分布有导向作用。海风沿江河吹向内陆，影响流域两岸的气候与植被。其影响范围大小，取决于江河的宽窄和曲直，江河越宽越直其影响距离越长，范围越广。我国的主要河流(长江、黄河)大都自西向东流入太平洋，因此，湿热的海洋季风能沿着河谷自东而西深入影响我国内陆腹地，使汉中盆地仍有柑橘、芭蕉和棕榈，甚至远至青海西部的大通河流域还有种类众多的森林植被。南北走向的河流则对相邻纬度地区的气候因子有着调节作用，河漫滩成为森林侵入草原的途径，但在高纬度地区，由于冷空气在河谷中停滞将会产生逆温现象，河川反而成为冻原南侵的通道。

6.2.3 山地地形因子对森林的影响

山地地形的错综复杂，致使综合环境条件具有多样性。因此，山地的各种气象要素都会随着海拔、坡向、坡位、坡度等地形因子的变化而发生较大的变化。从而在山地条件下，在不大的范围内就会出现气候、土壤和植物群落的差异。

6.2.3.1 海拔

海拔是山地地形变化最明显，对树木生活影响最大的因素。在山地条件下，海拔每升高 100 m，平均气温下降 0.65℃。在一定范围内，空气湿度和降水量随海拔的升高而增加，如庐山山麓的九江，年降水量为 1406 mm，而庐山山顶则达到 2528 mm；泰山山麓的泰安，年降水量为 725.7 mm，而泰山山顶则为 1163.8 mm。但超过一定限度后，降水量又有所下降。

在山地，海拔不同，气候土壤条件也不同，如高海拔地区因温度低而湿度大，土壤微生物活动受限，有机质分解较慢而积累较多，淋溶和灰化过程加强，土壤酸度较高。又因为不同的树种对气候土壤条件有一定的要求，所以在山地不同海拔地区相应地有不同的森林植被，各树种都有一定的垂直分布范围，总的趋势是随着海拔升高耐寒树种的比例逐渐增加，且各种森林植被类型都有一定分布高度界限。其中，森林分布的上限称为森林线；森林线以上由于温度太低，风力太大，而不宜于森林生长，但有散生树木分布，所以高山上又存在着树木零星分布的上限，即高山树木线，也称树线；树线以上为植被线；在植被线以上，如果海拔足够高，山顶为积雪所覆盖，称为雪线。这样大山从山底到山顶依次出现森林线、树线、植被线和雪线(雪线与植被线常一致)。

6.2.3.2 坡向

坡向即坡的朝向，坡根据坡向不同可分为南坡、北坡、东坡、西坡。由于光照的区别，在我国常把南坡称为阳坡、北坡称为阴坡，东坡和西坡的生态条件界于南坡和北坡之间，但东坡较接近于北坡，常称为半阴坡，西坡更接近于南坡，常称为半阳坡，东北、西北坡为半阴坡，东南、西南坡为半阳坡。

因太阳辐射强度和日照时数的不同，不同坡向的光、热、水和土壤条件有较大的差异。我国处于北半球，北坡日照时间短，太阳辐射强度也小，所获得的辐射总量都比南坡小，尤以冬季为甚，且越往北，南北坡的这种差异越大。在一定的坡度范围内，南坡所获得的总光能平均为北坡的 1.6~2.3 倍。由于光照条件的差异，南坡的温度高于北坡，湿度低于北坡，蒸发量大于北坡，同时，土壤的物理化学风化也较强，有机物分解迅速，积累少，土壤较北坡干燥和贫瘠。因此，南坡的植被多是喜温、喜光、耐旱的种类；北坡则多是耐寒、耐阴、喜湿的种类。在早春，一般南坡的植被开始萌动早于北坡的植被。但在低纬度地区，南北坡生境的差异随着纬度的降低而减少，甚至消失。

在湿润的气候条件下，如果水分能够保证，一般来说树木的生长南坡优于北坡，但在水分经常缺乏的地区，南坡的树木生长比北坡差。例如，在华北低山区，因为土壤干燥，油松也多分布于北坡；而在西北地区更干旱的情况下，南坡的水分不足以维持森林植物生活要求时，就为草原所占据。对于具体的树种来说，在不同的坡向上的生长情况，取决于树种的生物学和生态学特性以及当地的气候条件。南北坡综合环境条件的差异，还会使树种的垂直分布发生一定的变化。同一树种和森林类型的垂直分布在北坡常低于南坡。同一山体，南坡的植物群落中常有较喜暖的树种，北坡则有较耐寒的种类。在树种的分布区内，北方树种在其南界可分布到山的北坡，南方树种在其北界可分布到山的南坡，南坡是南方树种的北界，北坡是北方树种的南界，这就是阿略兴提出的植物先期适应法则(图 6-1)。这种现象在地形起伏较小而植被破坏不大的平原孤山表现最为突出。因此在引种造林时，南种北移，栽在南坡上；北种南移，栽在北坡上，这样可以有效提高引种成功率，确保造林成活率。

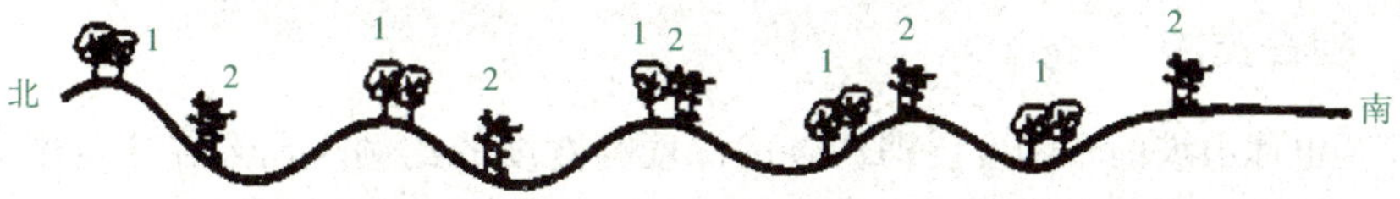

1. 北方的植物过渡到南方的北坡和谷底；2. 南方的植物向北推进过渡到南坡。

图 6-1 植物先期适应图式

6.2.3.3 坡位

坡位是指山坡不同的部位。一般把山坡划分为上坡(包括山脊)、中坡和下坡 3 个部位，有时还将山脊与上坡分开，下坡与山麓分开，而把一个山坡划分为山脊、上坡、中坡、下坡和山麓(山谷)5 个部位。坡位体现了相对高度的差异。

山坡有凸形、凹形和直形 3 种基本形状。凸形坡排水好，土壤较干燥，土层较浅薄；凹形坡则汇水，土壤较湿润，土层较厚。在一个山坡上，山脊和上坡常是凸形的，中坡则可能是凸凹相间的复式坡面，下坡则通常是平直的。因此，坡位的变化实际上是阳光、水分、养分和土壤条件的变化。从山脊到山麓，坡面上所获得的阳光不断减少，水分和养分则逐渐增加，整个生境朝着阴暗、湿润的方向发展，土壤逐渐由剥蚀过渡到堆聚，土层厚度、有机质含量、水分和养分的含量等都随着相对高度的减小而增加。因此，在植被没有被破坏的坡面上，可以看到从山脊到山麓分布着对肥水条件要求不同的一系列树种。喜肥沃湿润的树种分布于坡的下部，而耐瘠薄干旱的树种分布于山脊和上坡。这种情况在陡坡尤为突出。在不同坡位上，由于生态因素的变化，树木生长情况也有较大的差异。例如，黑龙江海林林业局在山麓排水良好的地方营造的落叶松，14 年生平均树高 9.36 m，平均胸径 8.5 cm；而在山脊和上坡营造的落叶松，14 年生平均树高 6.08 m，平均胸径 4.5 cm。但是也有例外的情况，如果山坡的坡度较大，山脊又比较平坦开阔，山脊的土壤常较山坡的深厚肥沃，这样山脊的林分要比山坡的林分生长良好。

6.2.3.4 坡度

坡度是指坡面的倾斜程度。一般将坡度分为 6 个等级，即平坡(5°以下)、缓坡(6°~15°)、斜坡(16°~25°)、陡坡(26°~35°)、急坡(36°~45°)、险坡(45°以上)。不同坡度的山坡，因太阳投射角度的不同，其所获得的太阳辐射也有所不同，气温、土温及其他生态因子也随之发生变化。

坡度的影响，主要表现为坡度越大则水分的流失越严重，土壤受侵蚀的可能性也越大，结果使土壤变得浅薄而贫瘠。实验证明，水的流速与坡度成正比，即坡度越大，坡面越长，径流水的流速也越大，它所能带走的泥沙量也就越多。这样，在凸形坡面上，坡长和坡度同时增加时，下坡将受强烈的侵蚀；在凹形的坡面上，因上坡陡而下坡较平缓，中坡受侵蚀最剧烈，下坡较轻。

一般来说，平坡土壤深厚肥沃，宜于农作物和一些喜肥水树种的生长，但在高纬度地区，如地下水位高或排水不良，则易于沼泽化，不利于树木的生长。缓坡一般土壤肥沃，排水良好，最宜于树木生长。陡坡土层薄，石砾多，水分供应不足，树木生长较差，生产力低。在急坡、险坡上，常发生塌坡和坡面滑动，基岩裸露，林木稀疏而低矮。

6.2.3.5 沟谷宽度

沟谷宽度也称山坡的开阔度，即沟谷的深度与宽度的比例。凡沟谷的宽度大于深度，两谷坡的坡度较平缓，谷底较宽阔的称为宽谷。宽谷的通风和光照条件良好，两谷坡的生态条件主要看各谷坡的坡向和坡度，一般来说不同的谷坡林木生长有较明显的差别。凡沟谷的宽度小于深度，两谷坡坡度较陡，谷底狭窄的称为狭谷。狭谷两谷坡不管其坡向、坡度如何，光照强度和光照时间都有明显减少，因而具有较阴凉、湿润的特点，两谷坡上植被的差异也较小。对谷底来说，宽谷因受光照时间长，所获得的热辐射多，故较狭谷热而干；而一些很深的狭谷，甚至在一天之内完全得不到直射的阳光，生境极其阴暗而潮湿。

海拔、坡向、坡位和谷宽等地形因素，既有其特定的生态作用，又受一定的地形复合体的影响。山地条件下，正是由于这些地形因子的综合作用，山地的生境变得非常复杂，在很小的范围内就可遇到很不相同的生境，适于不同的树种生存，这就是山区植被比平原地区复杂得多的原因所在。可以说，山区条件缓和了种间矛盾，对植物起到“避难所”的作用，有利于大量植物的生存。同时山区生境的复杂性，使同种的个体处于不同的条件下生长，容易产生新的变异，因此山区也可能成为孕育和培育新种的环境。

6.2.4 几种特殊地貌及其植被

6.2.4.1 黄土地貌及其植被

黄土是第四纪的一种特殊沉积物，主要成分是 SiO_2（占60%～70%）和 Al_2O_3（占9%～12%），并含有较多的 $CaCO_3$ 和 $MgCO_3$，有机质比较贫乏。

黄土在世界上分布很广，约占陆地面积的1/10。我国黄土分布面积约为 $40\times10^4\ km^2$，主要分布在山西大部。陕西中部和北部，甘肃中部和北部，河南西部，青海东北部，以及宁夏南部等地区，海拔400～2500 m，包括山西高原、陕北高原和陇西盆地，地势由西北向东南倾斜，通常被称为黄土高原。

黄土高原黄土深厚，疏松多孔，富含碳酸钙质。受长期内外营力的作用，地表剥蚀切割严重，支离破碎，沟壑纵横。黄土高原气候干旱，降水虽然少，但降水集中，而且多为暴雨。水土流失特别严重，每年流入黄河的泥沙量达 16×10^8 t以上，居世界河流含沙量的首位。因此，黄土高原境内沟壑纵横，地面被切割得支离破碎，形成黄土梁峁丘陵和沟谷相间的地面形态。

据考证，我国的黄土高原曾有大片的森林，陕西榆林在1800年左右还是青山绿水，甘肃定西在宋朝时还有森林，而现在除秦岭、小陇山、吕梁山、太岳山、中条山、乔山、黄龙山等地尚有部分次生林外（次生林面积占黄土高原总面积的3%），其余地区已无林可见。这些次生林的类型为针叶林、针阔叶混交林和落叶阔叶林，树种有辽东栎、白桦、红桦、山杨、麻栎、槭、榆等阔叶树和华北落叶松、白杄、青杄、油松、华山松等针叶树，侧柏也有零星分布。

本区由于森林资源少，气候失调，水土流失严重，水旱灾害频繁，风沙活动强烈，因此，农业生产长期落后。20 世纪 50 年代以后，国家大力推行植树造林，绿化了大片的荒山、荒地、荒滩、荒沙，涌现出了陕西淳化县、山西右玉县、甘肃秦安县等许多植树造林、保持水土的先进典型。随着六大林业工程稳步推进，尤其是野生动植物及自然保护区建设工程、天然林资源保护工程、退耕还林和“三北”及长江等防护林工程初具成效，黄土高原地区的生态环境发生了巨大变化。

6.2.4.2 岩溶地貌及其植被

岩溶地貌是一种溶蚀地貌，是可溶性的岩石基质在一定的气候和水文条件下，通过地表水和地下水的溶蚀和冲刷而产生的一种特殊的地表形态。

可溶性的岩石包括碳酸盐类岩石(石灰岩、白云岩、硅质灰岩和泥灰岩)、硫酸盐类岩石(石膏、芒硝)和卤盐类岩石(氯化钠盐、氯化镁盐等)3 类，其中以碳酸盐类岩石特别是石灰岩的分布广、岩体大，所以石灰岩形成的岩溶地貌最普遍。据统计，我国碳酸盐类岩石的分布面积约 $130\times10^4\ km^2$，约占总面积的 13.5%，主要分布在广西、贵州和云南东部。另外广东、台湾、浙江及长江中下游各省，湖北西部，湖南西部，四川东部，北京西山地区，山东中南部，山西与河北的太岳山、太行山、吕梁山、燕山、秦岭、大巴山一带均有分布。

岩溶地貌的特点是悬崖峭壁、深狭河谷，谷壁上有天然洞穴，地面上有成丛石芽，有孤立奇峰，也有溶洞、伏流和落水洞。

由于石灰岩的颜色较深，吸热强烈，比热又小，故白天增热快，夜晚冷却迅速，使石峰上的温度变幅大，所以，变温剧烈、少水、缺土、多石屑是石灰岩石峰的基本生态特点，以致很多树种都不能适应，更不易发育成茂密的森林。但在高温多雨的气候条件下，如在我国华南、西南地区保护较好的地方，石峰仍为茂密常绿阔叶混交林所覆盖。

在石灰岩岩溶地貌上发育起来的森林是多种多样的。除受地带性气候制约外，还与其形成的土壤类型(包括黑色石灰土、棕色石灰土、红色石灰土等)有密切关系，但一般都具有下列特征：

①树种以喜钙或耐钙的为主。朴树、青檀、榔榆、铜钱树、青冈栎、黄连木等为常见的种类，而蚬木、金丝李、肥牛树则是桂西南的特有种。

②耐旱的种类较多。缺乏真正的湿生植物，根茎类草本植物也少。

③树木的根系都具有很强的穿透力。其根系能沿石缝、石隙向下伸展，如蚬木根系的分枝半径可达 15 m，而斜叶榕的根系呈网状盘结于岩石表面。

6.2.4.3 海岸地貌及红树林

海岸地貌是在波浪的冲击、潮汐反复有规律的侵蚀、风的袭击、河流的沉积等共同作用下发展起来的。

我国海岸类型多种多样，可以概括为平原海岸与山地丘陵海岸两大类。平原海岸主要分布在杭州湾以北，东部大平原的前缘，杭州湾以南也有小片出现；山东半岛和辽东半岛的海岸、杭州湾以南至浙、闽、粤、桂海岸，以及海南的海岸和台湾的东海岸，绝大部分都是山地丘陵海岸。

海岸由于经常受到大海波浪的冲击，一般很难有植物定居，只是在热带和亚热带海岸河流的出口处或海岸避风处，以及淤泥淀积较深的地方才有海岸的特殊森林——红树林存在。红树林是热带、亚热带特有的盐生木本植物群丛，我国台湾、海南、广东、广西和福建的沿海岸上均有分布，浙江南部沿海试种已获成功。

红树林生长在潮间的泥滩上，海底平缓(坡度5°~10°)，在潮汐的作用下，周期性地外露和淹没。涨潮时可以全被淹没，或树冠漂荡在水面上，葱郁浓绿，景色独特，退潮时则连基质一起外露。

红树林下的土壤属滨海盐土，由淤积的微细颗粒组成，土层深厚，含盐分较高，通常达0.46%~2.78%，渗透压高，是一种生理性的干旱生境。有机质含量3%~5%，质地黏重，灰蓝色，并带有腥味。表土一般呈微酸性反应，底土为微碱性反应。

红树林一般呈灌丛状或矮林状，密度小，生长量低。种类成分比较单纯，主要树种为红茄苳、木榄、秋茄树、桐花树、海漆、老鼠簕等，广东、广西、福建、台湾沿海的红树林一般都只有灌木层，高0.5~2 m，海南岛的清澜港红树林发育较好，有乔灌草3层，乔木层一般高4~5 m，最高的有10~15 m，直径15~30 cm；灌木层高2~3 m；草本层高0.3~1 m。

红树林多具有特殊的形态特征和繁殖方式，以适应特殊的生态环境。它们耐盐、耐淹、萌芽力强，常有呼吸根和支柱根，不少种类有“胎生”现象，即种子在离开母树前就在树上萌发，长出粗壮的下胚轴，到一定时候脱离果实，垂直下坠，插入淤泥，迅速形成新的植株。这是一种特殊适应能力，也是红树林的一种特殊景观。

6.2.4.4 荒漠区地貌及其植被

本地区包括新疆的准噶尔盆地与塔里木盆地、青海的柴达木盆地、甘肃与宁夏北部的阿拉善高原，以及内蒙古鄂尔多斯盆地的西端。整个地区以沙漠与戈壁为主，气候极端干燥、冷热变化剧烈，风大沙多，年降水量低于200 mm。荒漠植被主要由一些极端旱生的小乔木、灌木、半灌木和草本植物组成，如梭梭、沙拐枣、柽柳、胡杨、泡泡刺、麻黄、骆驼刺、木霸王、猪毛菜、沙蒿、蔓草、针茅等。

本地区山系有阿尔泰山、天山、昆仑山与阿尔金山、祁连山。这一系列巨大山系的山坡上分布着一系列随高度而变化的植物垂直带。

天山北坡山脊多在3000 m以上，主峰高达5000 m左右，在海拔2000~2500 m降水可达600~800 mm。森林带出现在海拔1200~2700 m的坡面上，由雪岭云杉构成的山地寒温性针叶林带；在西部较干旱的博乐—精河一带，山地草原极为发达，云杉林带与草原群落相结合，形成山地森林草原带。最东端的哈尔里克山地较其西部山地更为干燥，森林带升高至2100~2900 m，下部为以雪岭云杉占优势的针叶林，中部为云杉落叶松混交林，到了上部则为西伯利亚落叶松纯林。

祁连山海拔一般都在 3500 m 以上，最高峰 5564 m，植被垂直带明显。在东部海拔 2500 ~ 3300 m 的半阴、半阳坡比较湿润的生境下，分布着寒温性针叶林，阳坡则以草原为主。

这些地区，生态系统十分脆弱，各种天然植被，尤其是森林植被只能在特定地形条件下分布，它们对维护当地生态平衡、涵养水源、保持水土、保障人民生活和农牧业生产、防止生态环境继续恶化，具有十分重要的意义，因此加强保护或扩大这些地区的森林和各种植被将是一项极重要的持续性任务。

6. 2. 4. 5 丹霞地貌及其植被

丹霞地貌是指由水平产状或平缓的层状铁钙质混合不均匀胶结而成的红色碎屑岩(主要是砾岩和砂岩)，受垂直或高角度节理切割，并在差异风化、重力崩塌、流水溶蚀、风力侵蚀等综合作用下形成的有陡崖的城堡状、宝塔状、针状、柱状、棒状、方山状、峰林状的地形。丹霞地貌主要分布在中国、美国西部、澳大利亚，以及中欧等地，以中国分布最广。

1928 年，冯景兰等在粤北仁化县发现丹霞地貌，并把形成丹霞地貌的红色砂砾岩层命名为丹霞层。到 2008 年 1 月，中国已发现丹霞地貌 790 处，分布在 26 个省(自治区、直辖市)。广东省韶关市东北部的丹霞山以赤色丹霞为特色，由红色砂砾陆相沉积岩构成，是世界丹霞地貌命名地，在地层、构造、地貌、发育和环境演化等方面的研究是世界丹霞地貌区中最为详尽和深入的。在此设立的“丹霞山世界地质公园”，总面积 319 km^2，2004 年，经联合国教育、科学和文化组织批准为中国首批“世界地质公园”之一。

中国的丹霞地貌广泛分布在热带、亚热带湿润区，温带湿润—半湿润区、半干旱—干旱区和青藏高原高寒区。福建泰宁、武夷山、连城、永安，甘肃临泽县和肃南裕固族自治县，江苏新沂马陵山，湖南溆浦县思蒙(位于湖南省西部)、通道侗族自治县东北部万佛山、新宁县崀山(位于湖南省西南部，青、壮、晚年期丹霞地貌均有发育)，云南丽江老君山，贵州赤水，江西鹰潭龙虎山、弋阳圭峰山、上饶雨石山、瑞金罗汉岩、宁都翠微峰；青海坎布拉，广东韶关仁化县丹霞山、坪石镇金鸡岭、南雄市苍石寨、平远县南台石和五指石，浙江永康、新昌、衢州江郎山，广西桂平白石山、容县都峤山、资源县云台山，四川江油窦圌山、成都都江堰青城山，重庆綦江老瀛山，陕西凤县赤龙山，以及河北承德等地，是中国丹霞地貌中的典型。

2010 年 8 月，联合国教育、科学和文化组织世界遗产委员会(WHC)在巴西举行的第 34 届世界遗产大会上一致通过湖南崀山、广东丹霞山、贵州赤水、福建泰宁、江西龙虎山、浙江衢州江郎山联合申报的“中国丹霞地貌”正式列入《世界遗产名录》。这是中国第 40 个列入《世界遗产名录》的项目。

中国丹霞同处于中生代活化的华南板块大地构造区，具有相同或近似的地质演化历史和地质构造背景，全部发育在白垩纪红色陆相粗碎屑沉积岩上，共同处于亚热带湿润季风气候之下，形成了丰富多彩的丹霞景观。常绿阔叶林是丹霞地貌区典型的地带性植被，有 70 个群系 102 个群丛，是最具世界特色的由东南季风驱动发育形成的亚热带常绿阔叶林的完整代表类型，存在完整的原生演替与次生演替序列。其特有的地质地貌结构和地理环境，导致生物群生态演替的强烈异化与剧烈的空间分异，在小尺度范围内呈现出多种生态系统。同时丹霞地貌的离散性使得其生境表现出强烈的片段化，自然形成的生境片段化，具有特殊的孤岛效应、山顶生态效应和沟谷生态效应，为保护生物学和生物群落动态学研究提供了难得的天然实验室。

贵州赤水丹霞地处四川盆地和云贵高原接合部的中国最大的丹霞分布区。高原的剧烈抬升与流水的强烈下切造成了地形的巨大反差。这里发育了最为典型的阶梯式河谷与最为壮观的丹霞瀑布群，成为青年早期-高原峡谷型丹霞的代表。其作为世界遗产名录提名地保持了最完整、具有代表性的中亚热带森林生态系统和物种多样性，如杉木、福建柏、荷叶青冈、鸭脚罗伞、岩生厚壳桂、苞叶木、五柱柃、甜槠栲、丝栗栲、楠木、薄叶润楠、光皮桦、毛竹、赤杨叶、野芭蕉、刚莠竹、芦苇、丝栗栲、黄杞、灯台树、马尾松、慈竹、桫椤、水竹、斑竹、贵州密脉木、粗糠柴、竹叶榕、窄叶蚊母等。

广东丹霞山发育在南岭褶皱带中央的构造盆地中，具有单体类型的多样性和地貌景观的珍奇性，是中国丹霞地貌的命名地及主要类型和基本特征的模式地；是发育到壮年中晚期簇群式峰丛峰林型丹霞的代表；在系列提名中热带物种成分最多，沟谷雨林特征最突出；是丹霞生物谱系、丹霞“孤岛效应”与“热岛效应”研究的模式区域。丹霞山有我国罕见的珍贵植物、名贵树种，如白桂木、银钟花、缘毛红豆、巴戈、秀丽锥、麻栎、刺柏、喜树，以及丹霞特有新种——丹霞梧桐。

知识拓展

地下森林和谷底森林

地下森林坐落于张广才岭东南坡的深山内，位于黑龙江省牡丹江市镜泊湖西北约50 km处，它与镜泊湖区域共同列为国家级自然保护区。大约10 000年前的火山爆发，在这里形成了低陷的奇特罕见的“地下森林”，故又称为火山口原始森林。这些火山口由东北向西南分布，在长40 km、宽5 km的狭长地带上，共有10个，直径400~550 m，深100~200 m。其中以3号火山口为最大，直径达550 m，深达200 m。

若沿着山路上行，登上山顶时，眼前会突然出现一个个硕大的火山口。此时不仅可以在火山口顶俯视地下森林构成的奇观，还可以踩着峭壁间的人造石径小心翼翼地进入地下森林，亲身体验它的神奇。石级极陡，虽有铁链保护，仍十分惊险，必须小心谨慎、注意安全。下到石级尽头，即至火山口底。火山口底比较平坦，似乎无奇可赏。稍加留意就不难发现这里暗藏着火山溶洞。初入溶洞，即使溽暑，也会暑意全消，顿感异常舒适。但越向里行，越觉阴冷，仿佛走进冰窖一般。地下森林的东南约13 km的地方，有几条神秘的“熔岩隧道”，洞内夏有严冰而冬无严寒，举世罕见。

地下森林中蕴藏着丰富的植物资源，有红松、黄花落叶松、紫椴、水曲柳、黄菠萝等名贵木材；有人参、黄芪、三七、五味子等名贵药材；有木耳、榛蘑、蕨菜等名贵山珍。

地下森林也有着丰富的动物资源。这里不仅有鸟、蛇、兔、鼠等小型动物出没，还有马鹿、野猪、黑熊等大型动物出没，甚至有世所罕见的国家级重点保护野生动物青羊、东北虎出没，堪称“地下动物园”。

关于地下森林的成因，众说不一，至今尚难定论。一种说法认为火山口的内壁岩石，经过长期风化剥蚀，早已与火山灰等物质一起变为肥沃的土壤，而衔着各种植物种子飞越火山口的群鸟，则成为天然播种者，久而久之，火山口的内壁上终于长满了树，形成了森林。由于其环境的特殊性，它不仅成为美妙的风景区，而且成为中外地理学家、历史学家、生物学家理想的科研基地。

谷底森林位于长白山北坡，洞天瀑布的北侧，是长白山海拔最低的景点。长白山主火山喷发时，伴生的寄生火山口经后期断裂及地表的外力作用，产生了大面积地层塌陷，形成了一条东西宽 100~300 m，南北长约 3000 m，深 50~60 m 的巨大"U"形山谷。谷壁悬崖陡峭，谷底植被繁茂，从空中俯瞰，它犹如一条绿带绵延至远方。

数万年前的地壳运动造就了山谷雏形，风化剥蚀的内壁岩石和火山灰形成营养丰富的土壤，风和动物带来植物的种子，寂静的山谷历经岁月的变迁形成了莽莽林海。

谷底森林古树参天，巨石错落有致。这里生长着四季常青的红松、云杉、冷杉、落叶松和长白松等针叶树种。长白松是中国特有物种，尤喜火山灰冲积之地。喜光的天性，让它迎头向上生长，金黄色的树干挺拔笔直，高达 20~30 m，它的中下部光滑无杈，树枝集中在树干的顶部，托着苍翠的针叶迎风舒展。与其他松树的沧桑挺拔不同，长白松显得美丽婀娜，因此它还有一个动人的名字——美人松。在这里不仅能体验到茫茫的原始森林，还可以观赏到长白山独具特色的垂直景观带，分别为：针阔叶混交林景观带、针叶林景观带、岳桦林景观带、高山苔原带。

谷底森林属于温带大陆性山地气候，受季风影响，雨量充沛，高大的乔木林，低矮的灌木丛和茂密的花花草草都能截留雨水，大大减缓雨水对地面的冲刷，遍地的苔藓和枯枝落叶则像一层厚厚的海绵吸收和储存大量的雨水，使谷底森林变身为大型的"绿色水库"，滋润着这里的生灵万物。

复习思考题

一、名词解释

1. 坡向；2. 坡位；3. 坡度；4. 沟谷宽度；5. 植物先期适应法则。

二、填空题

1. 地形也称______，是指地球表面的__________。

2. 我国陆地地貌的基本类型通常分为_________、_________、_________、______和________5 种类型。

3. 山地按其海拔和相对高度的不同区分为_________、_________、_________、________。

4. 我国东西走向的山脉主要有________、__________、__________、__________等。

5. 根据地形面积范围的大小，可将其划分为__________、__________、__________、__________和__________5 个等级。

6. ________山脉海拔 2000 m 左右，对我国南部地区有良好的屏障作用，成为我国亚热带和暖温带的天然分界线。

7. 山地地形因子有________、________、________、________和________等。

8. 山脉走向对气候的影响较大，对__________和__________的影响尤为显著。

9. 在山地海拔每升高 100 m，平均气温下降__________。在一定范围内，空气湿度和雨量随海拔的升高而__________。

10. __________是山地地形变化最明显，对树木生活影响最大的因素。

11. 达到一定海拔后，由于温度太低，风力太大，而不宜于树木生长，所以高山上存在着树木分布上界，即__________。

12. 由于光照条件的差异，南坡的温度______北坡，湿度____北坡，蒸发量____北坡，同时土壤较北坡__________。因此，南坡的植被多是______、________、______的种类；北坡则多是________、________、______的种类。

13. 根据阿略兴提出的植物先期适应法则，可以认为________是南方树种的北界，________是北方树种的南界。

14. 坡位的变化实际上是________、________、________和________的变化。

15. 凡沟谷的宽度大于深度，两谷坡的坡度较平缓，谷底较宽阔的称为________；而沟谷的宽度小于深度，两谷坡坡度较陡，谷底狭窄的称为________。

三、选择题

1. 在引种造林时，南种北移，栽在南坡上，北种南移栽在(　　)。

A. 南坡　　B. 北坡　　C. 东坡　　D. 西坡

2. 杉木、枫香、马尾松、樟树、棕榈等树种的天然分布只限于秦岭(　　)地区。

A. 以南　　B. 以北　　C. 以东　　D. 以西

3. 湿热的海洋季风能沿着河谷(　　)深入影响我国内陆腹地。

A. 自北而南　　B. 自南而北　　C. 自东而西　　D. 自西而东

4. 通常所说的林线常常(　　)树线。

A. 高于　　B. 低于　　C. 等于　　D. 相当于

四、简答题

1. 我国地形的基本特征是什么？

2. 简述山地地形因子对森林植被的影响。

3. 简述你所在地区的地貌及其森林植被。

单元7 生物与森林

知识架构

- 生物与森林
  - 森林植物之间的关系
    - 森林植物的基本类群及组成
    - 森林植物间相互作用的方式
    - 森林的下木与活地被物
  - 森林与动物的关系
    - 森林动物
    - 森林对动物的影响
    - 动物对森林的影响
  - 调节森林生物间关系的措施
    - 调节森林植物关系的措施
    - 调节森林动物关系的措施

知识目标

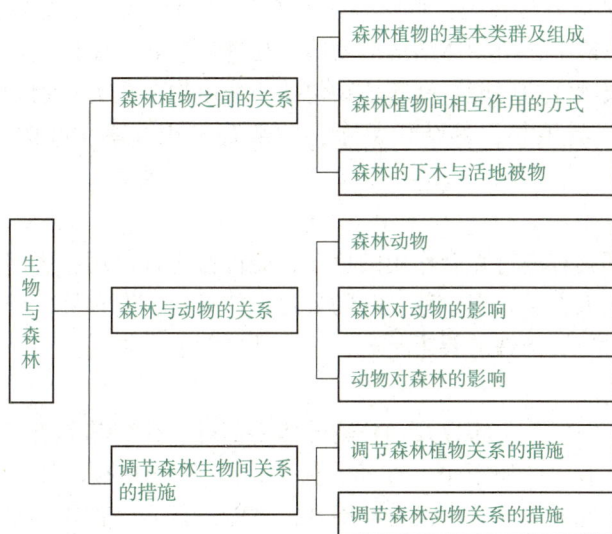

1. 了解植物的基本类群，了解森林动植物的种类。
2. 熟悉森林与植物、动物之间的关系。
3. 掌握森林植物之间的直接关系和间接关系。

技能目标

能利用森林动植物关系制订森林环境生物调控方案。

素质目标

1. 培养学生的辩证思维能力和可持续发展观念。
2. 引导学生尊重自然、顺应自然、保护自然，树立生物多样性保护意识。

7.1 森林植物之间的关系

地球上植物种类繁多，绝大多数植物存在于森林中，不同的森林类型，植物组成不同。在森林中，不同植物所处的层次、地位也不同，森林中林木、下木、活地被物、层外植物之间相互作用、相互影响，形成复杂多样的关系。

7.1.1 森林植物的基本类群及组成

7.1.1.1 森林植物的基本类群

通常把植物界划分为两大类：低等植物和高等植物。低等植物包括藻类、菌类和地衣，是植物界中起源最早、植物体结构最简单、在进化上处于原始地位的一大类植物，它们多半生活在水中或潮湿的环境；高等植物包括苔藓植物、蕨类植物和种子植物，是进化系统上较为高级的一类植物，其结构复杂，一般都有根、茎、叶的分化，绝大多数为陆生。

(1) 藻类植物

藻类植物一般都具有进行光合作用的色素，能进行光合作用，大多为自养生物，其大小和形态结构差异很大，没有根、茎、叶的分化，如海带、发菜等。藻类植物多生活于水中，陆生的较少，对环境条件的要求不高，适应环境的能力很强。

(2) 菌类植物

菌类植物在水、空气、土壤以及动植物的体内都可生存。其形态多种多样，有单细胞的，也有多细胞的。有些体积很小，直径约为 1 μm，必须在显微镜下才能看到。有些体积较大，肉眼可见。绝大多数菌类没有叶绿素，不能进行光合作用，是异养植物，以寄生或腐生的方式，吸收现成的养料来维持生命。有些菌类植物是有益的，如固氮菌，可提高土壤肥力；有些可食用和药用，如平菇、香菇、松茸、黑木耳等都可食用，灵芝、虫草、人参、茯苓等为重要药材；有些可用于生物制药工业，如青霉素、放线菌、酵母、噬菌体等。但是，也有不少真菌会引起植物病害，使林农作物减产，还可引起人畜生病、中毒。

(3) 地衣植物

地衣是藻类和菌类的共生体。真菌菌丝围裹着藻类细胞，通过菌丝体吸收水分和无机盐类，供给藻类生活并保障藻类在环境干燥时不致干死。藻类具有叶绿素，通过光合作用，制造有机养分，供给自身和菌类生长的需要。地衣根据生长状态分为 3 大类：壳状地衣、叶状地衣和枝状地衣。地衣对空气污染非常敏感，当空气中含有极微量的二氧化硫等有害气体时，就会逐渐死亡，可用作大气污染监测指示植物。地衣具有很强的耐旱和耐寒的能力，它能生长在裸露的岩石、树皮和土壤上，能使岩石逐渐风化形成土壤。

(4) 苔藓植物

苔藓植物是高等植物中最原始的陆生类群，是由水生向陆生过渡的类型。大多数苔藓植物需要潮湿的环境，其植物体的结构简单、矮小，是最简单的绿色高等植物。苔藓植物还常常是森林中的地被物，能反映林地的状况和森林特征，苔藓与地衣一样，对岩石的风化和土壤的形成起着先锋作用。

(5) 蕨类植物

蕨类植物具有比苔藓植物更适应陆地生活的特性，一般是陆生，少数为水生。有根、茎、叶的分化，也有维管束结构，担负着水分、无机盐和有机物的输送。蕨类植物的外形与种子植物相似，但它不产生种子，而是以孢子繁殖。蕨类植物是森林植被草本层的重要组成成分。一般有蕨类植物生长的地方环境都比较阴湿。

(6) 种子植物

种子植物是植物界最复杂、最进化、结构更完善、更能适应陆地环境的类群，也是现代地球适应性最强、分布最广、种类最多、经济价值最大的一类。种子植物中有不少种类是我们衣、食、住、行不可缺少的物质资源。其最大的特征是以种子繁殖。根据种子有无果皮包被，种子植物又可分为裸子植物和被子植物 2 类；根据习性，可分为草本植物和木本植物 2 类。草本植物为 1 年生或多年生植物，地面不具宿存的茎。木本植物按习性又可分为乔木、灌木和木质藤本，都是多年生植物，具有发达的次生木质部，是森林组成中的主要部分。

①裸子植物。裸子植物都是木本，且多为高大乔木或灌木，稀为木质藤本。其中大多数是常绿植物，为林业生产上的主要用材树种，也是纤维、树脂、单宁及药用等原料树种。主要特征是，胚珠外面没有心皮包被，因而形成的种子是裸露的。叶多为针形、条形或鳞形(稀为其他形状)，所以这类树木又称为针叶树。裸子植物广布于世界各地，其主要分布在北半球，常形成大面积森林。我国是裸子植物种类最多、资源最丰富的国家，常见的种类有苏铁、银杏、松、杉、柏等。

②被子植物。被子植物是植物界中发展到最高等的类型，是适应陆地生活条件最完善的一类植物。被子植物最显著的特点是，在繁殖过程中产生特有的生殖器官——花，又称有花植物。典型的花由花萼、花冠、雄蕊和雌蕊 4 部分组成。雌蕊由心皮卷合而成，主要特征是胚珠包被在子房内，不裸露。传粉受精后胚珠发育成种子而子房发育成果实。种子包被在果实内，种子有胚乳或无，叶形多宽阔，故这类树木常被称为阔叶树。它们与人类的关系最为密切，大田作物、果树、蔬菜、药材、木材、纤维等绝大部分都来源于被子植物。被子植物根据种子中子叶的数量又可分为双子叶植物和单子叶植物。双子叶植物为乔木、灌木或草本；单子叶植物为草本、灌木，稀为乔木。

7.1.1.2 森林植物组成

森林植物是与森林组成密切相关的植物。不同的森林类型，植物组成不同。森林中的植物根据其所处的地位可以分为林木、下木、幼树、活地被物和层外植物。

(1) 林木

林木是指森林植物中的全部乔木，或称活立木，其构成上层和中层林冠。在森林中，株数、材积、郁闭度最大的和次大的乔木树种分别称为优势树种和亚优势树种。优势树种对群落的形态、外貌、结构及对环境的影响最大，故又称为建群种。株数、材积和郁闭度较小者称为伴生树种。

(2)下木

下木是指森林中的灌木和不能长到乔木层的小乔木。

(3)幼树

幼树是指1年生以上(幼苗除外)尚未达到乔木层高度1/2的幼龄树木。

(4)活地被物

活地被物是指林下生长的小灌木、草本植物、苔藓、地衣和菌类。

(5)层外植物(层间植物)

层外植物是指林内的藤本，附生、寄生、半寄生植物等。它们不能形成单独的植物层，而是分散依附于其他层次之中。

7.1.2 森林植物间相互作用的方式

植物之间的相互关系对共同生长的植物来说，可能对一方或双方有利，也可能对一方或双方有害。这些相互关系有的发生在同种植物之间，有的发生在不同种之间。不论种内还是种间，根据其作用的方式和机制基本上分为2类：直接关系和间接关系。

7.1.2.1 直接关系

直接关系是指植物间通过直接接触来实现的相互关系，在林内常常表现为以下方面。

(1)树冠摩擦和树干挤压

树冠摩擦是森林中树枝受风的影响，而产生相互摩擦、撞击的现象。挤压是指林内相邻树干紧密接触，互相挤压现象。针阔叶混交林中，由于阔叶树枝较长，又具弹性，起风时便对针叶树冠产生摩擦，使针叶、芽和嫩枝受损害。在密度较大并列生长的林木之间，树干的相互挤压，使形成层受伤破裂，在破裂处互相之间又连接愈合，长成一个整体。人们利用这种特性，用它们营造绿篱，可起到良好的隔离作用。树干挤压后的连生现象在同种和不同种林木之间均有发生。

(2)附生

一种植物的个别器官(树干、枝、叶片)成为另一些较小植物的居住地，这种现象称为附生。附生植物是借助于吸根着生在附主植物表面，它们与附主在生理上无任何联系，完全属自养植物。矿物元素主要依靠附主体上的降尘和死的树皮部分解物供给，水分则来源于大气。在温带和寒带林内的附生植物，主要是地衣、苔藓和一些蕨类。在热带森林中，附生植物种类繁多，除地衣、苔藓外，还有藤类和兰科植物。热带雨林里还有一种“绞杀植物”，如桑科榕属中的某些种，当鸟类把种子传播到大枝丫上或树洞处，即萌芽生长，一开始也是靠附生生活的，但其生长速度较慢；一旦其气生根垂直达到土壤，能直接从土壤中吸取水分和养分，则蓬勃生长，稠密的气根网紧紧缠绕在附主树干上，最后可将附生植物绞杀枯死。过多的附生植物标志着森林已经过熟和林内湿度过大。

(3)寄生

一个植物着生在另一个植物的体上或体内，并从其组织中吸取营养和水分的生活方式称为寄生。前者称为寄生物，后者称为寄主。寄生现象广泛存在于自然界，在我国常见的高等寄生植物有菟丝子(寄生在柳、赤杨、杨等树种上)、无根藤、列当、肉苁蓉等。有些寄生植物的叶片中含有叶绿素，能独立进行光合作用制造有机物质，但是要通过寄主吸收水分和矿物质，这种生活的方式称为半寄生，如桑寄生、槲寄生等。

寄生和半寄生植物体内灰分元素的浓度较高，特别是钾、磷、镁的含量高，因而具有较高的渗透压，能从寄主植物的组织中吸收水分和养分，并使寄主植物的生理过程发生变化，主要表现为蒸腾强度的提高，久之则使寄主变得虚弱，常引起死亡。

真菌对高等植物的寄生常造成严重的后果。它们不仅从寄主林木体内汲取营养物质和水分，而且干预寄主的正常生理活动，使其呼吸加速 1~2 倍，降低光合作用 25%~30%，破坏角质层；有时菌丝使气孔不能关闭，加大蒸腾强度或使导管堵塞；或分泌毒素使细胞中毒，造成树木生长不良，材质变劣或腐朽死亡，如白粉病、锈病、腐朽病等。

(4)共生

两种生物在共同的生活中，相安互助、互惠互利，如真菌和藻类是很典型的共生关系实例。藻类的细胞嵌入在菌丝体中，这两种生物结合在一起，成为一个在形态学上和生理学上非常一致的结构单位——地衣。在这个复合体中，藻类是自养植物，能制造有机物质，真菌能从土壤中获取水分。这种互依、互利的关系，也可以用以下事实证明：无论真菌还是藻类都不能单独地抵抗长期的干旱，但很多地衣能忍受严酷的干旱。

在森林中，常见到的共生现象还有真菌与高等植物根部组织相结合的菌根，以及细菌与豆科植物的根系形成的根瘤菌等。

(5)根系连生

林木间根系连生的现象，常发生在密度大的林分中，在同种林木之间，这种现象较常见。其产生原因是在相邻生长的林木根系的接触处，粗生长产生的压力使根系从简单的接触逐渐成为根组织的连接，如油松、云杉、冷杉、山杨、楸树、槭树、桦木、樟树等都发现有根连生现象。这种现象也可发生在相邻树木的枝、干之间。根连生可提高树木的抗风能力，通过互相交换养分、水分，促进林木的生长。但是，也有发育良好的林木通过根连生夺取生长较差林木的养分和水分，从而导致生长较差林木更加衰弱并加速死亡。另外，真菌孢子也能通过连生的根系进行传递，使病害迅速蔓延。

(6)缠绕作用

藤本植物(尤其是木质藤本)具有缠绕和攀缘的茎，以及各种不同的卷须和钩刺，利用林木的树干作为支柱，向上攀缘生长，从而使自己的叶子获得更多的阳光。藤本植物喜温湿的环境条件，温带森林中数量较少，有山葡萄、猕猴桃、五味子、南蛇藤等；热带和亚热带潮湿森林中，藤本植物种类繁多，生长茂盛。有的木质藤径粗 20~30 cm，长度可达 300 m。藤本植物与所攀缘的林木间并无营养关系，纯粹是一种机械的影响。藤本植物有时也会使被缠绕的林木树干变形，削弱林木的同化作用，使生长受到抑制，甚至使被缠绕树木死亡。

7.1.2.2 间接关系

间接关系是指相互分离的个体，通过环境条件相互影响。植物间的间接影响是普遍的，任何植物的存在都会与周围环境发生关系，从而间接影响到其他植物。

(1)竞争

竞争是指植物间围绕着争夺生活所必需的营养物质和能量而发生的相互关系。这种关系如果是发生在不同种类植物之间，就称为种间竞争。如果发生在同种植物之间，就称为种内竞争。这种竞争关系主要发生在营养能量不足的情况下。

植物间的竞争主要表现在争夺阳光、水分和土壤营养物质上。林木对光照的竞争是在树冠间进行的，高大的林木能得到较多的光照，而得不到足够光照的林木，树冠发育较小或者偏冠，逐渐变为生长落后的被压木，甚至最后被压抑死亡。森林中一部分林木逐渐死亡的自然稀疏现象，就是竞争的结果。植物根系在竞争中起非常重要的作用，因为植物间争夺营养和其他物质都是通过根系进行的，处在同一土层的根系，竞争就更为激烈。据试验，桦树林内，林下云杉幼树氮、磷的积累过程要与桦树根竞争，在排除桦树根以后，云杉幼树磷的积累显著增加。据调查，由于桦树根系的竞争，桦树林内生长的挪威云杉和欧洲赤松幼苗受到很大限制。在没有桦树根竞争情况下，欧洲赤松幼苗重11.85 g/株，云杉幼苗重3.65 g/株；有桦树竞争时，欧洲赤松幼苗重仅为2.16 g/株，云杉幼苗1.02 g/株。

植物竞争能力与遗传性、生长发育状况、繁殖方式、繁殖能力、忍受干燥和耐阴的程度等有关。竞争能力非常相似的植物个体间，如茂密的天然更新的实生苗，种群内部竞争最为激烈，因为它们之间的结构、功能和习性都一样。而种间竞争由于种类间的遗传差异性较大，可能会造成某种植物的消亡。假如环境里的营养条件不受限制，能充分满足需要，竞争是不会发生的。

(2)依存关系

森林植物间，除了竞争关系外，还存在着一些植物对另一些植物的生长发育具有有利影响的依存关系。例如，林冠下光照较少的环境，为耐阴的灌木和草本植物生长发育创造了适宜的条件。当上层林木年龄达到成熟阶段后，林冠逐渐疏开，林内光照增加，耐阴的灌木和草本植物由于不适应环境变化而销声匿迹，被喜光植物所代替。

森林植物的层次结构是森林植物间相互依存关系的最好例证。高大的乔木利用上层空间；耐阴的幼树和灌木居于中间；而接近地表处则为耐阴湿的活地被植物占据。它们各得其所，互相依存，不管哪一层植物发生变化，都会影响其他层植物的生长和发育。

(3)生物化学作用

植物间的生物化学作用又称异株克生、他感作用，是指一些植物的根、茎、叶、花、果等能产生某些生物化学物质，并释放到环境中，对其他植物的生长和发育产生抑制或有益作用。如混交林中的橡树根系分泌物对绿白蜡和复叶槭有良好的影响，而白榆则对橡树和绿白蜡产生不利影响。松树根分泌的一种激素可抑制桦树的生长，但桦树根激素却能促进松树的生长。松树不适宜与接骨木在一起，因为接骨木对松树的生长有强烈的抑制作用，甚至落入接骨木林冠下的松子将全部死亡。接骨木根系分泌物对大叶钻天杨的生长也有抑制作用。苹果和梨在果实成熟时，能从果实上游离出气态乙烯散逸到大气中，促进周围植物果实成熟和提前落叶，抑制枝条发育等。

有关材料表明，已发现的生化抑制物质大多属酚化合物和萜烯类(表7-1)。

表 7-1　森林中部分植物产生的生化抑制物质及其受抑制植物

植物类群	植物名称	产生的化学物质种类	受抑制植物种
乔木	糖槭	酚化合物	黄桦幼树
	朴树属	香豆素	禾本科及其他草类
	桉树属	酚化合物	灌木、草本
	胡桃属	胡桃醌	乔木、灌木、草本
	刺柏属	酚化合物	禾本科草类
	悬铃木属	香豆素	草本植物
	野黑樱	生氰糖苷	红花槭
	栎属	香豆素及其他酚化合物	草本
	檫木属	萜	榆属、槭属
灌木	月桂属	酚化合物	黑云杉幼苗
	漆树属	酚化合物	黄杉属
	杜鹃花属	酚化合物	黄杉属
	接骨木属	酚化合物	松属、杨属
草本	紫菀属	酚化合物、萜	糖槭、野黑樱
	一枝黄花	酚化合物、萜	糖槭、野黑樱
	羊茅属	酚化合物	枫香属
	石蕊属	酚化合物	白云杉、班克松

7.1.3　森林的下木与活地被物

森林的下木与活地被物是森林的组成部分，不同的森林具有不同的下木与活地被物，同时，它们也影响森林的形成、生长和发育状况。

7.1.3.1　森林对下木与活地被物的影响

(1) 树种组成对下木与活地被物的影响

首先是树种起重要作用，一般由云杉、冷杉等耐阴树种所组成的森林和常绿阔叶林，其下木和活地被物都是耐阴的，而且树种种类和数量也较少。例如，山西管涔山林区云杉林内活地被物主要是苔藓类植物；在南方常绿阔叶林下，则是莠竹、瑞香、厚皮香及多种藓类等耐阴植物；在松树、落叶松等喜光树种组成的森林中，林下植物多为喜光植物，而且生长繁茂，种类繁多。

(2) 森林郁闭度对下木与活地被物的影响

郁闭度大，林下植物稀少而且生长不良；郁闭度小，则林下植物多而繁茂。例如，四川马尔康的冷杉林，当郁闭度大时，林下多生长耐阴的箭竹、金银木以及苔藓等植物；在郁闭度较小的林分中，则主要分布较耐阴的杜鹃花等下木。

(3)森林发育时期对下木与活地被物的影响

在人工林初期，林地比较干燥，几乎没有下木生长，而喜光的禾本科植物特别多。随着树木年龄的增长，森林环境逐渐形成。这时若任其自然发展就出现了明显的下木层，种类繁多、喜光的活地被物逐渐被耐阴的活地被物所代替。在森林衰老时期，林冠疏开，耐阴的活地被物又逐渐被喜光的活地被物所代替。在不同季节里，林内的环境条件不同，活地被物也有变化，这就是林下植物的季相变化。

由于下木与活地被物和森林环境密切相关，所以在林业生产实践中，常利用下木与活地被物的状况作为判断森林结构特征和林木生长发育状况的重要依据。

7.1.3.2 下木与活地被物对森林的影响

(1)影响土壤肥力

林下植物是土壤有机质的来源之一。植物种类不同，形成的有机质的数量和性质也不同。如多种豆科植物具有根瘤菌、枯落物含有较多的灰分和氮素，对于改良土壤结构、提高土壤肥力有良好的作用。但也有些植物如杜鹃花、越橘等的叶子不易腐烂分解，常形成粗硬的枯落物，使土壤性质变劣。在针叶林内的下木与活地被物，它们的枯落物在分解时能产生丰富的灰分元素，可中和缓冲土壤酸性，这对维持土壤肥力、提高针叶林的生产能力具有重要意义。

(2)影响森林生长环境

下木与活地被物具有保护土壤、减少地表径流、涵养水源和保持水土的功能，从而在维持森林生长环境方面有重要的作用。但活地被物的竞争能力很强，土壤中草本植物根系数量多，会消耗大量的水分和养分。在干旱地区，会因此使土壤表层干燥、养分缺乏，影响林木生长。

(3)影响森林更新

一般根系较深、均匀分布、数量适中的下木，对幼苗、幼树有一定的遮阴庇护作用，对森林更新有利。而根系较浅、侧根发达、丛状或密度过大的下木，对更新不利。过密的活地被物，尤其是过密的禾本科和莎草科杂草，会阻碍林木种子与土壤接触，发生吊根现象，与幼苗幼树争夺水分和营养，给森林的天然更新带来很大困难。

(4)影响林火管理

禾本科、菊科、豆科等杂草和地衣类等能增加火灾的危险性；某些下木和阔叶草类及藓类，尤其是肉质多汁的植物不易燃烧，可以降低火灾的危险性。

(5)影响森林动物和病虫害

下木是益鸟类的食料来源和栖息场所。但有些下木与活地被物是林木病害的中间寄主，如茶藨子、稠李、繁缕上的锈菌，能侵染冷杉、云杉；马先蒿是松孢锈病的中间寄主；在活地被物中也常栖息着危害树木的昆虫和消耗林木种子的啮齿类动物。

总之，森林中林木与各种植物之间关系是错综复杂的，进一步研究和逐步弄清楚它们之间相互关系，采取相应的营林措施，对增进林木生长，提高森林生产力是十分重要的。

7.2 森林与动物的关系

动物是森林的组成部分，同时也是森林的环境条件之一。动物的生存依靠森林和森林环境，同时也直接或间接地影响森林的发育。

7.2.1 森林动物

森林动物是依赖森林生物资源和环境条件取食、栖息、生存和繁衍的动物种群，可分为爬行类、两栖类、兽类、鸟类、昆虫及原生动物等。森林动物，依其食性，可分为草食动物，如野兔、山羊、鹿、大象等；肉食动物，如狼、狐狸、狮子、虎等；杂食动物，如熊、野猪等；腐食动物，如秃鹫、乌鸦等。森林动物的种群数量大，分布范围广，经济价值高，与人类的关系甚为密切。

7.2.2 森林对动物的影响

森林给动物提供了丰富的食料资源，并且是动物栖息、繁衍、隐蔽的场所。树木的种子、果实、嫩芽、叶片等是草食动物和大多数昆虫的食物，而数量庞大的草食动物及昆虫等是肉食动物的食物来源。不同类型的森林，生长着不同种类的动物。松毛虫发生在针叶林中，橡实象鼻虫发生在柞树林内，阔叶林区常栖息着熊、鹿、野猪等，而大熊猫只在西南高山箭竹林中生活。我国南方热带雨林和季雨林分布着灵长类的长臂猿、叶猴、熊猴等。东北东部温带针阔叶混交林则生活着东北虎、梅花鹿、紫貂等。森林植被越复杂，提供栖息条件、保护条件越好，食物来源越充足，动物的种类、数量也越丰富。我国华南地区林内动物比北方地区种类和数量多。据统计，华南地区约有哺乳动物 150 种，繁殖鸟类超过 300 种，东北地区哺乳动物只有 70~85 种，鸟类比较少。

森林的季相变化，能引起动物的迁移。由于不同季节森林中的食物来源和隐蔽条件不同，在一年中动物常进行有规律的流动和迁移。例如，东北林区的偶蹄目动物，在寒冷季节，它们多栖息于混交林内，而夏季则迁移到高山地带的落叶松和桦林中。除了季节性的迁移外，森林的消长如火灾、采伐等改变现存森林环境也能迫使动物发生迁移。

7.2.3 动物对森林的影响

动物对森林的影响是相当复杂的，随着时间、空间和种群个体数量的不同而异。其主要表现在以下几个方面。

(1)动物对森林更新的影响

许多森林植物靠昆虫、鸟类传粉，如刺槐、椴树、紫穗槐等是靠昆虫传粉的。有些植物如芭蕉、木槿、刺桐等常以蜂鸟、太阳鸟传粉。另外有些小爬行动物如蜗牛，哺乳类的蝙蝠、鼠类等对某些植物也有一定的传粉作用。

许多林木的种子和果实是靠动物传播的如大粒种子红松、核桃楸等就是靠一些鸟类和鼠类动物搬运而传播。例如，松鼠、田鼠等除吃食种子外，还在地下贮藏种子，其中被遗忘的就在贮藏处发芽生长。花楸、稠李、山荆子、悬钩子等种子被鸟类啄食后，再排泄出来，得以传播。有些植物的种子或果实带有钩刺和黏液，能被动物携带至他处。有些昆虫、鸟类和鼠类，以林木种子为主要食物，常造成种子减产，严重时颗粒无收，影响到森林的天然有性更新。据调查，每公顷若有400只田鼠，一个冬天要吃掉0.5 t左右的橡实，几乎等于一年的产量。昆虫中的松球果螟、云杉螟、象鼻虫等每年都能给林木种子造成很大损失，使种子减产，严重时颗粒无收。

在苗圃地和直播造林地上，常有鸟类和兽类挖食播下的种子。种子发芽后，地下害虫如蝼蛄、金龟子的幼虫等常咬食幼根，造成缺苗断条，一些鸟类啄食刚出土的子叶和幼芽，鼠类、野兔常啃食幼树皮，这些都会给森林更新造成不利影响。

(2)动物对森林土壤的影响

主要表现为动物对土壤的翻动、搅拌，以及其排泄物增加土壤的有机质。例如，生活在土壤中的蚯蚓，能不停地翻动土壤，改良土壤结构，提高土壤肥力。据调查，在林地每公顷有50万~700万条蚯蚓，每年翻动地面上的土壤达150 t。土壤动物的活动地点在地表及土壤的上层，它们和土壤微生物一起对枯枝落叶、落果、脱落的树枝、枯死木以及动物遗体进行粉碎和分解。例如，蚯蚓取食土壤表层的腐叶，经消化道消化分解，随后作为粪便排出成为粪肥，有利于改善土壤的物理结构和增加土壤的有机质；又如，蚂蚁能疏松森林土壤，使通气良好，在蚁穴周围，有机质积聚，在土壤的形成过程中起重要作用。各种动物的排泄物和尸体也可以有效增加林地土壤肥力。

(3)动物对森林生长发育的影响

动物对森林生长发育的影响很大，林内幼苗、幼树和人工幼林经常会遭受啮齿类、偶蹄目动物的危害。野兔、狍、鹿、山羊经常取食芽苞和幼枝嫩叶，还啃食幼树树皮，对幼苗幼树危害极为严重，使造林成活率大大降低，甚至毁灭；还会使乔木树种长成灌木状的球形冠。熊冬眠复苏后，由于食物缺乏而啃食成年树木的老树皮，吸吮树液，使冷杉等针叶树种受害。野猪用硕大躯体摩擦树干使树皮受伤。鹿在发情期间为脱下上一年的角搓撞树干，致使树皮受到机械损伤。有许多鸟类以植物芽苞、新枝、嫩叶为食，一个正在摄食的松鸡嗉囊里可以找到上千个阔叶树的芽。在一个冬季里，一只鹧鸪就能吃掉累计几百米长的细树枝。松梢螟常蛀食松树软梢，天牛、吉丁虫等则蛀食树干。这些都严重影响了林木的分枝和出叶、生长、发育以及林木的材质。

相应地，森林里也有些动物能消灭林木害虫，对森林起保护作用。寄生蜂、寄生蝇、步甲、瓢虫及蚂蚁等肉食昆虫能消灭大量的害虫，一个大型蚁巢，一天可捕虫2万只，一个夏季捕捉200万只左右。一只二星瓢虫在幼虫期(12~14 d)取食蚜虫63~74只。此外，两栖类的蟾蜍、蛙、爬虫类以及蜘蛛等都能消灭大量森林害虫。

此外，许多鸟类以昆虫为食，也对森林起到一定的保护作用，尤其在喂雏期间，消灭害虫更多。啄木鸟啄食蛀干害虫如天牛、吉丁虫、小蠹虫及其他害虫；杜鹃、灰喜鹊喜吃松毛虫、舞毒蛾等害虫。有些兽类如刺猬能大量捕食金龟子幼虫和蜗牛；许多猛禽、猛兽能捕食大量的兔、鼠，如每只狐狸在一年内能捕食500只鼠，但它们也会吃掉一些有益的昆虫和鸟兽。

7.3 调节森林生物间关系的措施

如何调节好森林生物间关系至关重要，应从调节森林植物关系和森林动物关系两方面考虑，根据具体情况，采取不同的调节措施。

7.3.1 调节森林植物关系的措施

森林类型繁多，植被种类复杂，植物关系多样。调节森林植物关系，要遵循森林生态系统内部的自然生长发育规律，在森林营造、抚育、管理、利用等方面采取切实有力的措施，促进森林植物健康生长发育，扩大森林资源，充分发挥森林的各种功能与多种效益，不断满足国家建设和人民生活对环境保护、生态建设、木材及非木质林产品等多方面的需要。根据不同的森林类型、不同的经营目的，调节森林植物关系的措施主要有以下几方面。

(1)造林时选择混交树种

在林业生产上，营造混交林是提高土地和空间利用率、保护森林、维护地力、促进林木速生丰产的有效方法。混交树种的选择要充分考虑树种的生物学特性和生态习性，如树种的喜光性、耐阴性，根系的深浅性，树种生长速度及树木之间的生物化学作用等。

(2)造林地选择防止连茬

在林业生产实践中，他感作用是造林地选择、森林更新的一个潜在的影响因素。对有的树种，在同一地段上连续栽种了几代同一树种后会造成植物自毒现象。因此，选择造林地时要采取换茬措施，注意树种的更新。

(3)做好林分抚育间伐

在未成熟的林分中，为了给保留木创造良好的生长环境，根据林分发育、自然稀疏规律及森林培养目标，适时适量间伐部分树木，合理清除附生、寄生植物及一些藤本缠绕植物，调整树种组成和林分密度，改善环境条件，促进保留木生长。适当抚育间伐，增加林内透光度，提高土壤温度，促进微生物活动和枯枝落叶的更好分解，林下土壤条件得以改善，并为林下植物生长创造较好条件，有效地提高了森林生物多样性和林分稳定性。

(4)重视林木抚育

通过对林木整枝、摘芽、除萌、除蘖等改善林内通风透光状况及林木生长条件。适当整枝对减少树冠摩擦、挤压，减轻旱灾和防止枯梢起一定作用；修除枯枝、弱枝能降低发生树冠火的危险性，减弱雪压和风害，防止次期害虫及立木腐朽病的发生和蔓延，提高木材的材质和增加树干的圆满度。

(5)重视森林更新

当林木成过熟后，其生长的质和量都会逐渐降低，病虫害加重，各种森林效益也日趋削弱。这时应在符合规定的范围内，伐去老林，培育新林，采取的方式有伐前更新和伐后更新。伐前更新是在林冠下进行更新，要做到采伐完成熟林木后，新一代幼林已经形成。伐后更新是在采伐迹地上进行更新，要做到当年采伐、当年更新，避免迹地杂草、灌木丛生。在选择更新方式时，必须贯彻“以人工更新为主，人工更新与天然更新相结合”的方针。

(6)合理开展林地间作

林地间作是指在林内间种其他植物，充分利用自然条件，使之形成既有利于目的树种生长，更好发挥林分生态效益，又能增加短期收益的复合型植物群落的营林措施，是植物间依存关系在生产上的实际运用。林地间作可以达到以耕代抚(在间作区对间作作物进行中耕、除草、施肥等耕作措施时，对林木进行抚育，达到促进林木生长的效果)、以副促林、一林多用的效果，对促进林木生长和获取短期经济收益具有重要意义。间作物不仅有粮食、蔬菜，还有药材、花卉、牧草、食用菌等。林地间作要注意以林为主，间作物种生物学特性与林木互补。

(7)防止外来物种入侵

外来物种引入不当不仅会对乡土树种产生竞争，还会对入侵领地的生物多样性构成威胁，造成重大的经济损失，甚至改变地貌，威胁人类生存。因此，加强动植物检疫，建立全国性的动态监测网是阻断外来物种入侵的有效途径，同时应建立严格的外来物种准入制度，加强立法，从源头上控制外来物种的入侵，维护生态平衡。

7.3.2 调节森林动物关系的措施

森林动物，有的对森林有益，有的对森林有害，有的益多害少，有的则害多益少。同一种动物在不同的季节，对森林的影响也不同。例如，许多鸟类在育雏期间以食虫为主，对森林有益；而在秋季和冬季则啄食种子、芽、嫩枝、花序，此时对森林害大于益。因此，必须深入了解动物对森林的利害关系，进而采取适宜的营林措施，以促使有益动物的发展，控制有害动物的繁殖和蔓延。调节森林动物关系的措施有以下几方面。

(1)控制林内放牧强度

在林内过度放牧，会因家畜频繁践踏而破坏土壤结构，牲畜反复啃食植株，使林木生长发育受到损害。尤其是幼林地或天然更新的迹地应当严格禁止放牧。

(2)加强林区狩猎管理

在森林内乱捕滥猎野兽，会使森林内生物关系失调，如捕杀鼬(黄鼠狼)、蛇和猫头鹰，就会使鼠类大量繁殖、危害猖獗；林内也会因为失去鸟兽传播种子和花粉，从而影响森林更新。对于益鸟、益兽和国家规定的禁猎对象，应一律禁止捕杀。

(3)重视保护鸟类

通过营造混交林或在林内安设人工巢箱，可以招引多种有益鸟类，以此来控制森林害虫的虫口密度，该项工作已在多地开展，现已收到显著效果。

(4)加强虫害防治工作

森林虫害的化学防治是在虫害大量发生时的一种有效措施。但也存在不足之处，即在消灭害虫的同时，也会杀死害虫天敌。因此，近年来，在林业生产上大力提倡生物防治，利用害虫的天敌开展以虫治虫、以菌治虫、以鸟治虫。例如，利用赤眼蜂防治松毛虫等已在我国各地广泛使用。在森林内使用白僵菌也可以大量消灭某些鳞翅目害虫等。使用苏云金杆菌可使松毛虫、杨扇舟蛾、苹果食心虫等120多种昆虫致病，防治效果80%~90%。

目前国内外已成功地分离和合成了一些昆虫绝育剂、引诱剂、拒食剂、忌避剂等，这些制剂本身不能直接杀死害虫，但如绝育剂可造成害虫绝育，迫使害虫在一定区域内数量减少，以达到控制害虫种群的目的。这些新的防虫制剂，绿色环保，具有广阔的应用前景。

(5)采取营林措施调整林内动物之间的关系

采用营造混交林、合理间伐等措施，能创造出有利于动物生存的生活环境。应特别注意保护和发展益鸟益兽益虫，控制有害动物的增殖，维护森林环境的生态平衡，这有利于培育生态高产的林分。

知识拓展

中国的野生动植物资源现状及重要功能

中国地域辽阔、地貌复杂、河流纵横、湖泊众多、气候多样，为各种生物及生态系统类型的形成与发展提供了优越的自然条件，从而成为世界上生物多样性最为丰富的国家之一。中国的野生动植物资源具有种类丰富、成分复杂、起源古老、特有种多的特点。

1. 中国野生动植物资源现状

《2023年中国生态环境状况公报》显示中国已知物种及种下单元148 674个。其中，动物界69 658个，植物界47 100个，真菌界25 695个，原生动物界2566个，色素界2381个，细菌界469个，病毒805个。列入《国家重点保护野生动物名录》的野生动物有980种和8类，其中国家一级保护野生动物234种和1类、国家二级保护野生动物746种和7类，包括大熊猫、海南长臂猿、普氏原羚、褐马鸡、长江江豚、长江鲟、扬子鳄等中国特有野生动物。列入《国家重点保护野生植物名录》的野生植物有455种和40类，其中国家一级保护野生植物54种和4类，国家二级保护野生植物401种和36类，包括百山祖冷杉、水杉、霍山石斛、云南沉香等中国特有野生植物。

2. 野生动植物资源的重要功能

野生动植物资源是大自然赋予人类的宝贵财富，具有生态、物质资源、遗传基因、文化四大功能，在生态文明建设和国民经济发展中占有十分重要的地位。

(1)生态功能

自然界是一个互相联系、互相依存、不断变化的庞大生态系统。人是自然界中的一员，人类要依靠生态系统的良好运转来维持自身的生存和发展。野生动植物是生态系统的重要组成部分，是生物多样性的具体体现，维护着生态系统的稳定和平衡，保护野生动物就是保护人类的生存环境。野生动植物一旦遭受损害或种群灭绝，必然引起维系生态系统食物链的缺失或断裂，如不及时修复，生态系统就会失去平衡，地球上的一切物种都将难逃厄运，人类当然也不能幸免。

（2）物质资源功能

自人类诞生以来，野生动植物就一直是人类社会发展的重要物质资源。远古时期，人类以野生动植物为食，野生动植物在人类生存发展历史上有着不可替代的作用。现代社会，科技高度发达，转基因、克隆等技术问世，维持生命的物质空前丰富，但人类的生活也离不开对野生动植物资源的合理开发和利用，如今野生动植物资源仍然是人类的重要资源，是生产生活的重要物质基础。

（3）遗传基因功能

野生动植物物种多样性和基因资源十分丰富，是进一步培育、扩大种质资源，保障国民经济发展的重要物质基础。当今食用的家畜、家禽、家鱼、大米、小麦等均来自对野生动植物的引种驯化、繁育和栽培，今后驯化新动物，培育新优作物品种也要依赖野生动植物的种源。如果野生动植物绝灭了，现有的养殖动物和栽植植物就可能因品种退化、疫情袭击等影响而又无新替代品种接续最终导致丧失。据联合国粮食及农业组织资料，全球家禽品种正以每周 2 种的速度消亡，迄今已有 1300 余种濒临灭绝。

（4）文化功能

种类繁多、千姿百态的野生动植物世界是天然的科学文化宝库。许多野生动植物以其久远的自然历史、独有的特性和功能成为生物学、生态学、人类学、史学、医学、仿生学等的重要研究本体，对相关学科的研究开发具有不可替代的作用，它们还使自然界变得绚丽多彩、生机勃勃，给人以无限愉快和美的享受，是美术、文学、诗歌、音乐、舞蹈等艺术创作的源泉，极大地丰富了人类的精神生活。此外，以野生动植物和森林景观为载体的生态旅游文化、公园文化等也方兴未艾。

综上，加强野生动植物资源保护，大力培育、发展和合理利用野生动植物资源，保存野生动植物物种及其生存环境，保护生物多样性，提升生态产品的供给能力，维持生态平衡，服务人民，走可持续发展的道路，具有重要的战略意义。

复习思考题

一、名词解释

1. 下木；2. 寄生；3. 附生；4. 竞争；5. 生物化学作用（异株克生）。

二、填空题

1. ________对空气污染非常敏感，当空气中含有极微量的二氧化硫等有害气体时，就会逐渐死亡，可用作大气污染监测指示植物。

2. ______植物的叶多为针形、条形或鳞形（稀为其他形状），所以这类树木又称为针叶树。

3. 森林中的植物根据其所处的地位可以分成______、______、幼树、__________和层外植物。

4. ________是指森林植物中的全部乔木，或称立木。

5. 优势树种对群落的形态、外貌、结构及对环境的影响最大，故又称__________。

6. ________是指森林中的灌木和不能长到乔木层的小乔木树种。

7. 森林植物间的直接关系主要有________、________、________、________、________、________。

8. 附生植物借助于吸根着生在附主植物表面，它们与附主在________无任何联系，完全属自养植物。

9. 森林给动物提供了丰富的________资源，并且是动物栖息、繁衍、隐蔽的场所。

三、选择题

1. (　　)是植物界中发展到最高等的类型，是适应陆地生活条件最完善的一类植物。

A. 被子植物　　B. 菌类植物　　C. 蕨类植物　　D. 苔藓植物

2. (　　)多半生活在水中或潮湿的环境。

A. 低等植物　　B. 被子植物　　C. 裸子植物　　D. 不确定

3. (　　)是高等植物中最原始的陆生类群，是由水生向陆生过渡的类型。

A. 低等植物　　B. 被子植物　　C. 苔藓植物　　D. 蕨类植物

4. 过多的附生植物标志着森林已经过熟和林内湿度(　　)。

A. 过小　　B. 过大　　C. 中等　　D. 不确定

5. 森林植物的层次结构，是森林植物间(　　)的最好例证。

A. 共生　　B. 附生　　C. 寄生　　D. 相互依存关系

四、简答题

1. 森林植物间的直接关系主要有哪些？
2. 森林对下木与活地被物有哪些影响？
3. 下木与活地被物对森林有哪些影响？
4. 森林对动物有何影响？
5. 动物对森林有哪些主要影响？

五、论述题

结合本地实例，阐述应用哪些措施可以调节森林生物间的关系。

单元8 土壤与森林

知识架构

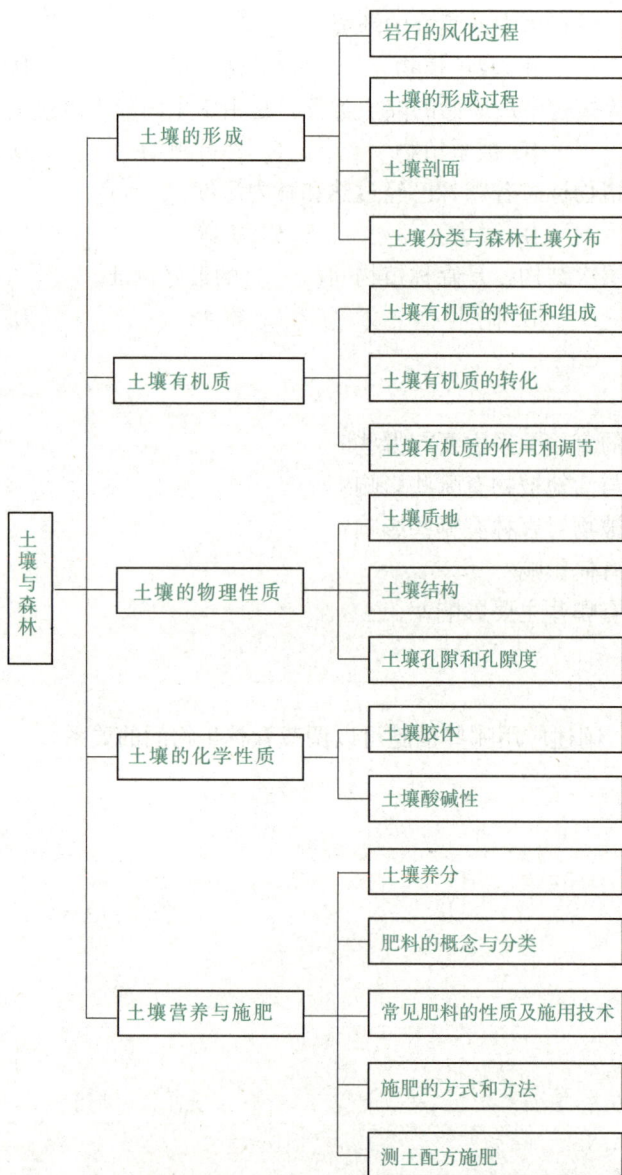

- 土壤与森林
  - 土壤的形成
    - 岩石的风化过程
    - 土壤的形成过程
    - 土壤剖面
    - 土壤分类与森林土壤分布
  - 土壤有机质
    - 土壤有机质的特征和组成
    - 土壤有机质的转化
    - 土壤有机质的作用和调节
  - 土壤的物理性质
    - 土壤质地
    - 土壤结构
    - 土壤孔隙和孔隙度
  - 土壤的化学性质
    - 土壤胶体
    - 土壤酸碱性
  - 土壤营养与施肥
    - 土壤养分
    - 肥料的概念与分类
    - 常见肥料的性质及施用技术
    - 施肥的方式和方法
    - 测土配方施肥

知识目标

1. 了解土壤的形成过程。
2. 熟悉土壤有机质的来源和作用。
3. 熟悉土壤的物理性质对树木生长发育的影响。
4. 掌握树木对土壤化学性质适应的生态类型。
5. 掌握土壤肥料的分类及性质和施用。

技能目标

1. 会观察记录土壤剖面，采集处理样品。
2. 会测定土壤有机质含量。
3. 会测定土壤质地、土壤密度。
4. 会测定土壤酸碱度。
5. 会测定土壤速效养分。

素质目标

1. 树立社会主义生态文明观，深刻理解绿水青山就是金山银山理念、人与自然和谐共生理念。

2. 形成良好的职业道德和职业素养，具备诚实守信、吃苦耐劳、敬业奉献、踏实肯干、精益求精的工匠精神。

3. 培养学生的创新精神、创业素养和创造能力，并具有一定的语言表达、沟通交往、团队协作能力。

8.1 土壤的形成

土壤是覆盖在地球陆地表面上能够生长植物的疏松层。土壤之所以能够生长植物是由于其具有肥力，即土壤具有为植物生长不断供应和协调养分、水分、空气和热量的能力。这种能力是由土壤的物理、化学、生物过程引起的，因此也是土壤的物理、化学、生物性质的综合反映。肥力是土壤的最基本属性。

从坚硬大块的岩石到疏松而具有肥力的土壤，要经过漫长而复杂的变化过程，可概括为岩石的风化过程和土壤的形成过程，这两个过程同时进行，相辅相成。

8.1.1 岩石的风化过程

8.1.1.1 岩石的分类

岩石是由一种或几种矿物组合而成的自然集合体。它是构成地壳的物质，是形成土壤的基本物质。自然界的岩石种类很多，按其成因可分为岩浆岩、沉积岩和变质岩3大类。

(1)岩浆岩

由地壳深处熔融的岩浆受地质作用的影响上升、冷却凝固而成的岩石称为岩浆岩。岩浆上升喷出地表凝固而成的称为喷出岩，如流纹岩、粗面岩和玄武岩等。岩浆上升，但未穿透地壳，而在某一深度凝固而成的称为侵入岩。侵入岩又分为两种，在地壳深处凝固而成的称为深成岩，如花岗岩、正长岩等。在接近地表处凝固而成的称为浅成岩，如辉长岩等。

(2)沉积岩

由各种先成岩经风化、搬运、沉积、压实、胶结、硬化而成或由生物遗体堆积而成的岩石称为沉积岩，如砾岩、砂岩、页岩、石灰岩等(表8-1)。其共同特征是具碎屑状组织、成分较复杂、有层次，有时含有生物化石。

表8-1 沉积岩的结构和分类

颗粒直径/mm	结构	岩石
>2.0	砾状结构	砾岩
2.0~1.0	粗粒状结构	砂岩
1.0~0.25	中粒状结构	
0.25~0.1	细粒状结构	
0.1~0.01	粉粒状结构	粉砂岩
<0.01	泥质结构	页岩

(3)变质岩

由原本存在的岩石在新的地壳变动或岩浆活动所产生的高温、高压条件下，岩石中的矿物重新结晶、重新排列甚至改变某些化学成分，并改变岩石的结构和构造而形成的新的岩石，称为变质岩。主要的变质岩有片麻岩、石英岩、板岩、千枚岩、结晶片岩、大理岩等。

8.1.1.2 岩石风化的概念及其类型

岩石风化是指在自然因素和内在因素的共同作用下，促使岩石破碎分解，并最终改变其成分和性质的过程。按其作用因素和风化特点，可分为物理风化、化学风化和生物风化3大类作用。

(1)物理风化作用

物理风化作用是指外力作用使岩石崩解破碎，但不改变其成分和性质的过程。

①温度作用。由于岩石是热的不良导体，在四季和昼夜气温变化的影响下，表层和内部胀缩变化不协调，致使岩石发生破碎。

②冰劈作用。岩石裂缝中的水结冰时体积增大，对周围岩石产生巨大压力，使岩石崩裂破碎。

③磨蚀作用。水流、大风挟带砂石对岩石产生的强烈撞击摩擦以及冰川移动带来的深刻磨蚀，都会加速岩石的崩解破碎。

(2)化学风化作用

化学风化作用是指岩石在水、二氧化碳、氧气以及各种酸等因素的作用下发生化学变化，产生新物质的过程。化学风化作用体现在以下几个方面。

①溶解作用。岩石中的矿物或多或少均可溶于水，如石灰岩遇到含有二氧化碳的水而溶解。

②水化作用。矿物与水化合称为水化，水化后体积增大，使岩石松弛破碎。例如，赤铁矿遇水变成褐铁矿。

③水解作用。水分子解离产生 H^+ 和 OH^-，H^+ 可在铝硅酸盐矿物中部分取代盐基离子，产生可溶性盐类。

④氧化作用。在氧的作用下，岩石中的很多矿物都能被氧化而生成新的矿物。例如，黄铁矿在湿润条件下发生氧化作用。

(3)生物风化作用

生物风化作用是指动植物和微生物的生命活动引起岩石破碎和化学分解的作用。主要有生物的机械破坏和生物的化学分解两种。

在自然界中，两种风化作用类型不是单独进行的，而是相互联系、相互促进，只是在不同环境条件下，各种因素作用的强度不同。

8.1.1.3 成土母质的特性和类型

在自然条件下，岩石经风化破碎成疏松的堆积物，称为母质。它的成分、性质影响着土壤的肥力，是土壤形成的物质基础。

(1)成土母质的特性

成土母质具有透气、透水的特性，使封闭在矿物岩石中的养分释放出来，具有了植物生长所需的部分营养元素。其形成的细小黏粒具有微弱的保蓄养分的能力；但成土母质的水、气、养分、热量还不能协调，不具有完整的肥力。

(2)成土母质的类型

①原积母质。风化的母质残留在原地的，称为原积母质，多分布于山区的平缓高地。特点是颗粒较粗，具棱角，表层与原有岩石差别大，下层接近岩石的特性，上层细，下层粗糙。

②坡积母质。山坡上部的碎屑物质，经水或融雪的冲积，搬运到山坡中、下部平缓地区沉积而成的母质。坡积母质分选性差，通气性好，养分含量丰富。

③洪积母质。山洪沿山坡下泄时，夹带搬运大量的泥沙石砾在山前平缓地区沉积而成的母质。由于地势减缓，流速降低，风化物沉积形成洪积扇。洪积物分选性差，高处含较多的砾石和粗砂，下部和洪积扇边缘，质地较细。

④冲积母质。风化的碎屑经河流流水的侵蚀和搬运而沉积形成冲积母质。冲积物形成的土壤，矿物成分复杂，养分丰富。

⑤湖积母质。由于湖水泛滥，沉积而成的母质，称为湖积母质。湖积物质地黏重，富含有机物，形成的土壤肥力较高。

⑥海积母质。属于近海沉积物，是由于海岸上升、海退或江河入海，回流沉积露出海

面而形成的。特点是粗细不一，含大量的盐分。

⑦风积母质。它是由于风的搬运，沉积而成的母质。其特点是分选性好，颗粒粗细均匀，层次厚而明显，但水分、养分贫乏，形成的土壤肥力低。

⑧黄土及黄土沉积物。多属于第四纪的一种特殊沉积物。一般是在气候干旱或半干旱，季节变化明显的条件下形成的。黄土母质为淡黄色或暗黄色，质地细而均匀，疏松多孔，通透性好。黄土沉积物是黄土经流水侵蚀、搬运后再沉积而形成的，其特征与黄土母质基本相似。

⑨红土母质。为第四纪沉积物，它是在潮湿炎热的自然条件下，各种堆积物进一步强烈风化的产物。它的特点是层次深厚，是富含铁、铝质的红色黏土，质地黏重，物理性质不良，不易透水透气，呈现出酸性至强酸性反应。

⑩冰碛母质。冰川移动时携带的大量沙石，当冰川消失后沉积下来，即成冰碛母质。特点是颗粒粗细不一，无选择性与成层性。

8.1.2 土壤的形成过程

8.1.2.1 成土过程的实质

岩石风化形成母质，母质再经过成土过程才能形成土壤。土壤的形成过程是肥力产生和发展的过程，其实质是植物营养物质的地质大循环与生物小循环的矛盾和统一。

母质在多种因素的综合作用下，其内部进行以有机物质合成与分解为主体的物质和能量的迁移和转化的过程，使土壤肥力得到不断发展。由于自然环境条件的不同和各成土因素作用强度的差异，形成了多种多样的土壤类型。

8.1.2.2 成土因素

(1)母质

母质是土壤形成的物质基础，是植物营养元素的来源。母质的成分和性质均会影响土壤的形成。母质是构成土壤的骨架，也是植物营养物质的最初来源。在花岗岩母质上发育的土壤，砂黏比例适中，物理性质较好，钾素含量较高。成土时间越久，土壤中的部分性质与原本母质的性质差异也越大。但母质中也有些原有的性质会长期保留下来，而不会完全消失。

(2)生物

生物是土壤形成的动力，在土壤的形成过程中起主导作用。庞大的植物群落吸收并集中养分，加速了营养物质的循环。根系及土壤微生物能改善土壤的理化性质，促进土壤的形成和发展。特别是土壤微生物的活动，能将有机物分解合成腐殖质，从而改善土壤的肥力。

(3)气候

影响土壤形成最重要的气候因子是热量和降水。我国南方地区高温多雨，岩石风化强烈，矿物质除石英外大部分彻底分解。土壤有机质分解彻底，盐基被淋溶，土壤呈酸性至强酸性。而西北地区，干旱少雨，表层盐分积累。

(4) 地形

地形是地表高低起伏的各种状态。它对土壤形成的影响主要是影响水分和热量的再分配。随着海拔升高，温度降低，气压减小，光照、温度等发生了相应的变化。不同坡向和坡度均影响土壤的发育、热量的分布、水分流失的快慢。

(5) 时间

任何土壤的形成均需要一定的时间来完成。随着时间的延长，土壤的形成程度不断加深。时间是土壤形成的强度因素。

除上述自然因素外，人类利用自然和改造自然能力的不断增强，对土壤的形成也有很大的影响。人类的利用和破坏，使土壤的成分和成熟的速度也发生了改变。

8.1.3 土壤剖面

8.1.3.1 土壤剖面的概念

土壤剖面是指从地表垂直向下挖至母质层所呈现的垂直切面。在土壤中，各种物质都以一定的形态存在着。因此，可通过土壤剖面来了解土壤的各种形态特征及土壤的形成过程和发展方向。

发育完全且未经翻动的土壤在剖面中常出现一些层次，称为土壤发育层次。土壤剖面中各个发育层次都有其一定的形态特征，这些特征是土壤内在性质的外在表现，是土壤发育的结果，是研究土壤性质、认识和区别土壤类型的一个重要依据。土壤发育层次中需要鉴别的内容主要有土壤颜色、质地、结构、松紧度、新生体、侵入体等。

8.1.3.2 自然土壤剖面的形态分析

发育完整的典型自然土壤，其剖面层次从上到下依次为凋落物层、腐殖质层、淋溶层、淀积层、母质层、母岩层(图 8-1)。

①*凋落物层* O。由每年大量的枯枝落叶积聚而成，又称枯枝落叶层。其上部还未分解，下部已有少量分解。

②*泥炭层* H。在长期水分饱和的条件下，湿生性植物残体在表面累积，是泥炭形成过程中形成的发生层。

③*腐殖质层* A。该层位于土体的表层，受根系集中和凋落物影响，腐殖质含量高、土色较暗、结构良好、养分丰富、肥力很高，上部颜色深，下部颜色较浅，并开始有可溶性物质的淋溶作用。

④*淋溶层* E。主要由降水淋溶作用形成，可溶性盐与微细土粒移入下层土体，该层与腐殖质层的区别是有机质含量低，颜色浅。

在森林植被下的土壤，受土壤腐殖酸的作用，淋溶层比较明显。例如，寒冷、湿润针叶林的灰化层即为典型的淋溶层，而在干旱条件下，淋溶层不明显。

⑤*淀积层* B。承受淋溶层淋溶下的物质淀积而成的层次。其特点是土层紧实，通透性差，养分丰富，且保水保肥。

土层名称	传统代号	国际代号
凋落物层	A_0	O
泥炭层		H
腐殖质层	A_1	A
淋溶层	A_2	E
淀积层	B	B
母质层	C	C
母岩层	D	R

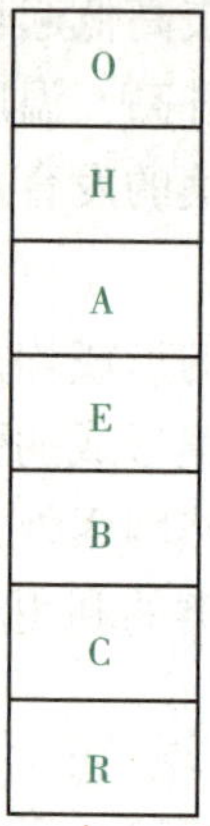

图 8-1 典型自然土壤剖面示意

⑥*母质层* C。没有受到成土作用的母质。

⑦*母岩层* R。没有风化的岩石。

以上是典型的自然土壤剖面所具有的层次。在具体的土壤剖面中，由于自然条件和发育程度的差异，有些土壤往往只具有其中的某些层次。例如，弱度发育的土壤只有 A、C 层；中度发育的土壤有 A、E、B、C 层，但 B 层薄；强度发育的土壤，才有明显的 B 层。受冲刷侵蚀的土壤没有 A 层或 AE 层。在地势低洼的土壤中常会出现一些特殊的层次，如潜育层 G 等。兼有两种主要发生层特性的土层，称为过渡层，用两个大写字母共同表示，如 AB 层、BC 层等。

8.1.4 土壤分类与森林土壤分布

8.1.4.1 土壤分类

(1) 土壤分类的原则

①*统一性原则*。自然土壤和农业土壤有着发生上的联系，在进行土壤分类时，应把两者纳入一个分类系统。

②*发生学原则*。土壤的形成是一个系统的发育过程，它是在多种自然条件下形成的，并随自然条件的变化而不断发展，新旧成土过程的交替，主导和附加成土过程的交替，便产生了既有联系又有区别的土壤类型。

③*肥力特征原则*。土壤是客观存在的自然体，肥力是土壤的本质特征，在土壤发生发展的过程中生物是主导因素，在生物的作用下产生并发展了土壤肥力。

(2) 土壤分类的依据

①*土壤剖面的各层形态*。土壤剖面各层的形态是成土过程与成土因素的综合反映，在各级分类单元中依据的形态应有所不同。

②*土壤剖面的理化性质*。土壤质地、土壤结构、pH、石灰反应、化学组成、交换性

能、腐殖质含量及组成等在分类中应占一定的地位。

③土壤的成土因素特征。剖面形态和理化性质相似的土壤，若成土因素不同，就不一定属于同一类土壤。例如，分布在海滨(湿润)和内陆(干旱)地区的盐土形态、理化性质相似，但它们所含盐分种类、数量及季节变化不同，其利用改良方向也会不同。

④天然植被和林木生长状况。天然植被和林木生长状况是土壤性质及肥力的具体表现，不同的天然植被下一般具有不同类型的土壤。林分的建群树种，如松、云杉、冷杉也常与一定的土壤类型相联系。

(3)我国现行的土壤分类系统

我国现行的土壤分类系统是根据 1988 年第二次全国土壤普查汇总表制订，分土纲、亚纲、土类、亚类、土属、土种和变种，即 7 级分类制。前 4 级为高级分类单元，以土类为主；后 3 级为基层分类单元，以土种为主。

①土纲。最高级的分类单元，根据成土过程的共同特点及反映到土壤性质的共同特性来划分。

②亚纲。土纲的辅助级别，主要根据控制现代成土过程的主导因素，或在土纲内根据突出性质进行划分，可反映土壤性质的较大差异。

③土类。土壤高级分类级别的基本单元，它是在一定的生物、气候、水文、地形等区域因素及人为因素等条件下形成的，具有一定的成土过程和剖面特征。同一土类存在的问题和利用改良方向基本一致，不同土类间有本质的区别。

④亚类。土类以下的细分单元，也是划分土类的辅助单元。具有主要成土过程以外的附加成土过程及相应特征。同一亚类的存在问题和利用改良方面更趋一致。

⑤土属。亚类的续分单元，根据区域性因素划分。受土壤颗粒沉积状况、母质类型、水文、侵蚀情况、人为活动影响。

⑥土种。土壤分类的基层单元。处于一定的景观部位，是土壤剖面形态特征在数量上基本一致，土体结构基本相同，自然属性与生产性能一致，而且各种性质相对稳定的一组土壤实体。主要根据土壤发育程度、土层厚度、腐殖层厚度划分，土种间只有量的差异，而无质的区别。

⑦变种。变种是土种的续分单元，反映土种范围内的局部变化。根据表层土壤质地、土壤层次、有机质含量、土壤肥力等划分。

各级分类单元除了以上发生学上的相互关系，还具有各自为生产服务的明确目的。高级分类单元广泛反映了对土壤的合理利用、土壤改良和生产发展方向。基层分类单元是为土壤利用改良和提高土壤肥力的具体措施服务的，其中土属则介于土类和土种之间。

(4)土型

由于林业生产对土壤有着特殊的要求，其分类方法除了和上述分类系统基本一致外，还应适应林业生产的特点。目前，林地土壤多采用土纲、亚纲、土类、亚类、土型 5 级土壤分类系统。

土型是亚类范围内按土壤的地方性特点划分的。划分的依据是山地和平地土壤的同一亚类中对森林生产力有决定性影响的坡度、土层厚度、腐殖层厚度、腐殖质含量、侵蚀程度、土壤质地等。

(5) 土壤命名

林业土壤命名一般采用连续命名结合分段命名的方法，即用一个短句，把几个分类单位都概括进去，把土壤形成过程、主要特征与属性等都反映出来。为简单明了，一般采取分段命名以确定利用与改良方向(图 8-2)。

分类命名应尽可能反映其成土过程、基本特征，如沼泽化、盐化、碱化等；也有按土型命名，如厚腐殖质草甸暗棕壤、阳坡典型暗棕壤等。

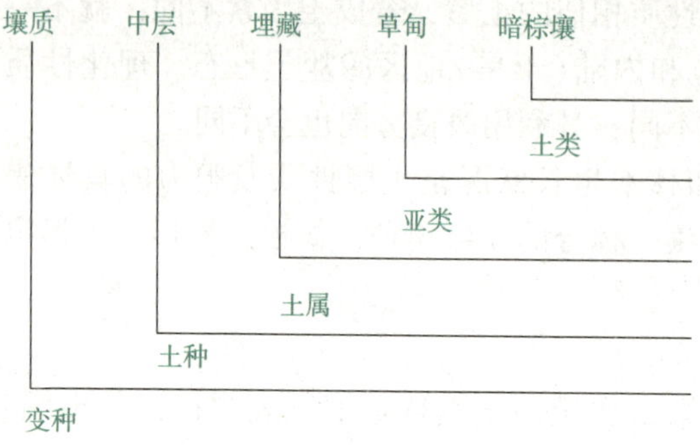

图 8-2　土壤命名图解

8.1.4.2　森林土壤分布规律

土壤是在母质、生物、气候、地形等成土因素的综合作用下形成的，这些成土因素具有一定的地理分布规律性，使土壤在陆地表面呈带状分布。土壤在空间上与生物和气候条件的变化相适应而呈带状分布的现象，称为土壤的地带性规律，可分为水平地带性和垂直地带性。

(1) 土壤的水平地带性

土壤的水平分布主要受纬度地带性和经度地带性所控制。

①土壤纬度地带性。土壤沿纬度地带分布的规律性。纬度地带性是由于不同纬度上热量的差异，引起的温度、降水等气象要素沿纬度呈规律性变化，并与此相应地引起生物、土壤呈带状分布。我国东南部自北向南森林土壤更替顺序依次为棕色针叶林土、暗棕壤、棕壤、黄棕壤、红壤和黄壤、赤红壤、砖红壤。

②土壤经度地带性。土壤沿经度分布的地带性。这种变化主要与距离海洋的远近有关。在同一纬度水平地带内，由于经度不同，土壤所处海陆位置的差异引起土壤分布的差异。我国温带内陆地区，从东至西依次出现黑钙土、栗钙土、棕钙土、灰钙土、荒漠土。

(2) 土壤的垂直地带性

土壤的垂直地带性，是指山区的土壤随着海拔的变化而呈有规律更替的现象。随着海拔升高气温降低，山坡上的气候与植被类型出现与当地水平地带性北移一样的变化现象，因此，同一水平地带内的山区，由低海拔到高海拔也会出现一系列类似地带性的土类。以张广才岭为例，土壤垂直分布状况如图 8-3 所示。

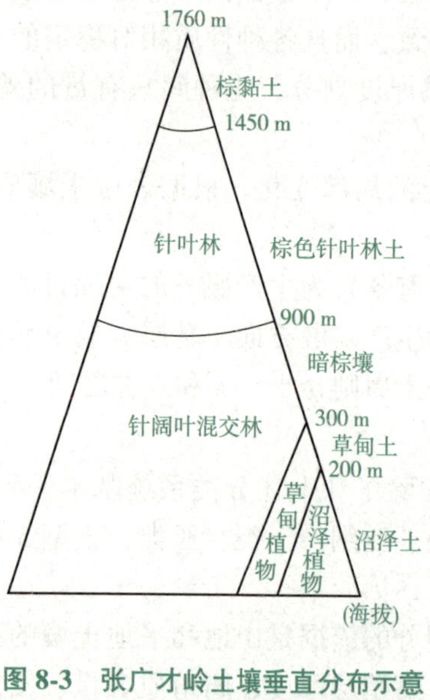

图 8-3　张广才岭土壤垂直分布示意

我国主要山地土壤垂直带谱见表 8-2。

表 8-2 我国主要山地土壤垂直带谱 m

地带	地区	土壤垂直带谱
热带	湿润地区	<400 砖红壤 $\underline{\ 400\ }$ 山地砖红壤 $\underline{\ 800\ }$ 山地黄壤 $\underline{\ 1200\ }$ 山地黄棕壤 $\underline{\ 1600\ }$ 山地灌丛草甸土 1879（海南五指山东北坡）
	半干旱地区	燥红土—山地褐红壤—山地红壤—山地黄壤—山地黄棕壤—山地草甸土 1879（海南五指山西南坡）
南亚热带	湿润地区	100 赤红壤 $\underline{\ 800\ }$ 山地黄壤 $\underline{\ 1500\ }$ 山地黄棕壤 $\underline{\ 2300\ }$ 山地棕壤 $\underline{\ 2800\ }$ 山地草甸土（台湾玉山西坡）
	半湿润地区	<300 赤红壤 $\underline{\ 300\ }$ 山地赤红壤 $\underline{\ 700\ }$ 山地黄壤 1300（广西十万大山，马耳夹南坡）
	半干旱地区	500 燥红土 $\underline{\ 1000\ }$ 赤红壤 $\underline{\ 1600\ }$ 山地红壤 $\underline{\ 1900\ }$ 山地黄壤 $\underline{\ 2600\ }$ 山地黄棕壤 $\underline{\ 3000\ }$ 山地灌丛草甸土 3054（云南哀牢山）
中亚热带	湿润地区	<700 红壤 $\underline{\ 700\ }$ 山地黄壤 $\underline{\ 1400\ }$ 山地棕壤 $\underline{\ 1800\ }$ 山地矮林灌丛土 2120（江西武夷山西北坡）
	半湿润地区	褐红壤—山地红壤—山地棕壤—山地暗棕壤—高山漂灰土—高山草甸土—高山冰雪（四川木金山）
	半干旱地区	燥红土—山地褐红壤—山地红壤—山地棕壤—山地暗棕壤—高山草甸土（四川鲁南山）
北亚热带	湿润地区	<750 黄棕壤 $\underline{\ 750\ }$ 山地棕壤 $\underline{\ 1350\ }$ 山地暗棕壤 1450（安徽大别山）
	半湿润地区	600 山地黄褐土 $\underline{\ 1100\ }$ 山地黄棕壤 $\underline{\ 2300\ }$ 山地棕壤和山地草甸土 2570（大巴山北坡）
	半干旱地区	灰褐土—山地褐土—山地棕壤—山地暗棕壤—高山草甸土（松潘草原）
暖温带	湿润地区	<50 棕壤 $\underline{\ 50\ }$ 山地棕壤 $\underline{\ 800\ }$ 山地暗棕壤 1100（辽宁千山山脉）
	半湿润地区	<600 褐土 $\underline{\ 800\ }$ 山地淋溶褐土 $\underline{\ 900\ }$ 山地棕壤 $\underline{\ 1000\ }$ 山地暗棕壤 $\underline{\ 2000\ }$ 山地草甸土 2050（河北雾灵山）
	半干旱地区	1000 黑垆土—山地栗钙土—山地褐土—山地草甸草原土 2500（甘肃云雾山）
	干旱地区	2600 山地棕漠土 $\underline{\ 3500\ }$ 山地棕钙土 $\underline{\ 4200\ }$ 高山嘎土 $\underline{\ 4500\ }$ 高山漠土 5200（昆仑山中段）
温带	湿润地区	<800 白浆土 $\underline{\ 800\ }$ 山地暗棕壤 $\underline{\ 1200\ }$ 山地漂灰土 $\underline{\ 1900\ }$ 山地寒漠土 2170（长白山北坡）
	半湿润地区	<1300 黑钙土 $\underline{\ 1300\ }$ 山地暗棕壤 $\underline{\ 1900\ }$ 山地草甸土 2000（大兴安岭黄岗山）
	半干旱地区	<1200 栗钙土 $\underline{\ 1200\ }$ 山地栗钙土 $\underline{\ 1700\ }$ 山地黑钙土 2200（阳木马乌拉山北坡）
	干旱地区	<800 山地栗钙土 $\underline{\ 1200\ }$ 山地黑钙土 $\underline{\ 1800\ }$ 山地灰黑土 $\underline{\ 2400\ }$ 山地寒漠土 3300（阿尔泰山、布尔津山区）
寒温带	湿润地区	<500 黑土 $\underline{\ 500\ }$ 山地暗棕壤 $\underline{\ 1200\ }$ 山地漂灰土 1700（大兴安岭北坡）

注：引自《中国土壤》。

实践技能7　土壤剖面观察与样品采集处理

一、目标

掌握观察土壤剖面的方法；了解当地土壤类型的剖面形态及其与成土因素的关系；掌握不同测定方式土壤样品的采集方法和分析样品的处理方法。

二、场所

实验林场、校区附近。

三、形式

以小组为单位，在教师的指导下进行现场操作和观察。

四、材料与用具

锄头、土铲、土刀、土钻(管形、普通形)、土袋、标签、土壤剖面形态记载表、10%盐酸、pH 混合指示剂、白瓷比色盘、小刀、尺子、木板、木棒、台秤、镊子、研钵、广口瓶、土壤筛(孔径 2 mm、1 mm、0.25 mm)。

五、内容与方法

1. 土壤剖面观察

（1）土壤剖面地点的选择和土壤剖面的挖掘

为了准确地反映出某类土壤的特征，选择地点应在地形、植被、母质等成土因素较为一致的地段设置剖面观察点，使观察点具有代表性。应避免在田边、路边、沟旁、肥堆或土层翻动过的地块挖掘。挖掘的土坑一般宽 0.8 m、长 2 m、深 1~1.5 m(或到母质层为止)。挖出的土堆在土坑两侧。正面上方不得堆土和站立，保持土壤观察面的自然状态。观察采样之后，应回填土坑。

（2）土壤剖面发育层次的划分

剖面修好后，根据土壤的颜色、结构、质地、松紧度、新生体等形态特征观察土壤剖面，由上而下划分土层。自然土壤的剖面构造如图 8-1 所示。

（3）剖面发生层次形态的观察记载(表 8-3)

①厚度。用连续记载法记载每个发育层次的厚度。例如，A：0~5 cm；B：5~20 cm 等。

②颜色。先确定主色和次色，命名时先次色后主色。例如，某土层以棕色为主黄色为次，即为黄棕色。

③质地。在野外用手测法简单地测定土壤质地。土壤质地分为砂土、砂壤土、轻壤土、中壤土、重壤土和黏土。

④结构。在各层分别掘出较大土块，于1 m高处自然落下，然后观察其结构体的外形、大小、硬度、颜色，并确定其结构名称。可分为粒状、团粒状、核状、块状、柱状、片状等。

⑤干湿度。在野外用手感测定。可分为干、润、潮、湿、极湿 5 级。

干：土体碎后不能捏成块，用嘴可吹尘土。

润：用手能捏成团，吹不起灰尘。

潮：手捏土样，手上留有湿的印痕，土样放在纸上，有湿斑。

湿：手握土块能使手湿润，但无水流出。

极湿：手握土块有水流出。

⑥松紧度。可分为松散、较松、较紧、紧实、坚实。

表 8-3 土壤剖面形态描述记录

剖面号：__________剖面地点：______________天 气：__________

母 岩：__________植 被：______________________________

土壤剖面层次		颜色	质地	结构	干湿度	松紧度	pH	侵入体	新生体	植物根系
符号	厚度/cm									

观测员：____________暂定土壤名称：____________日期：____________

松散：稍用力，就可将小刀插入土层很深。

较松：用力不大，就可将小刀插入土层很深。

较紧：用力不大，就可将小刀插入土层 2~3 cm。

紧实：用力较大，小刀才能插入土层 1~2 cm。

坚实：用力很大，小刀也难进入土层。

⑦pH。用 pH 试剂测定。

层次过渡情况：指上、下土层颜色或质地、结构等变化的过渡情况。一般用“较明显”“明显”“不明显”表示。

⑧侵入体和新生体。侵入体是外界混入土壤中的物体，如石块、砖头、瓷片、塑料等。新生体是土壤形成过程中产生的物体，如铁斑结核、铁锰胶核等。

⑨植物根系。需查明根的数量、种类、大小、活根或死根。可分为多量、中量、少量和无。

多量：根系交织，有 10 条/cm^2 以上。

中量：土层中根系适中，有 5 条/cm^2 以上。

少量：土层中根系稀少，只有 1~2 条/cm^2。

无：无根系或极少根系。

2. 土壤分析样品的采集

土壤分析离不开土壤样品，而土壤样品的采集是决定土壤分析结果是否可靠的重要环节。由于土壤特别是耕作土壤的差异很大，采样误差要比分析误差大若干倍，因此必须十分重视采集具有代表性的土壤样品。

（1）土壤样品采集的原则和方法

土壤样品采集是否有代表性，分析结果能否代表该地区、该土块的实际水平，主要受到土壤类别、土样采集时间及混合程度等因素的影响。

①试验田土样的采集。试验田采样，一般均以试验小区作为一个采样单元。一个试验小区代表一个试验处理，采样单元的面积不能太大。

②大田土样的采集。可采取“X”形、平行形、“S”形采样。

③土壤剖面采样。研究土壤基本理化性质，需按土壤发生层次采样，剖面挖掘观察记载以后，自下而上分层采集分析样品。

（2）样品的收集

采集的土壤样品应装在土袋和样品盒中，重量约1 kg。袋内要有标签，袋外也要有标签。标签应注明采样地点、采样深度、采样日期、采样人和土样编号等内容。

3. 土样的制备和保存

（1）制备的目的

一是挑出植物残体、石粒、砖块等，以除去非土壤的组成部分；二是将土样磨细，充分混合均匀，使分析时所称取的少量样品具有较高的代表性，以减少称样误差；三是对于全量分析项目，样品要磨细，以使分解样品的反应能够完全和均匀；四是使样品能长期保存，不致因微生物活动而变质。

（2）新鲜样品和风干样品的制备

样品分析时采用新鲜样品还是风干样品，要根据分析的项目确定。例如，低价铁、铵态氮、硝态氮等要使用新鲜样品，而分析其他项目则用风干样品。

（3）样品的风干、制备和保存

①样品风干。将采回的土样，放在木盒中或塑料布上，摊成薄层，置于屋内通风阴干。风干时，应防止酸蒸汽、氨气和灰尘污染样品，并拣去动植物残体、石块及结核。

②粉碎过筛。风干后的土样，在木盒里用木棍研细，使之全部通过2 mm孔径的筛子。混匀后分成两部分，一部分作为物理分析用，另一部分作为化学分析用的土样还要进一步磨细过筛（孔径1 mm）。过1 mm的土再铺成薄层，再取出约50 g进一步磨细，过0.25 mm的土壤筛，以作为测定有机质、全氮、全磷、全钾使用。三类样品分别装瓶，贴上标签。标签应注明采样地点、时间、土类名称、层次、深度、筛孔径等项目。

六、注意事项

①土壤剖面点的选择与挖掘要严格按照要求和规范进行操作。

②采样时必须保持剖面的新鲜状态，并将取样位置确定在每个土层的中间部位。

七、报告要求

独立完成书面实训报告，要求文字精练，实训过程叙述清楚，结果准确且有分析。

8.2 土壤有机质

8.2.1 土壤有机质的特征和组成

8.2.1.1 土壤有机质的含量和来源

土壤有机质是土壤中各种含碳有机化合物的总称，其含量随土壤类型的不同而差异很大，高的可达20%以上，如泥炭土；低的不足0.5%，如一些砂质土壤，而大多在1%～5%。有机质含量虽少，但它却是土壤的重要组成部分，对土壤肥力影响很大。在林业生产上，往往把有机质含量作为衡量土壤肥力高低的重要指标。

自然条件下，土壤有机质主要来源于高等绿色植物的残体，如枯枝落叶、花果等；其次是各种动物和微生物的残体；耕作土壤有机质主要来源于有机肥料及作物残存的根茬。

森林植物以凋落物的形式积累地表，形成疏松而具弹性的凋落物层，是森林土壤有机质的重要来源，对其理化性质、肥力状况产生重要影响。草本植物则以每年死亡的根系为土壤提供有机质。

8.2.1.2 土壤有机质的类型

土壤有机质可分为非腐殖质和腐殖质2种类型。其中非腐殖质包括新鲜有机质、有机残余物和简单有机化合物。新鲜有机质，是指仍保持原有形态未被分解的动植物遗体。有机残余物是指那些半分解状态的有机物。简单有机化合物包括糖类、氨基酸、脂肪酸等。土壤腐殖质是指土壤中的一类有机黑色凝胶状物质，是有机质经微生物分解和再合成作用的产物。土壤腐殖质是土壤有机质的主体，占土壤有机质总量的85%~90%。

8.2.1.3 土壤有机质的组成

土壤有机质的组成包括5类有机化合物，现分述如下。

①碳水化合物。主要是淀粉、纤维素、半纤维素、果胶质等多糖类物质。木本植物残体中纤维素、半纤维素含量较高。

②单宁、树脂、脂肪、蜡质等。这类物质都是较复杂的有机化合物。

③木质素。木质素是复杂的有机化合物，是木质纤维的主要成分，稳定性强，不易被细菌分解，但可不断地被土壤真菌、放线菌分解。

④有机氮、磷、硫化合物。生物体内的蛋白质、核蛋白质、卵磷脂等，被微生物分解后形成植物可以吸收利用的氮、磷、硫等无机成分。

⑤灰分元素。土壤有机质还含有钾、钙、镁、硅、铁、锌、铜、硼、锰、铝等灰分元素，有机质矿质化分解后，成为植物吸收态的各种养分。

就上述有机化合物和灰分元素在植物残体的含量而言是比木本植物多的，尤其是灰分元素；而木本植物的木质素、单宁和树脂成分多于草本植物；木本植物阔叶树种所含氮素和灰分元素，特别是盐基含量又较针叶树种多。

8.2.2 土壤有机质的转化

8.2.2.1 土壤微生物及其作用

土壤微生物是生活在土壤中的细菌、真菌、放线菌、藻类的总称(图8-4)。它们在土壤中进行氧化、硝化、氨化、固氮、硫化等过程，促进土壤有机质的分解和养分的转化。其主要作用表现为：调节植物生长的养分循环；产生并消耗二氧化碳、甲烷、一氧化二氮等气体，影响全球气候的变化；分解有机废弃物；作为新物种和基因材料的源和库。

(1)细菌

土壤细菌是数量最大、种类最多、分布最广的一类土壤微生物。大多数细菌分布在土

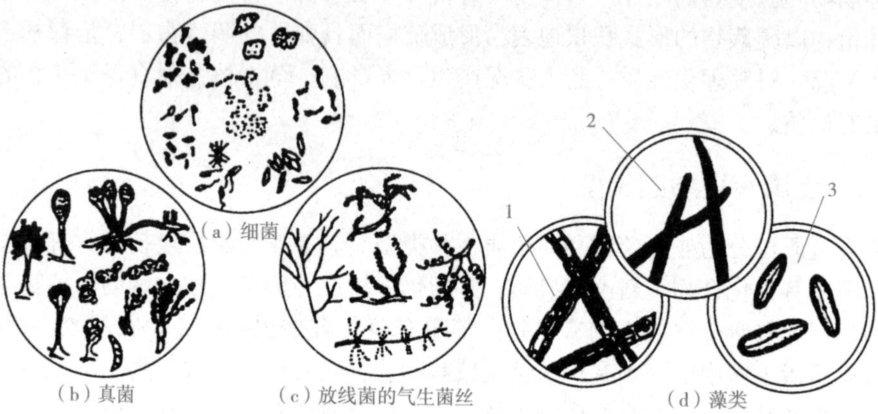

1. 绿藻；2. 蓝藻；3. 硅藻。

图 8-4 土壤里的各种微生物

壤结构体表面，少数分散在土壤溶液中，在土壤表层、根际土壤分布最多。细菌为单细胞、原核微生物，常聚集群体，有球菌、杆菌、螺旋菌(包括弧菌)3 类。按其营养方式可分为自养型细菌和异养型细菌 2 类。绝大多数细菌属于异养型。按其对氧气的要求可分为好氧型细菌、厌氧型细菌和兼厌氧型细菌 3 类。细菌一般喜欢中性或微碱性土壤，pH 6.5~7.5，温度 25~30℃时最为适宜。

有些细菌还能固定空气中的氮素，如自生固氮菌、根瘤菌，它们可增加土壤中的氮素含量。

(2) 真菌

真菌为真核微生物。菌体为单细胞或多细胞分枝或不分枝的菌丝，发育到一定阶段形成子实体。根据真菌与林木的关系及其营养方式，可将其分为腐生真菌、寄生真菌和共生真菌。菌丝体发育在有机物残片或土粒表面，向四周扩散并蔓延于土壤孔隙中。真菌为有机营养型微生物，好氧、耐酸、喜湿、耐低温、不耐干旱。

(3) 放线菌

放线菌在土壤中的数量仅次于细菌，属原核微生物，在进化系统中介于细菌和真菌之间。菌体呈分枝的放射形丝状体，其外形近似真菌。放线菌为好氧性微生物，大多为腐生菌，在碱性土壤、有机质丰富的土壤中最多，耐碱性、耐高温、不耐干旱。

土壤中的放线菌，约有 50%能产生抗生素、激素和维生素物质，有利于林木抵抗病害感染。

(4) 藻类

土壤中的藻类有单细胞或多细胞的硅藻、蓝藻、绿藻、裸藻等。有的含叶绿素，如绿藻能促进光合作用，放出氧气，促进根系活动。有些藻类如硅藻，能分解高岭土，释放钾营养素。

8.2.2.2 有机质矿质化过程

复杂的有机物残体在微生物的作用下转变成简单无机化合物的过程，称为有机质矿质化过程。这一过程使有机质的营养成分被释放出来，成为植物能吸收利用的矿质养料，还为进一步合成腐殖质提供了原料。

(1) 碳水化合物的分解

这类物质的分解反应会放出大量热能，这是细菌和真菌生活的能量源泉。

(2) 单宁、树脂、脂肪、蜡质等的分解

这类物质由于成分和结构比较复杂，一般分解很慢而且不彻底。在好氧条件下，除生成二氧化碳和水放出热能外，还能产生有机酸。在嫌氧条件下，则可产生多酚类化合物，通过氧化可转化为醌类化合物。

(3) 木质素的分解

木质素是一类成分和结构都极为复杂的有机化合物，最不易分解，在好氧条件下，先进行氧化和脱水，再缓慢分解，其芳香核变为醌类化合物。在嫌氧条件下，分解缓慢，木质素大量积累。

(4) 含氮有机化合物的分解

蛋白质的分解有以下几种过程。

①水解过程。蛋白质在蛋白质水解酶的作用下水解，逐渐变为简单的含氮物质，最后形成氨基酸的过程。

②氨化过程。氨基酸在微生物及其酶的作用下分解，释放出氨的过程，称为氨化过程。该过程可以在厌氧或有氧的条件下进行。所产生的氨，一部分被微生物利用成为其体细胞组成；另一部分被植物吸收，或被土壤胶体吸附或发生硝化作用。

③硝化过程。氨被氧化为硝酸的过程，称为硝化过程。这个过程分为两步，第1步形成亚硝酸，第2步生成硝酸。含氮有机质的分解，实际就是氮素养分的释放，成为植物可利用的有效氮。

④反硝化过程。反硝化细菌将硝酸或硝酸盐还原为亚硝酸、氨或游离态氮的作用，称为反硝化作用。在厌氧条件下，特别是土壤富含新鲜有机残体时，该过程强烈，它是土壤中氮素损失的过程。改善土壤通气条件，这个过程将受到抑制，能防止反硝化作用的进行。

(5) 含硫和含磷有机物的分解

含硫蛋白质分解时产生硫化氢，硫化氢在空气流通的情况下，可被硫化细菌氧化成为硫酸。硫化氢对植物产生毒害，而硫酸能与盐基离子形成盐类，成为植物的硫素养分。

含磷有机化合物经过微生物的作用，分解产生磷酸，成为植物能够吸收利用的养料。

8.2.2.3 有机质腐殖化过程

在土壤有机质矿质化的同时，土壤中还进行着另一个相反的过程，就是土壤微生物将矿质化过程中产生的部分简单有机物(中间产物)合成为更复杂的含氮高分子化合物——土壤腐殖质，即腐殖化过程，也就是腐殖质的形成过程。这个过程很复杂，虽有比较一致的看法，但至今还未完全研究清楚，这里不做赘述。

8.2.3 土壤有机质的作用和调节

8.2.3.1 土壤有机质的作用

土壤有机质对植物生长和土壤肥力的作用是多方面的，可概括为以下几方面。

(1)植物营养的重要来源

土壤有机质含有大量而全面的植物养料，如氮、磷、钾、钙、镁、硫、铁等主要元素以及多种微量元素。氮素主要来源于土壤有机质，占土壤全氮量的90%~95%。有机氮可转变为植物能够吸收利用的有效态氮。

(2)提高土壤的蓄水保肥和缓冲能力

腐殖质本身疏松多孔，且是一种两性胶体，具有很强的蓄水性，能吸收保持大量离子养分免遭淋失，其吸收力为黏粒的几十倍至百倍。此外，腐殖质是弱酸，它的盐类具有两性胶体的特性，可以缓和土壤酸碱性的急剧变化，提高土壤的缓冲能力。

(3)改善土壤的物理性质

土壤腐殖质具有凝聚作用，能提高土壤的结构性能，改善土壤的结构状况，形成水稳性结构。还可改变土壤的黏结性、黏着性和可塑性，改善土壤的耕性，有利于根系的生长发育。

(4)促进土壤微生物的活动

土壤有机质能提供微生物活动所需的能量和养料，同时又能调节土壤水、气、热和酸碱状况，改善土壤微生物的生活条件，有利于微生物的活动和养分的转化。

(5)活化土壤中难溶性矿质养料

腐殖质对无机矿物也有一定的溶解作用。胡敏酸* 对方铅矿、软锰矿、方解石和孔雀石的溶解程度比对硅酸盐矿物大。腐殖酸对矿物的溶解作用实际上是其对金属离子的络合、吸附和还原作用的综合结果。

(6)促进植物生长发育

土壤有机质中的腐殖质，具有含氮杂环嘌呤和嘧啶，可以提高植物活性，促进植物根的呼吸作用和提高植物营养吸收能力，促进有机物质的积累。土壤有机质中又含有各种激素、抗生素，可以刺激植物生长，增强植物体的抗性，消除农药和重金属的污染。

8.2.3.2 土壤有机质的调节

土壤有机质的矿质化和腐殖化，都是在生物特别是微生物作用下进行的，土壤中有机物质的数量、质量和生物的生活条件，是影响有机质转化的主要因素。为了满足植物对有效养分的要求，又能积累腐殖质，必须有效地调节这些影响因素，控制这两个过程进行的条件，控制其转化方向和强度，使土壤既有较强烈的矿质化作用又能进行较强的腐殖化作用。主要的调节措施有以下几方面。

---

* 土壤中只溶于稀碱而不溶于稀酸的棕色至暗褐色的腐殖酸。

(1)增施有机肥料

增施有机肥料对苗圃土壤和瘠薄的人工林地尤为重要。增施有机肥料是丰富土壤有机质的基本方法。据研究，施入土壤中的肥料有2/3~3/4被矿化，其余则转化为腐殖质积累在土壤中。由于腐殖质的矿化率低，因此，施用有机肥料是增加土壤腐殖质含量的主要措施。

(2)种植绿肥

种植绿肥也是补充土壤有机质的重要途径。绿肥的分解较快，形成腐殖质也较迅速，施用绿肥后新增加的腐殖质和原腐殖质的消耗量相比较，除抵消一部分外，腐殖质还可以增加。据估计，每公顷用紫云英27 000 kg(包括地下鲜重)作为绿肥，可提高土壤腐殖质含量0.04%~0.08%。

(3)保存森林残落物

森林残落物是森林土壤有机质的自然来源，必须防止其被收集作为燃料或饲料，居民点附近的林地更应注意这一问题。

(4)调节土壤的水、气、热状况

土壤微生物对土壤水、气、热条件都有一定要求。土壤中的水、气、热条件决定着土壤微生物的类型及其活动情况，从而影响到有机质的转化。只有当土壤湿度和温度适宜并具有一定的通气条件，好气、厌气分解交替或相伴进行时，矿质化和腐殖化才能达到协调。因此，生产中应因时因地采取不同的水、气、热管理措施。

森林土壤常需通过某些营林措施来调节有机质的分解和积累过程。

林内阻滞有机质分解的因子有：土壤水分过多，致使林内潮湿寒冷，影响了微生物的分解活动，从而阻滞了土壤有机质的分解过程；林内郁闭度大，光照不足；林分组成中树种单纯，尤其是针叶纯林的凋落物中含有大量起防腐作用的树脂、单宁等物质；母质缺乏盐基、土壤酸度过高等。

针对上述原因，为改善森林土壤有机质分解的条件，主要的调节措施有以下几种。

①*采取相应的营林措施*。通过疏伐、抚育采伐等营林手段，降低林分郁闭度，增加林内光照，提高地温，促进有机质分解。

②*改变林分的树种组成*。在单纯林中引进其他灌木树种，并考虑适当的豆科种属从而改善森林凋落物的组成成分，以加速有机质的分解。

③*进行适当的土壤改良措施*。开沟排水，清除部分凋落物，施用石灰或硫黄以调整土壤酸碱度，耕松土壤等都是行之有效的方法。

(5)调节碳氮比

有机残体本身的成分是影响有机质分解的重要因素之一。有机质所含碳素总量和氮素总量的比例，称为碳氮比(C/N)。因为有机碳是微生物生长的活动能源，氮是构成其细胞的要素，碳与氮之间是按一定比例被微生物摄入体内参与同化的，所以两者比值的大小会关系到微生物的生长和活动，从而影响有机质分解的速度。如果有机质中营养物质的供应低于能量水平，微生物的生命活动减弱，有机质分解缓慢。据研究，微生物生命过程中所需要的有机质碳氮比约为25∶1。森林植物尤其是常绿针叶纯林的残落物含木素、树脂、单宁物质多，氮素少，碳氮比大，酸性也强，分解缓慢，使森林土壤往往具有较厚的残落物层。对于这些 C/N 很大的有机残体，只要施加些富含氮素的物质，就可缩小 C/N，或加入石灰以中和其酸性，也能加速它的分解。

实践技能8　土壤有机质的测定

一、目标

了解测定土壤有机质的原理，初步掌握土壤有机质含量的测定方法，能比较准确地测定土壤中有机质的含量。

二、场所

实训室。

三、形式

以小组为单位，在教师的指导下进行操作。

四、备品与材料

1. 实训备品

硬质试管(25 mm×200 mm)，油浴锅(可用铝锅代替，内装植物油、工业用甘油或固体石蜡)，铁丝笼，温度计(0~200℃)，分析天平(感量 0.0001 g)，调温电炉，滴定管(25 mL)，移液管(5 mL)，小漏斗(3~4 cm)，锥形瓶(250 mL)，量筒(10 mL，100 mL)，天平(感量 0.01 g)，注射器(5 mL)，比色瓷盘，带橡皮吸管，玻璃棒等。

2. 药品及试剂配制

①0.4 mol/L 重铬酸钾-硫酸溶液。称取经过 130℃烘 3~4 h 的重铬酸钾($K_2Cr_2O_7$，分析纯) 39.2245 g，溶解于 400 mL 蒸馏水中，加热溶解，冷却后用滤纸过滤到 1 L 量筒内，用蒸馏水洗涤滤纸，并加蒸馏水定容到 1000 mL，即为 0.8 mol/L 重铬酸钾溶液，将此溶液转移入 3 L 大烧杯中。另取 1 L 密度为 1.84 g/L 的浓硫酸(化学纯)，慢慢地倒入重铬酸钾水溶液中，不断搅动。为避免溶液急剧升温，每加入约 100 mL 浓硫酸后可稍停片刻，并把大烧杯放在盛有冷水的大塑料盆内冷却，当溶液的温度降到不烫手时再加入浓硫酸，直到全部加完为止。此溶液浓度 $c(1/6\ K_2Cr_2O_7) = 0.4$ mol/L。

②0.2 mol/L 硫酸亚铁或硫酸亚铁铵溶液。称取 56.0 g 硫酸亚铁($FeSO_4 \cdot 7H_2O$，化学纯)或 80.0 g 硫酸亚铁铵[$(NH_4)_2SO_4 \cdot FeSO_4 \cdot 6H_2O$，化学纯]，溶解于 400 mL 蒸馏水中，加浓硫酸20 mL搅拌均匀，静置片刻后用滤纸过滤到 1 L 容量瓶内，再用蒸馏水洗涤滤纸，并加蒸馏水定容到 1000 mL，摇匀备用。此溶液易被空气氧化而致浓度下降，每次使用时应标定其准确浓度。

③0.1 mol/L 1/6 重铬酸钾标准溶液。称取经过 130℃烘 2~3 h 的重铬酸钾($K_2Cr_2O_7$，优级纯) 4.904 g，先用少量蒸馏水溶解，然后无损地转移入 1000 mL 容量瓶中，加蒸馏水定容，此溶液浓度 $c(1/6\ K_2Cr_2O_7) = 0.1$ mol/L。

④邻菲罗啉($C_{12}H_8N_2 \cdot H_2O$)指示剂。称取 1.485 g 邻菲罗啉($C_{12}H_8N_2 \cdot H_2O$，分析纯)溶于含有0.695 g 硫酸亚铁($FeSO_4 \cdot 7H_2O$，化学纯)或 1 g 硫酸亚铁铵[$(NH_4)_2SO_4 \cdot FeSO_4 \cdot 6H_2O$]的 100 mL 水溶液中。此指示剂易变质，应密闭保存于棕色瓶中备用。

⑤其他。甘油(工业用)或固体石蜡(工业用)或植物油 2.0~2.5 kg；浓硫酸(密度 1.84 g/L，化学纯)；硫酸银(化学纯)；研磨成粉末；石英砂。

五、内容与方法

1. 重铬酸钾氧化-外加热法

（1）基本原理

在外加热条件下，用过量的重铬酸钾-硫酸溶液氧化土壤有机碳，剩余的重铬酸钾用硫酸亚铁(或硫酸亚铁铵)标准溶液滴定，由消耗的重铬酸钾量按氧化校正系数计算出有机碳的含量，再乘以常数1.724，即为土壤有机质量。本法采用的氧化校正系数为1.1。

用 Fe^{2+} 滴定多余的 $Cr_2O_7^{2-}$ 时以邻菲罗啉($C_{12}H_8N_2 \cdot H_2O$)为指示剂。

（2）测定步骤

①称样。准确称取通过0.25 mm孔径筛风干土样0.1~0.5 g(精确至0.0001 g，称样量根据有机质含量范围而定)，放入干燥的硬质试管中，用移液管(或滴定管)准确加入10 mL的0.4 mol/L重铬酸钾-硫酸溶液，小心摇匀。

②消煮。预先将油浴涡温度加热至185~190℃，将试管插入铁丝笼中，试管口加盖小漏斗，并将铁丝笼放入上述油浴涡加热，此时温度应控制在170~180℃。等试管中的溶液沸腾时开始计时，此刻严格控制电炉温度，不使溶液剧烈沸腾，保持沸腾5 min，取出铁丝笼，待试管稍冷却后用草纸擦净油液，放凉。

③滴定。如溶液呈橙黄色或黄绿色，则冷却后将试管用蒸馏水把内溶物洗入250 mL锥形瓶中，使瓶内总体积控制在60~80 mL，加入3滴邻菲罗啉指示剂，摇匀。用0.2 mol/L硫酸亚铁(或硫酸亚铁铵)标准溶液滴定剩余的重铬酸钾，溶液颜色由橙黄色(或黄绿)经蓝绿色、灰绿色变到棕红色。

④空白实验。在测定样品的同时必须做2个空白试验，取其平均值。空白试验不加土样，但加入0.1~0.5 g石英砂。其他步骤与测定土样时完全相同，记录硫酸亚铁标准溶液用量 V_0。

（3）结果计算

$$O.M=\frac{c\times(V_0-V)\times 0.003\times 1.724\times 1.10}{m}\times 1000 \tag{8-1}$$

式中 $O.M$——土壤有机质的质量分数，g/kg；

V_0——空白试验所消耗的硫酸亚铁标准溶液体积，mL；

V——土样测定所消耗的硫酸亚铁标准溶液体积，mL；

c——硫酸亚铁标准溶液浓度，mol/L；

0.003——1/4碳原子的毫摩尔质量，g；

1.724——由有机碳换算成有机质的平均换算系数；

1.1——氧化校正系数；

m——由称取的风干土质量换算成烘干土质量，g。

平行测定结果用算术平均值表示，保留3位有效数字。

测定结果填入表8-4。

表8-4　土壤有机质测定记录

土样号	层次	深度/cm	风干土重/g	硫酸亚铁标准溶液浓度/(mol/L)	空白试验硫酸亚铁/mL			硫酸亚铁滴定量/mL			有机质含量/(g/kg)
					初读数	终读数	实用数 V_0	初读数	终读数	实用数 V	

2. 重铬酸钾氧化还原比色法

（1）基本原理

利用重铬酸钾-硫酸溶液氧化土壤有机质时，部分橙红色的重铬酸钾六价铬离子（Cr^{6+}）被还原成绿色的三价铬离子（Cr^{3+}），如果土壤有机质多，则消耗的重铬酸钾也多，生成的低价化合物硫酸铬多，使溶液近似绿色；反之，溶液近于橙色。根据反应后的溶液颜色就可判断土壤有机质的含量。

比色时用的标准色阶，可以用葡萄糖标准溶液按操作步骤显色后制成。

（2）操作步骤

①溶解土样。称取风干细土 0.5 g 放入试管中，加入1 mol/L重铬酸钾液 2.5 mL 和密度 1.84 g/cm^3 的浓硫酸 5 mL 立即摇匀 1 min，注意勿使溶液溅出。

②比色。静置 30 min 后，立即用带橡皮的吸管，吸取上层清液，滴 5 滴于比色盘的穴中，加蒸馏水 2 滴稀释，搅匀，与标准比色阶比色，并记下比色读数。

③标准比色阶的制备。取 10 支试管，按表 8-5 要求的葡萄糖和水的用量，配制成各级浓度的标准液（用葡萄糖代表土壤有机质），然后按与待测液同样步骤加试剂显色，制成标准比色阶。

在上述一系列标准液试管中，依序加入 1 mol/L 重铬酸钾 2.5 mL 和密度 1.84 g/cm^3 的浓硫酸 5 mL，摇匀，用橡胶管吸取 5 滴于比色盘的穴中，加蒸馏水 2 滴即制成标准色阶。

（3）结果计算

$$有机质(g/kg) = 比色读数 \times 校正系数$$

测定结果填入表 8-6。

表 8-5　有机质标准液系列配制表

序列	有机质/(g/kg)	5%葡萄糖用量/滴数	水的用量/滴数	序列	有机质/(g/kg)	5%葡萄糖用量/滴数	水的用量/滴数
1	0	0	10	6	25	5	5
2	5	1	9	7	30	6	4
3	10	2	8	8	35	7	3
4	15	3	7	9	40	8	2
5	20	4	6	10	45	9	1

表 8-6　重铬酸钾氧化还原法土壤有机质含量测定结果记录

土样号	层次	深度/cm	风干土重/g	比色读数	校正系数	有机质含量/(g/kg)

六、注意事项

（1）重铬酸钾氧化-外加热法

①该法适用于有机质含量在 150 g/kg 以下的土壤。如样品的有机质含量高于 150 g/kg 时，可用固体稀释法来测定。方法如下：称取磨细的样品 1 份（准确到 1 mg）和经过高温灼烧并磨细的矿质土壤 9 份（准确度同上）使之充分混合均匀后再从中称样分析，分析结果以称量的 1/10 计算。

②土壤有机质高于 50 g/kg，称土样 0.1 g；有机质为 20~30 g/kg，称土样 0.3 g；低于 20 g/kg，称土样 0.5 g。

③该法所测有机质含量，一般只为实际含量的90%，因此，必须乘以校正系数1.1。

④消煮好的溶液颜色一般应是黄色或黄中稍带绿色，如果以绿色为主，则说明重铬酸钾用量不足。如样品在滴定时所消耗硫酸亚铁溶液体积小于空白标定时所消耗硫酸亚铁溶液体积的1/3，需减少称样量重做。

⑤消煮时间和温度对分析结果有较大影响，应尽量准确。

⑥测定石灰性土壤时，必须慢慢加入浓硫酸，以防止由于碳酸钙激烈发泡而引起的飞溅损失。

⑦重铬酸钾容量法不宜用于测定含有氯化物的土壤，如土样中含有 Cl^- 量不多，加入0.1~0.2 g的硫酸银（Ag_2SO_4）可以消除干扰，但效果并不理想。

⑧氧化时，若加0.1 g硫酸银粉末，氧化校正系数取1.08。

（2）重铬酸钾氧化还原比色法

①该法用葡萄糖含碳量代表土壤有机质的含碳量，因为有机质含碳量平均为58%，土壤有机质也不像葡萄糖那样易氧化，所以制备标准色阶时，就会产生误差，测定数值偏高。为了使数值能接近常规分析方法，就要乘以校正系数。据研究，用此法与常规分析法比较，土壤有机质含量<15 g/kg时其比值为0.7，15~30 g/kg时为0.8，>30 g/kg时为0.9，所以校正系数分别为0.7、0.8、0.9。

②测定还原物质多的土样时事先应使土样风干，使亚铁氧化为高价铁后再进行测定。

③含氯离子（Cl^-）较高的土壤，可加入0.2 g左右的硫酸银（Ag_2SO_4）以消除干扰。

七、报告要求

独立完成书面实训报告，要求文字精练，实训过程叙述清楚，结果准确且有分析。

8.3 土壤的物理性质

8.3.1 土壤质地

土壤都是由各种大小不同的土粒组合而成的，各级土粒（石砾、砂粒、粉砂粒、黏粒）在土体内所占的质量百分数，称为机械组成，也称为土壤质地。

8.3.1.1 土壤质地分类

（1）我国土壤质地分类

中国科学院南京土壤研究所综合分析了我国南北土壤质地的差异，并在此基础上划分出砂土、壤土、黏土3组11种土壤质地。

（2）国际制土壤质地分类

属三级分类法，即按砂粒、粉砂粒、黏粒3种粒级的百分数进行分类，共分为砂土类、壤土类、黏壤土类、黏土类4类12级。

（3）卡庆斯基土壤质地分类

属二级分类法，是以土壤中物理性砂粒（d>0.01 mm）和物理性黏粒（d<0.01 mm）的百分含量为基础，并结合其特性将土壤质地分为3组9级。这种分类方法的优点是使用方便，缺点是粉砂粒的含量不易反映出来（表8-7）。我国林地土壤质地分类多采用此法。

表 8-7　卡庆斯基土壤质地分类标准　%

质地组	质地名称	物理性黏粒（d<0.01 mm）	物理性砂粒（d>0.01 mm）
砂土	松砂土	0~5	100~95
	紧砂土	5~10	95~90
壤土	砂壤土	10~20	90~80
	轻壤土	20~30	80~70
	中壤土	30~45	70~55
	重壤土	45~60	55~40
黏土	轻黏土	60~75	40~25
	中黏土	75~85	25~15
	重黏土	>85	<15

原林业部综合调查队根据土壤中石质（石径>3 cm）和石砾（3 mm<砾径<3 cm）的含量，提出石质性土壤划分标准（表 8-8）。

表 8-8　林业用石质性土壤划分标准　%

砾、石的含量	砾、石的粒径	
	3 mm<砾径<3 cm	石径>3 cm
10~30	少砾质××土	少石质××土
30~50	中砾质××土	中石质××土
>50	多砾质××土	多石质××土

8.3.1.2　土壤质地与土壤肥力的关系

（1）砂土类

这类土壤物理性黏粒均在20%以下，主要分布在江河沿岸或山脚下，土壤砂砾多，粒间孔隙大，但孔隙量少。由于砂土通透性强、保水力弱、水少、空气多、土温高，因此，其常具有通气缺水、养分不足、土温变幅大的特点。它反映在生产性能的特点是：土质疏松，耕作容易，土性干燥，为热性土，养分释放快，保肥保水力弱。

（2）黏土类

这类土壤物理性黏粒均在50%以上，主要分布在低山丘陵及湖滨地区，如胶泥土、死黄土等。黏土与砂土相反，黏粒多，土壤紧实，粒间孔隙小，但孔隙量大。由于通透性弱、水多空气少、土温低，这类土壤具有水多气少、肥效迟缓、土温变幅小的特点。反映在生产上的特点是：保肥力强，肥劲长，土性偏冷属冷性土，耐涝不耐旱，干时板结，湿时泥泞，耕作困难。

（3）壤土类

主要分布在冲积平原和山前丘陵地段，其物理性黏粒在20%~50%，物理性砂粒在

50%~80%。壤土类砂黏适中，不紧不松，兼有砂土和黏土的优点。它既能通气透水，又能蓄水保肥，水汽分配适当，土性温润而稳定，养料分解较快，保肥性能好。因此，壤土类水、肥、气、热状况比较协调，耕性好，适种范围广，是农林业生产上最理想的土壤。

(4)石质土类

土壤中大于 3 mm 的砾石含量高于 10%，就属于石质土。这类土壤分布在高山及石质丘陵上，土层瘠薄，保水保肥力差。但若山区黏重土壤含有少量砾石，则能增大土壤孔隙，有利于通气透水，减少地表径流和土壤水分蒸发。且砾石有较好的导热性，能提高土温，促进土壤养分转化。因此，山区黏重土壤含有少量砾石是有益的，但不宜超过 20%。

8.3.1.3 土壤质地的改良

不同质地的土壤保水保肥能力各异，适宜于不同的森林组成，并对其产量有一定影响。例如，侧柏、马尾松、黑松等耐干燥瘠薄，对土壤质地适应性较强，可在石质土、砂土和黏重的土壤上生长。木麻黄能在砂土上正常生长，杉木对土壤质地要求较严，在壤土上生长最佳。在华北山地，土壤质地比较黏重的地方，多以栎树为主，而在土壤砂粒含量较多的地方，则适于油松的生长。

在山区林业用地上，对土壤质地的改良常常难以实现，通常把土壤质地作为适地适树的重要因素之一来考虑。但在苗圃或其他耕地上改良土壤质地是可行的，常采用如下措施。

(1)客土法

这是改良土壤质地的根本措施，可直接采用“砂掺黏”或“黏掺砂”来改良土壤质地。

(2)引洪法

对黏土质地，可采取引洪漫砂；对砂土质地，则引洪漫淤，以调节黏砂比例。

(3)增施有机肥

无论是砂质土还是黏质土，增施有机肥，提高土壤有机质含量，都能起到改良土壤作用。有机质的黏结力和黏着力比砂粒大，但是比黏粒小，可以克服砂土过砂，黏土过黏的缺点。种植绿肥和保护森林凋落物，是增加土壤有机质的重要措施。

8.3.2 土壤结构

土粒相互黏聚形成大小不同、形态各异的团聚体，称为土壤结构；它们的排列方式、稳定程度和孔隙状况，称为土壤结构性。

8.3.2.1 常见土壤结构的类型

常见土壤结构的类型主要有：团粒、微团粒、块状、核状、柱状、片状等结构类型(图 8-5)。

(1)粒状结构及团粒结构

形状比较规则，像麦颗粒状，结构体直径在 0.50~5.00 mm 的，称为粒状结构。结构体近似球形，直径 0.25~10.00 mm 的，称为团粒结构，俗称土粒子、蚂蚁蛋，在腐殖质

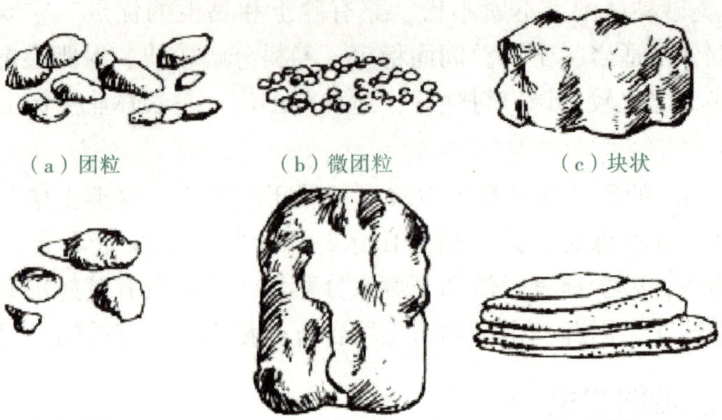

图 8-5 主要土壤结构类型

（引自李保明《土壤肥料》，2008）

含量高或植被生长茂密的上层土壤以及根系附近可见到这种结构。粒状结构及团粒结构属于良好的土壤结构。

(2) 块状结构和核状结构

形状不规则，表面不平整，直径一般大于 50 mm 的块状体，称为块状结构，北方俗称坷垃，这种结构在缺乏有机质的黏重土壤上常见。一般表土中多大块状，心土和底土中多碎块状。块状结构是耕作质量差，土壤肥力低的表现。这种结构体相互支撑、漏水、漏气、漏肥，在播种时会造成露子、压苗。

核状结构比块状小，直径 5~50 mm，棱角明显，内部十分坚实，形似核桃状，它常见于黏重土壤和缺乏有机质的下层土壤中。这种结构黏重紧实，耕作困难，通透性差。

(3) 柱状结构和棱柱状结构

柱状结构土壤是由单粒胶结成柱状，又称为立土。在半干旱地带的心土底土中常见，以碱土的碱化层最为典型。这种结构的土壤常形成垂直裂缝，通透性好，但易漏水漏肥。

棱状柱结构具有较明显的棱面和棱角，这种结构多见于黏重而有干湿交替的心土和底土中，如水稻土潴育层。

(4) 片状和板状结构

共同特点为形状扁平，片状结构较薄，板状结构较厚，它是受土壤水的沉积作用或某些机械压力而形成的。常见于耕作土壤的老犁底层和森林土壤的灰化层中，其土粒排列紧密，孔隙较小，影响土壤通透性和热量交换，属于不良的土壤结构。

8.3.2.2 团粒结构的土壤肥力特征

土壤结构通过影响土壤松紧度和孔隙度，从而影响土壤肥力，其中团粒结构是提高土壤肥力最理想的结构，它具有以下肥力特征。

(1) 水、气、热状况协调

在团粒结构中，毛管孔隙与非毛管孔隙并存，团粒内部为毛管孔隙，团粒与团粒之间为非毛管孔隙，两种孔隙的数量和比例适当，使土壤中的固相、液相和气相物质处于协调状态。团粒之间的非毛管孔隙为空气的通道，团粒内部的毛管孔隙为水分储存库，水、气各居一孔，互不矛盾，且土温稳定，保肥供肥性能好。团粒内部的毛管孔隙水多，空气少，有利于嫌气性微生物的活动，有机质分解缓慢，有利于养分积累，起到保肥作用。团粒间的非毛孔隙空气多，水分少，有利于好氧性微生物的活动，养分分解迅速，有利于供肥。这两种孔隙协调了土壤保肥与供肥的矛盾，使其具有良好的养分状况。

(2)土质疏松，耕性好，苗木生长好

团粒结构的土壤，土质疏松，易于耕作，宜耕期长，耕作质量好，利于出苗、生长。

8.3.2.3 土壤结构的改良

土壤结构的形成是土壤中的微细土粒经土壤胶体的胶结、凝聚，植物根系的分割与挤压，土壤耕作以及干湿、冻融交替等共同作用的结果。土壤结构在土壤中经常处于形成与破坏的对立统一过程中，只能表现相对稳定状态。农林生产中要培育良好的土壤结构可采取如下措施。

(1)种植绿肥

豆科绿肥是直根系，根深且多，对下层土壤具有强大的切割、挤压作用，并且有固氮作用，能富集深层土壤养分。种植绿肥可以增加土壤有机质，促进水稳性团粒结构数量增加。

(2)深耕结合施用有机肥料

在深耕过程中，农业机具对土壤的翻动使土体破碎，此时再结合施用有机肥料，能使“土肥相融”，如能补充钙质化肥，可促进团粒结构的形成。

(3)合理耕作

合理耕作主要是指要在土壤含水量适宜的土壤宜耕期内耕作，不能过湿或过干，否则会形成大土块。另外，可采用晒垡、冻垡等措施改善土壤结构。

(4)施用结构改良剂

土壤结构改良剂既有天然的物质，如腐殖质、纤维素、多糖类等，又有人工合成的物质，如非离子型聚乙烯醇(PVA)、聚丙烯酸(PAA)等。它们都是高分子物质，对单个土粒或微团聚体有缠绕胶结作用，从而形成较大的土壤结构体。施用对象主要是一些没有结构且质地较粗的砂质土，而对于质地黏重且为大块状结构的土壤没有明显作用。

8.3.3 土壤孔隙和孔隙度

8.3.3.1 土粒密度和土壤密度

(1)土粒密度(土壤比重)

土粒密度是指单位体积土粒(不含孔隙)的烘干重量，单位为 g/cm^3 或 t/m^3。土粒密度大小取决于固体部分的组成和数量。土壤固相部分主要包括土壤矿物质和土壤腐殖质。因土壤腐殖质含量很少，所以决定土粒密度的主要是矿物质，在土壤中主要矿物质密度为 2.60~2.70 g/cm^3。一般土粒密度取各种矿物的平均值 2.65 g/cm^3，不另行测定。土粒密度本身没有直接的肥力意义，它是土壤孔隙度计算的必要参数之一。

(2) 土壤密度(土壤容重)

单位体积原状土壤(包括粒间孔隙体积)的烘干重量，称为土壤密度，单位为 g/cm^3。如果土壤排列疏松，则单位容积土壤内土粒少而孔隙多，土壤密度小，反之则大。因而，同一土壤的密度总是小于土粒密度。

土壤密度是一个十分重要的基本数据，在理论及生产实践中具有多方面的实用意义。

①判断土壤紧实度状况。在土壤质地相近的条件下，密度的大小可反映土壤的紧实度。密度小表明土壤疏松多孔；密度大，表明土壤孔隙少，土壤紧实。旱地上的土壤耕作层，土壤密度在 1.1~1.3 g/cm^3 较为适宜。

②计算土壤重量。在生产和科研中，常常需要了解每亩耕作层的重量。在计算土壤重量中，需要土壤密度值。

【例 8-1】 若 1 亩土壤耕作层厚度为 20 cm，密度为 1.15 g/cm^3，其耕层土壤重量是多少？计算如下：

$$667 \times 0.2 \times 1.15 = 153(t) = 1.53 \times 10^5 (kg)$$

③计算土壤中各种成分数量。在土壤分析时需测定土壤中某一成分，如土壤含水量、有机质含量、全盐含量或全氮含量等，如要换算每亩土地中这些物质的具体数量，以作为施肥、灌水的依据，这就需要土壤密度值。

【例 8-2】 已知某耕作土壤密度为 1.15 g/cm^3，耕作层厚度为 20 cm，土壤有机质含量为 2%，求每亩耕层有机质数量。计算如下：

$$667 \times 0.2 \times 1.15 \times 2\% = 3.0682(t) = 3068.2(kg)$$

④计算土壤孔隙度。土壤孔隙度通常根据土粒密度和土壤密度计算而得。

8.3.3.2 土壤孔隙状况

(1) 土壤孔隙度

土壤孔隙度是指在自然状态下，单位容积的土壤中孔隙容积所占的百分数。它是衡量土壤孔隙的数量指标，通过土壤密度和土粒密度换算求得。

$$\text{土壤孔隙度} = \left(1 - \frac{\text{土壤密度}}{\text{土粒密度}}\right) \times 100\% \tag{8-2}$$

(2) 土壤孔隙的类型

①毛管孔隙(小孔隙)。孔隙直径为 0.002~0.02 mm 的孔隙，称为毛管孔隙。这类孔隙具有毛管力，能吸持土壤水分，它的主要作用是保蓄和移动土壤水分。毛管孔隙的容积占土壤总容积的百分数，称为毛管孔隙度。

②非毛管孔隙(大孔隙)。孔隙直径>0.02 mm 的孔隙，称为非毛管孔隙。通常非毛管孔隙为空气所占据，又称为空气孔隙，其主要作用是通气透水。如果土壤非毛管孔隙多，将会漏气、漏水和漏肥。砂土中主要为该类孔隙。土壤中非毛管孔隙容积占土壤总容积的百分数，称为非毛管孔隙度。

③无效孔隙。孔隙直径<0.002 mm 的极细孔隙，水分在其中不能移动，空气不能进

入，根系不能伸入，故称为无效孔隙。

上述3种孔隙度称为总孔隙度。在农业、林业生产方面，土壤总孔隙度在50%左右或稍大于50%为最好，并且土壤中大小孔隙应同时存在，而其中非毛管孔隙占1/5~2/5为好。一般情况下，非毛管孔隙度小于10%时，便不能保证通气良好；小于6%时，许多植物不能正常生长。在生产实际中，合理耕作、增施有机肥、创造良好的土壤结构等措施均可改善土壤的孔隙状况。

8.3.3.3 影响土壤孔隙度的因素

(1)土壤质地

土壤质地愈粗，土粒间孔隙愈大，常给人以孔更多的错觉，实际上它的孔隙度较小。如砂质土壤总孔隙度为30%~40%，但以大孔隙为主。相反，黏土的粒间孔隙小，常给人以孔更少的感觉，但它的孔隙度却较大(表8-9)。

表8-9 不同质地的土壤孔隙状况 %

土壤质地	总孔隙度	大小孔隙相对比率(以总孔隙度为100计算)	
		毛管孔隙度	非毛管孔隙度
黏土	50~60	85~90	10~15
重壤土	45~50	70~80	20~30
中壤土	45~50	60~70	30~40
轻壤土	45~50	50~60	40~50
砂壤土	45~50	40~50	50~60
砂土	30~35	25~30	60~75

(2)土壤结构

同样质地的土壤，若有团粒结构存在，则能改善土壤的松紧度和孔隙状况，使密度变小(1.0~1.2 g/cm^3)，孔隙度相应增大(最大为60%~70%)，大小孔隙的比例也得到改善。但在耕作土壤的犁底层，土粒排列紧实，呈片状结构，而质地黏重的底土和心土层一般多为块状和柱状结构，这种结构使土壤孔隙度大大降低，尤其是通气孔隙减少而无效孔隙增加。

(3)土壤有机质

有机质本身疏松多孔，能改良土壤质地，促进良好结构的形成。因此，富含有机质的泥炭土的孔隙度可超过80%。

实践技能9 土壤质地的测定

一、目标

掌握手测法测定土壤质地的技能；了解简易比重计法测定土壤质地的原理和方法。

二、场所

实验林场、校区附近、实训室。

三、形式

以个人或小组为单位，在教师的指导下进行操作。

四、备品与材料

1. 实训备品

甲种土壤比重计，1 mm、3 mm、10 mm 孔径的土壤筛，温度计(100℃)，搅拌器，恒温电烘箱，沉降筒或大量筒(1000 mL)，天平(1/100)，400 mL 烧杯或搪瓷杯，瓷蒸发皿，洗瓶，电炉或酒精灯。

2. 药品及试剂配制

①0.5 mol/L 1/2 草酸钠溶液。称取 33.5 g 草酸钠($Na_2C_2O_4$，化学纯)加蒸馏水溶解后，定容至 1000 mL摇匀，用于中性土壤的分散剂。

②0.5 mol/L 氢氧化钠溶液。称取 20 g 纯氢氧化钠(NaOH)，加蒸馏水溶解后，定容至1000 mL摇匀，用于酸性土壤的分散剂。

③0.5 mol/L 1/6 六偏磷酸钠溶液。称取 51 g 六聚偏磷酸钠[$(NaPO_3)_6$，化学纯]加蒸馏水溶解后，定容至 1000 mL 摇匀，用于石灰性土壤的分散剂。

④2%碳酸钠溶液。称取 20 g 碳酸钠(Na_2CO_3，化学纯)，溶于 1000 mL 蒸馏水中。

⑤软水的制备。将 200 mL 2%的碳酸钠溶液加入 15 000 mL 自来水中，静置过夜，取上部清液即为软水。2%碳酸钠溶液的用量视各地自来水的硬度而定，硬度越大，2%碳酸钠溶液的用量越大。

⑥异戊醇 $C_5H_{12}O$ 化学纯。

五、内容与方法

1. 手测法(指感法)

手测法以手指对土壤的感觉为主，结合视觉和听觉来确定土壤质地的名称，本法简便易行，熟练后也相当准确。

手测法测定土壤质地有干测和湿测两种方法。手测质地一般采用干测法和湿测法同时进行，干测法能粗略判断土壤的粗细，而某些黏结力很强的黏土复粒在干测中同砂粒相似，容易得出错误判断，因此还需通过湿测法才能准确判断土壤质地。

干测法是取玉米大小干土放在拇指与食指间挤压，根据挤压时手指的感觉、用力大小及破碎状况来判断土壤质地。

湿测法是取土少量于手掌中(一定要将土壤中的草根、石砾等杂质除掉，否则会影响测定结果)加水至湿润，充分揉搓至感觉不到复粒存在，再继续揉搓至以土壤不粘手为度。再将土团成球，搓成条，弯曲成环，并看有无裂缝来判断土壤质地。

(1)砂土

干时砂土呈单粒分散，一般不呈块，偶尔见到小块，用手一触即散碎，用手捏时有十分粗糙刺手的感觉。湿时不能团成球，更不能搓成条。

(2)砂壤土

土块在手掌中研磨时有砂的感觉，也有细土的感觉，但无刺手的感觉。土团挤压易碎。湿时可勉强团成球，但表面不平，当搓成细圆条时易断裂成碎段。

(3)轻壤土

干时成块状的较多，土块用手指挤压时要稍用力才能压碎。湿时有微弱的可塑性，能团成球，球面较光滑，能搓成细圆条，提起后即断裂。

（4）中壤土

干时大多成土块，手指要用大力才能压碎土块。手捏时感到粉粒与黏粒含量大致相等。湿时可压成较长的薄片，片面平整，但无反光，可搓成直径 3 mm 的土条，弯曲成直径 2～3 cm 的圆环时产生裂缝而断裂。

（5）重壤土

干燥时成硬土块，手指要用大力才能压碎土块。手捏时感觉有粉砂和黏粒，砂粒很少。湿时可塑性较好，可压成较薄片，片面光滑，有弱的反光。易搓成直径 2～3 mm 的细圆条，能弯曲成直径 2～3 cm 的圆环，经压扁土条上才产生裂缝。

（6）黏土

干时成硬土块，手指用力再大也难压平。手捏时有均匀的粉末感觉，粉末易粘在指纹中。湿时黏土可塑性良好，压成薄片有强的反光，可搓成直径 2～3 mm 的细圆条，能弯曲成直径 2 cm 的圆环，压扁时无裂缝。

2. 简易比重计法

（1）方法原理

用土壤筛分离土样中的较大土粒后，较小土粒经物理、化学处理分散成单粒。将其制成一定容积的悬液，使分散的土粒在悬液中自由沉降。粒径越大的土粒下沉速度越快，粒径越小的土粒下沉速度越慢。在不同的时间里，土壤悬液的密度会因土粒的下沉而降低。因而，利用特制的比重计（甲种土壤比重计）在一定时间测定悬液的密度，即可求出某种粒级颗粒含量。计算出百分含量后，就可以从土壤质地分类上查出该土壤的质地名称。

（2）操作步骤

①测定土壤的吸湿水含量。称取通过孔径 1 mm 土筛的风干细土 10 g（精确至 0.01 g）置于已称重的铝盒内，送入恒温烘箱加热至 105～110℃，保持 6 h，移入干燥器中冷却至室温，称重记下数值，然后放入恒温烘箱中，烘干 2 h，冷却，称重，直至两次称重相差不超过 0.05～0.10 g，即为达到恒重。结果计算：

$$\text{土壤吸湿水含量}=\frac{\text{风干土重}-\text{烘干土重}}{\text{烘干土重}}\times 100\% \qquad (8\text{-}3)$$

②土样处理。

称料：称取风干土样 100 g（精确到 0.1 g，除掉有机残体）。

孔径>1 mm 石砾处理：称取的风干土壤用孔径 1 mm 的土筛过筛。孔径<1 mm 的风干细土保留供制悬液用。孔径>1 mm 的土样放入 10～12 cm直径的蒸发皿中，加水煮沸，搅拌。煮沸后弃去上部混浊液，直到上部全为清水为止。将蒸发皿内的石砾称重，然后通过10 mm及 3 mm 的筛孔，分级称重，计算各级石砾百分数。

③制备悬液。称取通过 1 mm 孔径土筛的风干细土 50～100 g（壤土、黏土 50 g，砂土 100 g）于 400 mL 烧杯中，用下列分散剂分散土样：

石灰性土壤（50 g）：加 0.5 mol/L 1/6 六聚偏磷酸钠 50 mL。

中性土壤（50 g）：加 0.5 mol/L 1/2 草酸钠 50 mL。

酸性土壤（50 g）：加 0.5 mol/L 氢氧化钠 50 mL。

加入分散剂后，用带橡皮头的玻璃棒小心研磨（黏质土壤不少于 20 min，壤土及砂土不少于15 min）。将分散土样全部倒入沉降筒中（没有沉降筒可用 1000 mL 量筒代替），并用水少量多次将烧杯中的土样全部洗入量筒中，稀释至 1000 mL。在土壤悬液中加 1～2 mL 异戊醇，防止产生泡沫而影响读数。

④测定悬液密度。将制好的悬液搅拌几次，并测定其温度（记录在表格中），按表8-10所列的温度、时间和粒径的关系，根据液温和待测的粒级最大直径值，选定测密度读数的时间（即小于某粒径颗粒下沉所

需时间）。用特制的搅拌棒再将悬液搅拌 1 min（上下各约 30 次），搅拌停止，即开始计时。在查得的时间到达之前，提前 30 s 将比重计轻轻放入悬液中（沿筒壁轻轻放入），勿搅动悬液，待静止时间一到，比重计稳定后立即读数，并立即测定此时悬液的温度，记录下来。

⑤计算结果。根据含水量将风干土质量换算成烘干土质量：

$$\text{烘干土质量(g)}=\frac{\text{风干土质量}}{100+\text{水分(\%)}}\times 100 \qquad (8\text{-}4)$$

对比重计的读数进行必要的校正：

$$\text{分散剂校正值(g/L)}=\text{分散剂升数(L)}\times\text{分散剂摩尔浓度(mol/L)}\times\text{分散剂摩尔质量(g/mol)} \qquad (8\text{-}5)$$

由表 8-11 查得温度校正值：

$$\text{校正值}=\text{分散剂校正值}+\text{温度校正值} \qquad (8\text{-}6)$$

$$\text{校正后比重计数}=\text{原读数}-\text{校正值} \qquad (8\text{-}7)$$

$$\text{粒径}<0.01\text{ mm}=(\text{校正后比重读数}/\text{烘干土质量})\times 100\% \qquad (8\text{-}8)$$

根据物理黏粒［粒径<0.01 mm 的土粒的相对含量（%）］，按卡庆斯基土壤质地分类标准（表 8-12）确定土壤质地的名称。土壤中石砾含量较高时，可在土壤质地前冠以砾质程度。

六、注意事项

（1）手测法测定土壤质地

①要重复几次，技术熟练，结果才会正确。

②湿测法测定中，加水多少是关键，加水要适量，用手搓泥时要使水分均匀，否则会影响测定结果。

③湿测时土条的粗细和圆圈的直径大小直接影响结果的准确度，必须严格按规定进行。

（2）简易比重计法测定土壤质地

要认真地对样品进行分散处理并对比重计读数进行仔细校正。

七、报告要求

独立完成书面实训报告，要求文字精练，实训过程叙述清楚，结果准确且有分析。

实训结果填入表 8-13、表 8-14 中。

表 8-10　小于某粒径颗粒时间（简易比重计法）

温度 /℃	粒径<0.05 mm			粒径<0.01 mm			粒径<0.005 mm			粒径<0.001 mm		
	时	分	秒	时	分	秒	时	分	秒	时	分	秒
4		1	32		43		2	55		48		
5		1	30		42		2	50		48		
6		1	25		40		2	50		48		
7		1	23		38		2	45		48		
8		1	20		37		2	40		48		
9		1	18		36		2	30		48		
10		1	18		35		2	25		48		
11		1	15		34		2	25		48		
12		1	12		33		2	20		48		
13		1	10		32		2	15		48		
14		1	10		31		2	15		48		
15		1	8		30		2	15		48		

（续）

温 度/℃	粒径<0.05 mm			粒径<0.01 mm			粒径<0.005 mm			粒径<0.001 mm		
	时	分	秒	时	分	秒	时	分	秒	时	分	秒
16		1	6		29		2	5		48		
17		1	5		28		2	0		48		
18		1	2		27	30	1	55		48		
19		1	0		27		1	50		48		
20			58		26		1	50		48		
21			56		26		1	50		48		
22			55		25		1	50		48		
23			54		24	30	1	45		48		
24			54		24		1	45		48		
25			53		23	30	1	40		48		
26			51		23		1	35		48		
27			50		22		1	30		48		
28			48		21	30	1	30		48		
29			46		21		1	30		48		
30			45		21		1	28		48		
31			45		20		1	28		48		
32			45		19	30	1	25		48		
33			44		19		1	20		48		
34			44		18	30	1	20		48		
35			42		18		1	20		48		
36			42		18		1	15		48		

表 8-11 甲种土壤比重计温度校正值

温度/℃	校正值	温度/℃	校正值	温度/℃	校正值
6.0~8.5	-2.2	15.0	-1.2	19.5	-0.1
9.0~9.5	-2.1	15.5	-1.1	20.0	0.0
10.0~10.5	-2.0	16.0	-1.0	20.5	+0.15
11.0	-1.9	16.5	-0.9	21.0	+0.3
11.5~12.0	-1.8	17.0	-0.8	21.5	+0.45
12.5	-1.7	17.5	-0.7	22.0	+0.6
13.0	-1.6	18.0	-0.5	22.5	+0.8
13.5	-1.5	18.5	-0.4	23.0	+0.9
14.0~14.5	-1.4	19.0	-0.3	23.5	+1.1

（续）

温度/℃	校正值	温度/℃	校正值	温度/℃	校正值
24.0	+1.3	27.5	+2.6	31.0	+4.0
24.5	+1.5	28.0	+2.9	31.5	+4.2
25.0	+1.7	28.5	+3.1	32.0	+4.6
25.5	+1.9	29.0	+3.3	32.5	+4.9
26.0	+2.1	29.5	+3.5	33.0	+5.2
26.5	+2.2	30.0	+3.7	33.5	+5.5
27.0	+2.5	30.5	+3.8	34.0	+5.8

表 8-12　卡庆斯基土壤质地分类

质地名称		物理性黏粒(<0.01 mm)含量/%		
		灰化土类	草原土及红黄壤类	柱状碱土及强碱化类
砂土	松砂土	0~5	0~5	0~5
	紧砂土	5~10	5~10	5~10
壤土	砂壤土	10~20	10~20	10~15
	轻壤土	20~30	20~30	15~20
	中壤土	30~40	30~45	20~30
	重壤土	40~50	45~60	30~40
黏土	轻黏土	50~65	60~75	40~50
	中黏土	65~80	75~85	50~65
	重黏土	>80	>85	>65

表 8-13　土壤比重计读数校正

土粒粒径/mm	土粒浸提液温度/℃		读数时间/min 或/s	比重计实际读数/(g/L)	温度计校正值	分散剂校正值/(g/L)	校正后比重计读数/(g/L)
	第 1 次	第 2 次					

表 8-14　土壤机械分析结果及土壤质地命名记载

土壤名称	样品编号	风干土重/g	吸湿水/%	烘干土重/g	<0.01 mm 土粒含量/%	土壤质地名称

实践技能10 土壤密度的测定和土壤孔隙度的计算

一、目标

掌握利用环刀法测定土壤密度的方法和技能，并能正确计算土壤的孔隙度。

二、场所

实验林场、校区附近、实训室。

三、形式

以小组为单位，在教师的指导下进行现场操作。

四、备品与材料

环刀、天平(感量0.01 g)、电烘箱、小铁铲、铝盒、小刀、干燥器、小尺。

五、内容与方法

1. 土壤密度的测定(表8-15)

(1)操作步骤

①量好环刀的高和直径(内径)，以计算环刀的容积。在天平上称量环刀(带盖)和铝盒的重量(精确至0.01 g)。

②选择适当的测定地点，将地面的石块，杂草除掉。将已知重量的环刀平放在欲测土壤上，垂直下按，直到环刀与地面水平为止，使土壤充满环刀。

③用铁铲铲出环刀四周的土壤，将环刀轻轻取出，用小刀小心地削去环刀两端多余的土壤，两端立即加盖，带回实训室称重(精确至0.01 g)。

④从环刀内取出5~10 g土在105℃的烘箱中烘干，称重，测定自然含水量。

(2)计算结果

$$d=\frac{(M-M_1)\times 100}{V\times(100+W)} \tag{8-9}$$

式中 d——烘干土的密度，g/cm^3；

M——环刀内的湿土重+环刀重，g；

M_1——环刀重，g；

V——环刀的容积，cm^3；

W——土壤含水量，%。

2. 土壤孔隙度的计算(表8-15)

(1)由土粒密度测算

$$P=(1-d/D)\times 100 \tag{8-10}$$

式中 P——土壤总孔度，%；

D——土粒密度，取平均值2.65 g/cm^3；

d——土壤密度，g/cm^3。

(2)由经验公式推算

不用土粒密度时，可用经验公式计算：

$$P=93.947-32.99d$$

式中 P——土壤总孔度，%；

d——土壤密度，g/cm^3。

实训结果填入表 8-15 中。

表 8-15　土壤密度和孔隙度结果记录计算

样品编号	环刀重量/g	湿土重量/g	环刀容积/cm^3	土壤质量含水量/(g/kg)	土壤密度/(g/cm^3)	土壤总孔隙度/%

六、注意事项

用环刀取土时要平稳插入，注意保持土壤的自然状态。

七、报告要求

独立完成书面实训报告，要求文字精练，实训过程叙述清楚，结果准确且有分析。

8.4　土壤的化学性质

8.4.1　土壤胶体

直径大于 1 nm 且小于 2 μm 的土壤颗粒，称为土壤胶体。它是土壤中最活跃的部分，对土壤养分的保持和供应以及土壤理化性质都有很大影响。

8.4.1.1　土壤胶体的类型与特性

(1) 土壤胶体的类型

①无机胶体。无机胶体是极细微的黏土矿物，它是岩石风化过程的产物。主要有含水氧化硅($SiO_2 \cdot H_2O$)、含水氧化铝($Al_2O_3 \cdot H_2O$)、含水氧化铁($Fe_2O_3 \cdot H_2O$)等。还有次生铝硅酸盐类黏土矿物，主要有高岭石类、蒙脱石类和伊利石类。

②有机胶体。主要是指腐殖质。腐殖质胶体含有多种官能团，对土壤保肥供肥影响巨大，但不稳定，较易被微生物分解。

③有机无机复合胶体。土壤中有机胶体和无机胶体一般很少单独存在，而是彼此结合成有机无机复合胶体，它是土壤胶体存在的主要形式。

(2) 土壤胶体的特性

①巨大的表面能。在物体的表面，由于表面分子的周围存在着不同的分子，其受到的力就不均衡，这使表面分子对外表现有剩余能量。这种能量是由于表面的存在而产生的，所以称为表面能。

物体分割得越细，表面积越大，表面能也越大。据此分析不难看出，土壤胶体微粒很细小则表面积相对较大，而且层状铝硅酸盐黏土矿物还有巨大的内表面，腐殖质为疏松网状结构，也有内表面和外表面。所以，它们的表面能很大，对应地，吸附性也很强，对土壤蓄水保肥有着很大的作用。

②带电性。土壤胶体溶液中的胶体微粒都带有一定电荷，所带电性受决定电位离子层影响。土壤胶体大多数情况下带有负电荷，产生阳离子交换。在不同的酸度条件下，有些胶体可带负电，也可以带正电，这类胶体称为两性胶体。

③分散性和凝聚性。胶体微粒均匀分散在土壤溶液中成为胶体溶液状态，称为溶胶。胶体微粒彼此相互联结凝聚在一起呈无固定形状的絮状凝胶体，称为凝胶。

由凝胶分散为溶胶的作用，称为分散作用；由溶胶联结成凝胶的作用，称为凝聚作用。

因为土壤中主要是阴性胶体，为使土壤胶体凝聚，形成良好的土壤结构，改良土壤物理性质，可通过施肥、浇水等措施，给土壤加入阳离子，促进胶体凝聚。

生产实践中，在林业用地和经济林中应用耕垦晒垡、深挖冻土措施都可维持土壤胶体的凝聚性。

8.4.1.2 阳离子交换作用对土壤性质及肥力的影响

(1)阳离子交换作用的概念和特点

土壤胶体多带负电荷，因此其扩散层上的阳离子能与土壤溶液中的阳离子进行交换，称为阳离子交换作用，又称为阳离子交换吸收。反应过程为：

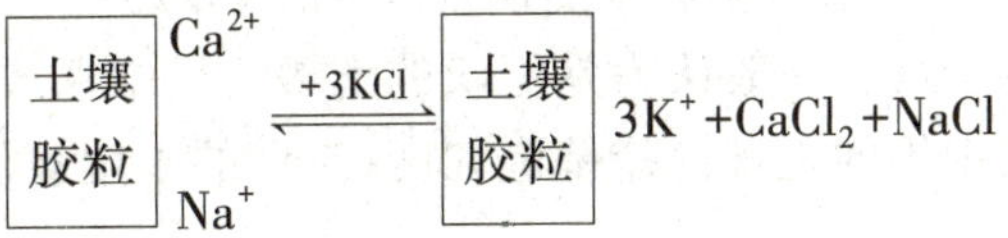

上述反应中，K^+所表示的过程为吸附过程，就是保肥过程。Ca^{2+}、Na^+等表示的过程为解吸过程，也就是供肥过程，而整个过程就是交换吸附过程。

阳离子交换作用有两个特点：一是可逆反应，迅速平衡，即反应方向可左右进行，当溶液浓度或离子组成改变时平衡即被破坏，能迅速建立新的平衡；二是等物质量(等离子价)交换，即交换作用进行时，离子间是以离子价为根据进行等价交换，而不是等质量交换。例如，上述反应中，2 mol K^+交换 1 mol Ca^{2+}，如以质量计则为 78.2 mg 的 K^+交换 40.1 mg 的 Ca^{2+}。

(2)阳离子交换力及交换量

土壤阳离子交换力是一种阳离子将另一种阳离子从胶体上交换到土壤溶液中来的能力，不同离子的交换力依次为：

$$Fe^{3+}>Al^{3+}>H^+>Ca^{2+}>Mg^{2+}>K^+>NH_4^+>Na^+$$

其中，以 H^+比较特殊，其质量轻，水化弱，运动快，代换力强。

阳离子交换量是指在一定的 pH 时(一般取 pH 7.0)，每千克烘干土所吸附的全部交换性阳离子的厘摩尔数，又称阳离子的吸附容量，单位 cmol/kg，用 CEC 表示。阳离子交换量反映土壤保持养分的能力，一般以大于 20 cmol/kg 为保肥力强；10~20 coml/kg 为保肥力中等；小于 10 coml/kg 为保肥力弱。不同土壤的阳离子交换量有很大差异，交换量大小主要取决于土壤质地和土壤中胶体的种类及数量(表 8-16)。

表 8-16 不同土壤质地阳离子交换量

土壤质地	砂土	砂壤土	轻壤土	中-重壤土	黏土
CEC/(cmol/kg)	1~2	3~5	7~8	15~18	25~30

土壤黏粒含量越高，交换量越大，保肥力越强。黏土交换量比砂土大十几倍。另外，有机胶体的交换量比无机胶体大几十倍。因此，在农林业生产中改良土壤质地，增加有机质含量，是提高土壤保肥力的有效措施。

(3)盐基饱和度

土壤胶体吸附的阳离子有2类：一类是盐基离子如 Ca^{2+}、Mg^{2+}、K^+、Na^+、NH_4^+ 等，它们是构成盐基的成分，不呈酸性，大多是植物营养成分；另一类是 H^+、Al^{3+}，称为致酸离子，它们致使土壤酸性增大且不是植物所需的营养元素。阳离子交换量是指这两类离子的总量。当土壤胶体吸附的全是盐基离子时，土壤呈盐基饱和状态，中性或碱性，称为盐基饱和土壤。如果土壤胶体上吸附一部分 H^+、Al^{3+}，土壤呈酸性，称为盐基不饱和土壤。

所谓盐基饱和度就是土壤胶体所吸附的盐基离子总量占吸附性阳离子交换量的百分数。

$$\text{盐基饱和度}=\frac{\text{交换性盐基离子总量}[\text{cmol}(+)/\text{kg}]}{\text{阳离子交换量}[\text{cmol}(+)/\text{kg}]}\times 100\% \tag{8-11}$$

盐基饱和度>80%的土壤，一般认为是肥沃的土壤，呈中性或碱性反应；盐基饱和度50%~80%的土壤为肥力中等的土壤；盐基饱和度<50%的土壤被认为是肥力较低的土壤，呈酸性反应。

盐基饱和度的大小常与降水量、母质、植被等自然条件密切相关，一般干旱地区盐基饱和度大，多雨地区则小，我国从南到北，从东到西除少数土壤外，盐基饱和度逐渐增高。肥沃的土壤，一般有较高的阳离子交换量和盐基饱和度。

除上述阳离子交换吸附外，土壤中带正电荷的胶粒所吸附的阴离子对土壤溶液中阴离子相互交换吸附的作用，基本规律与阳离子交换作用相同，但交换作用比较复杂。初步研究表明，土壤胶体对阴离子的吸附顺序依次为：

$$PO_4^{3-}>SiO_3^{2-}>CuO_2^{2-}>SO_4^{2-}>Cl^->NO_3^-$$

阴离子交换吸附可以达到保存阴离子磷酸根等养分的作用。

8.4.1.3 阳离子交换作用对土壤性质及肥力的影响

(1)影响土壤的物理性质和耕性

土壤胶体的类型及交换性阳离子种类对土壤物理性质和耕性都有影响。当土壤交换性阳离子中 Na^+ 占较大比例时(大于15%)，土壤紧实板结，通透性不良，原因是 Na^+ 会促使土壤胶体分散，增加了有效接触面积，使黏结性、黏着性增大。而 Ca^{2+}、Mg^{2+} 则能使土壤胶体凝聚，从而降低土壤的黏结性和黏着性。

(2)影响土壤供肥保肥能力

一般而言，阳离子交换量表明土壤保肥能力的大小，而盐基饱和度表明养分离子占阳离子交换量的比例，能说明供肥能力的强弱。阳离子交换量高，盐基饱和度也高，说明土壤的保肥供肥能力都强；两者都低时，则说明土壤保肥供肥能力都弱；阳离子交换量高而盐基饱和度低时，土壤的保肥能力强而供肥力弱；阳离子交换量低而盐基饱和度高时，则说明土壤的保肥能力弱，供肥能力相对强，但供肥时间短。

(3)能够定向改良土壤

碱土性状不良的主要原因是交换性阳离子中含有大量的 Na^+。如果用 Ca^{2+} 交换胶体上的 Na^+，然后通过合理的灌排措施，排洗钠盐，便能收到改良碱土的效果：

$$\boxed{\text{土壤胶粒}}\ 2Na^{+}+CaSO_4 \rightleftharpoons \boxed{\text{土壤胶粒}}\ Ca^{2+}+Na_2SO_4$$

(4)影响土壤缓冲性和稳肥性

离子交换作用能稳定土壤的酸碱反应，也可调节土壤溶液的养分离子浓度。在一定范围内，可以避免土壤过酸过碱对植物的危害，并能延长肥料的肥效，防止植物贪青疯长或脱肥落黄，使土壤具有一定的稳肥性。

8.4.2 土壤酸碱性

土壤酸碱性是土壤的重要性质，是影响土壤肥力和植物生长的一个重要因素，它对植物生长、微生物活动、养分转化以及土壤肥力有重要影响。

8.4.2.1 土壤酸碱度

土壤酸碱度是指土壤溶液的酸碱程度。土壤溶液是土壤水分及其所含溶质的总称。

土壤酸碱度取决于土壤溶液中游离的氢离子和氢氧离子的比例，通常用 pH 表示。土壤 pH 是土壤溶液中 H^+浓度的负对数值，即 $pH=-\log[H^+]$，也可写成 $pH=\log1/[H^+]$。

根据我国土壤酸碱度的实际差异情况及其与肥力的关系，可把土壤酸碱度分为下列 7 级(表 8-17)。

表 8-17 我国土壤酸碱度分级

土壤反应	pH	土壤反应	pH
强酸性	<4.5	弱碱性	7.6~8.0
酸性	4.6~5.5	碱性	8.1~9.0
弱酸性	5.6~6.5	强碱性	>9.1
中性	6.6~7.5		

土壤酸碱性是气候、植被及土壤组成共同作用的结果，其中气候起着决定性作用。因此，酸性土和碱性土的分布和气候有密切的关系。“南酸北碱”概括了我国酸碱度的地区性差异。我国土壤 pH 一般在 4~9，多数土壤的 pH 在 4.5~8.5。

土壤酸度的产生，主要是由土壤溶液中的 H^+ 和 Al^{3+} 引起的，可分为活性酸度和潜性酸度。常用水解性酸度表示土壤中活性酸度和潜性酸度的总量，称为土壤总酸度。也常被用作改良酸性土时计算石灰施用量的参考指标。

土壤碱度的产生，主要是由土壤中大量存在的碱式盐，特别是碱金属和碱土金属的碳酸盐和重碳酸盐，以及交换性钠引起的，当它们经过水解或代换后可产生大量的氢氧根离子。

8.4.2.2 树木对土壤酸碱度的适应性

森林树木长期在一定酸碱度的土壤上生长，形成一定的适应性。土壤酸碱度直接影响着树木的生长。土壤 pH 低于 3 或高于 9，多数树种细胞原生质将严重受害。根据森林树种对土壤酸碱度的反应，可分为以下生态类型。

(1)酸性土树种

适宜 pH <6.5 的树种，如茶树、油桐、柃木、杜鹃花、马尾松、云南松、桃金娘、咖啡、铁芒萁等。

(2)钙质土树种

适宜 pH >7.5 的树种，如柏木、蚬木、金丝李、南天竺、竹叶椒、棕竹、沙拐枣等。该类树种多适合在钙质土或石灰性土壤上生长，一般在酸性土壤上生长不良。

(3)中性土树种

适宜 pH 为 6.5~7.5 的树种，包括多数乔木树种。其虽适生于中性反应的土壤，但对弱酸性或弱碱性也有一定的适应幅度。

(4)盐碱土树种

此类树种可以在含盐量较高的盐土或碱土上生长，如柽柳、胡杨、红海榄、角果木、木榄等。

我国生态学家侯学煜曾广泛研究过酸性土和碱性土的指示植物，其中，酸性土指示植物有铁芒萁、里白、石松、地刷子、铺地蜈蚣、杜鹃花、乌饭树、狗脊、甘草蕨、东方乌毛蕨等；碱性土指示植物有铁线草、象牙乌毛蕨、甘草等。

8.4.2.3 土壤酸碱度的调节

(1)酸性土的调节

改良酸性土通常可施用石灰、石灰石粉和碱性、生理碱性肥料，既能中和活性酸和潜性酸，又有利于团粒结构的形成和增加钙素营养，还能减少磷素被活性铁、铝固定，化学反应如下：

$$CaO + H_2O \longrightarrow Ca(OH)_2$$

$$\boxed{\text{土壤胶粒}}\,2H^{+} + Ca(OH)_2 \rightleftharpoons \boxed{\text{土壤胶粒}}\,Ca^{2+} + 2H_2O$$

$$\boxed{\text{土壤胶粒}}\,2Al^{3+} + 3Ca(OH)_2 \rightleftharpoons \boxed{\text{土壤胶粒}}\,3Ca^{2+} + 2Al(OH)_3\downarrow$$

一种土壤需要施用多少石灰，可根据土壤阳离子交换量和盐基饱和度来计算，也可根据水解性酸度的大小来计算，并参照当地的实践经验加以校正。

除石灰外，在沿海地区常用含钙质的贝壳灰，我国四川、浙江等地也有用钙质紫页岩改良酸性土。另外，草木灰既是钾肥又可中和酸度。

(2)碱性土的调节

碱性土中含有大量的 $NaHCO_3$、交换性 Na^+，使土壤碱性强、土粒分散、物理性质恶化，植物难以正常生长。生产上用石膏、黑矾、明矾通过离子交换和化学作用降低交换性 Na^+ 的饱和度和土壤碱性。石膏在土壤中的化学反应如下：

$$Na_2CO_3+CaSO_4 \longrightarrow CaCO_3+Na_2SO_4$$

$$2NaHCO_3+CaSO_4 \longrightarrow Ca(HCO_3)_2+Na_2SO_4$$

$$\boxed{\text{土壤胶粒}}\,2Na^+ + CaSO_4 \rightleftharpoons \boxed{\text{土壤胶粒}}\,Ca^{2+} + Na_2SO_4$$

改良碱性土还需要采取灌溉、排水、植树造林、种植绿肥以及土壤耕作相结合的措施，才能从根本上改变碱性危害。

实践技能 11　土壤 pH 的测定

一、目标

了解土壤酸碱度的测定原理，掌握土壤 pH 的测定方法。

二、场所

实训室。

三、形式

以小组为单位，在教师的指导下进行操作。

四、备品与材料

1. 实训备品

酸度计(精度高于 0.1 单位，有温度补偿功能)，玻璃电极，饱和甘汞电极，或 pH 复合电极；振荡机或磁力搅拌器；天平(感量 0.01 g)；高型烧杯(50 mL)，量筒(25 mL)，洗瓶，滤纸，白瓷比色盘，玛瑙研钵，比色卡片，玻璃棒。

2. 药品及试剂配制

(1) pH 4~10 混合指示剂

称取麝草蓝 0.025 g、甲基红 0.065 g、溴麝草蓝 0.400 g、酚酞 0.250 g，溶于 400 mL 中性乙醇中，使之溶解，加入适量蒸馏水，用 0.1 mol/L 氢氧化钠调至黄绿色，最后加入蒸馏水至 1000 mL。该指示剂变色范围见表 8-18。

(2) pH 4 ~ 8 混合指示剂

称取溴甲酚绿、溴甲酚紫、甲酚红各 0.25 g，放在玛瑙研钵中，加入 15 mL 0.1 mol/L 氢氧化钠和 5 mL蒸馏水，共同研磨，再用蒸馏水稀释至 1000 mL。该指示剂变色范围见表 8-19。

表 8-18　pH 4~10 指示剂变色范围

pH	颜色	pH	颜色
4.0	红	8.0	青绿
5.0	橙	9.0	蓝
6.0	黄	10.0	紫
7.0	黄绿		

表 8-19　pH 4~8 指示剂变色范围

pH	颜色	pH	颜色
4.0	黄	6.0	灰绿
4.5	绿黄	6.5	灰蓝
5.0	黄绿	7.0	蓝紫
5.5	草绿	8.0	紫

（3）pH 7~9 混合指示剂

称取甲酚红、麝草蓝各 0.25 g，放于玛瑙研钵中，加入 0.1 mol/L 氢氧化钠 11.9 mL，共同研磨，待完全溶解后再用蒸馏水稀释至 1000 mL。其变色范围见表 8-20。

表 8-20　pH 7~9 指示剂变色范围

pH	颜色	pH	颜色
7.0	黄	8.5	红紫
7.5	橙	9.0	紫
8.0	橙红		

以上 3 种混合指示剂宜储于塑料瓶或茶色试剂瓶中，储存期内若发现颜色改变，可用稀酸或稀碱溶液调至原色。

（4）pH 4.01 标准缓冲液

称取经过 105℃ 烘 2~3 h 的苯二甲酸氢钾（$KHC_8H_4O_4$，分析纯）10.21 g，用蒸馏水溶解后定容 1000 mL，即 pH 为 4.01、浓度为 0.05 mol/L 的苯二钾酸氢钾溶液，必要时加百里酚防腐剂一小粒。

（5）pH 6.87 标准缓冲液

称经过 110~120℃烘干 2 h 的磷酸二氢钾（KH_2PO_4，分析纯）3.39 g 和无水磷酸氢二钠（Na_2HPO_4，分析纯）3.53 g 溶于蒸馏水中，定容至 1000 mL，即为 0.025 mol/L 磷酸二氢钾及 0.025 mol/L 磷酸氢二钠溶液，必要时加百里酚防腐剂一小粒。

（6）pH 9.18 标准缓冲液

称取 3.80 g 硼砂（$Na_2B_4O_7 \cdot 10H_2O$，分析纯），溶解于无二氧化碳的冷水中定容至 1000 mL，即为 0.01 mol/L 硼砂溶液。此溶液的 pH 易于变化，应注意保存，必要加百里酚防腐剂一小粒。

（7）1mol/L 氯化钾溶液

称取 74.6 g 氯化钾（KCl，化学纯）溶于 400 mL 蒸馏水中，用 10%氢氧化钾和盐酸调节 pH 为 5.5~6.0，然后稀释至 1000 mL。

（8）0.01mol/L 氯化钙溶液

称取 147.02 g 氯化钙（$CaCl_2 \cdot 2H_2O$，化学纯）溶于 200 mL 蒸馏水中，定容至 1000 mL，即为 1.0 mol/L氯化钙溶液，吸取 10 mL 1.0 mol/L 氯化钙溶液于 500 mL 烧杯中，加 400 mL 蒸馏水。用少量氢氧化钙或盐酸调节 pH 为 6 左右，然后定容至 1000 mL，即为 0.01 mol/L 氯化钙溶液。

（9）无二氧化碳水的制备

将水注入烧瓶中（水量不超过烧瓶体积的2/3），煮沸 10 min，放置冷却，用装有碱石灰干燥管的橡皮塞塞紧。如要制备 10～20 L 较大体积的不含二氧化碳的水，可插入一玻璃管到容器底部，通氮气到水中 1～2 h，以除去被水吸收的二氧化碳。

五、内容与方法

1. 酸度计（电位计）测定法

（1）酸度计的测定原理

用水浸提液或中性盐浸提液（酸性土壤采用1 mol/L氯化钾溶液，中性和碱性土壤采用 0.01 mol/L 氯化钙溶液）提取土壤中氢离子或交换性氢、铝离子会形成酸度，再利用复合电极对被测溶液中不同酸度产生的直流电位进行测定，并通过放大器输送到转换器，即可在酸度计上直接读出 pH。

（2）测定步骤

①待测液的制备。称取通过 2 mm 筛孔的风干土样 10.0 g 置于 50 mL 高型烧杯中，加入 25 mL 无二氧化碳的水或 1 mol/L 氯化钾溶液（酸性土测定用）或 0.01 mol/L 氯化钙溶液（中性、石灰性或碱性土测定用）。枯枝落叶层或泥炭层样品称取 5.0 g，加水或盐溶液 50 mL。将容器密封后，用振荡机或磁力搅拌器剧烈振荡或搅拌 5 min，或用玻璃棒搅拌 5 min，然后静置 0.5～3 h，此时应避免空气中氨或挥发性酸等影响。

②仪器校正。依照仪器说明书，至少使用两种 pH 标准缓冲溶液（其中一个标准缓冲液与土壤浸提液 pH 接近）校正仪器，进行 pH 计的校正。

a. 将盛有标准缓冲溶液并内置搅拌子的烧杯置于磁力搅拌器上，开启磁力搅拌器。

b. 用温度表测量标准缓冲液（或土壤悬浊液）的温度，并将 pH 计的温度补偿旋钮调节到该温度上。有自动温度补偿功能的仪器，此步可忽略。

c. 搅拌平稳后将电极插入缓冲溶液中，使仪器标度上的 pH 与标准缓冲液的 pH 相一致。

③待测液 pH 的测定。测量待测液的温度，待测液的温度与标准缓冲液的温度之差不应超过1℃。pH 测量时，应在搅拌的条件下或事前充分摇动待测液后，将电极插入待测液中，待读数稳定后读取 pH。

2. 综合指示剂比色法

（1）综合指示剂比色法的测定原理

利用指示剂在不同的溶液中显示不同颜色的特性，可根据指示剂显示的颜色确定土壤 pH。

（2）测定步骤

①取黄豆大小的土壤样品，置于白瓷比色盘穴中，加入指示剂 3～5 滴，以能湿润样品而稍有余为度。

②用玻璃棒充分搅拌，稍澄清，倾斜瓷盘或引入另一小穴中，观察溶液颜色，确定 pH。

每人取 2 份样品进行混合指示剂比色，速测并将实验结果填入表 8-21。

表 8-21　综合指示剂比色法测定土壤 pH 记录

样品名称	pH

六、注意事项

用酸度计测定土壤 pH 时应注意的事项包括：

①干放的电极使用前要在 0.1 mol/L 盐酸溶液或蒸馏水中浸泡 12 h 以上，使之活化。

②使用电极时，要注意轻拿轻放，避免电极损坏。

③电极使用时要将电极侧口的小橡皮塞拔下，让氯化钾溶液保持一定的流速。

④电极不用时，可保存在水中，如长期不用，可在纸盒内干放。

⑤保持电极清洁，不能沾有油污，忌用浓硫酸或铬酸溶液清洗玻璃电极表面。

⑥测定 pH 的土壤样品不要磨得过细，以通过 2 mm 孔筛为宜。

七、报告要求

独立完成书面实训报告，要求文字精练，实训过程叙述清楚，结果准确且有分析。

8.5 土壤营养与施肥

8.5.1 土壤养分

8.5.1.1 植物必需的营养元素

已证明 17 种元素为高等绿色植物所必需的营养元素，包括碳(C)、氢(H)、氧(O)、氮(N)、磷(P)、钾(K)、镁(Mg)、钙(Ca)、硫(S)、铁(Fe)、锰(Mn)、锌(Zn)、铜(Cu)、硼(B)、钼(Mo)、氯(Cl)、镍(Ni)。必需营养元素在植物体含量相差很大，根据其在植物体内含量的多少，将其分为大量元素和微量元素。大量元素一般占干物质重的 0.1%以上，如碳、氢、氧、氮、磷、钾、钙、镁、硫，其中氮、磷、钾 3 种元素又称为植物营养的三要素。微量元素一般占干物质重的 0.1%以下，如铁、锰、硼、锌、铜、钼、氯。微量元素在土壤中含量虽然很少，但对植物的生命活动来说，与大量元素是同等重要和不可替代的。

8.5.1.2 土壤养分的来源

植物必需的营养元素，除碳、氢、氧主要来自空气和水外，其余 14 种营养元素主要来自土壤，这种主要依靠土壤来供给的植物必需营养元素，称为土壤养分。根据植物吸收的难易程度，土壤养分可分为速效性养分(包括交换态养分和水溶态养分)和迟效性养分(包括矿质态养分、固定态养分和有机态养分)。土壤养分的来源途径有 4 种。

(1)岩石矿物

土壤矿物质的基本来源是土壤矿物质风化所释放的养分。不同成土母质矿物的组成不同，风化产物中释放的养分种类和数量也不同。

(2)森林凋落物

以森林凋落物形式归还土壤的营养元素是林木生长发育所需养分的主要来源。林下的灌木、草本等地被物，林下枯枝落叶，采伐后的伐根、遗留物等均可为土壤提供大量养分。

(3)施肥

苗圃、经济林、特种用途林及工程林地的土壤，须通过人工施肥来增加土壤养分。

(4)其他来源

其他来源包括生物固氮、大气降水等。

8.5.1.3 土壤养分的消耗

森林土壤养分的消耗主要有以下途径。

(1)森林利用带走土壤营养物质

在营林活动中，森林主伐、间伐后，林木及林产品中的营养物质被带走，造成土壤养分的消耗。一般来说，轮伐周期短的速生用材林比轮伐周期长的用材林消耗养分多；集约经营的经济林比一般用材林消耗养分多。但是，被采伐的木材仅带走一部分养分。这是因为树叶中的氮素和矿质元素含量最多(表8-22)，且采伐剩余物如伐根、枝丫、树皮等也留在采伐迹地上，因此，森林每年以枯枝落叶形式将大部分养分归还土壤。

表8-22　栓皮栎枯落物营养元素的归还量

枯落物类型	单位质量/(kg/hm²)	营养元素归还量/(kg/hm²)					
		N	P	K	Ca	Mg	合计
枝	1350.1	5.7	0.4	3.0	12.2	1.9	23.2
叶	4421.3	31.8	1.8	12.8	56.2	11.5	114.1
果	1172.3	5.4	0.6	6.6	3.6	1.9	18.1
碎屑	415.1	4.4	0.4	2.6	1.8	1.1	10.3
合计	7358.3	47.3	3.2	25.0	73.8	16.4	165.7

(2)漏肥跑肥

缺乏有机质的砂土，大孔隙多，保肥力弱，通过降水的渗透作用会造成大量漏肥；结构不良的黏土，干旱结块龟裂，形成粗大裂隙，养分随水流失，称为跑肥。在有一定坡度、土壤黏重板结，渗水不快的无林地或少林地，降水后会形成地表径流，引起水土流失，从而造成跑水、跑肥。

(3)土壤微生物的不良活动

在水分过多、通气不良的土壤中，反硝化细菌将硝酸还原，会造成氮肥损失，磷化细菌还原作用也可以将磷酸还原为磷化氢，造成有效磷素损失。反应过程如下：

$$H_3PO_4 \xrightarrow{\text{还原}} H_3PO_3 \xrightarrow{\text{还原}} H_3PO_2 \xrightarrow{\text{还原}} PH_3$$

8.5.2　肥料的概念与分类

8.5.2.1　肥料的概念

凡是施入土壤中或处理植物地上部分，能直接或间接供给植物养分，或改善土壤性状的物质，都可称为肥料。

8.5.2.2　肥料的分类

肥料的分类方法很多，按照它的来源成分可分为无机肥料、有机肥料和微生物肥料3大类。

(1)无机肥料

无机肥料通常又称化学肥料(简称化肥)，是指不含有机质的肥料，是工厂制品或由工业废品加工而成的。化肥中所含的大部分元素是无机物，按营养元素多少又分为：单质肥料，即仅含氮、磷、钾三要素之一的肥料，如碳酸氢铵、氯化钾等；复合肥料是含有两种以上主要营养元素的肥料，如磷酸二氢钾、磷酸二铵等。无机肥料的特点如下。

①营养成分单一。大多数化肥只含有一种或两种营养元素，含有两种以上者较少。

②养分含量高。例如，碳酸氢铵含氮量17%，每500 g碳酸氢铵相当于人粪尿(含氮1%左右)10~15 kg。

③肥效快速。溶于水，易被植物吸收利用，肥效快，在土壤中3~7 d可发挥肥效。

④有化学、生理酸碱反应。化学酸碱反应是指化肥溶于水所产生的反应，如碳酸氢铵水溶液呈碱性。引起土壤酸碱性变化的反应是指化肥施入土壤后，植物吸收了某些离子，残留的离子引起的土壤反应。根据化肥在土壤中残留离子的种类不同而引起的不同土壤酸碱性变化，可将其分为生理酸性肥料、生理中性肥料、生理碱性肥料。因此，在农林生产中，不能长期施用某些化肥，以免破坏土壤结构，使土壤物理性状恶化。

有些化肥，特别是成分单一的氮肥，储存时易吸湿结块，必须加以注意。

(2)有机肥料

有机肥料，又称农家肥料，是指含大量有机质的肥料，如粪尿类、堆沤肥类等。该肥料所含营养元素比较齐全，又称完全肥料。有机肥料的特点如下。

①所含养分全面。有机肥料含有植物生长发育所需的大量元素和微量元素。

②养分含量低。有机肥料含其他杂质较多，养分含量低，因而用肥量大，会增加运输费用。

③肥效持久而稳定。有机肥料所含养分多呈复杂的有机状态，需经土壤微生物分解，才能释放出来供给植物吸收利用，所以这种肥料肥效持久而稳定。

④改良土壤理化性质。有机肥料中含有大量有机胶体，能促进土壤良好结构的形成，改善土壤的耕性。腐殖酸及其盐类所构成的缓冲系统，可以减轻因施化肥所引起的土壤板结。分解过程所产生的有机酸和无机酸，可活化土壤养分。因此，在林业生产中，要有机肥料和无机肥料配合施用，方能充分发挥两者的肥效，提高施肥的经济效益和生态效益。

(3)微生物肥料

微生物肥料又称菌肥，是指利用一些农林业生产中有益的微生物人工制成的生物肥料(菌剂)。菌肥本身并不含各种营养元素，其作用是通过微生物的生命活动来提高土壤肥力，它是一种辅助性肥料，要与无机肥料和有机肥料配合施用。

此外，按肥效的快慢肥料还可分为以下4种。

①速效肥料。施用后短期就能见效的肥料，如碳酸氢铵等。

②迟效肥料。经长期的腐熟分解才能被植物吸收的肥料，如垃圾、磷矿粉等。

③缓效肥料。施用后经过较短时间的转化，植物就能吸收的肥料，如人粪尿等。

④控释肥料。将各种肥料元素按比例调控，外有包膜，施入土壤后在较长时间内逐渐释放肥效，如被膜长效棒肥等。

8.5.3 常见肥料的性质及施用技术

8.5.3.1 无机肥料

(1)无机氮肥

无机氮肥包括铵态氮肥、硝态氮肥和酰胺态氮肥3种类型。

①铵态氮肥。凡氮肥中的氮素以铵离子或氨形式存在的，称为铵态氮肥，如碳酸氢铵、硫酸铵、氨水等。它们的共同特点：易溶于水，是速效养分；肥料中的铵离子能与土壤胶体上吸附的各种阳离子进行交换作用，可被土壤胶体吸附而不易流失；遇碱性物质分解会释放出氨气而挥发；通气良好的土壤中，可通过硝化作用转化为硝态氮而使氮素流失。

②硝态氮肥。肥料中的氮素以硝酸根的形式存在，如硝酸铵、硝酸钙。其共同特点：易溶于水，是速效养分，吸湿性强；硝酸根离子不能被土壤胶体吸附而移动性强；在一定条件下，可经反硝化作用转化为分子态氮等而丧失肥效；大多数易燃、易爆，在储运过程中要注意安全。

③酰胺态氮肥。含有酰胺基或分解过程中产生酰胺基的氮肥，如尿素和石灰氮肥料。

为了便于运用，下面从种类、性质及施用等方面对其他氮素化肥列表进行介绍(表8-23)。

表8-23 主要氮肥的种类、性质及施用

类型	肥料名称	含氮量/%	主要性质	在土壤中的转化	施用技术
铵态氮肥	碳酸氢铵 NH_4HCO_3	17~18	白色结晶，易溶于水，化学碱性，生理中性，氨味强烈，易溶解，易挥发	NH_4^+ 被植物吸收和土壤吸附。HCO_3^- 为林木碳素营养，无副作用	适应多种植物和土壤，作基肥和追肥深施(6 cm以下)，不宜作种肥
	硫酸铵 $(NH_4)_2SO_4$	20~22	白色结晶，易溶于水，生理酸性	NH_4^+ 被土壤吸附保持有效性。SO_4^{2-} 强烈酸化土壤	作基肥、追肥和种肥，使用时配合有机肥和石灰，防止土壤酸化
	氯化铵 NH_4Cl	24~25	白色结晶，易溶于水，生理酸性	NH_4^+ 被土壤吸附，Cl^- 酸化土壤，抑制反硝化作用	作基肥、追肥，不宜作种肥，盐碱地和忌氯作物禁用
	液氨 NH_3	82	无色液体，化学碱性，强烈辛辣臭味。有毒液化气体，要注意安全	NH_4^+ 被土壤吸附，无副成分，抑制硝化作用	基肥深施(深12 cm左右)75~150 kg/hm^2
	氨水 $NH_3 \cdot H_2O$	12~17	无色液体，易挥发，刺激臭味，强烈腐蚀性	NH_4^+ 被土壤吸附，无副成分，但短期内提高土壤碱性	深施(深7~10 cm)后覆土，加水稀释
硝态氮肥	硝酸铵 HN_4NO_3	33~35	白色结晶，易吸湿结块，生理中性，助燃易爆	NH_4^+ 可被土壤吸附，NO_3^- 易淋失	作追肥不宜作基肥、种肥，沟施、穴施覆土
	硝酸钙 $Ca(NO_3)_2$	13~15	白色结晶，吸湿性强，生理碱性	易淋洗，能增加土壤pH	宜作追肥，不宜在水田施用
酰胺态氮肥	尿素 $CO(NH_2)_2$	45~46	白色结晶，有一定的吸湿性	有机质丰富，水分、温度适宜转化快，以温度影响最大，转化 NH_4^+ 被土壤吸附，植物可吸收尿素分子	适宜各种植物和土壤，宜作基肥、追肥和种肥，特别适合根外追肥
	石灰氮 $Ca(CN_2)$	20~21	灰黑色粉末，含有20%~28% CaO，有腐蚀性	增加土壤pH，可转化铵态氮，被土壤吸附	适宜酸性土和一切作物，播前2~3周施用

(2)无机磷肥

无机磷肥是天然磷矿石、磷灰土经过机械磨碎或配制、热制加工而成的各种磷酸盐。根据其溶解度分为水溶性磷肥、弱酸溶性磷肥、难溶性磷肥3大类。这3类中，水溶性磷肥中的过磷酸钙、弱酸溶性磷肥中的钙镁磷肥，难溶性磷肥中的磷矿粉在市场上最为常见，但以过磷酸钙的施用最为普遍。

为了便于运用，表8-24介绍了常见磷肥的种类、性质和施用。

表8-24 主要磷肥的种类、性质和施用

类型	肥料名称及主要成分	磷酸 P_2O_5/%	主要性质	在土壤中转化	施用技术
水溶性磷肥	过磷酸钙 $CaH_4(PO_4)_2 \cdot H_2O$ 和 $CaSO_4 \cdot H_2O$	12~16	灰白色粉末，具吸湿性，含水溶性磷，化学含硫酸钙和游离酸等杂质	水溶性磷在土壤中易化学固定和土壤吸附，也易被植物吸收	集中施用，分层施用与有机肥配合施用，可作根外追肥，其浓度果树为1%~2%
	重过磷酸钙 $CaH_4(PO_4)_2 \cdot H_2O$	40~52	深灰色粉末，易溶于水，化学酸性，腐蚀性和吸湿较大	水溶性磷在土壤中易化学固定和土壤吸附，也易被植物吸收	用量较过磷酸钙减半，其余同上
弱酸溶性磷肥	钙镁磷肥 2-$Ca_3(PO_4)_2$ 及 $CaSiO_3$ 和 $MgSiO_3$	14~16	灰白色、灰绿色粉末，不吸湿结块，化学碱性，无腐蚀性	在石灰性土壤上肥效低于酸性土壤，可降低土壤酸度	与有机肥混合堆沤后施用，作基肥、追肥深施、早施，用于蘸根
	钢渣磷肥 $Ca_4P_2O_4 \cdot CaSiO_3$ 或 $5CaO \cdot P_2O_5 \cdot SiO_2$	7~17	黑褐色粉末，化学碱性，吸湿性小	土壤酸性效果好	宜作基肥，不宜作追肥和种肥，与有机肥混合堆沤后施用
	沉渣磷肥 $CaHPO_4 \cdot H_2O$	30~40	白色粉末，化学中性，不吸湿	土壤酸性效果好	作基肥
	脱氟磷肥 $Ca_3(PO_4)_2$ 及 Ca_2SiO_4	14~18	深灰色粉末，化学中性，不吸湿	土壤酸性效果好	作基肥
难溶性磷肥	磷矿粉(成分复杂，含有F、Cl、Mn、Sr等)	全磷含量10~25	灰褐色粉末，化学中性至微碱性，迟效，不吸湿，有光泽	在酸性土壤上有效磷逐年释放	作基肥，深施林木，果树利用强，2~3年内每年施一次，每亩施用量50~100 kg

(3)无机钾肥

土壤中的钾比氮、磷含量丰富，施用较少，在水土流失的地区和喜钾树木，应施用钾肥。

①硫酸钾(K_2SO_4)。白色淡黄色结晶，含 K_2O 50%~52%，易溶于水，吸湿性小，化学中性，生理酸性肥料。硫酸钾施入土壤后 K^+ 被植物吸收或被土壤吸附，而 SO_4^{2-} 与 Ca^{2+} 生成硫酸钙。因此，大量施硫酸钾，要注意防止土壤板结，可通过增施有机肥料改善土壤结构。硫酸钾适宜于各种土壤，宜作基肥深施，作追肥应早施和穴施到根系附近。

②草木灰。植物残体燃烧后，剩余的灰分称为草木灰。草木灰的成分很复杂，含有植物体内各种灰分元素，如钾、钙、镁、硫、铁、硅以及各种微量元素。其中以钾、钙数量最多，其次是磷，常称为农家钾肥。草木灰可作基肥、追肥，特别适宜作种肥。作基肥用量 750~1500 kg/hm^2，作追肥 750 kg/hm^2 左右，可配制 10%~20%的水浸液叶面喷洒。

(4)微量元素肥料

微量元素是指土壤和植物中含量很低的元素。在农林生产实践中，研究和利用较多的微量元素有硼、钼、锌、锰、铁、铜 6 种。下面对微量元素肥料的种类、性质和施用进行介绍(表 8-25)。

表 8-25 主要微量元素肥料的种类、性质和施用

肥料种类	肥料名称	主要成分	含量及主要性质	施用技术
硼肥	硼酸	$H_3B_4O_3$	B 17.5%，白色结晶或粉末，溶于水	基肥、追肥施用量为 7.5 kg/hm^2，根外追肥浓度为 0.1%~0.25%
	硼砂	$NaB_4O_7 \cdot 10H_2O$	B 11.03%，白色结晶或粉末，溶于水	
钼肥	钼酸铵	$(NH_4)_6Mo_7O_2 \cdot 4H_2O$	Mo 50%~54%，青白色晶体或粉末，溶于水	根外追肥浓度为 0.01%~0.05%
锌肥	硫酸锌	$ZnSO_4 \cdot 7H_2O$	Zn 24%，白色或淡橘红色结晶，易溶于水，不吸湿	根外追肥浓度为 0.05%~0.2%
	氧化锌	ZnO	Zn 70%~80%，白色粉末，难溶于水	
锰肥	硫酸锰	$MnSO_4 \cdot 3H_2O$	Mn 26%~28%，粉红色结晶，易溶于水	作基肥、种肥，基肥用量为 15~60 kg/hm^2，根外追肥浓度 0.05%~0.1%
铁肥	硫酸亚铁	$FeSO_4 \cdot 7H_2O$	Fe 19%，淡绿色晶体，溶于水	根外追肥浓度 0.2%~1%，连施 2~3 次
铜肥	硫酸铜	$CuSO_4 \cdot 5H_2O$	Cu 25.5%，蓝色结晶，溶于水	基肥用量为 15~30 kg/hm^2，3~5 年施一次，根外追肥浓度为 0.02%~0.4%

(5)复合肥料

复合肥料是指同时含有氮、磷、钾三要素或只含其中任何两种元素的化学肥料。它可以是化合物或混合物。复合肥料的有效成分一般用 $N-P_2O_5-K_2O$ 的相应百分数来表示。

在复合肥料中常添加某些微量元素，制成多元复合肥，如 N 20%，$P_2O_5$20%，K_2O 15%，B 3%则表示为 20-20-15-3。复合肥中，几种营养元素含量总和，称为复合肥料的养分总量。

复合肥料的种类很多，为便于运用，下面从种类、化学成分、性质和施用要点列表分别介绍(表 8-26)。另外，缓释、复合、专用化和喷剂化是肥料发展的新趋向，市场上出现很多树木、花卉、草坪的专用肥，在这些肥料中，有的仅是简单的化学复合肥，有的则是以有机肥料为基质配以适量多种元素加工而成，有的还加入一些辅助剂，以增加肥料的功能。

正确施用复合肥，应着重考虑以下几项施用原则与技术。

①复合肥料与单质肥料配合施用。复合肥料养分固定，如果某种植物在生长过程中需某种元素过多，可加施单质肥料补充。

②采用多种施肥方法。应针对复合肥料的特点，采用相应的施肥方法：以含铵为主的复合肥要深施盖土减少损失；对磷、钾养分为主的复合肥，应集中施到根系附近，避免养分固定，以便吸收。

③基于土壤和植物选择适宜的复合肥料。复合肥中的氮、磷、钾等养分比例要与土壤、植物需肥相适应。例如，缺磷的土壤选用铵化过磷酸钙，豆科植物选用磷钾复合肥等。

表 8-26　几种复合肥料的成分、性质和施用要点

肥料类型	肥料名称	主要化学成分	养分含量 $N-P_2O_5-K_2O/\%$	物理性状	施用要点
氮磷二元复合肥料	氨化过磷酸钙	$NH_4H_2PO_4+CaHPO_4+(NH_4)_2SO_4$	(2~3)-(13~15)-0	吸湿性小，性质稳定	施法同普钙，应配合施用氮肥
	混酸法硝酸磷肥	$CaHPO_4+NH_4H_2PO_4+NH_4NO_3$	12-12-0	有一定吸湿性，易结块	适于旱地作基肥、追肥
	碳化法硝酸磷肥	$CaHPO_4+NH_4NO_3$	18-12-0	有一定吸湿性，易结块	适于旱地作基肥、追肥
	冷冻法硝酸磷肥	$CaHPO_4+NH_4H_2PO_4+NH_4NO_3$	20-20-0	有一定吸湿性，易结块	适于旱地作基肥、追肥
	磷酸铵	$NH_4H_2PO_4+(NH_4)_2HPO_4$	(14~18)-(46~50)-0	有一定吸湿性，潮湿空气能分解，引起氨挥发	应注意配合氮肥的施用
	硫磷铵	$(NH_4)_2HPO_4+NH_4H_2PO_4+(NH_4)_2SO_4$	16-20-0	不吸湿，易溶于水	可作基肥、种肥、追肥
	偏磷酸铵	NH_4PO_3	14-73-0	稍有吸湿，不结块，中性，弱酸溶性	作基肥、追肥、根外喷施应配合施用氮肥及有机肥
	尿素磷铵	$CO(NH_2)_2+(NH_4)_2HPO_4$	29-29-0 37-17-0 25-25-0	氮、磷都是水溶性	适用于多种作物和各种土壤
	聚磷酸铵	$(NH_4)_2H_2P_2O_7+(NH_4)_3HP_2O_7$	15-60-0	国外生产多为液体	适用于喜磷作物及缺磷土壤
	液体磷铵	$NH_4H_2PO_4+(NH_4)_2HPO_4$	(6~8)-(18~24)-0	淡黄色乳状液体，易溶于水，pH 6.5~7.0	忌与碱性物质混合施用
磷钾二元复合肥料	磷酸二氢钾	KH_2PO_4	0-52-34	白色或灰色粉末，吸湿性小，易溶于水	0.1%~0.2%溶液喷施，0.2%溶液浸种

（续）

肥料类型	肥料名称	主要化学成分	养分含量 $N-P_2O_5-K_2O$/%	物理性状	施用要点
氮钾二元复合肥料	硝酸钾	KNO_3	13-0-45	吸湿性小，不结块	宜旱地作基肥、追肥，适于喜钾作物
	氮钾肥	$(NH_4)_2SO_4+K_2SO_4$	14-0-(11~16)	吸湿性小易溶于水，淡褐色颗粒，有吸湿性	可作基肥、种肥、追肥
氮磷钾三元复合肥	硝磷钾肥	$CaHPO_4+NH_4NO_3$ $NH_4H_2PO_4+KNO_3$	10-10-10	磷30%~50%为弱酸溶性，其他为水溶性	多用于烟草
	氮磷钾1号 氮磷钾2号 氮磷钾3号		12-24-12 10-20-15 10-30-10		多用于经济作物

长效肥料的养分释放缓慢，其肥效可维持几个月或更长时间。这种肥料对林木生长和高温多雨地区有十分重要的意义。长效肥料可分为合成有机氮肥(如脲甲醛)、包膜肥料(如碳酸氢铵包膜肥料、脲甲醛包膜肥料)、无机合成长效肥(如磷酸镁铵)和天然有机合成长效肥(腐殖酸类肥料)4种类型。

8.5.3.2 有机肥料

(1)人粪尿

人粪尿是含氮量较高的速效性有机肥料，含氮量比土粪高几倍，而磷、钾较少，通常把人粪尿当作氮肥来施用(表8-27)。

表8-27 人粪尿养分含量 %

项目	鲜物中主要养分含量				
	水分	有机物	N	P_2O_5	K_2O
人粪	>70	20左右	1.00	0.50	0.37
人尿	>90	3左右	0.50	0.13	0.18
人粪尿	>80	5~10	0.50~0.80	0.20~0.40	0.20~0.30

人粪尿必须腐熟后施用，这是因为：①人粪中常有病菌、虫卵，通过储存腐熟进行无害化处理，以防传播疾病，污染环境。②新鲜人粪中的养分多呈有机态，需腐熟转化为速效养分，才能被植物吸收利用。③直接施用新鲜浓厚的人粪尿时，其中的尿素和盐类能使局部的土壤溶液浓度增高，影响植物对水分和养料的吸收，使植物发生萎蔫。

合理储存人粪尿，可以减少粪尿的流失，保氮除臭。基本要求是：防挥发、防渗漏、防流失、防传播疾病、防污染环境。

人粪尿的储存不宜采用晒粪干、连茅圈和掺草灰等落后而不科学的方法。

人粪尿冬季沤制1~2周，夏季只要几天即可腐熟，当变为暗绿色并混浊时方能施用。施用时加水1~3倍稀释，沟施覆土，可作基肥、追肥。作基肥用量为7500~15 000 kg/hm^2，新鲜人尿可直接施用，但不能直接施在根系上，以免“烧死”根系。

(2)家畜粪尿和厩肥

①家畜粪尿。家畜粪尿是猪、马、牛、羊等的排泄物，把家畜粪尿与各种垫铺材料和饲料残屑混合堆积后的肥料，称为厩肥。它们含有机质和作物所需要的各种营养元素，是完全肥料(表8-28)。

表8-28　家畜粪尿的肥分含量　　%

家畜种类	水分	有机质	N	P_2O_5	K_2O	CaO
猪粪	81.50	15.00	0.60	0.40	0.44	0.09
猪尿	96.70	2.80	0.30	0.12	1.00	—
马粪	75.80	21.00	0.58	0.30	0.24	0.15
马尿	90.10	7.10	1.20	微量	1.50	0.45
牛粪	83.30	14.50	0.32	0.25	0.16	0.34
牛尿	93.80	3.50	0.95	0.03	0.95	0.01
羊粪	65.50	31.40	0.65	0.47	0.23	0.40
羊尿	87.20	8.30	1.68	0.03	2.10	0.16

畜粪中的养分主要是有机状态，分解比较缓慢，植物不能吸收利用，是迟效态肥料。畜尿中的尿素比较容易转化为速效状态。就营养元素特征而言，畜粪富含有机质且氮、磷多而钾较少，畜尿则氮、钾多而磷少。

牛粪粪质细密，含水分多，分解速度慢，发酵温度低，称为冷性肥料。

马粪中的纤维较粗，粪质疏松多孔，通气好，水分容易蒸发，同时粪中含有大量高温纤维分解细菌，因此，分解速度快，发热量大，称为热性肥料。马粪可用于温床上作发热材料，也可混入堆肥材料制成高温堆肥，马粪属“火性”，后劲短。

羊粪发热性质近似马粪而稍差，猪粪发热性质近似牛粪而稍好，猪粪性柔且后劲长。

家畜粪尿单独施用的情况不多，而是将其与垫铺材料制成厩肥或堆沤腐熟后作基肥、追肥施用。

②厩肥。厩肥是含养分较完全，肥效较高的有机肥料，厩肥经过堆积和腐熟可以促进肥分有效化，并能在一定程度上杀灭其中的病菌、虫卵和杂草种子，但堆腐时间越长，有机质和氮的损失也越大。

厩肥不一定等到腐熟后才施用，对轻质或有机质贫乏的土壤进行改良时，可直接用新鲜厩肥。常年大量施用厩肥，对增加土壤有机质和改良土壤物理性质有显著效果。连年施用化肥，可能导致土壤微量元素的缺乏，而施用厩肥可以弥补这种不足。

(3)堆肥和沤肥

堆肥和沤肥都是以植物残落物，如秸秆、落叶、杂草、植物性垃圾、污泥等为主要原料，加入人粪尿或家畜粪尿进行堆积和沤制而成的。堆肥的堆制要为微生物创造好气分解的条件，发酵温度较高。沤肥多在水下沤制，以嫌气分解为主，发酵温度低。

堆肥腐熟是微生物活动的结果。影响微生物活动的外界条件有水分、空气、温度、堆肥材料的碳氮比和酸碱度等。只要满足微生物活动所需要的条件，堆肥就能腐熟。

沤肥是我国南方地区重要的积肥方法。北方部分地区，也有利用现有坑洼，在高温多雨季节，采用沤肥的方法。其特点是利用有机物质与少量肥沃土壤和人畜粪尿，在嫌气条件下进行低温发酵，使有机物质腐熟。腐熟过程中，氮素损失少，腐殖质积累较多，但所需时间较长。

堆、沤肥都是含有机质和各种营养元素的完全肥料，肥效缓慢而持久，一般用作基肥。长期施用堆、沤肥可起改良土壤作用。堆肥中氮素因微生物的消耗而不足，最好施堆肥后，再追施速效氮肥。

(4)绿肥

凡是将绿色的青嫩植物直接翻压或割下堆沤作为肥料施用的，称为绿肥。绿肥按其来源，可以分为天然绿肥(各种野生绿肥植物、杂草、树木幼嫩枝叶等)和栽培绿肥。按能否起固氮作用可分为豆科绿肥(如紫穗槐等)和非豆科绿肥(如燕麦草、四方藤等)。按其生长季节可分为夏季绿肥(如猪屎豆、田菁、木豆等)和冬季绿肥(如紫云英等)。绿肥产量大，有机质丰富，能增加土壤养分，改良土壤物理性质，防止水土流失。

栽培绿肥最好在盛花期稍前的时期内利用，因为这时鲜物质生长量最大，茎叶中养分含量最多，组织尚幼嫩，易分解。当然，也要考虑苗木的播种时期，适当提前施入。栽培绿肥可以就地耕翻，也可以割下来运到其他地块翻耕埋土。翻埋的深度要浅(一般为6~9 cm)，但盖土要严，否则绿肥分解慢，易漏风跑墒，耕埋后要耙地和镇压。新鲜绿肥在土壤中腐烂15~20 d，圃地施绿肥2周后，即可进行播种或移植。

绿肥在苗圃地可进行轮作或套作，在幼林地和经济林地上可套作或间作，尤其是间作豆科绿肥效果最为显著。

8.5.3.3 微生物肥料

微生物肥料，又称为菌肥、生物肥料。目前常用的菌肥有根瘤菌肥料、自身固氮菌肥料、硅酸盐细菌肥料(钾细菌肥料)、抗生菌肥料(放线菌肥料)和菌根菌肥(真菌肥料)等。其中根瘤菌肥料在我国农业生产中已应用了几十年，是微生物肥料中效果最稳定的品种之一，简要介绍如下。

(1)根瘤菌肥料的特性

①有效性。根瘤菌具有固氮活性，根瘤菌与相应的豆科植物共生，可固定空气中游离态氮，每年能从空气中固定150~180 kg/hm^2 的氮素。

②侵染力。根瘤菌进入豆科植物根内，能进行繁殖分解形成根瘤。

③专一性。各种根瘤菌必须生活在它们各自适应的豆科植物上，才能建立共生关系形成根瘤。

(2)根瘤菌肥料施用条件

①保证菌剂质量。要选用结瘤率高、固氮效率大、侵染力强、适应性广的优良菌株作为生产用的菌种。菌肥品种每克应含3亿个以上的活菌数。

②满足根瘤菌和豆科植物共生的各种条件。最适的土壤湿度为田间持水量的60%~

80%，最适温度为20~24℃，适宜酸碱度为pH 7.0~8.0。此外，还需要良好的通气条件，土壤含盐量在0.1%以下，并保证磷、钾、钙、硼、钼等营养元素的供给。在较贫瘠的土壤和豆科植物生长初期施用少量氮肥，与磷细菌肥、钾细菌肥复合施用等，都是必需的条件。

(3)根瘤菌肥料的施用方法

根瘤菌剂一般采取拌种使用。菌肥厂制的菌剂，大粒种子用量300~750 g/hm^2，小粒种子用量225~375 g/hm^2，加水250 mL混合均匀，与种子充分拌和，使其附着在种子的表面，在阴凉处风干后即可播种。如果种子需要消毒，应在接种菌剂前2~3 d进行。

8.5.4 施肥的方式和方法

8.5.4.1 施肥方式

苗圃和林地施肥的方式按施肥时间的不同，可分为基肥、种肥和追肥3种。

(1)基肥

在育苗和造林前结合深耕或整地施用的肥料，称为基肥(也称底肥)。施基肥的目的一方面是改良土壤的理化性质，另一方面是供给苗木或林木较长时间生长发育所需要的养分。因此，基肥的用量较大，多用肥效迟缓而持久的有机肥料，有时也适当掺入一些磷、钾化肥。

基肥施用一般以有机肥为主，无机肥为辅；长效肥为主，速效肥为辅；氮、磷、钾(或多元素)肥配合施用为主，根据土壤的缺素情况，个别补充为辅。

基肥施用量应根据植物的需肥特点与土壤的供肥特性而定，一般基肥施用量应占该植物总施肥量的50%左右。质地偏黏的土壤应适当多施，质地偏砂的土壤适当少施，施肥方法一般采用撒施。

(2)种肥

种肥是在播种、幼苗扦插或定植时施用的肥料。施种肥的目的是为种子发芽、幼苗(或定植苗)生长创造良好的条件，即一方面供给养分；另一方面改善苗床或植树穴土壤的理化性状。种肥一般宜用高度腐熟的有机肥料或速效性化肥以及菌肥等。由于种肥与种子或幼苗根直接接触，所以在选择肥料时，必须注意防止肥料对种子或幼根可能产生的腐蚀或毒害作用。种肥的用肥量要少、浓度稀薄，过酸、过碱以及产生高温的肥料均不宜作为种肥施用。

种肥用量根据植物需要量而定，一般占该植物总施肥量的5%~10%为宜。种肥的施用方法可采用沟施、拌种、浸种等。

(3)追肥

追肥是在苗木或林木生长发育期间施用的肥料。其目的是及时补充苗木或林木在不同的生长发育阶段所需要的养分。一般以速效化肥为主，腐熟良好、养分含量高的有机肥也可作追肥。

一般追肥施用量应占总施肥量的40%~50%为宜。其中植物生长的旺盛时期应占总施肥量的50%。施肥方法可采用撒施、沟施、环施、喷施(根外追肥)等。

8.5.4.2 施肥方法

(1)撒施

撒施是把肥料均匀撒在地面，有时浅耙1~2次，使肥料和表层土壤混合。撒施省工，且施肥面广，分布均匀。但肥料用量大，利用率低。

(2)沟施

沟施又称条施，是指在播种沟内施用肥料或在植物行间开沟施肥，然后播种覆土。其优点是施肥集中，用量少，肥效高；缺点是下茬生产不整齐，施用不方便。行状树木开沟深度一般为10~30 cm；条播苗木及行状栽植的花卉追肥开沟深度为5~10 cm。

(3)穴施

穴施是在种子和植株附近挖穴，施入肥料。优点是用肥省，肥效集中，但费工，适用于需求量较大的植物。

(4)轮状施肥

轮状施肥又称环施，即在植株冠外沿根群分布地带，挖1~2条沟，施入肥料，灌水后覆土填平，一般用于树木。

(5)浇灌施肥

浇灌是把肥料按比例溶解在水中，然后全面浇在地面或在行间开沟注入后盖土。

(6)叶面喷洒

叶面喷洒是根外追肥的主要方法，是将肥料溶于水中，稀释到一定浓度，喷洒于苗木或林木的叶面，通过叶片的气孔吸收利用。根外追肥是补给营养的辅助措施，不能完全代替土壤施肥，在下列情况使用效果好：①气温升高而地温较低，林木地上部已开始生长而根系活动尚未正常；②林木刚定植，根系受伤尚未恢复；③根系缺少某种元素，而该元素施入土壤后肥效降低，如易溶性磷肥或某些微量元素。

此外，根外施肥可避免土壤对有效养分的固定和减少肥料流失，提高肥料的利用率，还可以提高林木的光合作用和呼吸作用的强度，以促进根系对养分吸收。喷施应在傍晚气孔尚未关闭且空气又较湿时为宜，以免因肥液浓度升高而灼伤叶子。

8.5.5 测土配方施肥

8.5.5.1 测土配方施肥技术

测土配方施肥是以土壤测试和肥料田间试验为基础，根据植物需肥规律、土壤供肥性能和肥料效应，在合理施用有机肥料的基础上，提出氮、磷、钾及中、微量元素等肥料的施用数量、施肥时期和施用方法。

测土配方施肥技术的核心是调节和解决植物需肥与土壤供肥之间的矛盾，同时有针对性地补充植物所需的营养元素，植物缺什么元素就补充什么元素，需要多少补多少，实现各种养分平衡供应，满足植物的需要，达到提高肥料利用率和减少用量、提高作物产量、改善农产品品质、节省劳力、节支增收的目的。实践证明，推广测土配方施肥技术，可以提高化肥利用率5%~10%，增产率一般为10%~15%，高的可超过20%。

8.5.5.2 测土配方施肥的基本方法

(1) 测土配方施肥实施

测土配方施肥涉及面比较广，是一个系统工程。测土配方施肥技术包括测土、配方、配肥、供应、施肥指导5个核心环节。主要包括以下步骤。

①田间试验。田间试验是获得各种植物最佳施肥量、施肥时期、施肥方法的根本途径，也是筛选、验证土壤养分测试技术、建立施肥指标体系的基本环节。

②土壤测试。土壤测试是制定肥料配方的重要依据之一，施肥结构和数量发生了很大的变化，土壤养分库也发生了明显改变。通过开展土壤氮、磷、钾及中、微量元素养分测试，了解土壤供肥能力状况。

③配方设计。肥料配方设计是测土配方施肥工作的核心。通过总结田间试验、土壤养分数据等，划分不同区域施肥分区，同时，根据气候、地貌、土壤、耕作制度等相似性和差异性，结合专家经验，提出不同植物的施肥配方。

④校正试验。为保证肥料配方的准确性，最大限度地减少配方肥料批量生产和大面积应用的风险，在每个施肥分区单元设置配方施肥、习惯施肥、空白施肥3个处理，以当地主要植物及其主栽品种为研究对象，对比配方施肥的增产效果，校验施肥参数，验证并完善肥料配方，改进测土配方施肥技术参数。

⑤配方加工。配方落实到田间是提高和普及测土配方施肥技术的最关键环节。目前不同地区有不同的模式，其中最主要的也是最具有市场前景的运作模式就是市场化运作、工厂化加工、网络化经营。

⑥科学用肥。配方肥料大多是作为底肥一次性施用。要掌握好施肥深度，控制好肥料与种子的距离，尽可能有效满足作物苗期和生长发育中、后期对肥料的需要。用作追肥的肥料，应根据气候条件、土壤条件、植物特性，掌握追肥时机，提倡水施、深施，提高肥料利用率。

⑦田间监测。使用配方肥料之后，要观察植物生长发育和收成结果，纳入地力管理档案，并及时反馈到专家和技术咨询系统，作为调整修订平衡施肥配方的重要依据。

⑧修订配方。平衡施肥测土一般每年进行一次。按照测土得来的数据和田间监测的情况，由专家咨询组共同分析研究，修改确定肥料配方，使平衡施肥的技术措施更切合实际，更具有科学性。

(2) 测土配方施肥注意事项

应用配方施肥技术应注意以下问题。

①配方施肥的基础是对土壤供肥能力的科学判定，而判定的基础是对土壤进行化验分析和在该土壤上进行的作物试验。我国土壤类型繁多，土壤肥力水平差异较大，不同土壤有不同的养分供应能力，生产实际中应根据土壤的性质、土壤的养分含量，确定土壤的养分供应能力。

②不同植物种类甚至同一植物的不同品种，其需肥规律各不相同，生产中应根据植物的营养特性及其养分需求规律，科学确定肥料的用量和施肥方式。

③配方施肥技术按定量施肥的不同分为地力分区(级)配方法、目标产量配方法、肥料效应函数法。目前，我国推广应用的主要是目标产量配方法中的养分平衡法，该方法容易掌握，但应用时必须具备5个有效数据，即植物计划产量、单位经济产量植物的需肥量、土壤供肥量、肥料利用率及肥料有效养分含量。其中最关键的数据是土壤供肥量，它需要进行土壤化验分析才能准确确定。

养分平衡法配方施肥量计算公式如下：

$$\text{施肥量(kg/亩)}=\frac{\text{植物计划产量需肥量(kg/亩)}-\text{土壤供肥量(kg/亩)}}{\text{肥料有效养分含量(\%)}\times\text{肥料利用率(\%)}} \quad (8\text{-}12)$$

实践技能12 土壤速效养分的测定

土壤水解性氮的测定

一、目标

了解水解性氮的测定原理，学会用碱解扩散吸收法测定土壤水解性氮的方法。

二、场所

实训室。

三、形式

以小组为单位，在教师的指导下进行操作。

四、备品与材料

1. 实训备品

天平(感量0.01 g，0.0001 g)、恒温箱、扩散皿、半微量滴定管(5 mL)、移液管、量筒、皮头吸管(10 mL)、玻璃棒。

2. 药品及试剂配制

①1.8 mol/L 氢氧化钠溶液。称取72.0 g氢氧化钠(NaOH，分析纯)溶于蒸馏水中，冷却后定容至1 L。

②1.2 mol/L 氢氧化钠溶液。称取48.0 g氢氧化钠(NaOH，分析纯)溶于蒸馏水中，冷却后定容至1 L。

③锌-硫酸亚铁还原剂。称取经磨细并通过0.25 mm筛孔的硫酸亚铁($FeSO_4 \cdot 7H_2O$，化学纯)50.0 g及10.0 g锌粉 (Zn，化学纯)混匀，贮于棕色瓶中。

④碱性胶液。称取40.0 g阿拉伯胶和50 mL蒸馏水共同放置于烧杯中，调匀，加热到60~70℃，搅拌溶解后冷却。加入40 mL甘油($C_3H_8O_3$)和20 mL饱和碳酸钾(K_2CO_3)水溶液，搅匀后冷却。离心除去泡沫和不溶物，将清液贮于玻璃瓶中备用(最好放置在盛有浓硫酸的干燥器中以除去氨)。

⑤0.01 mol/L 盐酸标准溶液。量取8.4 mL浓盐酸(密度ρ=1.19 g/mL)，用蒸馏水定容至1 L，此溶液为0.1 mol/L 盐酸溶液。量取100.00 mL的0.1 mol/L盐酸溶液，用蒸馏水定容至1 L，此溶液为0.01 mol/L盐酸溶液。量取10 mL的0.01 mol/L盐酸标准溶液，用0.02 mol/L 硼砂($Na_2B_4O_7 \cdot 10H_2O$,)标准溶液标定。

⑥20 g/L 硼酸-指示剂溶液。称取10.0 g硼酸(H_3BO_3，分析纯)，用热蒸馏水(约60℃)溶解，冷却后稀释至1 L。使用前，每升硼酸溶液中加5.0 mL甲基红-溴甲酚绿混合指示剂，并用0.1 mol/L氢氧化钠溶液调节至红紫色(pH约为4.5)。此液放置时间不宜超过1周，如在使用过程中pH有变化，需随时用稀酸或稀碱调节。

⑦甲基红-溴甲酚绿混合指示剂。称取0.50 g溴甲酚绿($C_{21}H_{14}Br_4O_5S$)及0.10 g甲基红

($C_{15}H_{15}N_3O_2$)于玛瑙研钵中研细，用少量95%乙醇(C_2H_5OH)研磨至全部溶解，用95%乙醇定容至100 mL中，该指示剂贮存期不超过2个月。

五、内容与方法

1. 方法原理

用1.8 mol/L氢氧化钠溶液处理土壤，在扩散皿中，土壤于碱性条件下进行水解，使易水解态氮经碱解转化为氨态氮，扩散后由硼酸溶液吸收，用标准酸溶液滴定，根据消耗酸溶液的量，计算碱解氮的含量。如果森林土壤硝态氮含量较高，应加还原剂还原，而森林土壤的潜育土壤由于硝态氮含量较低，不需加还原剂使其还原，因此氢氧化钠溶液浓度可降低到1.2 mol/L。

2. 测定步骤

①称取通过2 mm筛孔的风干土样1.00~2.00 g(精确至0.01 g)均匀平铺于扩散皿外室，在扩散皿外室内加入1 g锌-硫酸亚铁还原剂平铺土样上(若为潜育土壤不需加还原剂)。同样做试剂空白作参比。

②在扩散皿内室加入3 mL的20 g/L硼酸-指示剂溶液。

③在扩散皿外室边缘上方涂碱性胶液，盖好毛玻璃并旋转数次，使毛玻璃与扩散皿边缘完全黏合。然后慢慢转开毛玻璃一边，使扩散皿露出一条狭缝，在此缺口加入10 mL的1.8 mol/L氢氧化钠溶液于扩散皿的外室，立即将毛玻璃盖严。由于碱性胶液的碱性很强，在涂胶液时，应细心，谨慎防止因污染内室造成误差。

④水平地轻轻旋转扩散皿，使外室溶液与土样充分混合，然后小心地用橡皮筋两根交叉成十字形圈紧，使毛玻璃固定。放在恒温箱中，于40℃保温24 h，在此期间应间歇地水平轻轻转动3次。

⑤用0.01 mol/L盐酸标准溶液滴定扩散皿内室硼酸中吸收的氨量，溶液颜色由蓝色到紫红，即达终点。记录所用标准溶液的体积。

⑥在样品测定同时进行试剂空白和标准土样的测定(表8-29)。

表8-29 水解性氮的测定记录

土壤剖面编号	层次	风干土质量/g	水分换算系数	烘干土质量/g	盐酸标准溶液			水解性氮/(mg/kg)
					浓度/(mol/L)	空白滴定用量/mL	土样滴定用量/mL	

3. 结果计算

土壤水解性氮含量的计算公式如下：

$$W_N = \frac{(V - V_0) \times c_{HCl} \times 0.014}{m \times k_1} \times 10^6 \tag{8-13}$$

式中 W_N——水解性氮含量，mg/kg；

V——滴定样品所消耗的盐酸标准溶液体积，mL；

V_0——滴定空白所消耗的盐酸标准溶液体积，mL；

c_{HCl}——盐酸标准溶液的浓度，mol/L；

0.014——氮原子的摩尔质量，mg/mol；

m——风干土样质量，g；

k_1——由风干土样换算成烘干土样的水分换算系数。

六、注意事项

①检查滴定管是否正常。

②滴定时应用玻璃棒小心搅动内室溶液，切不可摇动扩散皿，同时逐滴加入标准酸液，接近终点时，用玻璃棒在滴定管尖端蘸取标准酸液后再搅拌内室，以防滴过终点。

③特制胶水绝不能沾污内室溶液，否则结果偏高；扩散皿一定要盖严。

七、报告要求

独立完成书面实训报告，要求文字精练，实训过程叙述清楚，结果准确且有分析。

土壤有效磷的测定——比色法

一、目标

了解土壤中有效磷测定原理，掌握其测定方法和操作技能，能比较准确地测定速效磷的含量。

二、场所

实训室。

三、形式

以小组为单位，在教师的指导下进行操作。

四、备品与材料

1. 实训备品

天平(感量 0.01 g，0.0001 g)、恒温往复振荡机(转速 150~180 r/min)、高温电炉、紫外/可见分光光度计、酸度计、锥形瓶、塑料瓶、移液管(5 mL、10 mL)、容量瓶(50 mL、100 mL、1000 mL)、量筒(10 mL、25 mL、50 mL、100 mL)、漏斗、玻璃棒、胶头滴管、无磷滤纸、洗耳球。

2. 药品及试剂配制

①二硝基酚指示剂。称取 0.20 g 的 2,4-二硝基酚或 2,6-二硝基酚($C_6H_4N_2O_5$)溶于 100 mL 蒸馏水中。

②2 mol/L 氢氧化钠溶液。称取 80.0 g 氢氧化钠(NaOH)溶于蒸馏水中，用蒸馏水定容至 1 L。

③0.5 mol/L 硫酸溶液。吸取 28.0 mL 硫酸(H_2SO_4，ρ=1.84 g/mL)，缓缓注入蒸馏水中，冷却后，用蒸馏水定容至 1 L。

④钼锑贮存液。取 153.0 mL 浓硫酸(密度 1.84 g/mL)，缓缓倒入约 400 mL 蒸馏水中搅拌，冷却。另称取 10.0 g 钼酸铵[$(NH_4)_6Mo_{24}O_{24}\cdot 4H_2O$，分析纯]，溶解于约 60℃ 的 300 mL 蒸馏水中，冷却。然后将硫酸溶液缓缓倒入钼酸铵溶液中，再加入 100.0 mL 的5 g/L酒石酸锑钾溶液，最后用蒸馏水稀释至 1 L，摇匀，贮存于棕色试剂瓶中于 4℃ 条件下可保存 2 个月。

⑤钼锑抗显色剂。称取 1.50 g 抗坏血酸($C_6H_8O_6$，左旋，旋光度+21°~+22°)溶于 100 mL 钼锑贮存液中。此液需现配现用。

⑥磷标准储备液。称取 105℃ 烘干 2 h 的磷酸二氢钾(KH_2PO_4，优级纯)0.4394 g，用蒸馏水溶解后，加 5.0 mL 浓硫酸(ρ=1.84 g/mL)，用蒸馏水定容至 1 L，此即为磷标准储备液[ρ(P)= 100 μg/mL]，在 4℃ 条件下可保存 6 个月。

⑦5 μg/mL 磷标准溶液。吸取 5.00 mL 磷标准储备液于 100 mL 容量瓶中，加蒸馏水定容至刻度，即为磷标准溶液[ρ(P)= 5 μg/mL]，此溶液需现配现用。

⑧1∶1 盐酸溶液。浓盐酸(HCl，ρ=1.19 g/mL)与蒸馏水体积比 1∶1，均匀混合。

⑨42 g/L 碳酸氢钠溶液。称取碳酸氢钠($NaHCO_3$)42 g 溶于蒸馏水中，用蒸馏水稀释到1 L，摇匀。

⑩无磷活性炭。如果所用活性炭含磷，应先用 1∶1 盐酸溶液浸泡 12 h 以上，然后移放在平板漏斗上抽气过滤，用水淋洗 4~5 次；再用 42 g/L 碳酸氢钠溶液浸泡 12 h 以上，在平板漏斗上抽气过滤，用水洗净碳酸氢钠，并至无磷为止，烘干备用。

五、内容与方法

1. 盐酸–硫酸浸提比色法

（1）方法原理

以盐酸和硫酸溶液浸提酸性森林土壤样品，使这类土壤中比较具活性的磷酸铁、铝盐陆续被溶解释放。浸提出的磷在钼锑抗显色剂下还原生成磷钼蓝，进行比色测定。本方法适用于质地较轻的酸性森林土壤有效磷的测定。

（2）试剂

①盐酸 HCl。ρ=1.19 g/mL。

②硫酸 H_2SO_4。ρ=1.84 g/mL。

③盐酸–硫酸浸提剂。吸取 4.0 mL 盐酸(ρ=1.19 g/mL)及 0.7 mL 硫酸（ρ=1.84 g/mL）于有蒸馏水的 1 L 容量瓶中，用蒸馏水定容至刻度，此溶液含 0.05 mol/L 盐酸和 0.025 mol/L 硫酸。

（3）测定步骤

①待测液的制备。称取过 2 mm 筛的风干土样 5.00 g 于浸提瓶中，加入 25 mL 双酸浸提剂，在 20~25℃恒温条件下 160 r/min 振荡 5 min，过滤，待测液供测有效磷用(如滤液颜色过深，影响比色时，则需加无磷活性炭进行脱色处理)。

②空白溶液的制备。空白溶液制备除不加土样外，其他步骤同“①待测液的制备”。

③标准曲线。分别吸取 5 μg/mL 磷标准溶液 0.00 mL、1.00 mL、2.00 mL、3.00 mL、4.00 mL、5.00 mL、6.00 mL 于50 mL容量瓶中；再分别加入与待测溶液等量的盐酸–硫酸浸提剂，加 1 滴二硝基酚指示剂，用 2 mol/L 氢氧化钠溶液调到黄色；然后用 0.5 mol/L 硫酸溶液调节溶液至刚呈微黄色，准确加入 5.0 mL钼锑抗显色剂，用蒸馏水定容至刻度，摇匀，即得 0.00 μg/mL、0.10 μg/mL、0.20 μg/mL、0.30 μg/mL、0.40 μg/mL、0.50 μg/mL、0.60 μg/mL 磷标准系列显色液。在室温高于20℃条件下静置 30 min，在分光光度计上用 700 nm 波长比色，以 0.00 μg/mL 磷标准溶液为参比溶液调节仪器零点，然后由低到高依序测定磷标准系列溶液的吸光度。以磷标准系列溶液浓度为横坐标，吸光度(减去试剂空白溶液的吸光度)为纵坐标，绘制标准曲线，并得到回归方程。

④测定。吸取空白液和待测液 2~10 mL 于50 mL容量瓶中，加 1 滴二硝基酚指示剂，用 2 mol/L 氢氧化钠溶液调至黄色；然后用 0.5 mol/L 硫酸溶液调节溶液至刚呈微黄色，准确加入 5.0 mL 钼锑抗显色剂，用蒸馏水定容至刻度，摇匀。在室温高于 20℃条件下静置 30 min，在分光光度计上用 700 nm 波长比色，获得空白溶液和待测液的吸光度。

（4）结果计算

用比色法测定土壤有效磷的含量，计算公式如下：

$$W_P=\frac{(c-c_0)}{m\times k}\times V\times t_p \qquad (8\text{-}14)$$

式中 W_P——有效磷含量，mg/kg；

c——从标准曲线上获得或求回归方程而得的待测液的磷浓度，mg/L；

c_0——从标准曲线上获得的空白溶液的磷浓度，mg/L；

V——显色液体积，取 50 mL；

t_P——分取倍数，分取倍数=浸提液总体积(mL)/吸取待测液体积(mL)；

m——风干土样质量，g；

k——风干土样换算成烘干土样的水分换算系数。

将计算结果填入表8-30。

表8-30 土壤有效磷的测定记录

土壤剖面编号	层次	风干土质量/g	浸提液体积/mL	吸取待测液体积/mL	显色液体积/mL	待测液吸光度	待测液磷浓度/(μg/mL)	土壤有效磷/(μg/mL)

2. 氟化铵-盐酸浸提比色法

（1）方法原理

以氟化铵-盐酸浸提酸性森林土壤样品，利用 F^- 在酸性溶液中络合 Fe^{3+} 和 Al^{3+} 的能力，使这类土壤中比较有活性的磷酸铁、铝盐陆续被活化释放。浸提液中的磷用钼锑抗比色法测定。本方法适用于风化程度中等的酸性森林土壤有效磷的测定。

（2）试剂

①氟化铵-盐酸浸提剂。称取1.11 g氟化铵(NH_4F)，溶于400 mL蒸馏水中，加2.1 mL浓盐酸(HCl，ρ=1.19 g/L)溶液，用蒸馏水定容至1 L，贮存于塑料瓶中。此溶液含0.03 mol/L的氟化铵和0.035 mol/L盐酸。

②0.06 mol/L硼酸溶液。称取3.70 g硼酸(H_3BO_3)，在60℃左右的热水中溶解，冷却后，用蒸馏水定容至1 L。

③2 mol/L氨水溶液。吸取15.0 mL浓氨水($NH_3 \cdot H_2O$，26%)，用蒸馏水定容至1 L。

④2 mol/L盐酸溶液。吸取16.4 mL盐酸(HCl，ρ=1.19 g/L)，用蒸馏水定容至1 L。

（3）测定步骤

①待测液的制备。称取过2 mm筛的风干土样5.00 g(精确至0.01 g)置于浸提瓶中，加入50.0 mL氟化铵-盐酸浸提剂，在20 ~25℃恒温条件下160 r/mim振荡5 min后，立即用无磷滤纸干过滤。滤液供测磷用(如滤液颜色过深，影响比色时，则需加无磷活性炭进行脱色处理)。

②空白溶液的制备。空白溶液制备除不加土样外，其他步骤同“①待测液的制备”。

③标准曲线。分别吸取5 μg/mL磷标准溶液0.00 mL、1.00 mL、2.00 mL、3.00 mL、4.00 mL、5.00 mL、6.00 mL于50 mL容量瓶中；再分别加入与待测溶液等量的氟化铵-盐酸浸提剂和5 mL的0.06 mol/L硼酸溶液，加1滴二硝基酚指示剂，用2 mol/L氨水溶液及2 mol/L盐酸溶液调节溶液至刚呈微黄色；准确加入5.0 mL钼锑抗显色剂，用蒸馏水定容至刻度，摇匀，在室温高于20℃条件下，放置30 min，即获得0.00 μg/mL、0.10 μg/mL、0.20 μg/mL、0.30 μg/mL、0.40 μg/mL、0.50 μg/mL、0.60 μg/mL磷标准系列显色液。在分光光度计上用700 nm波长比色，以0.00 μg/mL磷标准溶液为参比溶液调节仪器零点，然后由低到高依序测定磷标准系列溶液的吸光度。以磷标准系列溶液浓度为横坐标，吸光度(减去试剂空白溶液的吸光度)为纵坐标，绘制标准曲线，并得到回归方程。

④测定。吸取空白溶液和待测液2~10 mL于50 mL容量瓶中，加1滴二硝基酚指示剂，用2 mol/L氨水溶液及2 mol/L盐酸溶液调节溶液至刚呈微黄色；准确加入5.0 mL钼锑抗显色剂，用蒸馏水定容至刻度，摇匀。在室温高于20℃条件下静置30 min，以0.00 μg/mL磷标准溶液为参比溶液调节仪器零点，在分光光度计上用700 nm波长比色，获得空白溶液和待测液的吸光度。

（4）结果计算

土壤有效磷的含量计算公式与“1. 盐酸-硫酸浸提比色法”相同。

3. 碳酸氢钠浸提比色法

（1）方法原理

以0.5 mol/L碳酸氢钠(pH 8.5)浸提土壤中的有效磷，使钙离子以碳酸钙的形式沉淀，活性较大的磷酸钙（Ca-P）得以溶解被浸提出来，同时部分较活性的磷酸铁（$FePO_4$）、铝盐发生水解作用而浸出。浸提液中的磷利用钼锑抗比色法测定。本方法适用于中性和石灰性森林土壤有效磷的测定。

（2）试剂

配制0.5 mol/L碳酸氢钠浸提剂。称量42.0 g碳酸氢钠，加蒸馏水至近1 L。用2 mol/L氢氧化钠溶液调pH至8.5，然后定容至1 L。每周检查一次溶液的pH。

（3）测定步骤

①待测液的制备。称取过2 mm筛的风干土样2.50 g（精确至0.01 g）置于浸提瓶中，加入50.0 mL的0.5 mol/L碳酸氢钠浸提剂，在20~25℃恒温条件下160 r/mim振荡30 min后，立即用无磷滤纸干过滤。滤液供测磷用（如滤液颜色过深，影响比色时，则需加无磷活性炭进行脱色处理）。

②空白溶液的制备。空白溶液制备除不加土样外，其他步骤同“①待测液的制备”。

③标准曲线。分别吸取5 μg/mL磷标准溶液0.00 mL、1.00 mL、2.00 mL、3.00 mL、4.00 mL、5.00 mL、6.00 mL于50 mL容量瓶中；再分别加入与待测溶液等量的碳酸氢钠浸提剂，加1滴二硝基酚指示剂，用0.5 mol/L硫酸溶液调节溶液至刚呈微黄色；准确加入5.0 mL钼锑抗显色剂，用蒸馏水定容至刻度，摇匀。在室温高于20℃条件下放置30 min，即获得0.00 μg/mL、0.10 μg/mL、0.20 μg/mL、0.30 μg/mL、0.40 μg/mL、0.50 μg/mL、0.60 μg/mL磷标准系列显色液。在分光光度计上用700 nm波长比色，以0.00 μg/mL磷标准溶液为参比溶液调节仪器零点，然后由低到高依序测定磷标准系列溶液的吸光度。以磷标准系列溶液浓度为横坐标，吸光度（减去试剂空白溶液的吸光度）为纵坐标，绘制标准曲线，并得到回归方程。

④测定。吸取待测液2.00~10.00 mL于50 mL容量瓶中，加1滴二硝基酚指示剂，用0.5 mol/L硫酸溶液调节溶液至刚呈微黄色，中和时有强烈气泡发生，因此要一滴一滴地边加边摇，勿使二氧化碳气泡溢出瓶口；等气泡不再发生后，准确加入5.0 mL钼锑抗显色剂，用蒸馏水定容至刻度，摇匀。在室温高于20℃条件下静置30 min，以0.00 μg/mL磷标准溶液为参比溶液调节仪器零点，在分光光度计上用700 nm波长比色，获得空白溶液和待测液的吸光度。

（4）结果计算

土壤有效磷的含量计算公式与“1. 盐酸-硫酸浸提比色法”相同。

六、注意事项

①提取剂的选择主要是根据土壤的性质而定：质地较轻的酸性森林土壤，用盐酸-硫酸溶液提取有效磷；风化程度中等的酸性森林土壤，用氟化铵-盐酸提取有效磷；石灰性土壤和中性土壤由于大量游离碳酸钙的存在，不能用酸溶液来提取有效磷，可用碳酸盐如碳酸氢钠溶液来提取。

②温度对本法测定有较大影响，提取温度要求在25℃左右。低于20℃时，可将量瓶放入40~50℃烘箱或热水中保温20 min，冷却30 min后比色。

七、报告要求

独立完成书面实训报告，要求文字精练，实训过程叙述清楚，结果准确且有分析。

土壤速效钾的测定

一、目标

了解测定土壤速效钾的基本原理，掌握测定方法和操作技能，能比较准确地测定土壤速效钾的含量。

二、场所

实训室。

三、形式

以小组为单位，在教师的指导下进行操作。

四、备品与材料

1. 实训备品

天平(感量0.01 g，0.0001 g)、往复式振荡机、磁力搅拌仪、火焰光度计、原子吸收分光光度计或电感耦合等离子体发射光谱仪，滴管或滴瓶、锥形瓶、烧杯、容量瓶(50 mL、1000 mL)、量筒(10 mL、100 mL、250 mL、500 mL)、漏斗、玻璃棒、移液管(2 mL、5 mL、10 mL)、洗耳球、浸提瓶(或塑料瓶，150 mL)。

2. 药品及试剂配制

①1.0 mol/L 乙酸铵溶液。称取77.08 g乙酸铵(CH_3COONH_4)溶于蒸馏水中，用稀乙酸(CH_3COOH)或(1+1)氨水($NH_3 \cdot H_2O$)调节pH为7.0，用蒸馏水定容至1 L。该溶液不宜久放。

②100 μg/mL 钾标准溶液。称取经105~110℃烘干2 h的氯化钾(优级纯，KCl)0.1907 g溶于1.0 mol/L乙酸铵溶液中，并用1.0 mol/L乙酸铵溶液定容至1 L，即为100 μg/mL钾标准溶液。

五、内容与方法

1. 方法原理

以中性1.0 mol/L乙酸铵溶液为浸提剂，溶液中铵离子与土壤胶体表面的钾离子进行交换，连同水溶性K^+一起进入溶液，浸提液中的钾可直接用火焰光度计、原子吸收分光光度计或电感耦合等离子体发射光谱仪测定。

2. 测定步骤

①待测液制备。称取过1 mm或2 mm筛的风干土样5.00 g于浸提瓶中，加入50.0 mL的1.0 mol/L乙酸铵溶液(土液比为1∶10)，盖紧盖子，摇匀，在20~25℃条件下，150~180 r/min振荡30 min，立即用干滤纸过滤，若加入乙酸铵溶液放置过久，部分矿物钾会转入溶液中，使速效钾量偏高。

②空白溶液的制备。空白溶液制备除不加土样外，其他步骤同“①待测液制备”。

③标准曲线。吸取100 μg/mL钾标准溶液0.00 mL、1.00 mL、2.50 mL、5.00 mL、10.00 mL、20.00 mL于50 mL容量瓶中，用1.0 mol/L乙酸铵溶液定容，即为0.00 μg/mL、2.00 μg/mL、5.00 μg/mL、10.00 μg/mL、20.00 μg/mL、40.00 μg/mL的钾标准系列溶液。用10 mm比色皿，以0.00 μg/mL的钾溶液作参比调节仪器零点，然后由低到高依序测定钾标准系列溶液吸光度。以钾标准系列溶液浓度为横坐标，吸光度(减去试剂空白溶液的吸光度)为纵坐标，绘制标准曲线，并得到回归方程。

④测定。空白溶液和待测液直接用火焰光度计、原子吸收分光光度计或电感耦合等离子体发射光谱仪测定，可从仪器直接获得空白溶液和待测液的吸光度。

3. 结果计算

土壤速效钾含量的计算公式如下：

$$W_{K1}=\frac{(c-c_0)\times V}{m\times k} \tag{8-15}$$

式中 W_{K1}——速效钾含量，mg/kg；

c——从标准曲线上获得或求回归方程而得的待测液的钾浓度，mg/L；

c_0——从标准曲线上获得的空白溶液的钾浓度，mg/L；

V——浸提液体积，取50 mL；

m——风干土样质量，g；

k——风干土样换算成烘干土样的水分换算系数。

将计算结果填入表8-31。

表 8-31　土壤速效钾的测定记录

土壤剖面编号	土壤层次	风干土质量/g	水分换算系数	烘干土质量/g	浸提液体积/mL	待测液钾吸光度	待测液钾浓度/(mg/L)	土壤速效钾/(mg/kg)

六、注意事项

①平行测定结果的相对误差不大于 5%。

②不同实验室测定结果的相对误差不大于 8%。

③钾浸提液制备好后要立即用干滤纸过滤，不能放置过久，否则速效钾量会偏高。

七、报告要求

独立完成书面实训报告，要求文字精练，实训过程叙述清楚，结果准确且有分析。

土壤养分综合测试仪测定法

一、目标

掌握测定土壤速效养分的基本原理和操作技能，能运用测定结果判断土壤养分供应能力，为合理施肥提供依据。

二、场所

实训室。

三、形式

以小组为单位，在教师的指导下进行操作。

四、实验备品和材料

TFC-203PCA 土壤养分综合测试仪、蒸馏水、磷标准液、钾标准液、烧杯、塑料吸管、注射器、滤纸、过滤瓶、漏斗、比色皿。

五、内容与方法

多功能养分速测仪种类众多，其使用方法可详查使用说明书，先以 TFC-203PCA 土壤养分综合测试仪为例，说明土壤养分的测定方法(图 8-6)。

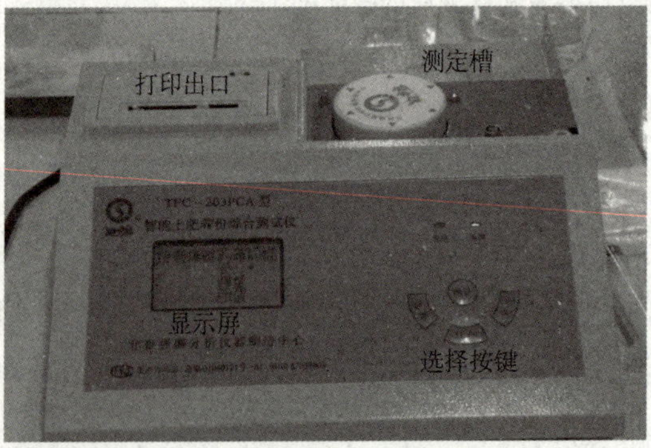

图 8-6　TFC-203PCA 土壤养分综合测试仪

1. 方法原理

土壤养分综合测试仪主要测定土壤的各种化学成分的含量，经过分光光度法分析土壤样品中各种化学成分的光谱性状。通过对比光谱数据与标准数据并进行数据处理，获得土壤各种化学成分含量。

2. 测定步骤

（1）土壤养分待测液的制备

取4平勺土样(4 g左右)放入写有土样的烧杯中，用注射器加入20 mL蒸馏水，并进行以下选择。

测氮、钾加1平勺1号粉(1 g左右)，用手摇匀10 min。

测磷加1平勺2号粉(1 g左右)，用手摇匀20 min(注意如果被测的土样属于酸性土就不加2号粉，需向烧杯中滴入10滴3号试剂)。

进行上述所需操作后，用滤纸叠成漏斗状插在过滤瓶口中，将摇完的土样倒在滤纸上过滤，即得到澄清后的待测液。

（2）土壤速效氮磷钾测定

将比色皿从土壤养分综合测试仪的测定槽中全部取出，并按顺序编号；用干净塑料吸管向1号比色皿中加蒸馏水至2/3位置，作为空白液，放入1号槽中。

①土壤铵态氮的测定。

a. 用干净的塑料吸管向2号比色皿中滴入18滴蒸馏水，并滴入2滴氮标准液，然后摇匀，放入2号槽中，作为氮的标准液。此标准液浓度为20 mg/kg。

b. 用塑料吸管吸取20滴氮过滤液放入3号、4号、5号、6号比色皿中。

c. 向2号、3号(4号、5号、6号)比色皿内分别加入2滴氮1号试剂，摇匀，再加入2滴氮2号试剂，摇匀。停放5 min，再各滴入12滴蒸馏水，上机测定(按仪器的屏显步骤进行测定，在仪器上预置标准液浓度为20 mg/kg)。

②土壤速效磷的测定。

a. 标准液：用干净的塑料吸管向2号比色皿中滴入18滴蒸馏水，找到磷标准液，滴入2滴，然后摇匀，放入2号槽中，作为测定时磷的标准液。此标准液浓度为20 mg/kg。

b. 待测液：用塑料吸管吸取16滴蒸馏水，4滴磷过滤液放入3号(4号、5号、6号)比色皿中，摇匀。

c. 向2号、3号(4号、5号、6号)比色皿内分别加入2滴磷1号试剂，摇匀，再加入1滴磷2号试剂，摇匀。停放5 min，再各滴入12滴蒸馏水，摇匀，上机测定(按仪器的屏显步骤进行测定，在仪器上预置标准液浓度为20 mg/kg)。

③土壤速效钾的测定。

a. 用干净的塑料吸管向2号比色皿中滴入18滴蒸馏水，并滴入2滴钾标准液，然后摇匀，放入2号槽中，作为测定时钾的标准液。此标准液浓度为100 mg/kg。

b. 用塑料吸管吸取20滴钾过滤液放入3号、4号、5号、6号比色皿中。

c. 向2号、3号(4号、5号、6号)比色皿内分别加入2滴钾1号试剂，摇匀，再加入1滴钾2号试剂，摇匀。停放5 min，再各滴入12滴蒸馏水，摇匀，上机测定(按仪器的屏显步骤进行测定，在仪器上预置标准液浓度为100 mg/kg)。

六、注意事项

①在操作过程注意对比色皿的清洁及放入测定槽中光面及毛面的方向，使光面对光。

②要严格按照操作规程进行操作。

七、报告要求

独立完成书面实训报告，要求实训过程叙述清楚，结果准确且有分析。

知识拓展

土壤改良的主要方法

土壤是林木生长发育的重要基质，科学的土壤改良能改善土壤的理化性质和土壤肥力。土壤改良的方法主要有以下几种。

1. 提高土壤有机质的方法

土壤有机质是土壤固相部分的重要组成成分，尽管土壤有机质的含量只占土壤总量的很小一部分，但它对土壤肥力、土壤耕性影响很大。在一定范围内，有机质的含量与土壤肥力水平呈正相关。提高土壤有机质，通常采取的办法就是增施有机肥。土壤有机质就是润滑剂，有机质含量高的土壤，热量、水分、气体以及各种营养代谢协调快速，对植物生长十分有利。

2. 调整土壤酸碱度的方法

土壤酸碱度影响着土壤的供肥能力和植物的健康生长。多数的植物喜欢中性土壤，土壤中的各种矿质营养在酸碱度为中性时有效性最高，土壤偏酸或偏碱都会影响一部分元素，尤其是微量元素的吸收。改良酸性土壤通常施用石灰、石灰石粉和碱性、生理碱性肥料，除石灰外，在沿海地区常用含钙质的贝壳灰，另外草木灰也可中和酸度。生产上用石膏、黑矾、明矾降低土壤碱性，同时也可采用灌溉、排水、植树造林、种植绿肥以及土壤耕作相结合的措施改良土壤的碱性。

3. 调整土壤含盐量的方法

土壤长期施用无机肥料全盐含量会有所升高，如果土壤中全盐含量达到一定范围，土壤便会有盐渍化的趋向，同时由于全盐含量升高，土壤溶液浓度过大，将直接影响植物根系的生长。控制好土壤的全盐含量能让土壤始终保持在可持续供肥的健康状态，否则会出现植物长势不良。

4. 补充土壤中微量元素的方法

土壤中的微量元素由于吸收、消耗以及来自其他养分的拮抗等原因，常常表现出微量元素缺乏的情况。因此，在全面了解土壤微量元素含量的状况下，植物栽培中需要及时补充缺乏的元素，同时合理使用其他大量元素，避免土壤中离子间的相互拮抗，从而提高土壤中微量元素的吸收利用效率。

5. 补充土壤微生物的方法

大部分土壤微生物对作物生长发育有益，它们对土壤的形成发育、物质循环、肥力演变等均有重大影响，微生物还可以降解土壤中残留的有机农药、化学污物、工厂废弃物等。农林生产中可以利用一些有益的微生物人工制成生物肥料(菌剂)来补充土壤微生物。微生物肥料是一种辅助性肥料，要与无机肥料和有机肥料配合施用。

我国的数字土壤

2020年我国多家科研院所历时21年共同完成了覆盖中国全域的高精度数字土壤数据库。数字土壤，就是数字化的土壤，它是利用地理信息系统、全球定位系统、遥感技术等现代技术方法，模拟、重现土壤类型、土壤养分等土壤性状的空间分布特征。

1. 全方位、立体化的土壤“履历”

中国全域的高精度数字土壤数据库含9大图层，具有多项土壤理化性状，数据精度达100 m，拥有我国近40年的土壤空间数据。它能以1 hm^2 为单元提供各地多项土壤资源与质量理化性状，其中稳定性性状，如土体构造、土壤质地、母质、成土条件、土壤类型等数据可长久使用。

自20世纪80年代以来，我国进行了多次土壤调查，获得了大量土壤科学数据。然而受当时技术条件的限制，这些资料大多比较分散，而且纸质文件不耐储存，对它们的抢救性收集刻不容缓。而“高精度数字土壤”不只是纸质资料的数字化，更是通过科研人员设计的数百个模型，将全国各地40年来的数据加以整合和研究，最终建立了一个覆盖全域、高精度的数据库。

这是我国迄今最完整和精细的土壤资源与质量科学记载，为了解和掌握我国土壤与环境质量演变提供了科学依据，也使中国在全球疆域较大的国家中，成为首个拥有具时空维度高精度数字土壤的国家。

2. 未来土壤变化也能预报

在未来，土壤变化也可以进行预报，就像天气预报一样。将高精度数字土壤数据加载到耕地机械、施肥机械和灌溉机械芯片中，可实现精确施肥、耕作与灌溉；同时可以通过对土壤中多种元素的分析，找到不同区域土壤的适种作物，例如，一块地是适合种葡萄，还是更适合种板栗；还可以对重点农区和流域实现分区、分类、量化管理，能在减少农用化学品投入的同时，增加作物产量，提高农民收入，让百姓餐桌上的食品更安全。

放眼全球，数字土壤也发挥了巨大的作用。2011年“全球数字化土壤制图计划”启动，为人类与饥饿、贫困和气候变化的抗争提供至关重要的数据资料，将帮助人类生产更多粮食，解决饥饿和贫穷问题，并提供减缓气候变化所需的土壤含碳数据。

复习思考题

一、名词解释

1. 土壤；2. 土壤肥力；3. 岩石风化；4. 土壤剖面；5. 土壤有机质；6. 土粒密度；7. 土壤密度；8. 土壤酸碱度；9. 肥料；10. 无机肥料；11. 有机肥料；12. 微生物肥料；13. 复合肥料；14. 绿肥；15. 基肥；16. 种肥；17. 追肥；18. 测土配方施肥。

二、填空题

1. 岩石按其成因可分为________、________和________3大类。
2. 岩石风化过程可分为__________、__________和__________3大类。
3. 影响土壤形成的自然因素是________、________、________、________、________。
4. 土壤分类的原则有__________、____________、__________。
5. 土壤分布的地带性规律表现为____________和____________。
6. 土壤有机质的主要类型是__________。
7. 土壤有机质的组成包括________、________、________、________、________5类

有机化合物。

8. 根据形态和生理特点，土壤微生物可分为________、________、________和________4类。

9. 土壤有机质的转化过程可分为________和________。

10. 复杂的有机物残体在微生物的作用下转变成简单无机化合物的过程，称为________。

11. ______是农林业生产上最理想的土壤质地类型，改良土壤质地的基本措施主要有________、________、________。

12. ________结构是最优良的土壤结构类型。

13. 土壤孔隙的类型有__________、__________和__________。

14. 土壤胶体的类型有__________、__________、__________。

15. 土壤酸度的类型有__________和__________。

16. 根据森林树种对土壤酸碱度的反应，可将其分为________、________、________、________4种生态类型。

17. 肥料按其来源和成分可分为_______、________、________3大类。

18. 目前肥料的发展趋势是朝着______、______、______、______和______发展。

19. 施肥的方式主要有__________、__________、__________3类。

20. 测土配方施肥技术包括________、________、________、________、________5个核心环节。

三、选择题

1. (　　)具有透气、透水的特性，但其水、气、养分、热量还不能协调，不具有完整的肥力。

A. 岩石　　B. 母岩　　C. 成土母质　　D. 土壤

2. 在我国现行的土壤分类系统中，(　　)是高级分类单元中的主要分类单位。

A. 土纲　　B. 亚纲　　C. 土类　　D. 土种

3. 自然土壤有机质的主要来源是(　　)。

A. 高等绿色植物残体　　B. 动物残体

C. 微生物残体　　D. 化肥

4. 山区黏重土壤上含有少量砾石是有益的，但不宜超过(　　)。

A. 5%　　B. 10%　　C. 15%　　D. 20%

5. 土壤胶体的主要类型是(　　)。

A. 无机胶体　　B. 有机胶体　　C. 有机无机复合胶体　　D. 不确定

6. 阳离子代换量可以反映土壤(　　)的能力。

A. 供应养分　　B. 保持养分　　C. 供应和保持养分　　D. 消耗养分

7. 盐基饱和度<50%的土壤一般被认为是肥力较低的土壤，呈(　　)。

A. 碱性反应　　B. 中性　　C. 酸性反应　　D. 不确定反应

8. (　　)是森林土壤养分的主要来源。

A. 岩石矿物　　B. 森林凋落物　　C. 施肥　　D. 种肥

9. (   )是常见化学氮肥中最适宜作根外追肥的肥种。
   A. 碳酸氢铵 B. 硝酸铵 C. 硝酸钙 D. 尿素
10. (   )在生产中常作为温床上的发热材料来使用。
   A. 马粪 B. 牛粪 C. 猪粪 D. 羊粪

四、简答题

1. 土壤形成过程的实质是什么？为什么说生物在土壤形成过程中起主导作用？
2. 土壤有机质对提高土壤肥力有什么作用？如何调节土壤有机质状况？
3. 试述不同质地土壤的肥力特点和农林生产性能的特点。
4. 为什么说团粒结构是肥沃土壤的标志之一？如何培育土壤的良好结构？
5. 土壤密度在生产中有什么作用？
6. 生产中如何调节土壤的酸碱性？
7. 为什么说无机肥料和有机肥料要配合施用？
8. 发展绿肥有何意义？结合本地实际，举例说明绿肥种植的方式。
9. 结合本地区实际，试述提高森林土壤肥力的措施。
10. 测土配方施肥主要包括哪些步骤？

单元9 人类活动与森林

知识架构

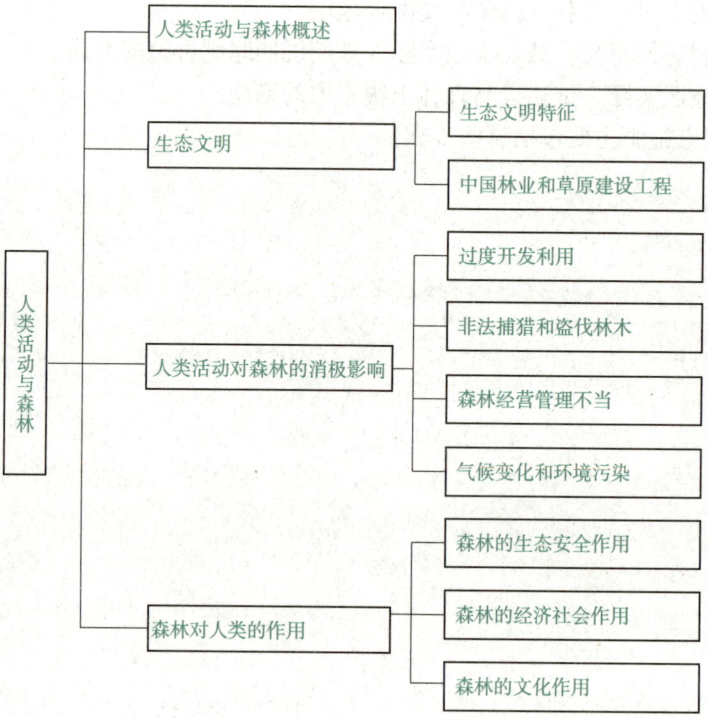

知识目标

1. 了解人类活动与森林的关系。
2. 熟悉生态文明的概念及基本特征。
3. 掌握我国生态文明建设的重要论断。
4. 掌握林业和草原生态建设工程。
5. 熟悉人类活动对森林的消极影响。
6. 掌握森林对人类的作用。

技能目标

1. 能够运用生态文明理念，分析并解决森林保护与发展中的实际问题制定合理的开发与保护策略。

2. 具备评估森林生态安全状况、森林资源利用合理性的能力。

素质目标

1. 关注森林保护现状，增强生态环保意识，提高社会责任感。

2. 树立正确的环境价值观，具备保护森林、积极参与生态文明建设的主观意识。

3. 深入理解“人与自然是生命共同体”的理念。

9.1 人类活动与森林概述

森林环境具有其自然属性和社会属性，人类活动也是森林环境重要的影响因子，以往对森林环境的研究以强调自然属性为主，包括气候、土壤、地形、生物等自然因子，而随着对森林环境认识的发展，结合人类活动对森林的影响，从对纯自然现象研究扩展到对自然、经济和社会复合系统的研究是森林环境发展的必然趋势。因此，研究人类活动与森林的相互影响已成为森林环境的重要内容。

人类活动是指人类为了生存发展和提升生活水平而进行的一系列不同规模和类型的活动，包括政治、经济和社会活动。这些活动涵盖了农业、林业、渔业、牧业、矿业、工业、商业、交通和观光等各个社会领域，包括政策制定、法律规范、制度完善、经济发展、文化繁荣、环境保护和工程建设等方面。

人类活动对森林的作用具有二重性。在相当长的时间内，人类对森林资源的开发利用主要是对木材的简单再加工生产。18 世纪欧洲工业革命以后，随着对木材需求量的增加，森林采伐运输工业迅速发展，木材加工、林产化学加工也得到相应发展，同时人类的很多活动，如放火烧山、砍伐森林、捕杀动物等，导致森林群落退化，引发了生态失调、水土流失、沙化面积扩大、水灾和旱灾频发以及环境污染等问题。21 世纪以来，随着时代的进步和社会的发展，人类尊重自然、顺应自然、人与自然协调发展的意识不断加强，我国围绕建设生态文明、维护国家生态安全等国家大局，推动林业生态建设工作，加快国土绿化，加强生态保护，强化森林经营，改善基础条件，全面推进林业现代化建设，为全面建成小康社会、实现中华民族永续发展取得了突出成效。人类过去的历史和现在的生活都离不开森林，未来的人类也将更加需要森林。

9.2 生态文明

9.2.1 生态文明特征

9.2.1.1 生态文明概念及基本特征

生态文明是指人类遵循人、自然与社会和谐发展这一客观规律而取得的物质与精神成果的总和。其核心在于“人与自然协调发展”，即人类应以这一理念为行为准则，构建健康有序的生态机制，实现经济、社会与自然环境的可持续发展。这种文明形态表现在物质、精神、政治等各个领域。

生态文明具有整体性、有机联系性、层次性、动态发展性等特征。

(1)生态文明的整体性

生态文明所提供的基本观念是全球生态环境系统的整体观念，是系统中诸因素相互联系、相互制约的观念。其整体性体现在以下3个方面。

①人类与自然是一个整体。人类的发展就是人与自然关系的发展，人与自然的关系经历了屈服、改变、征服、共生等阶段，人是整个生态环境系统的一部分，而不是自然的主宰。

②人类社会文明是一个整体。人类社会是经济、政治、文化和生态四大形态的有机统一体。生态环境资源作为社会结构理论的重要组成部分，物质文明、精神文明、政治文明和生态文明和谐统一发展，相互促进，相互制约，共同构成完整而全面的文明体系。

③全球是一个整体。生态文明是全球生态环境系统的观念，生态文明的发展不仅要求人类与自然是一个整体，还要求人类自身是一个整体。要求人类突破民族、国家、阶级、集团的界限，超越狭隘的个人利益和集团利益，强调全人类对地球环境的共同责任和义务，促使全人类在更广泛的领域实现一种平等合作关系，以共同保护和建设地球家园。

(2)生态文明的有机联系性

工业文明的自然观是机械的，将自然理解为由各个组成部分简单、机械地组合，这种观点将人与自然分离，并试图去控制和征服自然，从而造成工业文明对自然的破坏和掠夺。与工业文明不同，生态文明的自然观是有机论，将包括人类在内的整个自然界理解为一个整体，认为这个整体各部分之间的联系是有机的、内在的、动态发展的。人与自然的关系实际上就是人与环境的关系，破坏环境就是破坏自己的家园。

(3)生态文明的层次性

生态文明的内涵极其丰富，主要有3个层面，即生态意识文明、生态制度文明和生态行为文明。

①生态意识文明。人们正确对待生态问题的一种进步的观念形态，包括进步的生态意

识、生态心理、生态道德以及体现人与自然平等、和谐的价值取向。

②生态制度文明。人们正确对待生态问题的一种进步的制度形态，包括生态制度、法律和规范。

③生态行为文明。生态文明观和生态文明意识指导下，人们在生产生活实践中推动生态文明进步发展的活动，包括绿化美化环境、实施清洁生产、倡导绿色消费以及参与促进人与自然和谐发展的各类社会活动。

(4) 生态文明的动态发展性

系统不是静止的，而是不断发展变化的，是动态发展的系统。人与自然的关系经历了一个从和谐有序到失衡无序，再到新的和谐有序的螺旋式上升过程。人与自然的和谐发展，如《马克思恩格斯全集》中的阐述，其实质为“社会是人同自然界的完成了的本质的统一，是自然界的真正复活，是人的实现了的自然主义和自然界的实现了的人道主义”。

9.2.1.2 我国生态文明建设对森林的积极影响

面对资源约束趋紧、环境污染严重、生态系统退化的严峻形势，必须树立尊重自然、顺应自然、保护自然的生态文明理念，走可持续发展道路。我国在生态文明建设方面提出了一系列的重要论断，这些理念不仅强调了生态环境保护的重要性，也为我国林业发展提供了有力的指导。这些论断的提出，对于推动我国林业产业的健康发展，实现林业的可持续发展目标，具有非常重要的积极意义。

(1)“两山”理论的实践

习近平总书记多次阐述和发展了“两山”理论的思想，2005 年 8 月 15 日，时任浙江省委书记的习近平在安吉考察时首次提出“绿水青山就是金山银山”这一科学论断，指出“我们过去讲，既要绿水青山，又要金山银山。其实，绿水青山就是金山银山”。2013 年 9 月习近平主席在哈萨克斯坦纳扎尔巴耶夫大学谈到环境保护问题时指出：“我们既要绿水青山，也要金山银山。宁要绿水青山，不要金山银山，而且绿水青山就是金山银山。我们绝不能以牺牲生态环境为代价换取经济的一时发展。”2016 年 11 月 19 日在亚太经合组织工商领导人峰会上发表主旨演讲：“绿水青山就是金山银山，我们将坚持可持续发展战略，推动绿色低碳循环发展，建设天蓝、地绿、水清的美丽中国，让人民切实感受到发展带来的生态效益。”2017 年 1 月 18 日习近平主席在联合国日内瓦总部发表主旨演讲：“绿水青山就是金山银山。我们应遵循天人合一、道法自然的理念，寻求永续发展之路。”2019 年 6 月 7 日在第十二届彼得堡国际经济论坛全会上发表致辞：“我们将秉持绿水青山就是金山银山的发展理念，坚决打赢蓝天、碧水、净土三大保卫战，鼓励发展绿色环保产业，大力发展可再生能源，促进资源节约集约和循环利用。”

“两山”理论强调了绿水青山就是金山银山的理念，即生态环境与经济发展的紧密联系，强调要以生态文明建设为统领，推动经济社会持续健康发展。这一理念推动了全社会对生态文明的认识和提升，增强了全民生态环境保护的思想自觉和行动自觉。在这一理念的指引下，我国积极加强森林保护和管理，推动生态文明建设不断取得新成效。国有林场践行“两山”理论，完善森林资源管理体系，实施森林采伐限额管理，打击违法行为，利用现代信息技术建立动态监测体系；筑牢森林防火安全网，加强防火宣传、完善制度、管理火源与加大巡查；科学防控森林病虫害，建立健全监测预警体系并加强技术研究与推广；科学规划森林经营方案，明确经营目标、措施与期限，合理安排森林采伐、造林与抚育等活动，加大抚育力度，推动森林资源资产化管理等措施，改善森林结构、促进林木生长、提高森林质量，实现森林的可持续发展。

在保护生态环境前提下，探索多种森林生态产品的开发利用模式，如生态旅游、中医药种植、森林康养、林下经济等，提高森林生态产品的附加值和市场竞争力，推动其价值实现，促进经济增长和就业机会创造。建立专门的市场交易平台，制定合理交易规则和价格机制，推动市场交易规范化和规模化，引入人工智能、大数据等科技手段进行云交易，实现森林生态产品的价值转化。推进森林生态产品认证和评估，建立统计报表和评估体系，考虑不同类型产品特点和价值差异，因地制宜制定政策，建立认证标准和质量管理体系，利用先进技术和专业知识，综合评估价值，加强管理和监督；培育新型劳动者，激发其主体能动性，提升科技和智能化水平，推进科技、人才一体化发展，提高“林业 +”智能化水平；培育新质劳动资料，提升开发效能、项目化开发能力和价值核算评估能力，利用算力网络优化林业生产流程，加强关键技术效率突破，关联价值实现环节信息服务，创新传统当量因子法，提升价值核算精度，建立评估核算体系；推动劳动对象的产业数字化发展，利用信息技术等促进森林生态产品全产业链发展，提高市场交易化水平，构建数字交易体系，规范市场治理结构，保障资产安全，保障森林生态产品市场交易的稳定性，提高数据监测精度。“绿化祖国要扩绿、兴绿、护绿并举”“推动森林‘水库、钱库、粮库、碳库’更好联动”，通过一茬接着一茬种，一代接着一代干，充分发挥森林“宝库”作用，不断增厚“绿色家底”等。

(2)美丽中国建设

2017年10月18日，习近平总书记在党的十九大报告中指出，加快生态文明体制改革，建设美丽中国。他指出，我们要建设的现代化是人与自然和谐共生的现代化，既要创造更多物质财富和精神财富以满足人民日益增长的美好生活需要，也要提供更多优质生态产品以满足人民日益增长的优美生态环境需要。美丽中国建设必须坚持节约优先、保护优先、自然恢复为主的方针，形成节约资源和保护环境的空间格局、产业结构、生产方式、生活方式，还自然以宁静、和谐、美丽。

建设美丽中国是“两山”理论的实践目标之一。美丽中国建设从多个方面对森林产生积极影响，在保障森林生态系统健康、稳定的同时带来了显著的社会和经济效益。美丽中国建设理念强调生态文明建设的重要性和紧迫性，促使全社会更加重视森林保护，政府加强了对森林资源的保护力度，通过立法和执法手段，严厉打击非法砍伐、森林侵占等破坏森林资源的行为，如实施天然林保护工程，全面停止天然林商业性采伐，使大量天然林得到休养生息，有助于维护森林生态系统的完整性。

美丽中国建设要求考虑自然生态系统的整体性、系统性及其内在规律，实施生态保护修复工程，在森林方面加大了对受损森林生态系统的修复力度，如通过植树造林、封山育林等措施，对退化森林进行恢复，提高森林覆盖率；在一些荒漠化和石漠化地区，通过科学造林和植被恢复技术，使森林植被逐渐恢复，改善了当地的生态环境。美丽中国建设强调加大生态系统保护力度，这有助于提升森林生态系统的稳定性。通过保护森林中的生物多样性，维持森林生态系统内的食物链和生态平衡，如保护森林中的珍稀动植物及其栖息地，防止因生物多样性丧失导致的生态系统崩溃，保障森林生态系统能够长期稳定地发挥其生态功能。在美丽中国建设过程中，也需注重改善空气质量、保障水源地水质和水量，对森林的保护和培育有助于保障水源地的水质和水量，许多重要的水源地周边建立了自然保护区，保护森林植被，确保河流、湖泊等水源的稳定供应，保障居民的用水安全。美丽中国建设理念促进了森林生态旅游的发展，各地的森林公园、自然保护区等成为热门旅游目的地，通过合理开发森林旅游资源，带动了当地的交通、餐饮、住宿等相关产业的发展，增加了就业机会和居民收入等。

(3) 山水林田湖草沙综合治理

党的十八大以来，以习近平同志为核心的党中央高度重视生态文明建设。2013 年，习近平总书记在党的十八届三中全会上，从生态文明建设的整体视野提出“山水林田湖是生命共同体”的论断，指出“山水林田湖是一个生命共同体，人的命脉在田，田的命脉在水，水的命脉在山，山的命脉在土，土的命脉在树”，2017 年，习近平总书记主持召开中央全面深化改革领导小组第三十七次会议，强调山水林田湖草是一个生命共同体，首次拓展这一理念。随着新发展理念形成，2020 年中央政治局会议上在统筹山水林田湖草系统治理的过程中又加入了山水林田湖草沙系统治理理念。从“山水林田湖”到“山水林田湖草”，再到“山水林田湖草沙”，是遵循自然规律，践行系统理念，整体视野的重要突破，符合生态的系统性和协同性思想。

山水林田湖草沙系统治理是实现建设美丽中国目标的重要手段之一。通过对山水林田湖草沙等自然要素的综合治理，可以恢复其生态功能，提高生态系统质量，从而增强生态系统的循环能力、净化能力和生产能力。这有助于改善人民的生活环境，提高生活质量，促进人与自然的和谐共生。山水林田湖草沙系统治理理论，强调在保护森林的同时，也要考虑到其他自然生态系统的影响和制约因素。通过实施生态保护修复工程、加大生态系统保护力度等方式，提升森林生态系统稳定性和可持续性，促进各生态系统之间的良性循环和协调发展。山水林田湖草沙系统治理论断的提出给森林带来了多方面的积极影响。在生态保护层面，这一论断改变了以往森林保护孤立的状态，大大增强了森林保护的整体性，并使生态修复更加科学。它将森林定位为生态共同体的重要部分，在保护森林时，要系统考量山水、田地等相关要素。例如，对河流源头森林实施保护时，要充分考虑周边农田和草地与森林的关系，防止不合理开发和水资源过度利用，确保森林水源涵养功能不受损害。同时，在进行森林生态修复时，要充分考虑生态平衡，结合周边草地的水土保持作用，将单一的植树造林优化为因地造林种草，有效提高森林质量。

在生物多样性保护方面，这一论断促使森林生物多样性保护从局部拓展到全面。在考虑森林内动植物生存环境时，要把周边生态环境纳入其中。例如，保护候鸟栖息地时，除了关注森林内部环境，还会考虑候鸟迁徙路线上的湖泊、湿地等生态系统，通过对山水林田湖草沙的系统管理，保障候鸟栖息、觅食和繁殖环境的稳定，从而提升森林生物多样性保护水平。对于森林的水土保持和水源涵养功能，山水林田湖草沙系统治理强调要素间的相互作用，强化了森林在这方面的作用。在山区，森林与草地、农田相互配合，能够更有效地拦截雨水，减少水土流失。森林根系和草地植被能稳固土壤，合理规划农田可避免土壤侵蚀。而且森林通过蒸腾作用调节气候，促进水循环，保障水源地的水量和水质。在气候调节方面，森林调节气候的能力得到进一步增强，当森林与周边的湿地、水体、农田形成有机整体时，这种调节效果更为显著。例如，森林与湿地的水汽交换能够缓解局部高温和干旱，与农田形成的小气候可减轻极端气候对农作物的影响，进而提升区域气候稳定性。

在社会经济发展方面，推动了生态旅游综合发展，能够以森林为核心，整合周边资源打造多样化的生态旅游产品。比如山区可以开发包含森林探险、山水观光等多种类型的生态旅游线路，吸引游客，带动经济发展和增加就业。同时，它还有利于打破界限，统筹利用森林资源与其他自然资源，促进区域协调发展。在区域规划中，森林资源能够与周边农业、水利、旅游等产业有机结合。例如，在林区周边合理规划，发展林下经济、森林康养等产业，并结合水利设施保障农业灌溉和森林生态用水，实现协同发展和区域经济繁荣，进而也保障了森林的可持续发展。

(4)生态修复

生态修复是恢复生态学中出现的新词，是生态恢复重建中的一个重点内容。恢复生态学主要致力于那些在自然突变和人类活动影响下受到破坏的自然生态系统的恢复和重建。生态修复是生态保护和建设中的一个重点内容，比生态保护更具积极含义，又比生态重建更具广泛的适用性，生态修复既具有恢复的目的性，又具有修复的行动意愿，在我国生态文明建设中越来越被广泛应用。

生态修复必须根据生态文明建设的理念和要求来确定其行事准则。以建设美丽中国为目标，以正确处理人与自然关系为核心，以解决生态环境领域突出问题为导向，以科学发展观为原则，保障国家生态安全，改善环境质量，提高资源利用效率，推动形成人与自然和谐共生的现代化建设新格局。同时，要树立六大理念：树立尊重自然、顺应自然、保护自然的理念；树立发展和保护相统一的理念；树立绿水青山就是金山银山的理念；树立自然价值和自然资本的理念；树立空间均衡的理念；树立山水林田湖草沙是一个生命共同体的理念。生态修复理论的提出，为我国森林的修复和保护提供了重要的理论指导和实践经验。通过科学的方法和手段，对受损的森林进行修复和恢复，提高其生态功能和景观价值，为人民群众提供更加优质的生态环境和服务。生态修复理论对森林有诸多积极影响，在生态系统恢复上，为受损的森林提供科学修复方法，指导几近崩溃的森林区域进行全面重建。在生态功能提升方面，能增强森林涵养水源、保持水土、调节气候等功能，保障和提升森林生物多样性。从社会和谐发展来看，可为社会提供更优质的森林环境服务，例如净化空气、调节气候，同时有利于促进森林经济可持续发展，为林下经济和生态旅游等产业发展提供良好基础。

习近平总书记提出的一系列生态文明建设理论，对我国的森林产生了深远而积极的影响。这些理念共同构成了我国生态文明建设的理论体系，不仅提升了公众对森林保护重要性的认识，还推动了森林资源的合理利用、保护和恢复工作。在这些理念的指导下，我国加强了森林资源的管理和监管，实施了一系列保护和恢复工程，促进了森林生态系统的健康和稳定。同时，这些理念也促进了森林相关产业的发展，为经济增长提供了新的动力。

9.2.2 中国林业和草原建设工程

为加强生态文明建设，自1998年以来，我国先后启动实施了以生态建设为主的六大林业重点工程，即天然林资源保护工程、“三北”及长江中下游地区等重点防护林体系建设工程、退耕还林还草工程、京津风沙源治理工程、野生动植物保护及自然保护区建设工程和速生丰产用材林基地建设工程。工程建设的目标是尽快增加森林植被覆盖、提升生态水平，力争到21世纪中叶，使全国适宜治理水土流失地区基本得到治理，适宜绿化的土地植树种草，“三化”草地基本得到恢复，建立起比较完善的生态环境预防监测和保护体系，从而实现中华大地山川秀美的愿景。党的十八大以来，我国将生态文明建设作为经济建设、政治建设、文化建设、社会建设和生态文明建设“五位一体”总布局的重要组成部分，从战略高度加以推进。为深入贯彻落实习近平生态文明思想，适应我国生态保护的新要求，在不断发展六大林业重点工程的基础上，我国还推进了一系列生态环境保护和修复工程，包括防沙治沙和石漠化综合治理、以国家公园为主体的自然保护地体系建设等的生态环境保护工程等。通过这些举措，我国正努力提升生态环境质量，促进人与自然和谐共生。

(1)天然林资源保护工程

这是我国林业建设的天字号工程、一号工程，具体包括3个层次：全面停止长江上游、黄河上中游地区天然林采伐；大幅度调减东北、内蒙古等重点国有林区的木材产量；同时保护好其他地区的天然林资源。这一宏大工程的核心目标是解决这些区域天然林资源的休养生息和恢复发展问题。截至2020年，我国已有天然林资源29.66亿亩，占全国森林面积的64%、森林蓄积量的83%以上。“十三五”以来，中央不断加大对天然林保护的政策支持和资金投入力度，5年间，天然林保护资金投入达2400亿元，天然林面积净增8895万亩，蓄积量净增13.75×10^8 m^3，实现了森林资源面积和蓄积量双增长，天然林资源质量逐步提升，生态功能显著增强。全国4800多个国有林场有1/3以上在天保工程区内，有天然林资源的国有林场均纳入了天保政策支持范围。在“十四五”期间，天然林保护工程依然是林业建设的重点工程之一，进一步加大天然林资源的保护力度，确保其得到全面、持续的保护。

(2)“三北”及长江中下游地区等重点防护林体系建设工程

这是我国涵盖面最大、内容最丰富的防护林体系建设工程，具体包括“三北”防护林工程，长江、沿海、珠江防护林工程和太行山、平原绿化工程。按照总体规划，“三北”防护林体系工程从1978年开始，到2050年结束，分3个阶段、8期工程进行，建设期限73年，共需造林3560×10^4 hm^2，主要解决“三北”地区的防沙治沙问题和其他区域各不相同的生态问题。经过40年的不懈努力，工程区森林覆盖率由1977年的5.05%提高到13.02%，在我国北方万里风沙线上，建起了一道防护林体系，被誉为“绿色长城”和“地球绿飘带”。

2021—2030年，是“三北”工程的第6期。本期以防沙治沙为主攻方向，以筑牢北方生态安全屏障为根本目标，因地制宜、因害设防、分类施策，完整、准确、全面贯彻新发展理念，坚持山水林田湖草沙一体化保护和系统治理，推动“三北”工程高质量发展。本期的任务包括但不限于进一步提高森林覆盖率，优化林分结构，提升森林质量和碳汇能力；加强草原保护修复，提高草原综合植被盖度和生物量；加强沙化土地治理，推进荒漠化、石漠化综合治理，遏制沙化扩展趋势；强化水土流失综合治理，保护和恢复林草植被，增强水源涵养能力，以及开展科学绿化试点示范，探索“三北”地区科学绿化模式和机制等。通过这些任务的实施，旨在实现三北地区生态环境的持续改善，为构建我国北方重要的生态安全屏障作出积极贡献。

(3)退耕还林还草工程

这是我国林业建设上涉及面最广、政策性最强、工序最复杂、群众参与度最高的生态建设工程。该工程抓住当时我国粮食库存较多、供给充裕的有利时机，采取“以粮代赈、个体承包”的措施，有计划、分步骤地推进坡耕地还林还草，突出治理陡坡耕地，恢复林草植被，主要解决重点地区的水土流失和土地沙化问题，最终实现生态、经济的良性循环。工程从1999年试点开始，到2013年退耕还林工程实施15年来，累计完成工程建设任务4.41万亩，其中退耕地造林1.39万亩，荒山荒地造林、封山育林3.08万亩。2014年，我国启动新一轮退耕还林还草，新阶段退耕还林还草将以高质量发展为主题，以提升综合效益为目标，优化国土空间利用格局。到2025年，我国将初步建立起退耕还林还草高质量发展的指标体系、政策体系、标准体系、统计体系、绩效评价和政绩考核体系，退耕还林还草发展质量效益得到提升，退耕还林还草成果得到进一步巩固，工程区生态环境得到进一步改善，产业结构得到有效调整，生态惠民得到明显体现。

(4)京津风沙源治理工程

这是首都乃至中国的“形象工程”，也是环京津生态圈建设的主体工程。虽然规模不大，但意义特殊。该工程自2000年启动试点，2002年正式实施，目标是通过植树造林、草原修复、土地管理等一系列措施，改善生态环境，保障京津地区的生态安全。该工程不仅关注生态环境的改善，还注重推动地方经济的发展，通过发展后续产业，增加农民收入，实现生态和经济的双赢。在对现有森林植被实行有效管护、防止产生新的沙化土地的基础上，对沙化土地通过大力封沙育林育草、植树造林种草，恢复沙区植被，建设乔灌草结合的防风固沙体系；对退化草原进行综合治理，恢复草原生态及产业功能；搞好以小流域为单元的水土流失综合治理，合理开发利用水资源。

京津风沙源治理工程的实施取得了显著的成效。经过20多年的努力，工程区森林覆盖率大幅提升，沙化土地面积年均减少，区域生态环境得到极大改善。北京市的沙尘天气发生次数也大幅减少，空气质量明显改善。此外，该工程还提升了森林质量，实现了固碳增汇的生态功能，对全球气候变化应对也作出了积极贡献。目前，该工程仍在持续推进中，并且在一些地区，如内蒙古的锡林郭勒盟，还应加大力度实施防沙治沙工作，通过国土绿化、中幼林抚育、造林补贴等措施，进一步改善当地的生态环境。

(5)野生动植物保护及自然保护区建设工程

这是一项由国家计委批准，建设期长达50年的重要生态保护工程。该工程始于2001年12月21日，具有深远战略意义，它旨在面向未来、着眼长远，不仅解决基因保存、生物多样性保护、自然保护、湿地保护等关键问题，还呼应了国际大气候，树立了中国的良好国际形象，是一项重要的“外交工程”。该工程的实施范围涵盖了全国范围内具有典型性和代表性的自然生态系统、珍稀濒危野生动植物物种的天然分布区，以及生态环境脆弱区等重要区域，计划在10年内建成200个典型的森林、湿地和荒漠生态系统类型的自然保护区，以更有效地保护这些生态系统及其内部的生物多样性。同时，还将建立15个国家野生动植物资源基因库，以及完善的野生动植物国家科研体系和监测网络，以系统地研究和监测野生动植物的生存状况，为科学决策提供有力支持。通过这样的布局和建设，该工程将为我国的生态环境保护事业作出重要贡献，推动生物多样性的保护和恢复，促进生态系统的健康和稳定，为子孙后代留下一个美丽宜居的家园。

(6)速生丰产用材林基地建设工程

这是我国林业产业体系建设的骨干工程，被视为增强林业实力的“希望工程”。其主要目标是解决我国木材和林产品的供应问题。该工程启动于20世纪末，布局于我国400 mm等雨量线以东的18个省(自治区、直辖市)，初步规划15年新建和改造1333×10^4 hm^2，其中工业原料林1083×10^4 hm^2，占81%；大径级用材林250×10^4 hm^2，占19%。工程完成后，每年提供木材$13\ 337\times10^4$ m^3，约占国内生产用材需求量的40%，加上现有森林资源的利用，国内木材供需基本趋于平衡，可支撑木浆生产能力1386×10^4 t、人造板生产能力2150×10^4 m^3。

(7)防沙治沙和石漠化综合治理工程

在我国，北方的沙化和南方的石漠化严重限制了森林的分布。根据第六次全国荒漠化和沙化监测结果，全国荒漠化土地面积为257.37×10^4 km^2，沙化土地面积为168.78×10^4 km^2。根据岩溶地区第四次石漠化监测结果，全国岩溶地区现有石漠化土地面积722.32×10^4 km^2。“十四五”期间，我国坚持科学防治、综合防治、依法防治，累计完成防沙治沙任务1000×10^4 hm^2，完成石漠化治理面积333.08×10^4 hm^2，四大沙地生态整体得到了改善，石漠化程度持续减轻。在此期间，我国北方共发生43次沙尘天气过程，其中沙尘暴天气12次，较“十二五”期间减少29%。持续的防沙治沙工作，不仅筑起了生态屏障，也促进了沙区发展。广大沙区充分发挥比较优势，因地制宜发展饲料、中药材、经济林果等绿色富民产业，推动沙区产业结构调整，并吸纳大量建档立卡贫困人口参与防沙治沙，精准带动群众脱贫增收。同时，中国进一步强化荒漠化防治国际交流与合作，推动一系列务实合作，为全球荒漠化治理提供了“中国经验”和“中国方案”，彰显了负责任大国形象，赢得了国际社会“中国荒漠化防治处于世界领先地位”“世界荒漠化防治看中国”的广泛赞誉。

(8)以国家公园为主体的自然保护地体系建设

国家公园是指以保护具有国家代表性的自然生态系统为主要目的，实现自然资源科学保护和合理利用的特定陆域或海域。我国经过60多年的努力，已建立数量众多、类型丰富、功能多样的各级各类自然保护地，在保护生物多样性、保存自然遗产、改善生态环境质量和维护国家生态安全方面发挥了重要作用，但仍然存在重叠设置、多头管理、边界不清、权责不明、保护与发展矛盾突出等问题。为贯彻习近平生态文明思想的重大举措，落实党的十九大提出的重大改革任务，我国加快建立以国家公园为主体的自然保护地体系，推动科学设置各类自然保护地，建立自然生态系统保护的新体制新机制新模式，建设健康稳定高效的自然生态系统，为维护国家生态安全和实现经济社会可持续发展筑牢基石。截至 2019 年年底，全国共建立以国家公园为主体的各级、各类保护地逾 1.18 万个，保护面积占全国陆域面积的 18.0%、管辖海域面积的 4.1%。其中，建立东北虎豹、祁连山、大熊猫等国家公园体制试点区 10 处，涉及吉林、黑龙江、四川等 12 个省份，总面积超过 22×10^4 km^2，约占全国陆域国土面积的 2.3%。党的二十大进一步为这一体系建设指明方向，规划在 2025 年达成健全国家公园体制，全面完成自然保护地整合归并优化，完善自然保护地体系的法律法规、管理与监督制度，显著提升自然生态空间承载力，初步构建起以国家公园为主体的自然保护地体系的目标。至 2035 年，实现自然保护地管理效能与生态产品供给能力的大幅跃升，使自然保护地的规模与管理水平跻身世界先进行列，最终成功建成彰显中国特色的自然保护地体系。

9.3 人类活动对森林的消极影响

森林资源是地球上最重要的资源之一，是维护生物多样性的基础。它不仅能够为人类生产和生活提供多种木质和非木质林产品，还能够发挥重要的生态功能和社会功能。但由于过去人类对森林资源的过度开发和不当管理，威胁了森林资源的可持续发展，带来了一定的消极影响。

9.3.1 过度开发利用

随着经济社会的发展，人均国民收入不断提高，生活消费进入全面发展时期，以旅游为代表的商业开发活动日渐频繁。然而，不当行为也随之出现，过度旅游开发严重威胁了森林资源可持续利用，甚至很多商业活动非法改变林地性质，转变为其他土地，直接减少了森林资源的总量。

9.3.2 非法捕猎和盗伐林木

随着人口增加、工农业发展、城镇建设等活动的不断推进，人类对森林空间的侵占日益严重。乱捕滥猎、乱挖滥采、过度放牧、乱占林地等不当行为频繁发生，导致一些需求量大的野生动植物资源急剧减少，甚至达到濒危程度。盗挖植物根桩的行为更是破坏了原有的生物群落及其保存的大量物种资源，对生态平衡造成了严重影响。更为严重的是，一些以贸易为目的的活动使得大量野生动物遭到捕杀和破坏，野生动植物资源的利用强度远超出了物种自身的再生速度，对森林生态系统的可持续发展构成了严重威胁。

9.3.3 森林经营管理不当

森林经营管理不当对森林造成了诸多不利影响。一是粗放的经营模式导致林地生产力下降，大量低效林亟待改造，使得土地生产力闲置的同时增加了造林成本。二是森林结构单一、树种选择不当等因素诱发森林病虫害暴发，严重破坏了森林资源，对生态平衡造成了极大的冲击。三是外来植物的入侵破坏了乡土野生物种的栖息地，加剧了物种濒危的风险。四是森林经营活动与防火工作脱节。尽管防火工作对于保护森林资源至关重要，但在实际操作中，森林经营者往往由于缺乏对防火工作的足够重视，导致防火措施未能有效融入森林经营的全过程，具体表现在防火通道建设滞后，覆盖面不足，且缺乏有效的维护措施，难以形成有效的防火屏障；林内可燃物的管理手段单一，缺乏科学指导，使得火灾隐患逐年递增；防火隔离带的建设标准不一，维护不善，大大削弱了其应有的防火效果；防火宣传方式陈旧，缺乏创新，难以激发公众的防火意识；监控手段有限，火源管理困难，违规用火现象屡禁不止等。上述问题不仅直接损害了森林资源，威胁了生态平衡，还增加了火灾等风险，对森林的可持续发展构成了严重威胁。

9.3.4 气候变化和环境污染

全球气候变化和环境污染威胁着森林生态系统的健康与稳定。工业化和城市化的迅猛推进，导致大量温室气体排放，加剧了气候变暖。极端天气事件频发，给森林带来了前所未有的挑战。气候变化深刻改变了森林的分布、组成、结构和功能，使得部分森林因无法适应新环境而退化甚至消失。这不仅削弱了森林的生物多样性，更损害了其作为地球之肺的重要功能，加剧了全球气候变化的恶性循环。同时，环境污染也对森林生态系统造成了严重破坏。工业废水、废气的排放和化肥、农药的过度使用，以及垃圾的不合理处置，都导致大气、土壤和水源受到污染，直接威胁着森林植被的生长和健康。这些污染物通过食物链进入森林生态系统，破坏了生态平衡，加剧了森林病虫害的暴发。

9.4 森林对人类的作用

森林是陆地生态系统的主体，是人类赖以生存的自然环境，是国家、民族最大的生存资本，是人类生存的根基，在人类社会的经济、政治、文化和生态四大形态的有机统一体中发挥着重要的作用，为人类提供了各种直接经济效益和间接生态社会效益，在维护生态平衡和国土安全中处于重要地位。

9.4.1 森林的生态安全作用

生态安全是指生态系统的健康和完整情况，是人类在生产、生活和健康等方面不受生态破坏与环境污染等影响的保障程度，包括饮用水与食物安全、空气质量与绿色环境等基本要素。生态安全关系淡水安全、国土安全、物种安全、气候安全、生存安全和国家外交大局，维护森林生态安全具有重大战略意义。健康的生态系统是稳定的和可持续的，在时间上能够维持它的组织结构和自治，以及保持对胁迫的恢复力。反之，不健康的生态系统是功能不完全或不正常的生态系统，其安全状况则处于受威胁之中。

9.4.1.1 森林关系淡水安全

习近平总书记指出：“如果破坏了山、砍光了林，也就破坏了水，山就变成了秃山，水就变成了洪水，泥沙俱下，地就变成了没有养分的不毛之地，水土流失、沟壑纵横。”据专家研究，林地平均最大蓄水能力是荒地的30~40倍。我国现有森林生态系统每年涵养水源量达 5807×10^8 m^3，保护森林就是保护水资源，破坏森林必然导致水资源短缺。

9.4.1.2 森林关系国土安全

历史上由于森林大面积消失，我国曾成为世界上水土流失、土地沙漠化、石漠化、盐渍化等国土生态安全问题最严重的国家之一。根据我国2023年水土流失动态监测成果和第六次全国荒漠化和沙化监测结果，全国水土流失面积 262.76×10^4 km^2、荒漠化土地面积 257.37×10^4 km^2、沙化土地面积 168.78×10^4 km^2。加大水土流失、荒漠化和石漠化治理力度，是维护和拓展中华民族生存空间的重要举措。

9.4.1.3 森林关系物种安全

森林是“物种之家”。保护物种，关键是要保护森林，保护物种的栖息地。由于森林退化，我国已成为世界上濒危物种数量最多的国家之一。物种是人类食物和药物的基本来源，是人类可持续发展的重要标志。物种一旦消失就不可复生，人类就将永远失去这些基因。

9.4.1.4 森林关系气候安全

森林是陆地上最大的储碳库和吸碳器。全球陆地生态系统大约储存了 2.48×10^{12} t碳，其中 1.15×10^{12} t储存在森林生态系统中。联合国已将增加森林碳汇列为应对气候变化的战略举措。习近平主席在全球气候变化巴黎大会上庄严承诺，到2030年，中国森林蓄积量将比2005年增加 45×10^8 m^3。这充分体现了中国对维护全球气候安全高度负责的精神，受到了国际社会的高度评价。

9.4.1.5 森林关系生存安全

森林是陆地生态系统的主体和重要资源，是人类生存发展的重要生态保障。长期以来，人类对森林的破坏不断加剧，造成并加剧了全球生态危机。科学家预测，如果森林从地球上消失，陆地的生物、淡水、固氮将减少90%，生物放氧将减少60%，人类将无法生存。我们必须从保障人类文明和生存安全的高度，切实维护森林生态安全，扩大森林面积，提高森林质量，增强生态功能，保护好每一寸绿色。

9.4.2 森林的经济社会作用

森林社会效益体现在森林资源的开发与利用带动了大量就业，从林区的采伐、种植工作，到木材加工、林产品制造等环节，以及森林旅游相关的服务行业，为不同技能水平的人群提供广泛的就业机会，促进当地居民收入的稳定增长与生活质量的提升。同时，森林所承载的文化与生态内涵，为教育、科研提供了丰富的素材与实践场地，让人们深入了解森林生态系统与生物多样性，培养人们对自然的敬畏与热爱之情，进而提升整个社会的生态文明素养与文化底蕴，增强社会凝聚力与文化传承意识，在促进社会和谐稳定发展方面发挥着积极而深远的作用。

9.4.2.1 森林直接产品(第一产业)

森林的直接产品可以分为木质林产品和非木质林产品两个种类。木质产品主要是木材和竹材等产品。可制作原木、板方材、三板材(纤维板、胶合板、刨花板)和削片，用于建筑、车辆、船舶、枕木、矿柱、造纸、家具制造等。非木质产品包括可用作油料资源的林木种子，如核桃、油茶、油橄榄、油棕等；可作为食品的有板栗、枣、柿、榧子、松子等，还有蘑菇、猴头、木耳、银耳等；可利用的鸟兽、两栖、爬行类等出产的大量肉、皮、毛、羽、骨、蛋、角等陆生动物资源；药用植物如刺五加、毛冬青、人参、灵芝、猪苓、平贝母、冬虫夏草等名贵中药。

9.4.2.2 森林加工制造产品(第二产业)

①*木质产品加工*。包括木竹加工业及竹、藤、棕、草制品业，木质、竹藤工艺品及家具制造业，造纸及纸制品业 3 个方面，其中木竹加工业及竹、藤、棕、草制品业是根据原料的性质对这些林产品进行深加工成为人造板、编造工艺品等来实现和提高其经济价值的过程；木质、竹藤工艺品及家具制造业是使用木材和竹藤等原料加工木质家具的过程；造纸及纸制品业是根据林木的化学特性加工纸浆并最终加工成纸的过程。

②*非木质林产品加工*。包括林产品化学产品制造业、驯养动物产品加工业和非木质林产品加工业 3 个方面，林产品化学制造业是根据林木和林产品的化学性质生产碳、医药、橡胶等化工产品的过程，如松脂、单宁、紫胶、芳香油、橡胶、生漆等；驯养动物产品制造业是在对野生动物进行驯养后经过后期的加工成食品、药物等产品的过程；非木质林产品加工业是通过对林副产品进行深加工的过程，如从植物枝、干、叶中提炼食用淀粉、维生素、糖等。

9.4.2.3 森林旅游休憩(第三产业)

森林对人类生存、生育、居住、活动以及在人的心理、情绪、感觉、教育等方面产生巨大的社会作用。森林通过光合作用吸收二氧化碳，放出氧气。林冠枝叶表面吸附灰尘和有毒微粒，吸收有毒气体如二氧化硫、一氧化碳、氯气以及氟化物等，都有助于消除污染，有益人体健康。森林植物的叶、芽、花、果能分泌具有芳香挥发性的杀菌素，有的森林植物释放氧离子。因此森林常成为旅游疗养的理想场所，为人们提供游憩的场所和陶冶性情的环境条件。“十三五”期间，依托林草自然资源大力发展森林体验、森林养生、自然教育、山地运动等森林旅游休憩，森林旅游成为我国林草业重要的支柱产业和极具增长潜力的绿色产业，全国森林旅游游客量年均增长 15%，社会综合产值年均增长 22%。森林旅游的新业态、新产品蓬勃发展。创造了大量就业机会，导游、餐饮服务人员、住宿管理者等岗位，吸纳了众多劳动力，促进了居民收入的提升与生活水平的改善。同时，森林旅游也是文化交流与传承的重要平台，不同地区、不同背景的游客在森林旅游过程中分享各自的文化习俗与生活方式，增进了社会的多元性与包容性，并通过开展自然教育等活动，提升公众的环保意识与生态文明素养，促进社会整体的和谐发展与文明进步。

9.4.3 森林的文化作用

在人类与森林朝夕相伴的感情交流与平等对话中，孕育出一种从物质依赖到精神追求的文化现象。森林文化是一种以人为主体由森林生态环境而引发的文化现象。“以人为本，天人合一”是森林文化的最高境界。它涉及哲学、文学、艺术、美学、民俗、产业发展等多个层面，形成了森林风俗习惯文化、森林历史地理文化、森林健康文化和森林品格文化等多种形态，广泛影响人们的生产和生活规范，改变人类的价值观、思维方式、政策制度，具有丰富的思想性、鲜明的民族性，在新时代充满生机和活力，成为推动人类生态文明进程的强大动力。

9.4.3.1 森林风俗习惯文化

人们在认识和利用森林过程中表现出不同的民族习俗、生活习惯和文化认识。森林文化起源于人类祖先对图腾的崇拜，我国少数民族的衣食住行、生产生活及精神寄托都与森林紧密相连，形成了敬畏自然、树木崇拜、保护神山神树的少数民族森林习俗文化。一般我国乡村习惯在庭院周围栽植树木来美化生活环境，而城镇居民区在建设过程中也会规划一定面积的绿地提升人居品质。森林文化在不断发展中还衍生出森林哲学思考，认为人类应遵循生态规律，顺其自然，这实质是借自然和谐的规律诠释自然、人、社会和谐的哲学思想。

9.4.3.2 森林历史地理文化

森林文化能够体现地域的历史和地理特征。中国版图辽阔，森林类型多样。北方和南方，干旱和润湿，山地和海岛，各有不同类型森林分布，从而显示出不同地域森林文化的特征。闽、粤、台、沿海一带，广植榕树，城乡榕荫，随处可见，这一带居民对榕树特别崇拜，形成崇榕文化；海南以椰树为对象，椰树、沙滩、大海构筑椰树文化；南方的林区如闽西北、湘西南、桂西南等杉木用材林区，植杉护杉用杉，并有“女儿杉”习俗，呈现的是杉文化；北方多数地区是以柏文化、槐文化、柳文化为主；东北地区是红松故乡，沿袭的是红松文化；江南水乡则以梅花、桃花为主调，传播梅花文化和桃花文化。

9.4.3.3 森林健康文化

森林健康文化是一种融合森林生态与人类健康理念的独特文化形态，它以森林丰富的自然资源和生态环境为依托，强调森林在促进人类身心健康、提升生活品质方面的重要价值和深远意义。从生态资源角度看，森林的空气、土壤、水体以及多样的生物群落等构成了其健康文化的物质基础。森林通过光合作用释放大量氧气，吸收二氧化碳等有害气体，其林冠枝叶能够吸附灰尘与有毒微粒，净化空气环境；森林中的溪流、湿地等又起到调节水文、净化水质的作用。这些生态功能为人类营造了清新、洁净、适宜生存的自然空间，成为森林健康文化中与人类呼吸、循环等生理健康紧密相连的关键要素。森林的景观资源也是森林健康文化不可或缺的部分。茂密的树林、五彩斑斓的花草、灵动的溪流与奇特的地貌等构成的森林景观，给人以美的享受和心灵的慰藉，人们置身其中，能够舒缓压力、放松身心，获得精神上的愉悦与宁静，满足了人类对自然美学和心理调适的需求，进而成为森林健康文化在精神健康领域的重要体现。森林的食药资源极大地丰富了森林健康文化内涵。众多的野生果实、菌类、药用植物等，不仅为人类提供了天然的食物来源和传统医药材料，还蕴含着人类在长期实践中积累的关于森林资源利用与养生保健的智慧。森林健康文化还涵盖了基于森林环境开展的一系列活动所衍生的文化现象，如森林康养活动，包括森林浴、森林瑜伽、森林冥想等，人们通过这些活动充分吸收森林的有益能量，达到强身健体、预防疾病、缓解心理问题等目的。

9.4.3.4 森林品格文化

森林有可直观感知的美学价值 ，而且面对人性、人格建设的需要，它还具有深厚的人文精神。例如，以松柏象征挺拔独立，四季常青；以竹比喻虚心劲节，笔直不阿；以梅表征凌霜傲雪、独步早春；以榕叙述憨厚慈祥，从容大度。此外，胡杨的宁死不屈，凤凰木的热烈奔放，玉兰的素洁飘逸，柳树的婀娜多姿，桑梓的厚实稳定，木棉的新奇瑰丽等集中体现森林的独立、坚韧、包容、固守、协作等精神内涵。传统有“松竹梅岁寒三友、桃李杏春风一家”，而现代称红柳、胡杨、沙枣为“大漠三友”，表达的正是森林的人文精神。还有屈原吟咏的南国橘树，郑板桥所摹写的劲竹，毛泽东赞颂傲雪的梅花等，这些森林中的群体或个体，都能通过人的情感寄托与艺术的加工而成为具有人文精神和人格力量的象征物或环境客体。

人类的文明史，实质上就是一部反映人与森林、人与自然相互关系的演变史和发展史。森林能不断满足人们日益增长的生态文化需求，启迪人们尊重自然、回归自然，生态文明与森林文化相辅相成，生态文明的内涵中包括森林文化，森林文化承载并丰富了生态文明。新时代坚持创新、协调、绿色、开放、共享的五大发展理念，在全社会创造了传承和弘扬森林文化的氛围，进一步促进经济社会发展方式的转变，推动生态文明发展建设美丽中国。

知识拓展

“两山”理论在我国的转化与实践

“两山”理论在中国提出以来，不断深入人心，人民群众在践行“绿水青山就是金山银山”理念中充分发挥创造力，取得了许多宝贵的经验。2017、2018、2019 年连续 3 年“中国塞罕坝林场建设者”、浙江省“千村示范、万村整治”工程和“支付宝蚂蚁森林”分别获得联合国最高环境荣誉——“地球卫士奖”。联合国“地球卫士奖”于 2004 年设立，旨在表彰通过自身行动和影响力展现对环境领导力的承诺和愿景的组织或个人，中国连续 3 年获得奖励意味着我国推进生态文明建设的努力和成效得到国际社会的认可。

①塞罕坝林场建设过程生动诠释着“绿水青山就是金山银山”的发展理念。

塞罕坝位于河北承德市北部、内蒙古浑善达克沙地南缘。历史上，塞罕坝曾森林茂密、禽兽繁集，后来由于过度采伐，土地日渐贫瘠，到20世纪50年代，千里林海已变成人迹罕至、风沙肆虐的沙源地。1962年，369个平均年龄不到24岁的年轻人毅然来到这个黄沙漫天、草木难生的地方，半个多世纪里，前仆后继的三代塞罕坝人只做了一件事——种树。如今，第一代塞罕坝人都已至暮年，有些已经离世，但他们艰苦创业、无私奉献的精神却跨越时空、薪火相传。以塞罕坝机械林场场长刘海莹为代表的第2代塞罕坝人依靠持之以恒的信念和科学求实的管理理念承接老一辈造林人的事业。目前，第3代塞罕坝人正在向更干旱区域、更高海拔地区发起挑战，通过科学研究、借助外脑等，突破了多品种种植、病虫害防治等难题，并承担了包括鸟类问题研究等多个科研课题，在新的时代继续艰苦创业。塞罕坝林场建设者获颁“地球卫士奖”，这是属于塞罕坝三代人的荣誉，现在的塞罕坝，森林覆盖率从11.4%提高到80%，每年可涵养水源、净化水质1.37×10^8 m^3，固碳74.4×10^4 t，释放氧气54.4×10^4 t，提供的生态服务价值超过120亿元。塞罕坝的发展历程生动诠释了“绿水青山就是金山银山”的发展理念。

②浙江省“千村示范、万村整治”工程，是“两山”理论在基层农村的成功实践。

2003年6月，在时任浙江省委书记习近平的倡导和主持下，以农村生产、生活、生态的“三生”环境改善为重点，浙江在全省启动“千万工程”，开启以改善农村生态环境、提高农民生活质量为核心的村庄整治建设大行动。习近平亲自部署，目标是花5年时间，从全省4万个村庄中选择1万个左右的行政村进行全面整治，把其中1000个左右的中心村建成全面小康示范村。“千万工程”经历了4个阶段，从2003年开始历时15年时间使乡村面貌焕然一新，浙江乡村整体人居环境领先全国，2017年浙江农村常住居民人均可支配收入24 956元，位居全国各省（自治区、直辖市）第一。联合国副秘书长兼环境规划署执行主任索尔海姆访问了浙江省多个地方，对浙江的绿色发展成果给予高度评价和赞赏，他指出：“我在浙江浦江和安吉看到的，就是未来中国的模样，甚至是未来世界的模样。”

③“蚂蚁森林”项目展现了我国人民群众在践行“两山”理念中充分发挥创造力。

“蚂蚁森林”由蚂蚁金融服务集团于2016年8月在支付宝平台推出，用户通过在“蚂蚁森林”里记录自己日常生活中的绿色出行、在线支付水电费等低碳行动积攒“绿色能量”，在手机里“种树”。用户每养成一棵树，“蚂蚁森林”和公益伙伴就会在荒漠化地区种下一棵真正的树。截至2019年8月，5亿“蚂蚁森林”用户累计碳减排792×10^4 t，在荒漠化地区成功种植了1.22亿棵树。“蚂蚁森林”展示了如何通过技术，激发全球用户的正能量和创新行动，从而改变我们的世界，展现了我国人民群众在践行“绿水青山就是金山银山”理念中充分发挥创造力。

复习思考题

一、名词解释

1. 生态文明；2. 国家公园；3. 森林文化。

二、填空题

1. 人类活动主要有__________、__________和__________三类。
2. 生态文明的核心是____________________。
3. 生态文明具有__________、__________、__________、__________等特征。
4. 生态文明的内涵极其丰富，主要有 3 个层面，即________、________和________。
5. 美丽中国建设必须坚持__________、__________、__________为主的方针。
6. __________工程主要解决工程区天然林资源的休养生息和恢复发展问题。
7. ________工程主要解决重点地区的水土流失和土地沙化问题，最终实现生态、经济的良性循环。
8. ________工程主要解决首都周围地区的风沙危害问题。
9. ____________________工程主要解决基因保存、生物多样性保护、自然保护、湿地保护等问题。
10. ________工程主要解决我国木材和林产品的供应问题。
11. 森林的直接产品可以分为__________和__________两个种类。
12. ____________________________是森林文化的最高境界。

三、判断题（正确的打“√”，错误的打“×”）

1. 人类活动对森林的作用具有二重性。（　　）
2. 绿水青山就是金山银山，我们应遵循天人合一、道法自然的理念，寻求永续发展之路。（　　）
3. 山水林田湖是一个生命共同体，人的命脉在田，田的命脉在水，水的命脉在山，山的命脉在土，土的命脉在树。（　　）
4. 生态文明的自然观是有机论，将包括人类在内的整个自然界理解为一个整体，认为这个整体各部分之间的联系是有机的、内在的、动态发展的。（　　）
5. 人与自然的关系实际上就是人与环境的关系，破坏环境就是破坏自己的家园。（　　）
6. 退耕还林还草工程是我国林业建设中涉及面最广、政策性最强、工序最复杂、群众参与度最高的生态建设工程。（　　）
7. 我国将加快建立以国家公园为主体的自然保护地体系，提供高质量生态产品，推进美丽中国建设。（　　）
8. 森林旅游游憩包括森林体验、森林养生、自然教育、山地运动等，属于林业发展的第一产业。（　　）

四、选择题

1. 生态文明所提供的基本观念是全球生态环境系统整体观念，系统中诸因素相互联系、相互制约。这体现了生态文明的（　　）。

A. 整体性　　B. 联系性　　C. 层次性　　D. 发展性

2. (　　)主要解决“三北”地区的防沙治沙问题和其他区域各不相同的生态问题。

A. 退耕还林还草工程

B. “三北”和长江中下游地区等重点防护林体系建设工程

C. 天然林资源保护工程

D. 野生动植物保护及自然保护区建设工程

3. 为贯彻习近平生态文明思想的重大举措，落实党的十九大提出的重大改革任务，我国将加快建立以(　　)为主体的自然保护地体系，提供高质量生态产品，推进美丽中国建设。

A. 森林公园　　B. 自然保护区　　C. 国家公园　　D. 自然公园

4. 森林生产木质林产品和非木质林产品的产业为(　　)。

A. 第一产业　　B. 第二产业　　C. 第三产业　　D. 第四产业

5. (　　)属于森林的非木质林产品。

A. 木材　　B. 竹材　　C. 板栗　　D. 松脂

五、简答题

1. 我国林业和草原生态工程建设的主要项目有哪些?
2. 生态修复树立的六大理念是什么?
3. 人类活动对森林的消极影响主要有哪些?
4. 森林安全关系到生态安全的哪些方面?
5. 森林的经济社会作用有哪些?
6. 森林的文化作用有哪些?

单元10 我国森林植被分布

知识架构

- 我国森林植被分布
  - 我国森林植被分布地带性规律
    - 我国森林分布水平地带性
    - 我国森林分布垂直地带性
    - 森林分布水平地带性与垂直地带性的相关性
  - 我国森林植被分区
    - 我国森林资源概况、特点和发展
    - 我国森林各植被区概况

知识目标

1. 了解我国森林资源的现状和特点。
2. 理解我国森林分布的水平地带性规律和垂直地带性规律及二者的相关性。
3. 掌握我国森林植被的分区及主要特点。

技能目标

1. 会制作我国森林植被分布示意图。
2. 能预测植被类型分布变化。

素质目标

1. 建立森林植被保护与可持续发展的意识。
2. 激发学生热爱大自然的情感，构建积极参与环境保护的主动意识和行动自觉。
3. 培养学生获取信息、分析问题和解决问题的能力。

10.1 我国森林植被分布地带性规律

森林植被的分布受到气候条件，特别是热量和水分条件及其配合状况的支配。我国幅员辽阔，地形的66%为山区，南北纬度跨度近50°，东西经度跨度达62°，这使得热量和水分在水平和垂直方向存在规律性变化，这种规律性变化导致植被在水平和垂直方向上呈现出规律性的分布，这种分布规律被称为森林植被的地带性规律。森林植被的地带性规律分为水平地带性和垂直地带性。

10.1.1 我国森林分布水平地带性

森林植被的分布主要受气候条件的支配，特别是热量和水分，以及二者的相互配合状况。在地球表面，热量和水分沿纬度和经度有规律的递变，引起森林沿纬度和经度呈水平方向有规律地更替，这一现象被称为森林分布的水平地带性。森林分布的水平地带性包括纬度地带性和经度地带性。

10.1.1.1 森林分布的纬度地带性

森林分布的纬度地带性，在水分条件满足的情况下，主要是地球表面的热量差异造成的。我国位于亚洲大陆的东南部，南端至热带区域(约北纬4°)，北部是寒温带，几乎达北纬54°，南北距离长达5500 km。再加上全国地势变化悬殊，有平原、山地和高原，尤其是起伏纵横的山脉，对于大气热量和降水分布也产生显著影响。其中东西向的山脉对干冷气流南下和湿热气流北上起着不同程度的阻挡作用，常成为温度和其相联系的植被带的分界。在这广阔的土地上，温度从南向北逐渐降低，形成了依次交替的热量带。与此相应，森林植被类型也呈现带状分布。在东南湿润的气候条件下，森林类型由低纬度到高纬度依次为热带雨林、亚热带常绿阔叶林、暖温带落叶阔叶林、温带针阔叶混交林和寒温带针叶林，构成森林分布的纬度地带性。

10.1.1.2 森林分布的经度地带性

我国植被类型的分布受水分条件的显著影响，呈现出明显的经度地带性特征。我国地处欧亚大陆东南部，东南濒临太平洋，西北部深入亚洲大陆腹地。由于海洋季风气候和东北—西南走向的3条系列山脉的阻挡，降水量由东南向西北逐渐减少。这种水分条件的差异在昆仑山—秦岭—淮河一线以北的暖温带和温带地区尤为显著。从东南沿海的湿润区，经半湿润区，到西北内陆的半干旱、干旱区，植被类型依次转变为森林区、草原区、荒漠区。在我国西北部的半干旱、干旱区，只有在山地的特定高度和河流沿岸，才会出现森林植被。以400 mm年降水量作为森林区的分界线，即从大兴安岭—吕梁山—六盘山—青藏高原东缘一线为界，东南半部属于森林区，而这一线的西北半部则属于草原和荒漠区。

综上所述，我国森林植被分布具有与水分相关的经度地带性，以及与温度联系的纬度地带性，共同形成了水平地带性规律。这种水平地带性在特定地形条件下促成了水热条件的重新分配，水平带呈东北—西南向倾斜，形成了大兴安岭—吕梁山—六盘山—青藏高原东缘一线，以此为界划分出与年平均 400 mm 降水线相近的两个半壁，即东南半部和西北半部。其中，东南半部是季风湿润区，降水量在 400 mm 以上，适于各种类型森林生长，形成我国东南半部森林区，森林纬度地带性自北向南，沿纬度变化，依次为寒温带针叶林带、温带针阔叶混交林带、暖温带落叶阔叶林带、亚热带常绿阔叶林带、热带雨林和季雨林带，森林的变化规律是林木组成和森林层次结构由简单到复杂。西北半部受季风影响弱，为旱生草原和荒漠，仅在局部山地有森林分布，如大青山、贺兰山、祁连山、天山、阿尔泰山，因海拔高而出现了森林。青藏高原属独特高寒植被带。

但是，森林的水平地带性规律不是绝对的。森林的分布不仅取决于现代环境条件，而且在很大程度上是古代地质变迁和历史长期发展的结果。地球上两处相距很远的地域，可能其生态因素和群落外貌上都基本相似，如大兴安岭的樟子松，是遍布欧洲的欧洲赤松在中国东北的变种，大小兴安岭属该种分布的东缘。另外，同处于一个植被带的亚洲雨林是以龙脑香科为主的单优雨林，而美洲雨林中则是以兰科大乔木非常突出。不过两地之间相互引种较容易成功，这里并不排除现代环境对森林植被的重要影响，如亚洲广为栽培的木薯、可可、油棕、咖啡等都是引自南美洲和非洲。

随着历史的发展，人类对于森林植被分布的影响日益加剧。可通过引种驯化，杂交以扩大分布区。例如，我国从澳大利亚引入的多种桉树，从美洲引入的多种松树，均获成功。又如，我国独有的孑遗种——水杉，也为世界许多国家引种。与此同时，受人类垦殖、滥伐森林等活动影响，也在一定程度上改变了原有植被分布，使分布区缩小，甚至造成某些种大量减少或灭绝。

10.1.2　我国森林分布垂直地带性

我国是一个多山国家，各气候区都有较高的山地，占总面积的 66%，而且现有森林也主要分布在山地。海拔的增高，热量、水分重新分配，导致土壤、森林植被呈有规律的变化。山地森林最显著的特征是随海拔升高，更替着不同的森林植被类型，这就是森林植被的垂直地带性。各种垂直植被带大致与山的等高线平行，并具有一定厚度。山地森林垂直带依次出现的具体顺序，称为森林植被垂直带谱。各个山地由于所处的地理位置、山体高度、距海洋远近以及坡向、坡度的不同，森林植被垂直带谱也是不同的，但仍可反映出一定的规律性。现以玉山和长白山两山垂直带谱进行比较，如图 10-1 所示。

从上述两个森林垂直带谱中可见，玉山位于热带，其森林垂直带基带属雨林类型，依次向上出现的森林植被与从热带雨林开始向北分布规律近似，为常绿阔叶林、落叶阔叶林、针叶林直到灌丛草甸；而长白山位于温带地区，其森林垂直带基带只能是针阔叶混交林，再往上依次是针叶林、灌丛草甸及冻原等，不可能出现暖温带类型。

严格说来，每一个山体都具有它自己特有的植被垂直带谱，因为山地植被垂直带谱的结构和每一垂直带的群落组合，一方面受该山所在的水平地带的制约(垂直带从属于水平带原则)；另一方面也受山体高度、山脉走向、坡向、山坡在山地中的位置、地形和局部

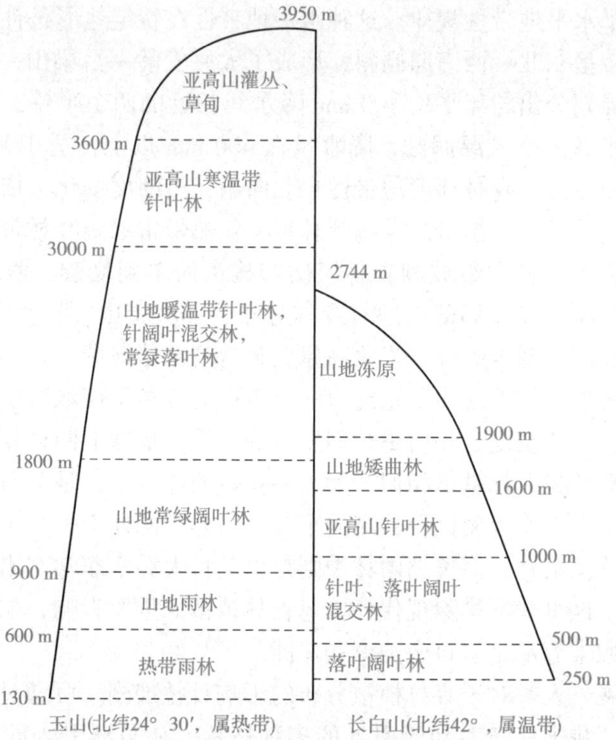

图 10-1　玉山和长白山森林垂直带谱

气候(如逆温层的存在)等影响。

在纬度位置相同的情况下，经度位置也影响着山地植被的垂直带谱。例如，我国东部长白山(东经182°)和西部的天山(东经86°)，二者均位于北纬42°左右，但长白山距海洋较近，属温带针阔叶混交林带；天山位于内陆，属荒漠范围。二者的垂直带谱明显不同。

天山与长白山植被垂直带谱对比如表10-1所示：

表 10-1　天山与长白山植被垂直带谱对比表

山脉	海拔/m	植被带谱	山脉	海拔/m	植被带谱
天山	500~1000	荒漠带	长白山	250~500	落叶阔叶林
	1000~1700	山地荒漠草原和山地草原带		500~1000	针叶、落叶阔叶混交林
	1700~2700	山地针叶林(云杉林)带		1000~1600	亚高山针叶林
	2700~3000	亚高山草甸带		1600~1900	山地矮曲林
	3000~3800	高山草甸，高山垫状植物带		1900~2744	山地冻原
	3800~4000	高寒荒漠带			
	4000以上	积雪冰川			

长白山因处于温带季风气候区，降水较为丰富，其基带是温带的落叶阔叶林；天山由于深居内陆，气候干旱，基带是荒漠带。长白山因当地气候湿润，较低海拔就能满足针叶林生长条件，针叶林位于1000~1600 m的亚高山针叶林带；天山气候干旱，只有在较高海

拔才能有适合针叶林生长的条件，其针叶林位于1700~2700 m的山地针叶林带。长白山在1900~2744 m是山地冻原，土壤冻结期长，植被多为苔藓、地衣等；天山从3000 m往上依次有高山草甸、高寒荒漠和积雪冰川，随着海拔升高，高山环境恶劣，植被越来越稀疏。此外，长白山气候湿润，变化幅度较小，从落叶阔叶林到山地冻原，植被垂直带谱相对简单；而天山受多种气候因素综合影响，从荒漠到冰川有多种植被类型，其植被垂直带谱比长白山复杂。

经比较分析，在同一纬度不同经度的位置上，不仅垂直带谱不同，而且相似植被带在海拔上所占位置也不一样。

10.1.3 森林分布水平地带性与垂直地带性的相关性

森林分布垂直地带性以水平地带性为基础，水平植被带为山地植被垂直带的基带，一个足够高的山体，从山麓到山顶更替的植被带谱和从该山所在水平植被带到北极的水平植被带相类似。不同纬度起点，山地垂直带谱数目不同，只要有足够海拔，低纬度高山上森林垂直带谱数目多于高纬度的高山。热带高山森林垂直带谱类型最为完整。在极地，整个山体均为冰雪覆盖，没有森林带，这里水平带与垂直带已重合在一起，如图10-2所示。

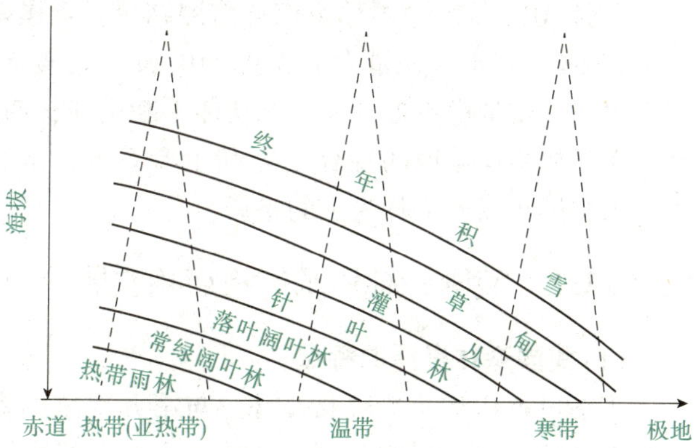

图10-2 植被水平带与垂直带相关示意图

由于山地生态条件与植被历史发生的特殊性，一方面虽然植被的垂直地带性和水平地带性有一定的相似性（这特别是表现在我国湿润温带地区），但是在它们之间依然存在着很大的差异。例如，我国亚热带山地的寒温性针叶林与北方寒温带（泰加林带）的寒温性针叶林，尽管所在地平均温度相同，但群落外貌，植物种类组成、结构特点等都有很大不同。另一方面，某些分布于山地的植被类型，在水平地带中可能完全缺乏，尤其是极端荒漠化的高山，植被的垂直分化十分微弱，几乎全为荒漠类型所占据，在水平地带中没有可与此相对应的系列。再如，落叶阔叶林在沿海的植被水平带系列中占有显著地位，但在热带、亚热带的植被垂直带谱中却不存在这一带，而代之以针叶、常绿落叶阔叶混交林带。因为在热带条件下，海拔高处温度虽然降低，但热量的季节变化却不显著，因而缺乏冬季落叶的阔叶林带。

综上所述，山地森林植被垂直带，既有纬度地带性的痕迹，也存在着经度地带性的烙印，水平地带性是基础，垂直地带性从属于水平地带性的特征。山地垂直地带性规律受水平地带性的制约，是水平地带性的热量条件和水分状况综合影响的结果。

10.2 我国森林植被分区

森林资源是自然资源的重要组成部分，是国民经济和社会发展的重要物质基础，是现代林业建设和发展的根本，对保障陆地生态系统功能、维护地球生态平衡、缓解全球气候变化发挥着不可替代的作用。为了森林资源合理开发和科学制定经营管理措施就必须掌握森林地理分布特点和规律，从而进行森林植被区划。

10.2.1 我国森林资源概况、特点和发展

10.2.1.1 我国森林资源概况

森林资源是指森林、林木、林地以及依托森林、林木、林地生存的野生动物、植物和微生物等的总称。森林资源是一种重要的资源，是一种可再生的自然资源。

根据2021年度全国林草综合监测结果，全国森林面积为2.31×10^{8} hm^{2}，森林覆盖率为24.02%，森林蓄积量为194.93×10^{8} m^{3}。清查结果显示，总体而言，我国森林资源数量持续增加、质量稳步提升、生态功能不断增强，初步形成公益林、商品林比例协调，天然林、人工林结构合理的森林生态和生产系统，国有林以公益林为主，集体林以商品林为主，木材供给以人工林为主的格局。

10.2.1.2 我国森林资源的特点和发展

(1)我国森林资源的特点

①全国森林总量呈增长趋势。与第九次全国森林资源清查(2014—2018年)相比，至2021年，全国森林总量呈增长趋势。森林面积增加了5%，森林覆盖率增加了1.06%，森林蓄积量增加11%。

②全国森林结构进一步优化。森林面积中，国有林相较集体林，比例略有上升；天然林相较人工林，比例则略有下降。森林蓄积量中，国有林的比例下降了约4%；天然林比例则下降了约4.43%。

③森林面积和蓄积量发生变化。公益林面积$13\ 528.58\times10^{4}$ hm^{2}，增长1166.26×10^{4} hm^{2}，所占面积比例增加2.23%；公益林蓄积量$1\ 217\ 404.77\times10^{4}$ m^{3}，增加$87\ 194\times10^{4}$ m^{3}，蓄积量所占比例减少2.67%。

④森林年龄结构趋于改善。中幼林面积比例略有下降，蓄积量增加约3%，相应地，近成过熟林面积比例有所上升，蓄积量比例有所下降。全国乔木林面积按优势树种(组)排名前十的树种名次有所变化，栎林仍然为第一。

(2)我国森林资源的发展

随着木材需求增加，国家规划、生态工程、惠林政策的支持力度加大，森林资源增长还有很大潜力，可以预期，森林面积将会进一步扩大，森林质量将会进一步提升。

①*木材需求增加*。2021年，我国的木材年消耗量约为8×10^8 m^3，人均年消耗木材量只有约0.566 m^3，远低于世界约0.8 m^3的人均水平。但随着社会经济发展、人口增长和生活水平的提高，对林产品的需求正呈现不断增长之势，我国木材供需的总量与结构性矛盾会更加突出，木材需求的缺口会进一步加大，这一趋势将会随着我国用材林的发展和森林经营治理水平的提升而逐步得到缓解和改善。

②*森林面积扩大*。2021年，我国森林覆盖率24.02%，远远低于全球30.6%的平均水平，特别是人均森林面积0.16 hm^2，不足世界人均水平(0.60 hm^2)的1/3。根据我国"十四五"国土绿化目标规划，力争到2025年全国森林覆盖率达24.1%。可以预计，通过林地改造利用和沙化土地治理，加大造林和更新造林，增加森林面积尚具潜力。

③*森林质量提升*。2021年，我国国土森林蓄积量194.93×10^8 m^3，乔木林蓄积量95.02 m^3/hm^2，只有世界平均水平129 m^3/hm^2的73.66%，人工林的单位蓄积更低，为60.04 m^3/hm^2，而林业发达国家高达200~360 m^3/hm^2。通过森林质量提升工程、国家储备林工程等的实施，加大森林抚育和退化林修复，提高森林蓄积量势在必行。

10.2.2 我国森林各植被区概况

植被区划的原则是以地理地带性和植被地带性，尤其是水平地带性为基础，并结合考虑非地带性规律。而植被区划的具体依据是植被类型及其组成者，至于气候、土壤与地貌等因素，仅作为区划的主要参考依据。基于植被区划的这一原则和依据，《中国植被》(1980年)将我国植被划分为8个植被区。根据植被分区，可以了解各植被区中地带性植被的主要概况。

10.2.2.1 寒温带针叶林区域

(1)地理位置及地形特点

本区域是我国最北部的森林区，位于大兴安岭北部山地，全区山势不高，一般海拔700~1100 m，山势和缓，山顶浑圆而分散孤立，无山峦重叠现象，也无终年积雪。

(2)气候和土壤特征

本区域为我国最冷的地区，冬季寒冷漫长，较干燥，夏季温暖短暂，年平均气温0℃以下，不低于10℃的积温少于1600℃，无霜期90~110 d，年降水量400~500 mm，降水主要集中在植物生长的7~8月。地带性土壤为棕色森林土。

(3)植被特点

由于气候条件严酷，本区植物种类较少，主要建群种为兴安落叶松、樟子松，群落结构简单，林下灌木、草本植物不发达，下木以旱生杜鹃为主，其次为狭叶杜香、越橘等。兴安落叶松林被砍伐或破坏后，通常被次生的白桦林、山杨林、蒙古栎林所代替。

10.2.2.2 温带针阔叶混交林区域

(1)地理位置及地形特点

本区域包括松辽平原以北，松嫩平原以东的广阔山地，南端以丹东—沈阳一线为界，北部延至黑龙江以南的小兴安岭山地，全区呈一新月形。范围广大，山峦重叠，地势起伏显著，形成较复杂的山区地形。主要山脉包括小兴安岭、完达山、张广才岭、老爷岭以及长白山等山脉。这些山脉海拔大多不超过 1300 m，最高的长白山海拔为 2744 m。

(2) 气候和土壤特征

本区域受海洋季风气候的影响较大，全区冬长夏短，年平均气温在 0℃以上，年积温 2000~3000℃，无霜期 125~150 d，年降水量 600~800 mm，主要集中在夏季。土壤主要以山地灰棕壤（暗棕壤）为主，另外还有一些沼泽土、草甸土以及白浆土。

(3) 植被特点

本区域的地带性植被是以红松为主的针阔叶混交林，主要的伴生树种有云杉、冷杉、臭松、紫椴、枫桦、水曲柳等，灌木种类较多，有毛榛、刺五加、丁香等。针阔叶林采伐后通常形成以栎树林、山杨林、白桦林等为主的次生阔叶混交林。

10.2.2.3 暖温带落叶阔叶林区域

(1) 地理位置及地形特点

暖温带落叶阔叶林带的范围东起辽西山地、辽东半岛和胶东半岛山地丘陵，西到青海东部，北界长城，南到秦岭和淮河以北山地丘陵，主要包括东北平原、华北平原及西北的黄土高原地区。地势西高东低，东阔西窄，明显地分成山地、丘陵、平原 3 部分，平均海拔超过 1500 m，有些高山超过 3000 m（如太白山）。

(2) 气候和土壤特征

本区域具有明显的大陆性气候特点，夏季炎热多雨，冬季寒冷干燥，年平均气温一般为 8~14℃，年积温 3200~4500℃，年降水量通常为 500~1000 mm，主要集中在 5~9 月，由东南向西北递减。土壤一般为棕色森林土和褐色土（黄土高原分布有黑垆土），呈中性和弱酸性。

(3) 植被特点

本区域的地带性植被为落叶阔叶林，以落叶栎类为代表，建群种有蒙古栎、辽东栎、槲栎、栓皮栎、麻栎等。针叶林的主要组成有赤松、油松、华山松、华北落叶松、白杄、青杄、侧柏等，植被组成由北到南逐渐复杂。由于本地区开发较早，人为干扰严重，使这一带的原始落叶阔叶林分布极少，常见的多为次生的栎类林、油松林和侧柏林等。

10.2.2.4 亚热带常绿阔叶林区域

(1) 地理位置及地形特点

本区域北起秦岭、淮河一线，南界在北回归线附近的南岭山系，东界为东南海岸和台湾岛以及沿海诸岛，西界为青藏高原的东侧向南延伸到云南的西疆，总面积约为 $250\times10^4\ km^2$，约占国土总面积的 1/4，长江贯穿本区中部，地势东低西高，东部包括华中、华东、华南的大部分低山丘陵地区，海拔多在 200~500 m，西部包括横断山脉南部及云南高原的大部分地区，海拔多在 1000~2000 m。

(2)气候和土壤特征

本区域为亚热带季风气候区，受太平洋和印度洋气流的共同影响，形成夏热多雨、冬春干旱的气候特征，年平均气温15~22℃，年积温4500~7500℃，无霜期220~350 d，年降水量800~2000 mm，降水量主要集中于4~7月。土壤以红壤、黄壤和赤红壤为主。

(3)植被特点

根据本区域水热条件的差异，地带性植被为亚热带常绿阔叶林(中亚热带)、北部常绿落叶阔叶混交林(北亚热带)、南部季风常绿阔叶林(南亚热带)3个亚带。北亚热带包括北纬31°以北到暖温带界线之间的地区。地带性植被为暖温带向亚热带过渡的常绿、落叶阔叶混交林，以壳斗科占优势，建群种有麻栎、栓皮栎、白栎等。

中亚热带的范围在北纬23°~31°，地带性植被为常绿阔叶林，建群种由壳斗科的青冈属、栲属、石栎属，樟科的润楠属、樟属、山胡椒属、木姜子属，山茶科的木荷属、茶属，以及木兰科、金缕梅科的有关属种组成。

南亚热带的范围包括台湾的中南部，云南、广西、广东等地的南部以及福建东南部。本带的地带性植被为季风常绿阔叶林，是南亚热带典型的森林类型，这类森林终年常绿，具有较厚的革质叶片，以适应南亚热带温暖湿润的气候。其中常见的自然植被有壳斗科的栲属、石栎属等植物，以及樟科、山茶科的一些树种。在人工林中，有大量的桉树、马尾松、杉木等树种，在其南部生长着龙眼、香蕉等具有南亚热带特色的水果植物。在其西部，生长着云南松、思茅松、高山松、滇青冈等树种。

10.2.2.5 热带雨林、季雨林区域

(1)地理位置及地形特点

这是我国最南的植被区，东起台湾南部屏东县附近，西至云南南部勐腊县附近，南端位于南沙群岛的曾母暗沙，北界在云南西南端，受横断山脉影响，北界在北纬25°~28°，除个别高山外，一般多为海拔数十米的台地或数百米的丘陵盆地。

(2)气候和土壤特征

本区域为热带季风气候，冬暖夏长，高温多雨，年平均气温22℃以上，年积温7500~9000℃，全年基本无霜，年降水量1200~2200 mm。土壤由北向南主要为砖红壤、赤红壤，其次为红壤、黄壤、石灰土、山地草甸等。

(3)植被特点

热带雨林在我国面积不大，且多呈零星分散，仅见于广东南部、海南东南部、广西西南部、云南南部和西藏东南部一带的河谷地区以及台湾南部。热带雨林在我国一般不视为地带性的典型植被，是我国所有森林类型中植物种类最为丰富的一种类型，主要有龙脑香科、梧桐科、楝科、桑科、无患子科、樟科、大戟科、使君子科、远志科、桃金娘科、夹竹桃科、番荔枝科、茜草科、紫金牛科等植物。具体特征为：群落中优势种不明显，层次多且分层不清；乔木高大挺直，树皮光滑色浅而厚，具有板状根和支柱根、气生根；有乔木老茎生花，常有滴水叶尖现象；林内附生植物、寄生植物、藤本植物发达等。

热带季雨林分布于云南南部、海南岛、雷州半岛、西藏南部及台湾等地，是我国在具明显干湿季热带季风气候下发育的地带性植被类型，每年5~10月的降水量占全年降水量

的80%，干季雨量少，地面蒸发量强烈，在这种气候条件下发育的热带季雨林以喜光耐旱的热带落叶树种为主，并有明显的季相变化。我国热带季雨林的植物种类繁多，乔木层由桑科、无患子科、橄榄科、番荔枝科、藤黄科、木棉科、梧桐科、樟科等树种组成。与雨林相比，季雨林植物种类少，林冠一般比雨林要低矮，板根较多但不发达(榕树除外)，藤本和附生植物也比雨林少。目前原始雨林、季雨林已很少，大部沦为次生林或灌丛草地。

10.2.2.6 温带草原区域

(1)地理位置及地形特点

我国温带草原区域是欧亚草原区域的重要组成部分，包括松辽平原、内蒙古高原、黄土高原及新疆北部的阿尔泰山区，面积十分辽阔，以开阔平缓的高原和平原为主体，包括半湿润的森林草原区，半干旱的典型草原区和部分荒漠草原区。

(2)气候和土壤特征

本区域为典型大陆性气候，年平均温度-3~8℃，年积温1600~3300℃，无霜期100~170 d，年降水量150~450(550) mm，蒸发量相当于降水量的3~5倍，许多地方超过10倍，降水集中于夏季，春季是明显旱季。地带性土壤为黑钙土、栗钙土、棕钙土与黑垆土。

(3)植被特点

温带草原区地带性植被是以针茅属为主的丛生禾草草原，但半湿润区的低山丘陵和沙地沟谷等处，也有岛状分布的森林，在山区的垂直带上也常有森林分布。温带草原区内，大体上有以下3种类型的垂直带谱：温和湿润型，如大兴安岭南段和大青山，基带为草原，往上依次为山地落叶阔叶林带、山地寒温针叶林带、亚高山灌丛、草甸带；温和干旱型，如贺兰山与马衔山，基带为荒漠草原，往上为典型山地草原和山地灌丛草原(森林草原)，再上依次为寒温性针叶林带(阳坡)、亚高山灌丛、亚高山草甸带；寒温干旱型，如阿尔泰山东南段，基带为荒漠草原，草原带之上为寒温性针叶林带，再往上为高寒草原及高山稀疏植被带。

10.2.2.7 温带荒漠区域

(1)地理位置及地形特点

温带荒漠区地貌的基本特点是高山与盆地相间，面积约占我国国土的1/5。包括新疆准噶尔盆地(海拔200~1000 m)、塔里木盆地(海拔800~1500 m)和青海的柴达木盆地(海拔2000~3000 m)，甘肃、宁夏北部的阿拉善高原以及内蒙古鄂尔多斯台地的西端，间以天山、祁连山、昆仑山等海拔高于5000 m的巨大山系，以及一些较低山地。

(2)气候和土壤特征

本区域年平均气温4~12℃，年积温2200~4500℃，无霜期140~210 d，整个地区以沙漠和戈壁为主，气候极端干燥，年降水量210~250 mm。土壤类型以灰棕漠土为主，更干旱的区域为棕漠土。

(3)植被特点

本区域以荒漠植被为主，由一些极端旱生的小乔木、灌木、草本植物组成，如胡杨、柽柳、沙拐枣、梭梭、骆驼刺、麻黄、猪毛菜、针茅等。

在本区一系列巨大山系的山坡上分布着一系列随海拔变化而有规律更迭的植被垂直带，在单调贫乏的荒漠区出现了丰茂的森林灌丛，极大地丰富了荒漠区的植被多样性和植物区系组成的复杂性。

10.2.2.8 青藏高原高寒植被区域

(1)地理位置及地形特点

青藏高原位于我国西南部，北起昆仑山，阿尔金山及祁连山，南抵喜马拉雅山，东至横断山，西至国境线，包括西藏绝大部分，青海南部、四川西部及云南、甘肃和新疆部分地区。本区域为高山峡谷地形，平均海拔 4000 m 以上，相对高差在 1000 m 以上。

(2)气候和土壤特征

青藏高原气候区，年平均温度 10℃，年平均降水量 500～1000 mm，本区域受两大基本气流的影响，即冬半年(10 月至翌年 5 月)高空西风气流起支配作用，使西北部气候寒冷干燥、大风少雨，再加上海拔高，成为高原区域；夏半年(6~9 月)来自印度洋和南海的湿润气流沿高原东南缘纵谷和各河谷北上，向高原内部减弱，形成东南部温暖湿润、西北部寒冷干旱的明显差别。土壤类型以高山草甸土和亚高山草原土为主。

(3)植被特点

该区域主要植被特点为具有典型的山地森林垂直地带性，如喜马拉雅山南翼，随着海拔的升高依次分布着低山常绿雨林、半常绿雨林、山地常绿阔叶林、针阔叶混交林、山地暗针叶林、高山灌丛等，包括冷杉、鳞皮冷杉、岷江冷杉、黄果冷杉、云杉、青杆、川西云杉、紫果云杉、油麦吊云杉等植被；而其他大部分地区由于海拔高，寒冷干旱，大面积分布着灌丛草甸、草原和荒漠植被。

知识拓展

我国的草原

我国是草原大国，全国草原面积近 4×10^8 hm^2，约占全国总面积的 41.7%，是我国面积最大的陆地生态系统和生态屏障。内蒙古、四川、西藏、甘肃、青海和新疆六大牧区草原面积 2.93×10^8 hm^2，约占全国草原面积的 3/4。南方地区草原以草山草坡为主，大多分布在山地和丘陵，面积约 0.67×10^8 hm^2。

1. 草原的概念

从专业的角度解释，草原是以生长草本植物为主体的广大土地，是人类放牧生产、经营利用、文化生活和保护环境、改造自然的重要场所。从《中华人民共和国草原法》规定来看，草原是指天然草原和人工草地，天然草原包括草地、草山和草坡，人工草地包括改良草地和退耕还草地。要特别指出的是，今天所说的草原，范畴已比较广泛，不仅仅是指传统意义上的北方放牧草地，而是几乎涵盖所有长草的土地。

2. 我国草原的主要类型

我国的草原主要分布于北方半干旱与部分半湿润地区，在那里形成一个面积辽阔、集中连续分布的草原区域，并广泛见于西北干旱荒漠区山地及青藏高原西北部。

我国草原的群落类型十分丰富。根据建群种、优势种植物生活型和生态类型及其组成的层片结构不同，可划分为草甸草原、典型草原、荒漠草原和高寒草原4个亚型(吴征益，1980)。其中前3个亚型属温性草原，而高寒草原的分布主要受寒冷低温的制约。

(1)草甸草原

草甸草原是草原植被中偏湿的类型，是以中旱生或广旱生的多年生草本植物为优势，经常混生有大量中生或旱中生植物。在我国主要集中分布于北方森林草原地带，即松嫩平原西部、大兴安岭东西两侧山麓、内蒙古高原东部及黄土高原北部一带；此外，在天山和阿尔泰山也有面积不大的分布。草甸草原的植物组成丰富，覆盖度大，草群比较繁茂，生长较高，一般均有亚层分化，生物生产力较高。

(2)典型草原

典型草原是我国分布面积最大的草原类型，广泛集中分布于内蒙古高原和鄂尔多斯高原的大部分以及东北平原西南部和黄土高原中西部。此外，在西北干旱区山地，如天山、准噶尔西部山地和阿尔泰山也有分布。与草甸草原相比，典型草原群落种类的丰富度明显下降，盖度减小，草层变矮，生产力降低。

(3)荒漠草原

荒漠草原是草原植被中旱生程度最强的一类。在我国主要分布于温带草原区的西侧，以及比典型草原更偏西更干旱的地区，并形成一个景观独特的荒漠草原亚带。此外荒漠区山地，如祁连山、柴达木、天山、准噶尔西部山地、昆仑山、阿尔金山等山地草原带下段以及西藏西部阿里高原等地也有分布。与典型草原相比，荒漠草原的生境更加恶劣，因而，其群落的种类组成较为贫乏，种饱和度比较低，草群发育较差，草层低矮。

(4)高寒草原

高寒草原是在大陆性气候强烈、寒冷而干旱的高海拔山地和高原上发育起来的一类特殊的、年轻的草原群落。在我国主要分布于青藏高原中西部半干旱地区以及帕米尔高原和天山、昆仑山、祁连山等亚洲中部高山。它们多占据山地宽谷、干旱山坡、高原湖盆外缘、古冰碛平台、洪积-冲积扇、河流高阶地和剥蚀高原等地形部位。高寒草原的组成植物绝大多数为高寒高山种，草群一般比较稀疏，盖度较小，草层低矮，层次结构简单。

我国的草原类型丰富而且特殊，草原不仅仅主要分布在北方，在我国南方，集中连片规模达8万亩以上的草地有2000余块，约3亿亩，而且水土光热条件好。我国江苏、浙江、安徽、福建、江西、湖南、湖北、广东、广西、海南、重庆、四川、贵州和云南14个南方省(自治区、直辖市)均有草原分布。北方以传统的天然草原为主，南方则主要是草山、草坡。

3. 草原的功能与作用

草地资源包括草地环境拥有的地热资源、动植物资源、土壤资源以及风能、生物质能源、化学能源等。草原早已不仅用于畜牧业，还包括饲草生产加工产业、草种业、草业机械设备、生态旅游业、生态文化产业、生态修复产业等。草原发挥着独特的生态、经济、社会功能，是不可替代的重要资源。

(1)草原生态系统孕育着极其丰富的生物多样性

主要表现在生态系统的多样性和物种多样性。中国草原生态系统是欧亚大陆草原的重要组成部分，按照中国草原分类标准，中国各类草原和草地纵跨北热带、亚热带、暖温带、中温带和寒温带 5 个气候热量带。按地域植被特征，可以概括为草甸类、草原类、荒漠类、灌草丛类和沼泽类。草原是最重要的动植物资源库，从温带草原到高寒草原到荒漠草原，我国草原拥有大量世界著名优质牧草的野生种和伴生种。我国草原饲用植物 6700 余种。除了植物物种，草原上还繁衍了野生动物 2000 余种，其中 40 余种属国家一级保护野生动物，30 余种属国家二级保护野生动物。此外，还有 250 多个放牧家畜品种，它们既是珍贵的自然资源，也是重要的经济资源。

(2) 草原具有非常丰富的碳储量

草原生态系统的碳收支对我国乃至世界陆地生态系统的碳平衡都具有重要影响。草原是重要碳库，如内蒙古草原总地上生物量可储存约 2900×10^4 t 碳素，地下生物量约储存碳素 2.6×10^8 t，地下土壤有机碳库 44.5×10^8 t。

(3) 草原具有重要的生态功能

草原大多分布在我国干旱、半干旱地区与山地向平原的过渡地带，是防风固沙的关键区域。如果把森林比作立体生态屏障，那草原就是水平生态屏障，承担着防风固沙、保持水土、涵养水源、调节气候、维护生物多样性等重要生态功能。草原上的植被根系犹如“绿色大网”，深深扎入土壤，固定地表土壤，减少扬沙，与沙尘源地形成鲜明对比，有力守护周边地区的空气质量和生态环境，对我国生态安全有着重要意义。

(4) 草原是重要的生产资料

草原不仅具有生态功能，是重要的生态屏障，也是农牧民脱贫致富重要的生产资料。天然草原能生产鲜草，还具有畜产品生产能力，如牛羊肉、奶类在全国草食家畜生产中都发挥着极其重要的作用，可以发展畜牧业、生态旅游业。其中，草原畜牧业是草原牧区的经济主体，是草原地区的传统产业和优势产业，其以草原牧场为核心和重要载体，是从事草地牧草生产、草食家畜放牧管理生产、畜产品加工与流通以及维系各民族牧民生产生活的一项产业。

(5) 草原是牧区社会发展的基础

草原是重要的生态屏障区，也是众多少数民族的主要聚集区和贫困人口的集中分布区，且大多位于边疆地区关乎国家安全。草原是牧区人民赖以生存和发展的最基本生产资料，要实现其经济社会发展，从根本上还是要紧紧依靠草原，大力发展草原特色经济，走生态产业化、产业生态化发展之路。此外，草原也是民族文化生存、传承、发展的土壤，草原文化是草原资源的重要组成部分，草原文化的核心是草原为人类的进化提供了平台。在草原游牧民族的生产生活方式中充斥着，对自然的敬畏意识、家园意识、合作意识、交流开放意识等，它们都是华夏文明的重要组成部分，极大地丰富和提高了中国文化的文明内涵和生态价值。没有健康美丽的草原，牧区人民就会丧失可持续发展的根基。因此，要实现边疆和谐稳定和各民族共同发展、实现全面建成社会主义现代化强国的目标，就必须把草原保护好、建设好、发展好。

复习思考题

一、名词解释

1. 森林分布水平地带性；2. 森林分布垂直地带性。

二、填空题

1. 森林植被分布的地带性规律主要有________规律和____________规律。

2. 水平地带性包括随热量变化的______地带性和距离海洋远近的水分变化而形成的______地带性。

3. 我国森林分布表现在东部湿润适于森林生长，西部干旱区地带性植被类型是______和______，只在山地一定海拔和河流沿岸才出现森林。

4. 我国东南半部湿润的气候条件下，森林类型由高纬度到低纬度依次分布有________、________、________、________、________等。

5. 中国的常绿阔叶林是亚热带地区最具代表性的森林植被类型，地带性植被为亚热带常绿阔叶林(中亚热带)、北部____________________、南部______________3个亚带。

6. 温带针阔叶混交林区的地带性植被为针阔叶混交林，最主要特征是由________为主构成的针阔叶混交林。

7. 我国暖温带落叶阔叶林区域的地带性植被是______，其代表性树种主要为______。

8. 森林植被的分布主要受气候条件的支配，特别是________和________，以及二者的配合状况。

9. 山地森林最显著特征是随海拔升高，更替着不同的森林植被类型，这就是森林植被的__________。

10. 山地森林垂直带依次出现具体顺序，称为森林植被的__________。

11. 森林分布垂直地带性是以纬度地带性为基础的，其规律是水平植被带为山地植被垂直带的________。

12. 我国温带草原区域的地带性植被是以针茅属为主的______________草原。

13. 我国温带荒漠区域约占我国土地面积的1/5，整个区域植被以____________为主。

14. 青藏高原由于海拔高，寒冷干旱，大面积分布着__________、草原和荒漠植被。

三、选择题

1. 影响植被分布的主要气候因子是(　　)。

A. 热量和光照　　B. 热量和水分　　C. 水分和土壤　　D. 热量和土壤

2. 常绿阔叶林的分布区域是(　　)。

A. 温带　　B. 热带　　C. 亚热带　　D. 寒温带

3. 我国森林植被沿海洋向内陆成带状发生有规律的更替，称为森林分布的(　　)。

A. 经度地带性　　B. 纬度地带性　　C. 垂直地带性　　D. 经纬地带性

4. 不同纬度起点，山地垂直带谱数目不同，只要有足够海拔，低纬度高山上，森林垂直带谱数目(　　)高纬度的高山。

A. 多于　　B. 少于　　C. 等于　　D. 没有明显规律

5. 我国东部森林区域和西部草原荒漠区域的分界线基本上和我国年降水量(　　)mm线一致。

A. 200　　B. 400　　C. 600　　D. 800

6. 森林分布的纬度地带性，除水分的配合外，主要是地球表面的(　　)差异造成的。

A. 土壤　　B. 大气　　C. 水分　　D. 热量

7. 我国热带雨林树种丰富，主要的代表树种有(　　)。

A. 木兰科的广玉兰　　B. 龙脑香科的望天树

C. 松科的云南松　　D. 壳斗科的麻栎

四、简答题

1. 简述森林分布水平地带性与垂直地带性的相关性。
2. 简述我国森林资源的特点。
3. 简述我国热带雨林和热带季雨林的特点。
4. 简述我国东南半部自北向南依次分布的森林植被类型及各类型的主要建群树种。

单元11 森林群落

知识架构

- 森林群落
  - 森林群落的概念及基本特征
    - 群落的概念
    - 森林群落的种类组成及数量特征
    - 森林群落结构和外貌
    - 群落生物多样性
    - 森林群落样地调查
  - 森林群落的发生和发育
    - 森林群落的发生
    - 森林群落的发育
  - 森林群落的演替
    - 森林群落演替的概念
    - 森林群落演替的原因
    - 森林群落演替的种类
    - 森林群落演替实例

知识目标

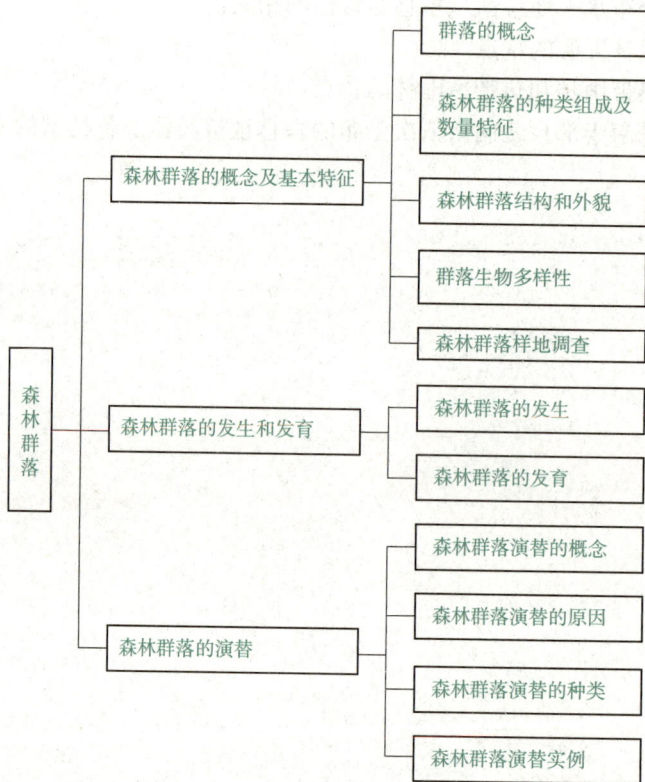

1. 掌握森林群落的概念。
2. 熟悉森林群落的种类组成及其数量特征。
3. 熟悉森林群落发生、发育的过程。
4. 掌握森林群落演替的有关概念和过程。

技能目标

1. 能熟练进行森林群落样地调查。
2. 会进行调查资料的初步分析和整理。
3. 能准确识别实习地区植被的主要特征及分布规律。

素质目标

1. 建立生物多样性保护的重要性意识。
2. 强调求真务实的科学探究精神，培养学生吃苦耐劳、艰苦奋斗的林业精神。
3. 培养学生具备深化绿色发展理念，践行绿色使命。

11.1 森林群落的概念及基本特征

自然界中任何植物个体都不是作为孤立的个体生活的，它们总是或疏或密地聚居成群。群居在一起的植物种并非杂乱无章地堆积着，而是有规律地聚集成为一个有机整体，成为一个有规律的植物种的组合。

11.1.1 群落的概念

植物群居在一起必须占据一定的固定地段，因此群落乃是一定地段上，多物种组成的天然群聚，是自然界植物存在的具体实体，也是植物种在自然界存在的一种形式和发展的必然结果，而不是抽象的概念。例如，一片森林、灌丛、草原或栽植的植物群体等，都可以把它们看成为一个植物群落。所以，在一定地段上，由一定植物种类成分综合在一起所组成的天然群聚，可概括地称为植物群落。应该指出的是一个植物群落是由一定植物种类成分组成，除此之外还应包括该地段的动物、微生物等成分。

森林群落是以木本植物为主体的植物群落。可将其理解为：一定地段上，以木本植物为主的多物种所组成的天然群聚。它由乔木树种与其他植物、动物和微生物等在一定地段上有规律地组合而成。

地球表面的全部植物群落的总和，称为植被。某一地区地表范围内全部植物群落的总和，称为该地区的植被。植物群落是植被的基本单元，植被在地球表面的生物圈中有着特别重要的作用，它创造了适于人类和动物生存的生态环境，要研究植被就要从一个具体的群落入手。

11.1.2 森林群落的种类组成及数量特征

11.1.2.1 森林群落的种类成分和生长型

组成森林群落的种类成分是形成群落结构的基础。每一个森林群落，都是由一定数量的乔木树种和与其伴生的其他植物种类组成，而任何一种植物个体都有一定的形状类别，它们均要求一定的生态条件，并在群落中起着不同的作用和处于不同的地位。植物的形状类别称为生长型。在群落结构中最重要的生长型为乔木、灌木、藤本植物、附生植物、草本植物、菌藻植物等类型。组成森林群落的种类成分越多，生长型越复杂，其结构也越复杂。

在天然森林群落中，植物种类成分和生长型的多寡，很大程度上与环境条件的优劣相一致。我国东南半部从北到南，水热条件越趋优越，与此相应，森林群落种类、生长型就越多。以我国东北小兴安岭红松林的一个群落样地为例，主要高等植物的种类仅为 40 余种，藤本植物稀少；而在云南西双版纳热带雨林群落样地中，主要高等植物却有 130 余种，且藤本植物极其丰茂。这是因为优越的环境条件，能够满足更多的具有不同的生态适应性的植物生存。各种不同生长型的植物彼此紧密地生长在一起，各自利用着适合于自身的环境条件，因此，群落中植物种类成分越多、生长型越齐全，对环境的利用程度越高，从而群落的生物生产力也更高。

森林群落种类组成是决定群落性质最重要的因素，也是鉴别不同群落类型的最基本标志。群落学研究一般都从分析物种组成开始，对组成群落的物种进行调查并逐一记录，编制出所研究群落的生物物种名录。群落的物种组成情况在一定程度上能反映出群落的性质，群落内具有一定的种类组成，种类组成的不同和变化是确定森林群落的重要依据。从理论上说，森林群落必然有其一定的种类成分，根据植物种类所起作用，分为优势种、建群种、伴生种、偶见种，优势乔木树种常常与一定的灌木和草本共同出现，可能还相应地与一定的动物相伴。例如，龙脑香科植物是东南亚热带雨林的特征科，通过对我国云南、广西、海南等热带北缘地区的森林群落组成的分析，了解到其含有龙脑香科的青皮属、坡垒属等，并占有一定数量和优势，这对认识热带雨林在我国的分布、特性、类型及其与东南亚热带雨林的关系具有重要意义。我国亚热带常绿阔叶林，群落乔木层的优势种类主要是由壳斗科、樟科、木兰科、山茶科、金缕梅科等植物组成，在下层则主要由杜鹃花科、紫金牛科、冬青科、小檗科、蔷薇科等植物构成，它们就成为我国亚热带常绿阔叶林的标志。我国北方阔叶红松林，以红松为主的针阔叶混交林下常出现榛子、绣线菊、薹草、舞鹤草等，同时松鼠也是这个群落必不可少的生物类群，它们就成为我国温带针阔叶混交林的标志。以上例证表明，做好群落种类组成分析对了解群落种类成分与自然环境之间的密切关系，有着重要意义。

11.1.2.2 森林群落种类组成的数量特征

(1) 以种类数量为基础的最小面积

为了了解组成某一森林群落的植物种类数量，首先要确定该群落的表现面积。所谓表现面积是指能够包括绝大多数的植物种类和表现出该群落一般结构特征的最小面积。因此，找出最小面积是研究群落种类数量的重要工作。在森林群落取样中，最初的面积乔木通常用 10 m×10 m，下木用 4 m×4 m，草本植物用 1 m×1 m，记载这一面积中所有的植物种类；然后，按照一定顺序成倍扩大边长，每扩大一次，就登记增加的种类。起初，面积扩大，植物种类数量也随着继续增加；以后，面积再扩大，种类增加幅度降低。可按照植物种增加的累计数和样方面积的坐标关系，绘制种类-面积曲线图(图 11-1)。从曲线图上可看出，曲线最初陡峭上升，以后逐渐平缓延伸。曲线开始平直延伸的一点所指的面积，即为群落的最小面积。据研究，组成群落的植物种类越多，群落的最小面积相应地越大，通常草本群落样方的最小面积多为 1~10 m^2，灌丛为 16~100 m^2，针叶林 100 m^2，温带森林多为 400 m^2，亚热带森林多为 900 m^2，而在热带更大，常在 2000 m^2 以上。

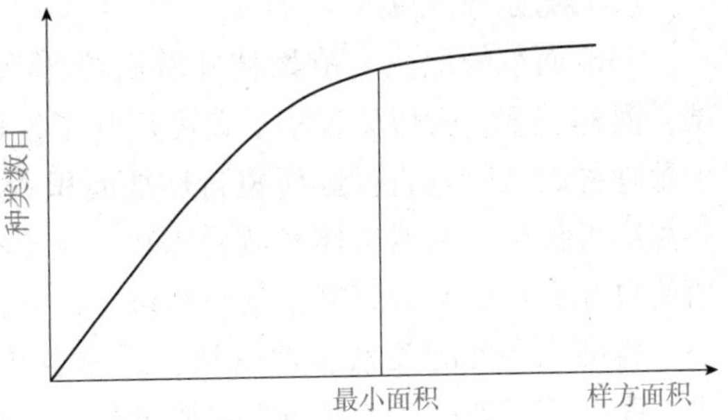

图 11-1 种类-面积曲线图

(2)种的多度和密度

森林群落中植物种的个体数量，可用多度和密度加以确定。

①多度。是指被调查样地上植物种的个体数量。多度的测定，最常用的有两种方法，一种为直接清点法，即记名记数法。在森林调查中，对乔木树种的种类，一般在样地中直接清点各类个体的数目，然后计算出某乔木树种与其他乔木树种的比例；另一种为目测估计法。对灌木、草本等个体数量大而体形小的林下植物种类，常用目测估计法。

目测估计法是按一定的多度等级估计样地上个体的多少，等级的划分和表示方法大同小异，常用的主要有 4 种，见表 11-1。

表 11-1 几种常用的多度等级划分

德鲁提			克莱门茨		奥斯汀		勃朗-勃朗喀	
SOC		极多	D	优势	5	很丰富	5	非常多
	COP^3	很多						
COP	COP^2	多	A	丰富			4	多
	COP^1	尚少	F	常见	4	丰富	3	较多
SP		少	O	偶见	3	偶遇	2	较少
SOL		稀少	R	稀少	2	稀少	1	少
Un		个别	Vr	很少	1	很稀少	+	很少

无论采用哪一种方法，都应注意以下原则：第一，多度估计可以在样地范围内进行，也可以不受样地的限制，以群落为整体做全面考虑；第二，多度是植物个体的相对概念；第三，只能在属于同一生长型的植物之间进行比较，不能将不同生长型的植物进行比较；第四，多度的目测估计，易出现误差，应及时调整。

②密度。单位面积上植物种的个体数量。一般对乔木、灌木和丛生草本，以植株或株丛计数。

样地内某一物种的个体数占全部物种个体数之和的百分比，称为相对密度或相对多度。用公式表示为：

$$d=\frac{N}{S} \tag{11-1}$$

式中 d——密度，株/hm^2；

N——样地内某种植物的个体数目，株；

S——样地面积，hm^2。

(3) **盖度**(优势度)

一定面积的地段上植物枝叶垂直投影所覆盖的土地面积所占的百分比，称为投影盖度，简称盖度，常以%表示。盖度反映了植物在群落中占有空间的大小。例如，样地中某个植物种的枝叶垂直投影所覆盖样地面积占样地面积的60%，则该植物的盖度为60%。投影盖度可按层、种或个体实测后求算。由于植物枝叶互相重叠，当按层或种测定时，其数值的总和有可能会大于群落的总盖度。

盖度和多度的关系非常密切，通常会出现 3 种情况：一是植物个体数量多，则盖度大，灌木多半如此；二是有些植物多度大，盖度并不大，如草本植物；三是有些植物多度小，但盖度却大，如乔木树种。

森林群落乔木层的投影盖度，在林学中称为郁闭度，即林冠垂直投影面积与林地总面积之比，通常用十分法表示，如乔木层的投影盖度是 70%，则其郁闭度表示为 0.7。

测定森林群落各个层的盖度，有不同方法，也可用目测法，直接目测出种、层植物的盖度，以百分数表示。对乔木层郁闭度的测定，除目测法外，还有投影法、统计法和样线法。

(4) 频度

频度是指某个物种在调查范围内出现的频率，即群落中某种植物出现的样方数与全部样方数的百分比，以公式表示为：

$$频度(\%)=\frac{某一种植物出现的样方数目}{全部样方数目}\times 100 \tag{11-2}$$

频度只是群落结构的分析特征之一，与其他分析特征一样，很少单独用作鉴定性指标。

(5) 重要值

重要值也是用来表示某个种在群落中的地位和作用的综合数量指标。通常综合种的密度、频度和相对盖度的数值，来确定森林群落中每一树种的相对重要性，其所得到的数值，称为重要值，重要值越大的种，在群落结构中就越重要。具体计算方法用下列公式表示：

$$重要值=相对密度+相对频度+相对优势度(相对盖度) \tag{11-3}$$

$$相对密度(\%)=\frac{该种的密度}{所有种的密度之和}\times 100 \tag{11-4}$$

$$相对频度(\%)=\frac{该种的频度}{所有种的频度之和}\times 100 \tag{11-5}$$

$$相对盖度(\%)=\frac{该种的盖度}{所有种的盖度之和}\times 100 \tag{11-6}$$

11.1.3 森林群落的结构和外貌

11.1.3.1 森林群落的水平结构

群落的水平结构是指群落在水平方向上的配置状况或水平格局，或是指生物种群在水平方向的镶嵌性。在任何森林群落中，环境因素在不同地段上绝对的一致性是不存在的：由于土层厚度、土壤湿度、土壤养分、上层林冠的郁闭状况以及小地形等的影响，往往存在着不同程度的差异；各种植物本身的生态学特性、繁殖方式、生长发育特点以及它们的竞争能力等方面也各不一样。这两方面因素作用的结果是在群落内的不同地段上，自然地形成由一些植物种类构成的小组合和小群聚。

11.1.3.2　森林群落的垂直结构

森林群落都有垂直分化的现象，即不同的植物种占据着地面以上不同的高度，这种现象产生的原因是森林群落在形成过程中环境条件的逐渐变化，导致对环境有不同需要的植物种生活在一起。另外，不同的植物均有其固定的生长型。一种生长型出现在另一种之上，它们各自占据一定的空间，并以各自的同化器官排列在空中的不同高度上。群落中植物按高度的垂直配置，就成了群落的层次，又称为群落的成层现象。森林群落的成层现象是各种生长型植物有效地利用空间，最大限度地从环境中获得物质和能量而形成的一种适应现象。在森林群落中，按植物的生长型，通常可划分出乔木层、灌木层、草本层、苔藓层 4 个基本层次。

乔木层由高大的乔木树种组成，位于森林群落最上层；灌木层由灌木和在当地条件下不能达到乔木层高度的乔木树种组成，位于乔木层下；草本层位于灌木层之下，由草本植物或低矮的半灌木和小灌木组成；苔藓层一般由苔藓、地衣、菌类组成，位于群落的最下层。

成层结构是自然选择的结果，它显著提高了植物利用环境资源的能力，如在发育成熟的森林中，上层乔木可以利用树冠枝叶表面吸收到充足的阳光进行光合作用；而林冠下则由能有效地利用弱光的灌木所占据；在灌木层下的草本层能够利用更弱的光；草本层往下还有更耐阴的苔藓层。

11.1.3.3　森林群落的年龄结构

在森林群落中，群落组成包含多种年龄的树木，并形成森林的年龄结构。森林群落的年龄结构是指林木在年龄阶段上的分配状况。它是森林群落结构的重要特征之一。森林的年龄变化贯穿于森林生活全过程。乔木树种的生态学特性、种子的生产力以及森林的生物生产力均随年龄的变化而变化。

森林群落按年龄可分为同龄林和异龄林。森林中林木彼此年龄相差不超过一个龄级时，称为同龄林。若超过一个龄级，则称为异龄林。森林的年龄结构取决于树种的生态学特性、立地条件以及森林发生的历史过程。通常，天然林中是以异龄林为主，同龄林往往是处于过渡阶段，缺乏稳定性。

森林的年龄结构也影响到林木垂直结构的变化。同龄林通常具有水平郁闭的特点[图 11-2(a)]，异龄林表现出垂直郁闭的特点[图 11-2(b)、(c)、(d)]。

11.1.3.4　森林群落的外貌

(1)季相

森林群落中乔木层树种及各层植物的物候变化，使整个群落在不同的季节里呈现出不同的外貌，称为群落的季相，简单地说，随着气候季节性交替，群落呈现不同的外貌，就是季相。季相也是森林群落特征的一种表现形式，这种表现形式的基础是不同的植物具有不同的发育节律，群落在一年当中随季节变更而发生的有规律的周期性变化，即为群落的

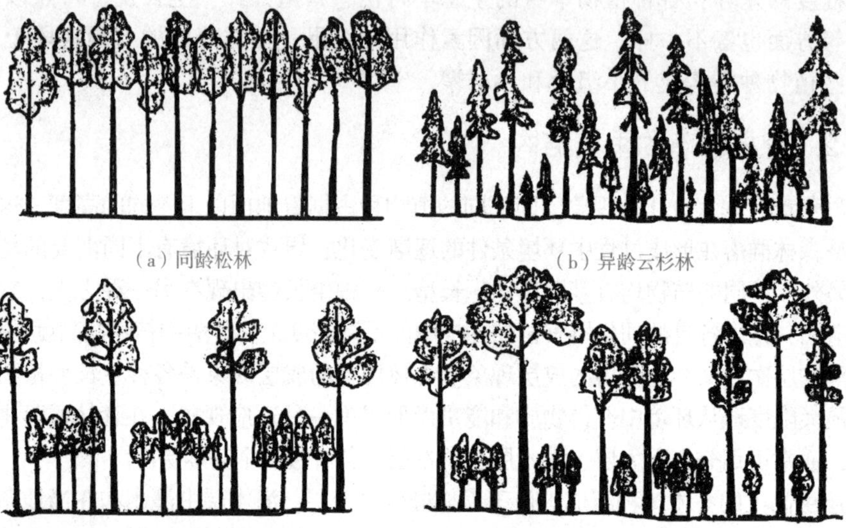
（a）同龄松林　（b）异龄云杉林　（c）2个同龄世代的松林　（d）3个同龄世代的松林

图 11-2　年龄结构与林分垂直结构的关系

周期性变化，它是群落适应环境条件的一种表现形式。

森林群落的季相变化主要表现在主林层乔木树种的物候变化上，特别是主林层的乔木树种处于盛叶期时，往往对整个群落的外貌起极大的影响。在四季分明的温带地区，冬季里乔木树种落叶休眠、林下草丛植物枯黄，群落外貌呈现出一片光秃和灰黄色；春季各层植物叶芽开放、展叶，呈现出烟绿色；入夏炎热多雨，植物进入生长旺盛，整个植物呈现出葱绿色；秋天许多树木在落叶以前叶开始变色，有的变黄，有的变红(北京香山红叶是最典型的例子)，使群落外貌变得光彩夺目。温带常绿针叶林的季相变化远不如落叶阔叶林那样明显，主要变化表现在春季雄花序的开放和入秋后活地被物的枯黄。常绿阔叶林特别是热带雨林，季相变化更小，终年都呈现出绿色。但热带季雨林，由于受一年一度的旱季影响，上层乔木树种多集中在旱季落叶，而开花多集中于雨季来临之前，呈现出雨林的季相。森林群落由于季相更替引起的结构变化，又称为群落在时间上的成层现象。森林群落的季相变化对开展森林生态旅游，城市园林绿化设计中植物色彩丰富程度的配置有一定意义。

(2)生活型

植物对于不良环境条件的长期适应而在外貌上反映出来的植物类型，称为植物的生活型。在地球上的不同区域内，严寒的冬季和干热的夏季是植物生活中最严酷的临界期。植物在度过这一不利时期时形成了一定的适应方式，因此可根据对恶劣条件的适应方式作为分类的基础。具体是以植物更新部位(芽和枝梢)所处位置为基础加以分类，即根据植物在不利生长的季节内，其芽和枝梢所处位置的高低和受到保护的方式和程度，将植物界中的全部高等植物划分为5大类生活型。

①高位芽植物(Ph)。这类植物度过一年中不良季节时，过冬芽位于离地面较高处的枝条上，一般乔木、灌木和一些生长在热带潮湿气候条件下的高大草本都属于这一类。它

们之中根据植物体形的高矮又可分为大高位芽植物（30 m 以上）、中高位芽植物（8～30 m）、小高位芽植物（2～8 m）、矮高位芽植物（2 m 以下、30 cm 以上）。

②地上芽植物（Ch）。这类植物的芽或顶端嫩枝位于地表或近地表处，一般不高出地表 30 cm 以上，这样可受到枯枝落叶和积雪的覆盖保护。部分灌木和半灌木，以及苔原植物和高寒植物等属于这一类。

③地面芽植物（H）。这类植物的更新芽勉强埋藏于土表，因而需要依赖枯枝落叶或者积雪保护更新芽，这类植物度过不良季节时地上部分枯死，仍保有生命的部分仅在地面处有芽。温带地区的多年生草本，如苔草等属于这一类。

④地下芽植物（C）。这类植物在度过不利季节时，更新芽埋藏在土表以下或水体中，受到良好保护。一般根茎、块茎、块根、鳞茎植物，以及沼生植物和水生植物等属于这一类。

⑤一年生植物（T）。这类植物冬季地上与地下器官全部枯死。当年完成生命周期，以种子形式越冬或度过不良季节。

不同气候和土壤条件下的植物群落，它们的生活型组成不同。类似的气候和土壤条件下的植物群落，虽然地域上相隔很远，但却有着相似的生活型组成，并表现出相似的群落外貌。故群落的生活型组成具有环境指示作用。根据组成某一地区植物区系的生活型的统计，就可说明该区域的植物气候。

统计某一区域或某一植物群落内各类生活型的数量时，可按下式计算对比关系：

$$\text{某一生活型的百分率}(\%)=\frac{\text{群落中某一生活型的植物种类}}{\text{该群落中全部植物的种类}}\times 100 \tag{11-7}$$

把统计结果列成表或制成柱状图，即称为生活型谱。各个不同气候区的生活型谱见表 11-2。

分析群落的生活型谱，在一定程度上可以反映一个地区和另一地区在气候上的差异，以及同气候区域内各植物群落内环境差异。通常，凡高位芽植物占优势的群落，它们所在地的气候在植物生长季节里，温热多湿；地面芽植物占优势的群落反映所在地具有较长的严寒季节；地下芽植物占优势的群落其环境比较冷湿；一年生植物占优势的则是气候干旱地区的群落特征。热带、亚热带植物群落的高位芽植物比较多，而寒冷干燥地区的植物群落地面芽以下的植物较多。

表 11-2　各个不同气候区的生活型谱　　%

地　区	高位芽植物占比	地上芽植物占比	地面芽植物占比	地下芽植物占比	一年生植物占比
热带地区（塞舌尔群岛）	61	6	12	5	16
北极地区（斯匹次卑尔根）	1	22	60	15	2
沙漠地区（利比亚沙漠）	12	21	20	5	42
温带地区（丹麦）	7	3	50	22	18
地中海地区（意大利）	12	6	29	11	42

11.1.4 群落生物多样性

11.1.4.1 生物多样性的概念

生物多样性是群落生物组成结构的重要指标，它不仅可以反映群落组成化水平，而且可以通过结构与功能的关系间接反映群落功能的特征。

生物多样性研究始于20世纪初，当时生态学家就发现在自然群落中，存在着很大的变异性。有的群落，如寒带岩石海岸的软体动物，只有少数的几个物种；相反，在热带地区，可能有成百上千个物种。为了表示群落的这种变异性，生态学家提出了多样性的概念。因此，生物多样性可定义为：生物的多样化和变异性以及生境的生态复杂性。它包括数以百万计的动物、植物、微生物和它们所拥有的基因，以及它们与生存环境形成的复杂生态系统。

11.1.4.2 生物多样性的层次

生物多样性是一个内涵十分广泛的重要概念，包括遗传多样性、物种多样性、生态系统多样性3个层次。遗传多样性是指各个物种所包含的遗传信息之和；物种多样性是指地球上生物种类的多样化；生态系统多样性是指生物圈中生物群落、生境与生态过程的多样化。

11.1.4.3 生物多样性的含义

早期物种多样性的定义是指群落中物种的数目和每个种的个体数。后来生态学家有时也用其他特征来说明物种多样性，如生物量、现存量、重要值和盖度等。讨论物种多样性的资料很多，归纳起来，通常物种多样性具有以下两方面含义。

(1)种的数目(丰富度)

种的数目是指一个群落或生境中物种数目的多寡。这是一个客观的物种多样性指标，在统计种的数目的时候，需要说明多大的面积，以便比较。在多层次的森林群落中必须说明层次和径级，否则是无法比较的。

(2)种的均匀度

种的均匀度是指一个群落或生境中全部物种个体数目的分配状况，它反映的是各个物种个体数目分配的均匀程度。例如，甲群落中有100个个体，其中90个属于种A，另外10个属于种B。乙群落中也有100个个体，但种A、B各占一半，那么，甲群落的均匀度就比乙群落低。

11.1.4.4 群落多样性与稳定性的关系

多数生态学家认为，群落的多样性是群落稳定性的一个重要尺度，多样性高的群落，物种之间往往形成了比较复杂的相互关系，食物链和食物网更加趋于复杂，当面对来自外界环境的变化或群落内部种群的波动时，由于群落有一个较强大的反馈系统，从而可以得到较大的缓冲。从群落能量学的角度来看，多样性高的群落，能流途径更多，当某一条途径受到干扰被堵塞不通时，就会有其他的路线予以补充。

实践技能 13　森林群落样地调查

一、目标

掌握样地调查的主要方法，并学会初步整理分析资料，从而认识实习地区植被主要特征及分布规律。

二、场所

实验林场、附近公园等。

三、形式

5~8 人一组，在教师指导下对野外不同类型的群落进行调查。

四、备品与材料

皮尺、测绳、围尺、罗盘仪、脚架、花杆、测高器、海拔仪、记录夹、标本夹、标签、土壤锹、钢卷尺、粉笔、森林群落描述表、乔木层描述表、下木层描述表、草被层描述表等(各备品和材料的数量根据分组情况而定)。

五、内容与方法

1. 样地的设置与群落最小面积

调查地区的群落所占的空间和位置不同，或大或小，或连续或分散，不可能把所有的地段全面进行调查，特别是数量特征更不可能如数查清，所以一般采取抽样调查方法。其实质是选择有代表性的一定数量的小面积地段进行详细调查，以此估计推断此类群落的整体，这些有代表性的小面积地段，称为样地。

(1) 样地的形状

有样方(正方形、长方形)和样圆(圆形)之分。实际工作中大多采用样方，因样方设置便利，而样圆很难划出边界，故只在少数情况下使用小样圆调查。本次采用样方调查。

(2) 样地面积大小

样地面积应符合最小面积(或者表现面积)的要求。它直接影响群落调查质量，通常组成群落的植物种类越多，群落的最小面积相应地越大。可根据所调查的群落类型或调查要求确定样方面积的大小，如调查的群落是针叶林，则可将样方设置为10 m×10 m。

(3) 样地数目

样地数目的多少取决于群落的复杂程度，也要考虑人力、物力、财力、时间等因素。本次为 5~8 人一组进行，一般每类群落样地数目 1~3 个。

所有样地按顺序编号，避免混乱，整理方便。

(4) 样地选择

可采用典型取样(主观取样)，就是从群落所在空间中，主观地选择有代表性的(典型的)或有某种特点的地块作为调查样地，也可采用随机取样。样地的选择应具有代表性、原始性、典型性、无干扰(无林缘、林窗、道路、坟地等)、无严重病虫害、火烧痕迹等。

2. 环境条件调查

主要调查海拔，坡度(坡的倾斜程度)，坡向(坡的朝向，阳坡、阴坡、半阴、半阳坡)，坡位(上、中、下及谷地)，土壤状况(在样地内选有代表性的位置，挖土壤剖面，记录土壤名称、厚度、pH 等)，死地被物组成及厚度，苔藓地衣层，藤本植物组成，林相（单层林或复层林），起源（天然林或人工林），地形地势，更新及病虫害等情况，并填入表11-3。

3. 群落的属性标志及其调查方法

所谓属性标志应包括群落的种类组成、分层结构、生活型、物候期、生活力以及植物间相互关系的其他表现，如层次的划分等。属性标志明显，它赋予人们清晰的直观印象，表现出群落基本性质，是非常有用的。

（1）群落的分层结构

群落的成层现象是极其重要的特征，一般优势层能较好地反映外界环境，其他层则更多地表现出群落内部环境。群落调查一般均以层为单位分别进行，分为乔木层、灌木层、草本植物层等。

（2）种类组成

记载样地中所有高等植物种类，分层进行并填入表11-3至表11-6，对不认识的种类，要采集标本系上标签，写明编号回来查明。

应注意乔木层中的树名是将样地中的所有树木进行每木记录；下木层（灌木层）中的树名是将样地中所有的下木分种类进行记录；草本层中的植物名称是将样地中所有的草本分种类进行记录。

（3）生活型

生活型是指植物对不良环境条件适应而形成的外貌形态，可根据芽的位置划分。

（4）群聚度

群聚度是表示各种植物个体在群落中成群生长的特征。它受多数生态因子、植物生活型及繁殖特征的综合制约。一般采用勃朗-勃朗喀提出的5级群聚度：

①单株散生生长。

②几个个体成小群生长。

③很多个体成大群生长而散布成小片。

④成片或散生的簇状生长。

⑤大面积簇生，几乎完全覆盖样地。

（5）物候期

物候期是指植物所处的发育期，有营养期、花蕾期、开花期、结实期、休眠期。

物候期的特征可以反映植物与环境的关系，既标志当地相应的气候特点，又说明植物对各样地群落内部不同位置的小环境的适应情况。

（6）生活力

分为3级：

①生活力强。植物发育良好，枝干发达，叶子大小和色泽正常，能够结实，有良好的营养生长。

②生活力中。植物枝叶的发展繁殖能力都不强，或者营养生长虽然较好，但不能正常结实繁殖。

③生活力弱。植物达不到正常的生长状态，受到明显抑制，甚至不能结实。

（7）叶型

分为以下6种类型：

①鳞叶型（Sca）。叶面积的大小为0.5 cm^2，如柏树等。

②微叶型（Lep）。叶面积的大小为1.5 cm^2，如野丁香、滇油杉等。

③小叶型（Mic）。叶面积的大小为4.5 cm^2，如杜鹃花等。

④中叶型（Mes）。叶面积的大小为13.5 cm^2，如麻栎等。

⑤大叶型（Lar）。叶面积的大小为40.5 cm^2，如野姜、美人蕉等。

⑥巨叶型（Meg）。叶面积的大小为40.5 cm^2 以上，如香蕉、芭蕉等。

4. 群落的数量标志及其调查方法

(1) 多度

多度(个体数)是指在单位面积(样地)上某个种的全部个体数。调查中采用德鲁提多度:

①Soc。极多(密)——植物在地面上密生形成背景。

②Cop^3。很多——植物的个体数很多。

③Cop^2。多——植物的个体数多。

④Cop^1。尚少——植物的个体数相当多。

⑤Sp。少——植物的个体数不多,星散分布在群落中。

⑥SoL。稀——植物的个体数很少,难得发现。

⑦Un。单株——在样地中只有1株。

调查记录时,通常可记为密 Soc、多 Cop、少 Sp、稀 SoL、单株 Un 5 级。

(2) 盖度

盖度是指群落中各个植物种遮盖地面的百分率(%)。乔木层的盖度又称郁闭度。调查时按每个种、每层以及整个样地来统计。由于各株间枝叶常常交错重叠,样地(群落)总盖度可能超过100%。

(3) 植株高度

植株高度是指植株自然生长的高度。低矮的植株用皮尺或钢卷尺直接量取,高大的乔木用测高器测定,分2个步骤:

①测距离。测量水平距离。

②测树高。读数时,指针"同侧相减,异侧相加"。

(4) 植株粗度

对样地中每株乔木的胸径和基粗用围尺进行测定。

胸径是测定距地面1.3 m处的直径。在1.3 m以下分叉者应视为两株树分别测定。基粗是测定树干贴近地面处的直径。测定时,在坡地应沿等高线方向进行;在平地沿"S"形走向量测,凡测过的树木,应用粉笔在树上向前进的方向作出记号,以免重测或漏测。

(5) 年龄

直接查数伐根上的年轮数或用生长锥测定平均木的年龄(人工林可根据造林的年代确定)。

六、注意事项

①用罗盘仪打样地时,坡度5°以上应改算为水平距,闭合差一般要求不超过各边总长的1/200。

②在实地调查时必须按照要求认真工作,实事求是。

③野外实训操作时应注意自身安全和林区用火安全。

七、报告要求

①每组必须将所有原始资料整理、装订成册。资料包括:森林群落描述表、乔木层描述表、下木层描述表、草被层描述表。

②要求每个同学对调查资料进行整理分析,独立完成实训报告。

③报告应分群落进行描述,对各群落的描述可从以下方面进行:生长的环境条件(海拔、土壤条件、坡向、坡位等);乔木层树种(主要树种、伴生树种、生长状况等);外貌特点(季相、林冠等);林分结构特点(林相、优势树种等);生长状况(郁闭度、平均年龄、胸径、林分高度等);下木、藤本生长状况(主要种类、盖度、多度、高度等);草本植物状况(主要种类、盖度、多度、高度等);天然更新和病虫害状况等。

④报告中对所描述的主要的植物种类名称应有拉丁学名。

⑤根据学生在外业调查中的表现以及实习报告的撰写质量,评判每个学生的教学实训成绩。

表 11-3　森林群落描述

编号：　　　　　　　　　　　　　　　　　　　　　　　　年　　月　　日

群落名称				地名			
海拔/m		坡度/°		坡向		坡位	
地形特点							
母岩				土壤名称			
土层厚度/cm		土壤 pH			盐酸反应		
死地被物的组成及厚度/cm							
林相				林冠盖度			
起源历史							
层次数及其名称							
层间植物（藤本和附生植物的组成、多度等）							
苔藓地衣层							
其他							

表 11-4　乔木层描述

编号：　　　　样方面积/m²：　　　　层盖度/%：　　　　亚层：

序号	树　名	胸径/cm	基粗/cm	高度/m	年龄/年	物候	起源	生活力	生活型	叶型	附注
1											
2											
3											
⋮											
n											

表 11-5　下木层描述

编号：　　　　　　　层盖度/%：　　　　　　样方面积/m²：

序号	树　名	多度	盖度/%	高度/m		物候	生活力	生活型	叶型	附注
				多数	最高					
1										
2										
3										
⋮										
n										

表 11-6 草被层描述

编号：　　　样方面积/m^2：　　　层盖度/%：

序号	植物名称	多度	盖度/%	高度/m	群聚度	物候	生活力	生活型	叶型	附注
1										
2										
3										
⋮										
n										

11.2 森林群落的发生和发育

11.2.1 森林群落的发生

森林群落的发生是指在一定地段上森林群落从无到有的变化过程。它既包括森林群落在裸地上的出现，也包括森林群落在原有植物群落中的出现和形成。森林群落的发生一般要经过森林植物的迁移、定居、竞争 3 个阶段。

11.2.1.1 迁移

迁移是指植物繁殖体由母体着生地进入以前不存在这个种的裸地或其他植物群落的过程。繁殖体主要是指孢子、种子、鳞茎、根状茎，以及能繁殖植物的任何部分。森林树种的繁殖体主要是种子，某些树种的地下茎、活的枝、干或叶也有繁殖能力。按繁殖过程的不同可分为有性繁殖和无性繁殖。植物能借助各种方式传播它的繁殖体，使它能从一个地方迁移到新的地方，迁移过程能否完成，主要取决于繁殖体的可动性、传播因子、地形条件、距离远近等多种因素的综合。有性繁殖体成熟后脱离母体，通过各种方式传播。孢子和小粒种子能借助风力传播很远。大粒种子有的具有特殊构造，适应于风力、水力及动物传播。有性繁殖体数量多、可动性好，所以传播速度快、数量多、距离远，但损失比较大。无性繁殖体在未长成新的植株以前一般不能脱离母体独立生活，故迁移速度慢、数量少、距离近，但稳定可靠。在距离母体着生地不远的地段，它们有较强的迁移能力。

11.2.1.2 定居

定居是指繁殖体到达新地点后萌发、生长、发育直到成熟的过程。仅完成迁移还不能形成群落，植物繁殖体到达新的地点，能否发芽、生长和繁殖都是问题。只有当一个种的个体在新的地点上能繁殖时，才算完成定居过程，繁殖是定居中一个重要环节，如不能繁殖，不仅个体数量不能增加，而且植物在新环境中的生长只限于一代。

定居能否成功，决定于种子的发芽力和发芽的条件。有些树种的种子(如杨树、柳树），其发芽力只能保存几天，在到达新地点后的几天中如果得不到适宜的发芽条件，很快就会丧失生活力。而另一些树种的种子，其生命力可以保存几年甚至几十年，即使在到达新地方的当年由于得不到发芽所需要的条件而不能发芽，但在以后的年代里，一旦有了适宜的条件，它们仍会发芽。在自然界里，树木的种子大部分都会因得不到适宜的发芽条件或保存条件而死亡。种子发芽后，植株进入生长阶段，在漫长的生长过程中，植株受环境因子的影响，随时都可能死亡。植株即使能顺利长大，但长大后若不能繁殖后代，其定居过程也不能完成，因为在这种情况下，个体的数量不能增加，新的森林群落也不能长期存在于新的地点。

11.2.1.3 竞争

随着已定居的植物不断繁殖，种类数量不断增加、密度加大，其他的新种又不断地侵入，必然导致对营养空间、水分和养料的竞争，竞争的结果是适者生存。由于不同种间生态学特性的区别以及同种间个体遗传性质的差别，就会出现林木分化现象，即同种同年龄的植株在形体大小、生活力的强弱方面出现明显的区别。进而强者更强，弱者更弱，以致单位面积的林木株数随时间推进不断减少，这就是森林群落的自然稀疏。

竞争的能力取决于种或个体生物学特性、遗传性的强弱和对新环境的适应能力，只有能适应新环境的种及遗传性强的个体才能在新的地方长期定居，形成新的森林群落，而那些弱者即使曾在这里发芽、生长，乃至繁殖过后代，但终因在竞争中失败而被排挤出去。

在自然界里，上述迁移与定居过程是顺序进行的，但竞争则常是在定居过程中同时发生、同时进行，只不过竞争初期不如后期激烈和明显。因此，在新地方最初发生的种类，不一定就是将来复杂竞争中的胜利者，也就是说，它们不一定是真正的森林群落的优势种或建群种。当然，它们有可能在某一阶段或某一时期里是占优势的，只是后来被别的种类排挤或被取代了。这些最先进入新环境，仅有少数能幸存下来，适应能力较强的植物被称为先锋植物或先锋树种。要恢复某一极端退化的裸地，首先应重视先锋植物的引入，在先锋植物改善土壤肥力条件并达到一定覆盖度后，可考虑草本、灌木等的引种栽植，最后才是乔木树种的加入。

11.2.2 森林群落的发育

11.2.2.1 森林群落的发育时期

森林群落从形成到衰老的发育过程可以分为以下3个不同的时期，各时期都有明显的特点。

(1)森林群落发育初期

这一时期，群落已有雏形，建群种已有良好的发育，但未达到成熟期。种类组成不稳定，每个物种的个体数量变化也很大，群落结构尚未定型。群落所特有的植物环境正在形成中，特点不突出。即群落仍在形成发展之中，群落的主要特征仍在不断地增进。

(2) 森林群落发育盛期

这一时期，群落的物种多样性和生产力达到最大，建群种或优势种在群落中作用明显。主要的种类组成在群落内能正常地更新。群落的组成成分已稳定，群落结构已经定型。主要表现在层次上有了良好的分化，呈现出明显结构特点，群落特征处于最优状态。

(3) 森林群落发育末期

群落不断对内部进行改造，最初这种改造对群落的发育起着有利的影响，但当改造加强到一定程度时，就改变了植物环境条件。建群种或优势种，已缺乏更新能力，它们的地位和作用下降，并逐渐为其他种类所代替，一批新侵入种定居，原有物种逐渐消失。群落组成、结构和植物环境特点也逐渐变化，物种多样性下降，最终被另一个群落所代替。

群落的形成和发育之间，没有明显的界线。一个群落发育的末期，也就孕育着下一个群落发育的初期。但一直要等到下一个群落进入发育盛期，被代替的这个群落特点才会全部消失。在自然群落演替中，这种上下阶段之间，群落发育时期的交叉和逐步过渡的现象是常见的。

11.2.2.2 森林群落的发育阶段

在林业生产实践中，为了便于森林的经营管理，把森林群落发育过程分为不同阶段，具有重要意义。实际森林经营管理应用中常将森林群落划为幼龄林、中龄林、近熟林、成熟林和过熟林等几个发育时期，根据不同时期进行合理的经营管理，既能取得较大的经济效益，又能保持生态相对平衡。森林群落各个阶段特点如下。

(1) 幼龄林时期

幼龄林时期又称为形成期，是指森林从发生到形成的这段时期。在这个阶段的最初，幼苗、幼树或萌芽条发生，它们散生或丛生，生长很慢，与杂草的竞争激烈，适应力弱，常被大量淘汰，保留下来的个体则逐渐长大，适应力和与杂草的竞争力增强，树冠逐渐连接，但森林的性状和特点都不稳定，容易发生变化。

(2) 中龄林时期

中龄林时期又称为速生期或杆材林期，在幼林郁闭以后，是高生长迅速加快的阶段。林分的结构和外貌都已基本定型，有比较明显的森林特点，林木个体间的分化现象特别显著，自然稀疏强烈，少数发育良好的林木开花结实。

(3) 近熟林时期

近熟林时期又称为成长期，森林的外貌已定型，树高生长显著减退，但直径生长持续旺盛，材积生长达最高峰，林木普遍开花结实，具有很强的繁殖力。

(4) 成熟林时期

树木的高生长近乎停止，直径生长也非常缓慢，但林分的蓄积量最大，林木结实的能力仍很旺盛，林下有较多的幼树，林木尚少有衰老死亡的现象，群落尚未衰败，是生物学和工艺学都已成熟的阶段，也是采伐利用和更新的时期。

(5) 过熟林时期

过熟林时期又称为衰老期，林木的生长已停止，结实减弱，无性生殖的能力接近丧失或已完全丧失，有大量的病虫侵染，林木开始心腐，常枯死或风倒，整个林分呈现枯梢死亡等衰退现象，林下的幼苗幼树越来越多，木材的耗损量大，不宜继续保留，应及时采伐更新。

上述对森林群落发育时期的划分也不是绝对的，因自然界里的一切现象是异常复杂的，某一时期的特点往往会在相邻的前一个或后一个时期里出现。

森林各发育时期出现的迟早和持续时间的长短，除取决于组成森林的树种的生物学特性以外，还要受环境条件的影响。同一树种组成的森林，在环境条件适宜的情况下，森林的幼龄林时期来得早，壮龄林和中龄林时期持续的时间长，过熟林时期来得晚。如果环境条件恶劣，则森林的形成困难，幼龄林时期来得晚，而壮龄林和近熟林时期均大大缩短，过熟林时期会提前。

11.3 森林群落的演替

自然界中，一切事物都处于不断变化和发展中，生物群落也是如此。

11.3.1 森林群落演替的概念

在一定地段上，一个森林群落相继被另一个森林群落所替代的现象，称为森林群落演替。

森林群落演替是随时间变化的连续过程。前一群落被后一群落替代的过程，称为演替阶段。演替过程依次连续出现的各个演替阶段组成一个系列，称为演替系列。

11.3.2 森林群落演替的原因

森林群落的演替是群落内部关系与外界环境中各种生态因子综合作用的结果，其原因或动力可以归纳为两大类：内部原因和外部原因。

11.3.2.1 内部原因(内因)

森林群落内部环境的变化是演替的动力。群落内部环境的变化是由群落本身的生命活动造成的，与外界环境条件的改变没有直接的关系。一方面不同物种之间为了争夺有限环境资源空间产生竞争，其结果是优胜劣汰；另一方面群落内部的建群种对生境有一定的改造作用，改变了原来的生境条件，而不再适合原建群种的繁衍，从而促进其他生物的定居和加快自身的灭亡，使原来的群落解体，为另一些物种的生存提供了有利条件，导致群落的演替。

11.3.2.2 外部原因(外因)

外界环境条件的变化是演替的条件，虽然决定群落演替的根本原因存在于群落内部，但群落之外的环境条件诸如气候、地貌、土壤、风灾、火灾、病虫害、冰川等自然因素以及人类活动的影响，常可成为引起演替的重要条件。

气候的变化，无论是长期的还是短暂的，都会成为演替的诱发因素。地貌(地表形态)的改变会使水分、热量等生态因子重新分配，反过来又影响到群落本身，小范围的地貌变化(如滑坡、洪水冲刷)也可以改造一个生物群落。土壤的理化特性对于置身于其中的植物、土壤动物和微生物的生活有重要影响，土壤性质的改变势必导致群落内部物种关系的重新调整。风灾会直接破坏群落的结构，如强风会产生倒木、断枝等现象，在短期内造成群落生物量降低。风灾会直接破坏群落的结构，如强风会产生倒木、断枝等现象，在短期内造成群落生物量降低。火也是一个重要的诱发演替的因子，火烧可以造成大面积的次生裸地，演替从裸地上重新开始。病虫害大发生时迅速改变森林的演替趋向也是人们熟知的。大规模的地壳运动(冰川、地震、火山活动等)，可使地球表面的生物部分或完全毁灭，从而使演替从头开始。

在所有的演替外因因素中，人类经营、采伐活动的影响占有重要地位。随着人口数量的增加，人对生物群落演替的影响越来越大，远远超过其他所有的自然因子。人类社会活动通常是有意识、有目的地进行的，可以对自然环境中的生态关系起促进、抑制、改造和建设的作用。例如，不合理的经营方式以及乱砍滥伐森林、放火烧山、开垦土地等，都可使生物群落改变面貌，造成森林环境的骤变，为另一种树种的发生提供了新的条件。人类经营、抚育森林，治理沙漠，使群落演替按照不同于自然发展的方向进行。人类还可以通过建立人工群落，将演替的方向和速度置于人为控制之下。当然，影响演替的外部环境条件并不限于上述几种，凡是与群落发育有关的直接或间接的生态因子都可成为演替的外部因素。

11.3.3 森林群落演替的种类

森林群落的演替现象是多种多样的，根据演替发生的起源分为原生演替和次生演替。在原生演替中，根据演替发生的基质又可分为旱生演替和水生演替；在次生演替中根据演替发展方向的不同又可分为逆行演替与进展演替。

11.3.3.1 森林群落的原生演替

由原生裸地上开始的植物群落演替，称为原生演替。原生演替顺序发生的各个演替阶段组成一个原生演替系列。一般通过从岩石表面开始的旱生演替和从湖底开始的水生演替这两个极端的生境类型模式，来描述原生演替系列。

(1)旱生演替系列

旱生演替系列从岩石风化开始，裸露的岩石表面生境条件极端恶劣，没有土壤、极其干燥、光照强烈、温度变化大，从这里开始最后形成森林的演替一般经过以下几个阶段(图 11-3)。

①地衣植物阶段。裸露的岩石表面，日晒强烈，温度变化剧烈，水分和养分极端缺乏。在这样的严酷条件下，首先出现的植物是地衣，并且其出现顺序为壳状地衣→叶状地

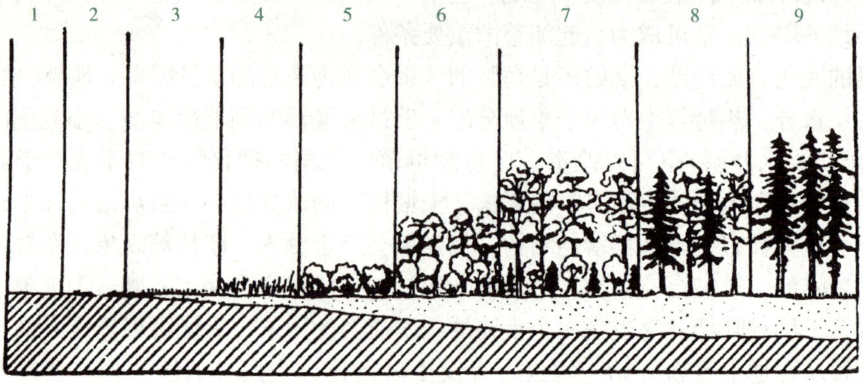

1. 原生裸地；2. 地衣植物阶段；3. 苔藓植物阶段；4. 草本植物阶段；5. 灌木植物阶段；
6、7. 喜光乔木树种森林群落阶段；8. 喜光和耐阴树种混生阶段；9. 耐阴树种组成的森林阶段。

图 11-3　旱生演替系列示意

衣→枝状地衣。地衣能利用短暂时间里的少量水分(如降水时暂时停留在岩石表面的水分和空气中的水汽)进行生长，并能在较长的干旱时期里休眠，一旦有了水分又继续生长。地衣的假根分泌出来的有机酸能腐蚀岩石表面，加之岩石的风化作用和地衣残体的积聚逐渐形成了少量的土壤，这有利于高一级植物的出现。

②苔藓植物阶段。在地衣植物聚集的少量土壤上，耐旱的藓类开始定居生长，它们较地衣高大，聚集土壤的能力很强，藓类的强烈固土作用促进了土壤的形成，加速母质向土壤的转化。

③草本植物阶段。在土壤具有保持水分能力时，一些耐旱喜光的草本植物，如蕨类和一年生植物相继出现，多年生植物也逐渐生长起来；土壤越受庇荫，地表光照和温度降低显著，随着土壤条件的逐步改善，耐旱的地衣和藓类日益衰退，草本植物也逐渐失去优势。

④木本植物阶段。生境的逐渐改善，使木本植物有可能进入群落中定居。首先出现的是一些喜光的灌木，它们与高草混生，形成高草灌木群落，之后灌木大量增加成为优势灌木群落，继而喜光乔木树种(先锋树种)出现并逐渐形成森林。至此，林下形成荫蔽的环境，使耐阴树种得以定居，并逐渐增多，而喜光树种因不能在林下更新而逐渐消失，于是形成了比较稳定的森林。

在旱生演替系列中，地衣和苔藓植物群落阶段延续的时间最长，能在这种严酷生境下生长的植物种类甚少，它们矮小的植株影响和改造环境的作用微弱，只能随着土壤的发育而发育。

(2)水生演替系列

在一般淡水湖泊或池塘中，一定深度以下，由于光照和空气的缺乏，没有体形较大的绿色植物生长。这一深度以下则为水底的原生裸地。水生演替系列的发生是由于从湖岸上冲刷下来的矿物质和有机质淤积，以及大量浮游生物的残体堆积，池塘底逐步抬高，依次出现不同的植物群落，直到整个湖泊消失，生长森林，该演替包括如下几个阶段(图 11-4)。

①沉水植物阶段。在水深 5～7 m 的湖底，常有许多沉水植物生长，如金鱼藻、眼子

1. 水底原生裸地；2. 沉水植物阶段；3. 浮水植物阶段；4. 直立水生植物阶段；
5. 湿生草本植物阶段；6. 灌木阶段；7、8. 喜光树种森林阶段；9、10. 耐阴树种森林阶段。

图 11-4 水生演替系列示意

菜等，它们整个植株全在水中，这些植物死后，死亡体向池塘底沉积，池塘日益变浅，不适于原有植物生长，让位给适合这种浅水环境的植物。

②浮水植物阶段。当水深 1~3 m 时，出现浮水植物，如睡莲、菱角等，这些植物具有地下茎，根扎在水底土中，繁殖很快，有高度堆积水中泥沙的能力，叶子在水面或水面以上，有时密集生长，加快湖底抬高的速度。

③直立水生植物阶段。水位继续变浅，不适于原有植物生长，而利于直立水生植物生长，如芦苇、香蒲、泽泻等，它们的体形更大，根茎更茂密，常纠缠盘结，不仅使湖底迅速抬高，还可形成一些浮岛。在此阶段里，原来被淹没的土地开始露出水面和大气接触，开始具有陆生环境的特点。

④湿生草本植物阶段。当水浅到一定程度，在干季土面可以露出时，已经不能适应直立水生植物的生存，由灯芯草、驴蹄菜等喜湿草本植物取而代之。在比较干燥的条件下，另一些新的植物迁移过来，在干燥气候区域，形成稳定的草原群落；在湿润气候区，则向木本植物群落发展。

⑤木本植物阶段。在上一阶段创造出的环境里，首先一些耐水湿的乔灌木树种出现，有时形成茂密的灌丛，它们大量蒸腾水分，使地下水位降低，继而出现湿生木本群落，土壤水分条件进一步改善，腐殖质积累增多、分解良好、肥力增高，中生木本树种逐渐形成森林，最后演变为由耐阴性较强的树种，形成相对比较稳定的森林。

水生演替系列实际上是在植物作用下填平池塘的过程，每一阶段的群落都以抬高底部而为下一个阶段群落出现创造条件。这种演替系列，经常可以在一般的湖泊周围看到，在不同深度的水生环境中，演替系列中各阶段的植物群落呈环带状分布，随着底部的抬高，它们逐个向前推进。

演替系列的最后阶段不一定总是乔木时期，只在湿润气候区演替系列的后期才出现森林，在我国年降水量超过 400 mm 的东部地区，出现大面积天然林；年降水量 250～300 mm及以下地区，演替停留在草本植物时期。

11.3.3.2 森林群落的次生演替

在自然条件下，没有受到外界因素和人为因素干扰的森林群落，称为原生森林群落，又称为原始林。原生森林群落受到外界自然因素和人为活动影响后所发生的演替，称为次生演替，经次生演替而形成的森林群落，称为次生森林群落，又称次生林。因此，次生演替实际上包括两个完全不同的过程：一个是群落的退化(又称逆行演替)；另一个是群落的复生(又称进展演替)。

(1)逆行演替

原生森林群落在外因的作用下，群落类型由比较复杂、相对稳定的阶段向比较简单的稳定性较差的阶段退化的过程，称为逆行演替。群落退化的程度取决于外因作用力的强弱，如果外因作用持续进行，森林就会变成荒山秃岭，即当外因作用力极强时，可使原生群落直接退化到裸地。

(2)进展演替

当外界因素作用停止后，群落的发展又趋向于恢复到受破坏前的原生群落类型，即群落向所在区域内结构最复杂、稳定性最高的群落发展，这种恢复的过程，就称为群落的进展演替。进展演替是植物体增多和种群组合建立的过程，在这个过程中群落能更充分地利用环境资源，生产力逐渐提高，最终形成结构复杂、能长期稳定存在的群落。当然，复生并不等于完全复原，它仅可能是类型上的基本相同，而在种类成分、层次结构以及群落内部小生境等特征上，则不可能完全相同。

按照进展演替的进程，当森林群落的发展最后形成与当地的气候、土壤等环境条件紧密适应、协调的稳定群落时，称为顶极群落。

现以亚热带常绿阔叶林为例，简要示意在森林被全部伐除(退化)以后其复生过程经历的阶段，以说明次生演替的一般情况(图 11-5)。

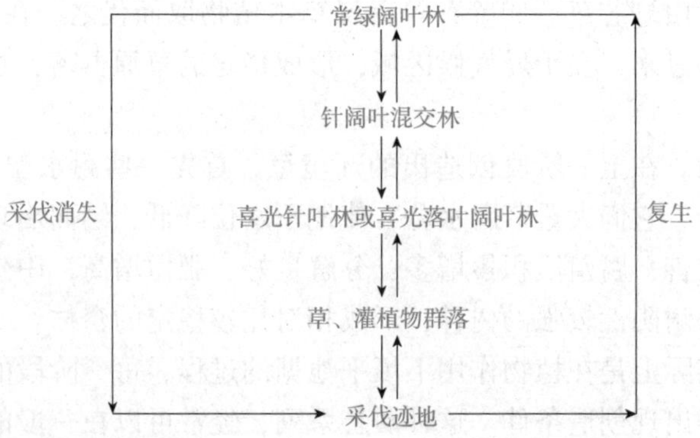

图 11-5　亚热带常绿阔叶林采伐演替阶段示意

(3)次生演替的特点

①次生演替的速度。原生群落受破坏的强度越大，破坏持续的时间越长，则恢复到原生群落的速度越慢，过程越长；反之，强度越轻，破坏持续的时间越短，则群落复生的速度越快，过程越短。由此可见，外因破坏的强度和群落退化的速度成正比，与群落的复生速度成反比。此外，演替速度还受环境条件和种源等因素影响。正如列举的亚热带常绿阔叶林采伐消退的例子所示，森林采伐造成群落一次性直接消退到次生裸地阶段(采伐迹地阶段)时，如次生裸地上原有群落的土壤条件保留完好，且又保留了原有群落中某些树种的种子和其他繁殖体，则其次生演替的速度就相应地比土壤条件恶劣、种源缺乏的次生裸地演替要快得多。

②次生演替的趋向。原生森林群落遭受破坏后，一旦引起破坏的外力作用消失，次生植物群落仍然可形成进展演替，趋向于恢复到破坏前原生群落的类型。次生演替包含森林群落的退化和复生两个方向相反的过程，在外界干扰作用下群落退化，而当干扰停止后，在原处立即开始复生的过程，因此次生演替是一个可逆的动态变化过程。

③次生演替经历的阶段。这在很大程度上取决于外界因素作用的方式和作用的持续时间。皆伐森林一次就可以使群落消退到次生裸地阶段，然后再逐渐经历各进展演替阶段。一般在群落逆行演替的任何一个阶段，只要外因作用停止对群落的影响，则群落就从该阶段开始它的复生过程。

④次生演替在外因的作用下发生。在次生演替的外界因素中，最主要和最大规模的是人类的生产经营活动，它是各种次生群落产生的主要原因。在利用与改造植被工作中，涉及的几乎都是次生演替的问题，如石质山地的造林、森林的采伐更新、次生林的抚育改造、封山育林等，必须认识次生演替的规律和特点，才能在此基础上制定出科学的经营措施。

在自然界中，根据进展演替的特点，经过破坏后的森林，如果停止外界的干扰，森林有很强的自我恢复能力。封山育林这一营林措施就是依据森林的这一特性而提出的，在一些水热条件较好的地区，由于人类的破坏所形成的荒山或杂灌丛，只要原生植被没有被破坏殆尽，周围地区有一定的种源，就可以采用封山措施，将荒山或杂灌丛置于自然演替的环境中，使原来的荒山重新恢复森林。采用封山育林法，操作简便、省工省力，恢复的森林组成复杂，符合自然演替规律。

11.3.4 森林群落演替实例

11.3.4.1 阔叶红松林的演替

阔叶红松林是东北小兴安岭、张广才岭和长白山的地带性顶极群落。在自然条件下阔叶红松林以复层异龄混交的形式保持基本稳定的组成和结构，但由于红松老龄林木的自然衰老死亡和幼龄林木的发生，群落外貌发生一定的变化。

一般在自然状况下，阔叶红松林演替进展缓慢。一旦遭受自然灾害或采伐，演替的进程大幅加速，如择伐，特别是强度比较大的择伐，林分中红松大径木多被伐除，红松在林中的优势地位丧失，原来的伴生树种紫椴、枫桦、水曲柳等组成增加上升为优势树种，形成阔叶树为主的针阔叶混交林。这时林下红松更新条件较原始林下有利，能较迅速地恢复以红松为主的针阔叶混交林。阔叶红松林皆伐后，林地环境突然发生急剧变化，最初几年不但红松幼苗的天然更新极为困难，就是已经发生的幼苗也常因对新环境的不适应而枯死。采伐中破坏了地被物，土壤裸露，如迹地周围有丰富的山杨和白桦种源时，在迹地很快形成杨桦林。杨桦成林后，林下疏松的凋落物和腐殖质层是红松种子发芽的温床，传播红松种子的啮齿类动物又经常到杨桦林下栖息，红松又得以在杨桦林下更新。皆伐迹地有时覆盖一层较厚的死地被物和采伐剩余物，杨桦难于更新，灌木占据并形成密密的灌丛。群落演替的方向是阔叶树侵入，最后红松侵入。阔叶红松林演替的一般规律下：

阔叶红松林
- 择伐→以阔叶树为主的针阔叶混交林→自然恢复→阔叶红松林
- 皆伐→草地或灌丛→杨桦林→以阔叶树为主的针阔叶混交林→自然恢复→阔叶红松林
- 火烧→草地→杨桦林→以阔叶树为主的针阔叶混交林→自然恢复→阔叶红松林

11.3.4.2 中亚热带常绿阔叶林的演替

中亚热带常绿阔叶林主要群落类型有甜槠林、米槠林、苦槠林、栲树林等，它们受人工皆伐后，其迹地上一般首先生长芒萁、芒等草类，混生有山苍子、山乌桕、黄瑞木、荚蒾、胡枝子、杜鹃花等小乔木、灌木，组成中生灌草丛。而后有马尾松、木荷、枫香、闽粤栲等喜光树种侵入生长，在该地带北部的闽北地区，此阶段一般还有白栎、短柄枹栎、茅栗等暖温带喜光落叶树种出现，发展成乔灌木林，从而逐渐过渡到针阔叶树混交林。随着时间的进程，群落越来越郁闭，生境条件得到改善，原森林群落的主要树种如甜槠、米槠、栲树、青冈、石栎，以及樟科、山茶科、金缕梅科、杜英科的乔木也在其中得以生长定居，于是逐渐恢复发展为同原森林群落类型相似性质的阴性阔叶林。例如，福建省中亚热带常绿阔叶林演替的一般规律如图 11-6 所示。

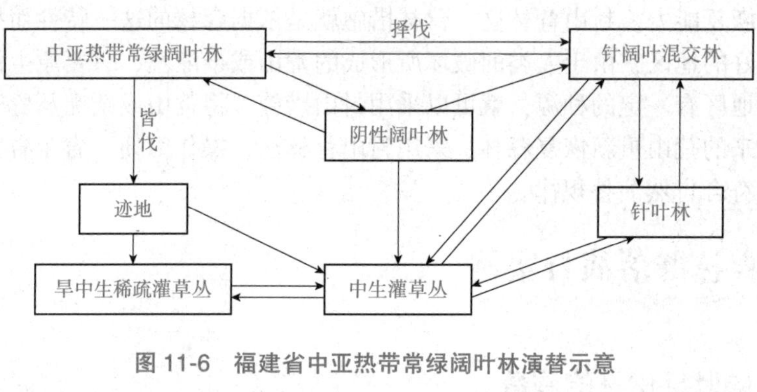

图 11-6　福建省中亚热带常绿阔叶林演替示意

11.3.4.3 热带雨林、季雨林的演替

我国最南方包括福建，广东，广西的南部，云南东部、南部和横断山脉的河谷中，以及海南和台湾等地。本区的气温高，降水量大，多台风暴雨，植物群落演替的特点是种类多、生长迅速，因此演替的进程快。森林遭破坏后，土壤的冲刷现象严重，肥力不断降低，保水、透水性减弱，生境逐渐向干旱方向发展，次生植被则相应地由半湿性向干旱性

类型演变，群落越次生，生境越干旱，而恢复也越困难，其演替的一般规律如图11-7所示。

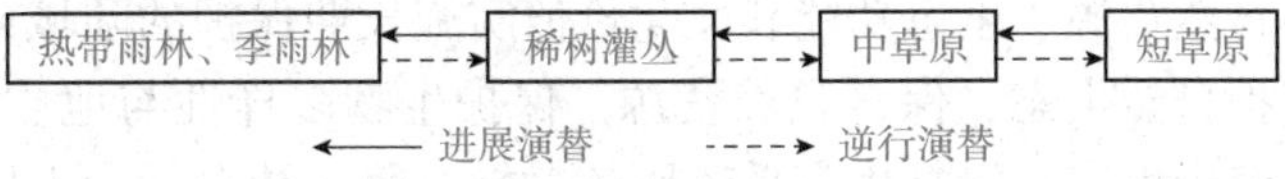

图 11-7 热带雨林、季雨林的演替过程

知识拓展

我国自然保护地的建立

自然保护地是生态建设的核心载体、中华民族的宝贵财富、美丽中国的重要象征，在维护国家生态安全中居于首要地位。从1956年，我国建立首个自然保护区开始，经过60多年的努力，已建立数量众多、类型丰富、功能多样的各级各类自然保护地，在保护生物多样性、保存自然遗产、改善生态环境质量和维护国家生态安全方面发挥了重要作用，但仍然存在重叠设置、多头管理、边界不清、权责不明、保护与发展矛盾突出等问题。加快建立我国自然保护地体系，确保重要自然生态系统、自然遗迹、自然景观和生物多样性得到系统性保护，是提升生态产品供给能力、维护国家生态安全的重要举措，能为建设美丽中国、实现中华民族永续发展提供生态支撑。

1. 自然保护地建设基本原则

(1) 坚持严格保护，世代传承

牢固树立尊重自然、顺应自然、保护自然的生态文明理念，把应该保护的地方都保护起来，做到应保尽保，让当代人享受到大自然的馈赠和天蓝地绿水净、鸟语花香的美好家园，给子孙后代留下宝贵自然遗产。

(2) 坚持依法确权，分级管理

按照山水林田湖草是一个生命共同体的理念，改革以部门设置、资源分类、行政区划分设立的旧体制，整合优化现有各类自然保护地，构建新型分类体系，实施自然保护地统一设置、分级管理、分区管控措施，最终实现依法有效保护。

(3) 坚持生态为民，科学利用

践行绿水青山就是金山银山理念，探索自然保护和资源利用新模式，发展以生态产业化和产业生态化为主体的生态经济体系，不断满足人民群众对优美生态环境、优良生态产品、优质生态服务的需要。

(4) 坚持政府主导，多方参与

突出自然保护地体系建设的社会公益性，发挥政府在自然保护地规划、建设、管理、监督、保护、投入等方面的主体作用。建立健全政府、企业、社会组织和公众参与自然保护的长效机制。

(5) 坚持中国特色，国际接轨

立足国情，继承和发扬我国自然保护的探索和创新成果。借鉴国际经验，注重与国际自然保护体系对接，积极参与全球生态治理，共谋全球生态文明建设。

2. 自然保护地功能定位

自然保护地是由各级政府依法划定或确认，对重要的自然生态系统、自然遗迹、自然景观及其所承载的自然资源、生态功能和文化价值实施长期保护的陆域或海域。建立自然保护地的目的是守护自然生态，保育自然资源，保护生物多样性与地质地貌景观多样性，维护自然生态系统健康稳定，提高生态系统服务功能；服务社会，为人民提供优质生态产品，为全社会提供科研、教育、体验、游憩等公共服务；维持人与自然和谐共生并永续发展。要将生态功能重要、生态环境敏感脆弱以及其他有必要严格保护的各类自然保护地纳入生态保护红线管控范围。

3. 自然保护地类型

按照自然生态系统原真性、整体性、系统性及其内在规律，依据管理目标与效能并借鉴国际经验，将自然保护地按生态价值和保护强度高低依次分为 3 类。

(1) 国家公园

国家公园是指以保护具有国家代表性的自然生态系统为主要目的，实现自然资源科学保护和合理利用的特定陆域或海域，是我国自然生态系统中最重要、自然景观最独特、自然遗产最精华、生物多样性最富集的部分，保护范围广，生态过程完整，具有全球价值，作为国家象征，国民认同度高。2015 年，我国启动首批国家公园体制试点，包括三江源、东北虎豹、大熊猫、神农架等 10 个试点区。2021 年正式设立首批 5 个国家公园，分别是三江源国家公园、大熊猫国家公园、东北虎豹国家公园、海南热带雨林国家公园和武夷山国家公园。计划到 2035 年，建成全球最大的国家公园系统，覆盖国土陆域面积的 10% 以上。

(2) 自然保护区

自然保护区是指具有保护典型的自然生态系统、珍稀濒危野生动植物种的天然集中分布区、有特殊意义的自然遗迹的区域。其具有较大面积，用于确保主要保护对象安全，维持和恢复珍稀濒危野生动植物种群数量及赖以生存的栖息环境。

(3) 自然公园

自然公园是指保护重要的自然生态系统、自然遗迹和自然景观，具有生态、观赏、文化和科学价值，可持续利用的区域。其用于确保森林、海洋、湿地、水域、冰川、草原、生物等珍贵自然资源，以及所承载的景观、地质地貌和文化多样性得到有效保护。主要类型包括森林公园、地质公园、海洋公园、湿地公园等。

复习思考题

一、名词解释

1. 森林群落；2. 植被；3. 生活型；4. 季相；5. 自然稀疏；6. 林木分化；7. 森林群落演替；8. 原生演替；9. 次生演替；10. 进展演替；11. 逆行演替；12. 顶极群落。

二、填空题

1. 森林群落__________是决定群落性质最重要的因素，也是鉴别不同群落类型的最基本标志。

2. 所谓表现面积是指能够包括绝大多数的植物种类和表现出该群落一般结构特征的________。

3. 森林中由高大的乔木树种所组成的层次是________。

4. 植物地上部分垂直投影面积占样地面积的百分率，称为________。

5. 林业上常用________来表示乔木层的盖度。

6. 群落的垂直结构，主要指群落______现象。

7. 森林群落中每一树种的相对重要性可用重要值表示，重要值=________+________+________。

8. ____________可定义为：生物的多样化和变异性以及生境的生态复杂性。

9. 生物多样性是一个内涵十分广泛的重要概念，包括______、______、______3个层次。

10. 森林群落的发生一般要经历森林植物的______、______和______3个阶段。

11. 森林植物的迁移是靠________来实现。

12. 森林植物间竞争的结果是________。

13. 森林群落的________是指在一定地段上，森林群落从无到有的变化过程。

14. 最先进入新环境的物种，仅有少数能幸存下来，这些适应能力较强的植物称为________。

15. 森林群落的演替是群落内部关系与____________中各种生态因子综合作用的结果。

16. 引起森林群落发生演替的主要外因是________。

17. 旱生演替系列一般经历_____植物阶段、_____植物阶段、_____植物阶段和_____植物阶段。

18. 水生演替系列一般经历________植物阶段、________植物阶段、________植物阶段、________植物阶段和________植物阶段。

19. 次生演替有2个发展方向，一是群落的______，二是群落的______。

20. 热带雨林被破坏后形成稀树灌丛的演替过程，从方向而言属于______。

21. 原生森林群落遭受破坏后，一旦引起破坏的外力作用消失，次生植物群落仍然可________，趋向于恢复到破坏前原生群落的类型。

三、选择题

1. 在我国东南半部，植物种类最多、结构最复杂的森林群落是(　　)。

A. 寒温带针叶林　　B. 亚热带常绿阔叶林

C. 热带雨林、季雨林　　D. 温带针阔叶混交林

2. 植物的形状类别称为(　　)。

A. 生活型　　B. 生长型　　C. 生态型　　D. 生境型

3. 乔木树种的生活型为(　　)。

A. 地面芽植物　　B. 地上芽植物

C. 地下芽植物　　D. 高位芽植物

4. 甲群落中有100个个体，其中90个属于种A，另外10个属于种B。乙群落中也有

100个个体，但种A、B各占一半，那么，(　　)。

A. 甲群落的均匀度比乙群落低

B. 甲群落的均匀度与乙群落一样

C. 甲群落的均匀度比乙群落高

D. 甲群落的均匀度与乙群落没有可比性

5. 某一种植物出现的样方数目/全部样方数目×100%表示(　　)。

A. 多度　　B. 频度　　C. 密度　　D. 优势度

四、判断题(正确的打"√"，错误的打"×")

1. 组成森林群落的种类成分越多，生长型越复杂，其结构也越复杂。(　　)

2. 高位芽植物的过冬芽位于离地面较高的位置，如乔木和大灌木。(　　)

3. 物种多样性越丰富，则群落越稳定。(　　)

4. 组成群落的植物种类越多，群落的最小面积相应地越大。(　　)

5. 群落的形成和发育之间，没有明显的界限，一个群落发育的末期，也就孕育着下一个群落发育的初期。(　　)

6. 在新地方最初发生的种类，一定就是将来复杂的竞争中的胜利者。(　　)

7. 只有当一个种的个体在新的地点上能繁殖时，才算定居过程的完成。(　　)

8. 先锋树种最终代替基本成林树种而形成较稳定的森林群落。(　　)

9. 次生裸地是光秃秃的地方，所有土壤和原生群落中的繁殖体均已彻底消失。(　　)

10. 原生裸地上森林群落的形成快于次生裸地。(　　)

11. 在红松阔叶林被皆伐后的迹地上形成杨桦林，是逆行演替。(　　)

12. 原生演替过程始终是进展演替。(　　)

13. 封山育林这一营林措施是根据森林群落逆行演替的特点提出的。(　　)

14. 原生群落受破坏的强度越大，破坏持续的时间越长，则恢复到原生群落的速度越慢，过程越长。(　　)

15. 人类的生产经营活动是各种次生群落产生的主要原因。(　　)

五、简答题

1. 在森林的经营管理中，把森林群落划为哪几个发育阶段？各阶段的特点是什么？

2. 森林群落演替的种类有哪些？

3. 森林群落演替的原因有哪些？

4. 以亚热带常绿阔叶林为例，简要示意在森林被全部伐除(退化)以后其复生过程经历的阶段。

单元12 森林生态系统

知识架构

- 森林生态系统
  - 森林生态系统的含义
    - 生态系统概述
    - 森林生态系统概述
    - 森林生态系统的成分
    - 森林生态系统的结构
  - 森林生态系统的功能
    - 森林生态系统能量流动
    - 森林生态系统物质循环
    - 森林生态系统信息传递
  - 森林生态系统的生产力和生物量
    - 森林生态系统的生产力和生产量
    - 森林生态系统的生物量和现存量
  - 生态平衡与森林环境保护
    - 生态系统平衡
    - 森林环境保护

知识目标

1. 了解森林生态系统的特点。
2. 掌握森林生态系统的概念、森林生态系统的成分和营养结构。
3. 理解森林生态系统的生产力和生物量。
4. 掌握森林生态系统能量流动、物质循环过程及信息传递的作用。
5. 掌握生态系统平衡的基本特征。

技能目标

1. 能熟练识别森林生态系统的成分。
2. 能熟练判定森林生态系统的食物链组成，营养级划分。
3. 能准确描述森林生态系统的能量流动和物质循环。

素质目标

1. 培养学生爱护森林、保护生态环境的意识，树立可持续发展观。
2. 坚持山水林田湖草沙是生命共同体的系统思想，培养学生的系统观念和整体思维。
3. 培养学生协作、交流、分享的团队合作精神。

12.1 森林生态系统的含义

生态系统是指在一定的时间和空间范围内，生物群落与非生物环境通过能量流动、物质循环和信息传递形成的一个相互影响、相互作用并具有自调节功能的自然整体。

12.1.1 生态系统概述

12.1.1.1 生态系统的概念

生态系统的概念是由英国植物生态学家Tansley在1935年提出的，他把生物有机体和无机环境作为一个整体来研究，特别强调生物群落在系统中的核心作用。

生态系统作为一个广泛的概念，可以存在于各种不同的尺度上，从一个小池塘、一块农田到一片广阔的森林，甚至是微观到含有藻类的一滴水，都可以被视为一个生态系统。在自然界中，生态系统并不是孤立存在的，而是由微、小、中、大多级分层的系统综合而成的。小的生态系统可以联合起来形成更大的生态系统，简单的生态系统可以组合成更复杂的生态系统。

生物圈是地球上所有生物及其生存环境的总和，其环境是由地球表面的岩石圈、土壤圈、水圈、大气圈以及太阳辐射共同构成。由于地球上的生物大部分定居于陆地上或海面之下100 m的范围内，因此生物圈通常指的是生物定居的这个狭窄地带。生物圈是地球上最庞大、最复杂的生态系统，它包含了所有其他生态系统，是所有生态系统的集合体。

12.1.1.2 生态系统的分类

生态系统可以根据不同的分类标准划分成多种类型。按照生物成分可将其分为植物生态系统、动物生态系统、微生物生态系统和人类生态系统。根据人类活动对生态系统的影响程度可将其分为自然生态系统、半自然生态系统和人工生态系统。自然生态系统指的是受人类活动影响较小的生态系统，半自然生态系统指的是人类活动对其有一定影响但仍然保持一定自然特征的生态系统，而人工生态系统则是人类为了特定目的而设计和建立的生态系统。根据生态系统的环境性质可将其分为陆地生态系统和水域生态系统。陆地生态系统进一步根据地理位置、水分、热量等环境因素，以及植被的优势类型，分为森林、草原、荒漠、高山、冻原、极地等不同类型的生态系统。森林生态系统还可以进一步细分为热带林、亚热带林、温带林、寒温带林等子类型，并且这些子类型还可以继续细分为其他更具体的森林生态系统。水域生态系统根据水环境的物理和化学性质，可以分为淡水生态系统和海洋生态系统。淡水生态系统包括河流、湖泊、沼泽等，而海洋生态系统则包括各种海洋和海岸带生态系统。这样的分类体系有助于我们更好地理解和研究生态系统的多样性及其功能。

12.1.2 森林生态系统概述

12.1.2.1 森林生态系统的概念

森林生态系统是以乔木树种为主体的生物群落与其环境在特定时间和空间范围内，通过能量流动、物质循环和信息传递相互作用形成的整体。森林生态系统具有自调节功能，能够维持其动态平衡和持续稳定。在地球生态系统中，森林生态系统对全球气候调节、生物多样性保护和物质循环具有深远影响，扮演着至关重要的角色。

12.1.2.2 森林生态系统的特点

森林生态系统是地球上最大的陆地生态系统，占据陆地表面的1/3，其特点鲜明而多样。

①森林生态系统有丰富的生物多样性。森林生态系统中拥有大量的植物、动物和微生物，构成了多层次的生物群落。这些生物从地面到树冠层，在不同的高度上找到了生存的空间和资源。森林中的植物呈现出明显的垂直分层，为各种生物提供了多样的栖息地，并形成了复杂的生态关系网络。

②森林生态系统以多年生乔木树种为主体，树木寿命长，对环境的影响深远而持久。高大的树干和树冠为众多生物种群提供了栖息和繁衍的环境，使得森林成为物种的巨大基因库，对生物圈的稳定与繁荣至关重要。

③森林生态系统具有极高的生产力和显著的碳汇作用。通过光合作用，森林植被大量吸收二氧化碳，转化为生物质，并储存在树木的组织中。这种碳汇能力远超过其他生态系统，对减缓全球气候变化至关重要。同时，森林土壤中的有机质含量丰富，进一步增强了其碳储存功能。

④森林生态系统在水土保持和调节方面表现出色。森林植被的根系能牢牢固定住土壤，有效减少水土流失。其生物组成和微生物群落还能促进水分和养分的循环与转化，维持生态系统的稳定，在水源涵养和水土保持中发挥关键作用。

⑤森林生态系统具有强大的气候调节与适应能力。通过蒸腾作用，森林植被释放水分，调节地表温度，影响局部气候。同时，森林生态系统中的生物能够适应各种气候条

件，展现出强大的气候适应性。

⑥森林生态系统处于动态变化之中，具有自我调节和维持动态平衡的能力。在受到自然或人为因素干扰后，其能够在一定范围内进行自我恢复和调节。但其对环境变化也极为敏感，不同森林生态系统在受到破坏后的恢复力存在显著差异。

森林生态系统的形成和演变是一个长期过程，从初级演替到顶级群落可能需经历数十年甚至数百年的时间。因此，保护和恢复森林生态系统是一项长期而艰巨的任务，需要人类持续地关注和努力。

12.1.3 森林生态系统的成分

生态系统是由生物成分和非生物成分两部分组成的。各成分间的相互关系如图 12-1 所示。

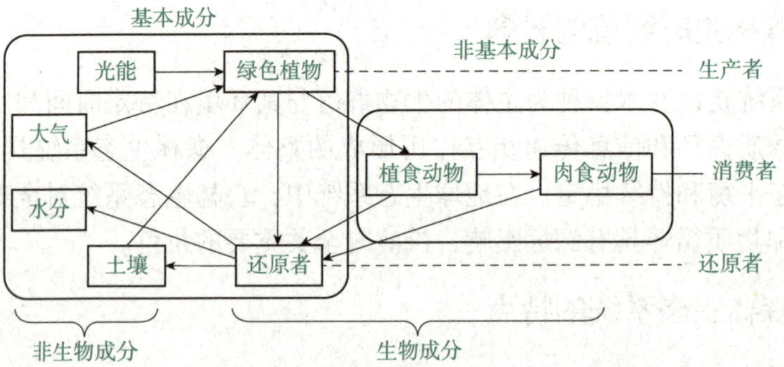

图 12-1 生态系统各成分间的相互关系示意

12.1.3.1 生物成分

生物成分包括种类繁多的植物、动物和微生物。依据其功能，可划分为生产者(自养生物)、消费者(异养生物)和分解者 3 种基本成分。

(1)生产者(自养生物)

生产者主要指绿色植物，也包括其他能进行光合作用或进行化能合成的细菌等。在森林生态系统中，生产者主要是乔木、灌木及草本植物、苔藓、地衣等。乔木树种在其中起主导作用，它决定着森林生态系统生产力的高低及各种特性，是划分森林生态系统的主要依据。乔木树种和一切绿色植物吸收水分、二氧化碳和其他营养元素，并借助太阳光将这些无机物转化为有机物，同时释放出氧气。这是生态系统"建造"的基础，之后才能被其他生物直接或间接消费，因而又把绿色植物称作初级生产者。它们所生产的产品，一部分供自身的生长和代谢利用，另一部分维持着整个森林生态系统中除生产者外的全部有机体活动，包括草食动物、肉食动物、杂食动物和微生物。

(2)消费者(异养生物)

消费者一般是指各种动物，森林生态系统中主要是指鸟、兽、昆虫等，它们直接或间接以植物为食。根据它们的食性可分为植食动物，或称为一级消费者，如食草昆虫、鹿、兔等；肉食动物，又称为二级消费者，它是以植食动物为食的动物，也可称为一级肉食者，如捕食昆虫的鸟类、狼、狐狸等；此外，以一级肉食者为食的肉食动物，称为三级消费者或二级肉食者，如老鹰、老虎等。

(3)分解者

分解者又称为还原者，也属于异养生物，主要是指细菌和真菌，也包括某些原生动物和腐食性动物(如枯木的甲虫、白蛾、蚯蚓以及某些软体动物等)。它们在生态系统中起着清洁工的作用，把动植物有机残体分解为无机物归还到环境中去，再被生产者所利用，使物质完成循环、能量发生转换，在生态系统的功能中具有重要意义。

12.1.3.2 非生物成分

非生物成分主要包括以下3类。

①所有的物理化学因子。如阳光、温度、水分、空气、土壤、岩石等。

②无机物质。包括碳、氮、二氧化碳、水、矿质盐类等。

③有机物质。包括蛋白质、碳水化合物、脂类、腐殖质等。

非生物成分为生物提供生存的环境和生命活动的基础，生物必须适应非生物因素，才能在特定的生态系统中生存和繁衍。

12.1.4 森林生态系统的结构

森林生态系统的结构包括形态结构和营养结构两种类型。森林生态系统的形态结构，主要是指生态系统中生物种类、种群数量、种的空间配置、种的时间变化等，这些与森林群落的结构特征一致。森林生态系统的营养结构，主要是指森林生态系统中的生物成分与非生物成分，通过食物链紧密地结合起来，构成了以生产者、消费者、分解者为中心的三大功能类群。营养结构是任何一种生态系统中进行能量转换与物质循环的基础，是生态系统更为重要的结构特征。

12.1.4.1 食物链和食物网

(1)食物链

“大鱼吃小鱼，小鱼吃虾米，虾米吃泥巴(实际上是浮游植物和动物)”，这句谚语生动地描述了生态系统中生物成分间的食物关系。太阳能被绿色植物固定后，通过一系列消费者、还原者的捕食和被食关系而形成的一种能量转换传递的有序联系，好似锁链一样的关系，一环扣一环，这种序列关系被形象地称为食物链。或者说，初级生产者获得光能后所制造的食物供给各级消费者，形成以食物营养为中心的锁链关系，称为食物链。例如，“螳螂捕蝉，黄雀在后”充分展现了食物链关系，树叶被食叶昆虫所食，而山雀捕食昆虫，食雀鹰又捕食山雀。

根据食物链中食物传递特点，可将食物链分为3种。

①草牧链。草牧链又称为捕食链，是以绿色植物为基础，从食草动物开始的食物链，

其关系为 $T_1 \to T_2 \to T_3 \to T_4$。在森林生态系统中 T_1 为乔木、灌木、草本地被物。T_2 多数为食草昆虫、啮齿类动物、有蹄类动物。T_3 为食肉动物，如某些昆虫、蜘蛛、鸟类。T_4 是以 T_3 为食的肉食动物，如猛禽类、大型兽类等。例如，杨树→蝉→螳螂→黄雀→蛇→鹰是一条草牧食物链。

②腐屑链。腐屑链又称为分解链，是一种以死有机体为物质基础构成的食物链。腐屑链中的生物主要是土壤中的生物，其中最重要的是真菌和细菌，它们以死有机体为食物来繁殖生存，从而破坏了有机质，并释放出大量养分元素和能量，使其返回环境。腐屑链中存在若干营养级，如死亡的有机质→分解有机质的微生物(如细菌和真菌)→以微生物为食的小型动物如跳虫、蜗牛、线虫、蚯蚓等，它们密切配合，加速有机质分解。

③寄生链。寄生链的特点是拥有多量小型寄生生物，通过吸取活的寄主生物体液得到营养和能量，如树叶→尺蠖→寄生蝇→寄生蜂。这种食物链起点虽然是生产者和植食动物，但由于链中寄生生物以活寄主为主，其营养级越高，生物体越小，数量越多，和草牧链恰好相反。

森林生态系统主要以草牧链和腐屑链交织而成。在自然状态下，以腐屑链占优势。因为森林中的生物链主体是木材、枝叶，这些部分主要为昆虫、蚯蚓及一些真菌所腐化还原。在草牧链中，由于种群丰富，常常交织成极其复杂的草牧网络结构(图 12-2)。这种网络式营养结构是森林生态系统一个显著特点，也是森林生态系统具有高稳定性的基本原因。了解森林生态系统食物链、营养级，是进一步研究森林生态系统中食物关系，能量传递及物质循环功能的基础。

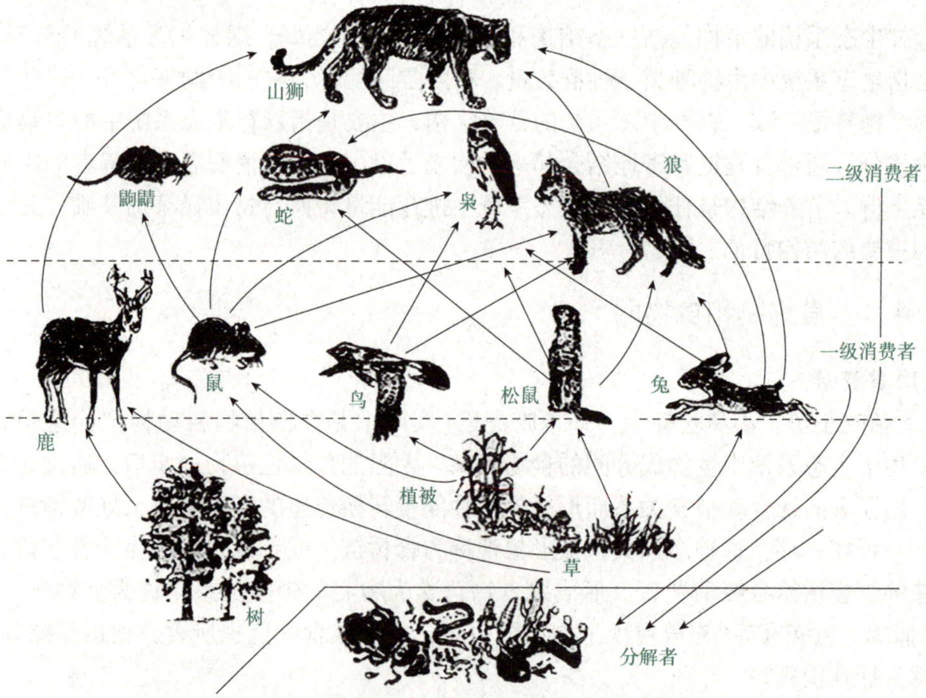

图 12-2　一个复杂的草牧网络结构(孙儒泳，1993)

(2) 食物网

在自然界中各种生物间的依赖关系并不都是简单的直线关系，很少有一个物种完全依赖另一物种而生活，尤其在食物链的开端。例如，枝叶常为多种昆虫或动物取食，而某种动物食性往往是多样性的，所以食物链在自然生态系统中总是互相衔接，连环相扣，构成极为复杂的网络关系，这样的网络称为食物网。

12.1.4.2 营养级

营养级是指在生态系统中，生物体由于食物关系而形成的不同层次，在食物链或食物网某一节点上的所有生物的总和称为一个营养级，它反映了生物体在能量传递和物质循环中的地位和作用。位于同一营养级的生物，是以同样的方式获得相同性质食物的生物群落，每一个生物种群都处于一定营养级上。

通常以 T_1 表示第一营养级，T_2 表示第二营养级，依此类推：

T_1(第一营养级)　　生产者，森林植物；

T_2(第二营养级)　　一级消费者，植食动物；

T_3(第三营养级)　　二级消费者，一级肉食动物；

T_4(第四营养级)　　三级消费者，二级肉食动物。

明确食物链和营养级分类对研究生态系统中的食物(能量)关系有很重要的意义。

12.2 森林生态系统的功能

森林生态系统中各种生命的存在完全依赖于系统的能量流动和物质循环，而二者相互关系的顺利进行和发展都要在信息传递的基础上才能完成，能量流动、物质循环和信息传递构成了生态系统的三大基本功能。

12.2.1 森林生态系统能量流动

12.2.1.1 能量流动的概念与特点

能量流动简称能流，是指生态系统中能量的输入、传递、转化和散失的过程。能量流动是生态系统最基本的功能。在生态系统中，来自太阳的光能被绿色植物的光合作用纳入食物链，逐级传递给一、二、三级消费者，从而构成生态系统的能量流动(图 12-3)。生态系统能量流动具有以下特点。

(1) 以太阳能为基础

森林生态系统的能量几乎所有都来源于太阳。生产者通过光合作用将太阳能转化为化学能，为整个生态系统提供能量基础。

(2) 单向流动

能量在生态系统中只能从一级生产者(如植物)流向消费者(如动物)，不能反向流动。

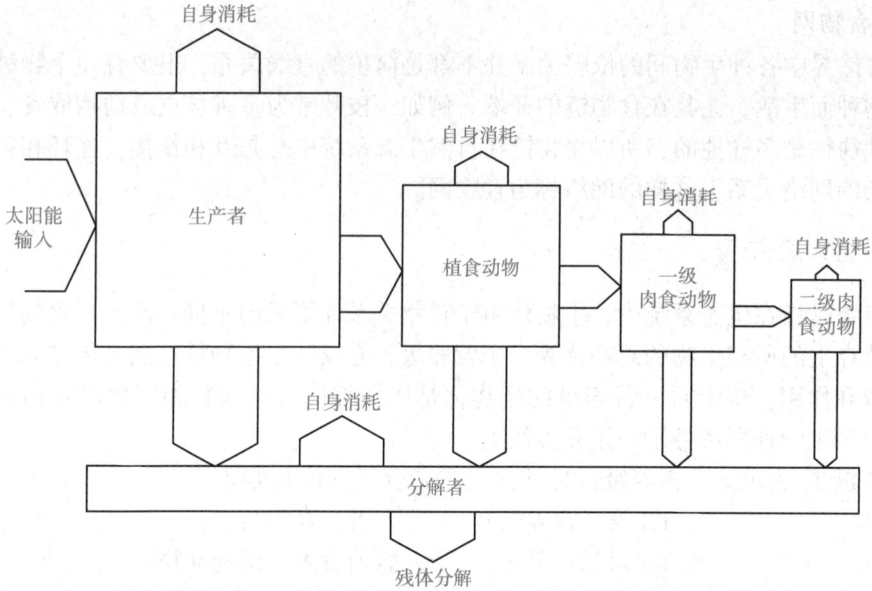

图 12-3　能量沿食物链的流动过程

能量在食物链中的传递效率通常很低，只有 10%～20%的能量能够从一个营养级转移到下一个营养级。

(3) 逐级递减

由于能量在传递过程中存在损失，食物链越高，可利用的能量越少，致使生态系统中的顶级捕食者数量通常比底层生产者少。

(4) 不可循环

与物质循环不同，能量一旦被消费者利用，就不能再次被循环利用。它最终以热能的形式散失到环境中。

(5) 动态平衡

虽然能量流动是单向和逐级递减的，但是生态系统中的各种生物群落通过长期的自然选择和进化，形成了动态的能量平衡状态。

(6) 温度制约

能量流动的速度和效率受到环境温度的影响。在一定的温度范围内，生物体的代谢活动和能量转换效率最高。

能量流动的研究对于理解生态系统的稳定性和功能至关重要，它充分展现出了生态系统中各种生物之间的相互依赖和相互作用。

12.2.1.2　能量流动的规律

(1) 符合热力学第一定律和第二定律

①热力学第一定律。即能量守恒定律，生态系统中的能量流动和转化严格遵守热力学第一定律，生产者通过光合作用将太阳的辐射能转化成可以被其他生物利用的有机化学能，储存在植物体内，并释放热能到空中，之后再经动物、微生物转化为机械能和热能。生态系统

的能量在营养级之间传递，前一级总能量中的部分能量被下一级所同化，其余以热的形式消散，下一级所同化能量和呼吸消耗的能量总和必然与从前一级输入的总能量相等。

②热力学第二定律。即能量分散定律，是指能量总是由集中的形式，逐渐变为分散的形式，最终以热能分散为均态。对于生态系统来说，能量从输入经过逐级流通，输出数量逐级锐减，能量流越来越细，直到以废热形式全部散失为止。因此，能量分配按前进的方向进行，是单程流、不可逆的，它只是一次性地流过生态系统，不进行循环，绿色植物所获得的太阳能决不能返回到太阳中去，草食动物所获得能量决不能再返回给绿色植物。由此可得，生态系统是开放的一个能量系统，要维持生态系统功能的正常进行，就必须不断向系统中输入能量(图 12-4)。

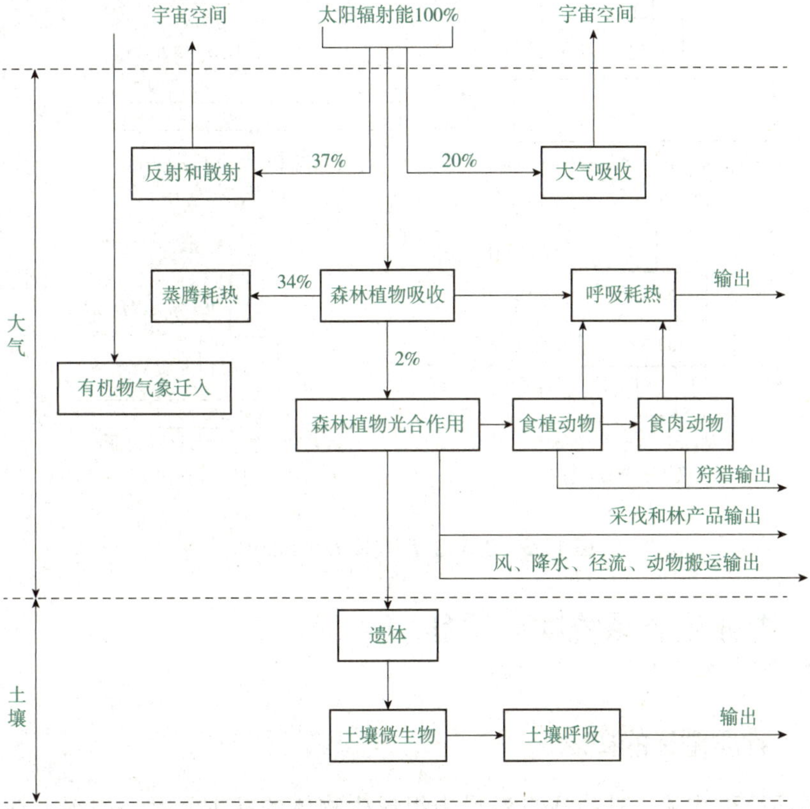

图 12-4　森林生态系统中能量流动模式

(2)百分之十定律和生态金字塔

①百分之十定律。在生态系统中，由绿色植物固定的光能逐级转换，由集中到分散，由高能向低能传递，而究竟是以多少比例逐级传递的，据贝·林德曼研究，通常是以 10%的比率传递(不同类型生态系统存在变动幅度)。森林生态系统中植物固定的能量以 10%的比率传给食植动物，食植动物又以自身能量的 10%转移给食肉动物，依此类推，能量便在生态系统营养级中一级一级往下传递，生态学家称这一事实为百分之十定律。换句话说，能量在由低营养级向高营养级传递的过程中，总是逐级、梯级地递减，每经过一个营养级，能量就减少 90%。

②生态金字塔。生态金字塔是反映食物链中营养级之间生物数量、生物量及能量比例关系的一个图解形式。在生态系统的营养系列上，上一个营养级总是依赖下一个营养级，而下一个营养级的能量只能满足上一级中一部分能量，逐级向上，能量呈阶梯状递减，用方框图表示形成一个底部宽大、上部狭窄的尖塔形，称为能量生态金字塔。如果以生物量和个体数目来表示，就能得到生物量金字塔和数量金字塔(图12-5)，森林生态系统的数量金字塔往往会出现倒置的现象。

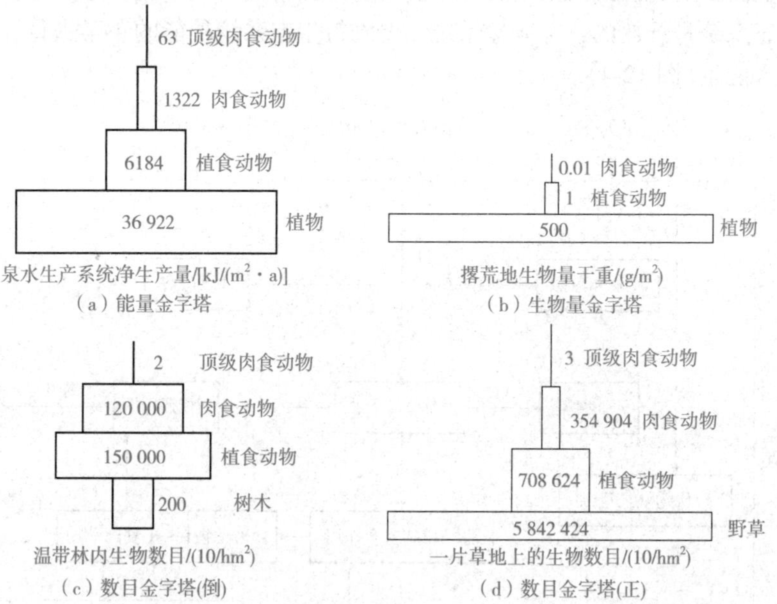

图 12-5 生态金字塔(卓开荣，2010)

12.2.2 森林生态系统物质循环

12.2.2.1 物质循环的概念

物质循环简称物流，是指在自然界中组成生物体的基本元素，如碳、氢、氧、氮、磷、硫等，在生物群落与非生物环境之间不断地进行着交换和循环的过程。物质循环是生态系统的重要基本功能。在生态系统中，食物链形成生态系统的物流，物流和能流二者共同把非生物环境和生物群落紧密地联系在一起，构成了一个不断运动的整体，以维持生态系统的功能。物流和能流互相依存，相互制约，不可分割。物质是能量的载体，使能量沿食物链逐级转换；而能量是物质循环动力，使物质从岩石风化到土壤形成，植物动物生长，有机物合成、代谢、分解以及水分在这些过程中溶解，最终得以循环，二者缺一不可。但是，物流与能流有本质上的区别。能流是单向的、开放的，由低级向高级，由集中到分散，并以热的形式而消耗，所以生态系统中的能量需要不断补充；物流则是循环的，各有机物质经分解，最终重返环境，进行再循环，这也是生态系统物质循环的特点。

在一个森林生态系统中，生物与环境之间的物质循环可用图 12-6 表示。

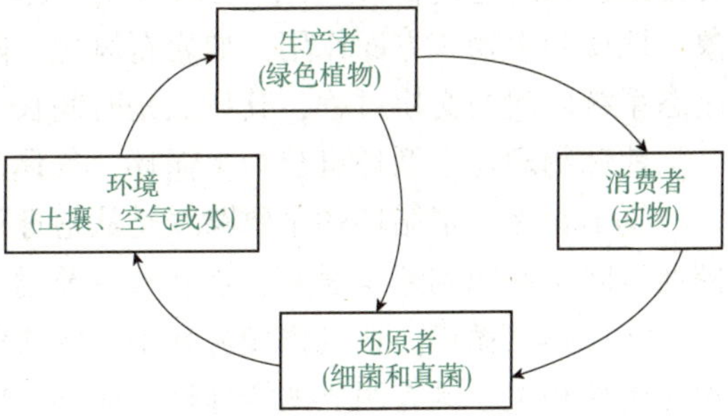

图 12-6 森林生态系统的物质循环

12. 2. 2. 2 物质循环的类型及过程

生态系统的物质循环可分为生物循环和地球物理化学循环两大类。

(1)生物循环

生物循环是指生态系统内部通过捕食链与分解链在生物与周围环境间(主要是植物群落和土壤间)形成的基本上为封闭式的小循环。其特点是在一个具体的范围内进行，以生物(植物)为主体，流速快，周期短。

在森林生态系统中，生物体的基本化学元素，如碳、氢、氧、氮、磷、硫、钾、钙、镁等在森林群落的有机体和土壤之间进行着周期性的循环。生物循环一般包括吸收、存留和归还 3 个过程。

①吸收。森林根系从土壤中吸收营养成分。吸收量是存留量和归还量的总和。营养元素的收入和支出应大致相等，这样才有利于森林生态系统持久、稳定发展。

②存留。每年增长的生物量中的养分。存留量可从测定生物量的年变化(年增长量)及其各种器官和组织的化学成分资料推算。

③归还。森林凋落物含有的营养成分以及降水淋洗掉的元素和根部分泌物等。归还量是通过凋落物的化学成分推算来的。凋落物可以再分为存留量和分解释放量。凋落物只有经过分解才能被根系再吸收，因此分解的快慢影响整个生物循环的速率。

森林生态系统生物循环的强度随纬度的增加而降低。在高纬度地区或亚高山针叶林内，由于林内的冷湿条件不利于微生物的活动，导致枯枝落叶和腐殖质分解缓慢，从而降低了生物循环的强度，在这样的环境下，植物的生长速度也会变慢。在温度高、湿度大的低纬度林区，适宜的气候条件能够促进有机物的分解，因而土壤中养分元素束缚于有机质中的时间很短，会很快转化为植物可利用的无机状态，生物循环周期短、强度大，植物生产力就高。凋落物的分解速度和养分的释放速度在不同的生态系统中有很大的差异(表 12-1)。

表 12-1 不同森林生态系统生物循环强度

森林生态系统	枯枝落叶量/(t/hm^2)	凋落物分解比率/%	循环强度分级
沼泽泥炭森林	80	50	停滞
针叶林	30~45	10~17	很迟缓
阔叶林	因季节、腐殖质情况而异	3~4	迟缓
森林草原	4~6	1~1.5	快
常绿阔叶林	10	0.7	快
热带稀树草原	1~2.0	0.2	很快
热带雨林	—	0.1	很快

(2)地球物理化学循环

地球物理化学循环是生态系统之间的物质循环，是指营养物质在生态系统之间的输入与输出，以及它们在大气圈、水圈和土壤圈之间的交换。地球物理化学循环主要来自气象、地质和生物3方面作用，如岩石风化、降水、火山喷发等因素造成的营养物质在不同生态系统之间的交换过程，其特点是时间长、范围广、影响面大。

地球物理化学循环可分为水循环、气体型循环和沉积型循环。

①水循环。水循环的主要路线是从地球表面通过蒸发进入大气圈，同时又不断从大气圈通过降水而回到地球表面，氢和氧主要通过水循环参与生物地球化学循环。

②气体型循环。在气体型循环中，物质的主要储存库是大气和海洋，其循环与大气和海洋密切相关，具有明显的全球性，循环性能最为完善。属于气体型循环的物质主要有氧气、二氧化碳以及氮、氯、溴、氟等。

③沉积型循环。参与沉积型循环的物质，主要是通过岩石风化和沉积物的分解转变为可被生态系统利用的物质，它们的主要储存库是土壤、沉积物和岩石，其循环的全球性不如气体型循环明显，循环性能一般也很不完善。属于沉积型循环的物质主要有磷、钾、钠、钙、镁、铁、锰、碘等，其中磷是较典型的沉积型循环元素。

气体型循环和沉积型循环都受到能流的驱动，并都依赖于水循环。

地球物理化学循环与生物循环关系非常密切，它们不仅在物质上存在交换，生物循环也是地球物理化学循环过程中的一个重要环节。地球上只有生物圈这个最大的生态系统是封闭的。其他任何具体地域的生态系统，一般都与外界存在着输入和输出的关系。

研究森林生态系统的物质循环，深入了解其养分收支状况，除了研究森林内部的生物循环，还必须关注生物地球化学循环，以此来掌握森林生态系统与外界环境之间的联系和养分交换过程。在一个稳定的森林植物群落中，通常外界养分的输入和输出损失相当，达到一种平衡状态，使得生物循环能够维持大多数元素的稳定。然而，一旦养分循环的路径遭受破坏，比如森林经历大面积的砍伐或火灾，养分元素和矿质颗粒就会大量流失，这可能导致下游河水中的某些元素淤积。因此，研究生物地球化学循环对于维持森林生态系统的稳定至关重要。

12.2.3 森林生态系统信息传递

12.2.3.1 信息传递的概念

信息传递简称信息流，是指生态系统中各生物成分之间及生物成分与非生物环境之间的信息交流与反馈过程。这些信息以各种形式，在系统中各成分、各环节进行传递和储存，对物流和能流起到重要的标示、警戒和调控作用。

12.2.3.2 信息传递的种类与作用

生态系统信息传递的方式多种多样，一般分为物理信息传递、化学信息传递、营养信息传递、行为信息传递等。

(1)物理信息传递

以物理过程为信息传递形式的，称为物理信息传递。生态系统中通过声、光、热、电、磁等进行的传递都属于物理信息传递。这些物理信息传递往往具有吸引异性、种间识别、威吓、警告等作用。例如，艳丽的花朵以及一些动物醒目的外界色彩传递出吸引、排斥、警告或恐吓等信息。

(2)化学信息传递

生物依靠自身代谢产生的化学物质，如酶、生长素、性诱激素等来传递信息。动物间以释放化学物质来传递信息是相当普遍的现象，如蚂蚁可以通过自己的分泌物留下化学痕迹，以便后面的蚂蚁跟随。化学信息传递也常见于动物与植物之间、植物与植物之间，如生长在我国南方的猪笼草就是利用叶子中脉顶端的“罐子”分泌蜜汁，来引诱昆虫进行捕食的，化感作用也属于化学信息传递。

(3)营养信息传递

通过营养交换的形式，将信息在生物之间进行传递，即营养信息传递。这种信息传递主要沿食物链在食物网内互相传递，影响着生物的生长、取食方式、数量等，从而通过营养调控生态系统的各个方面。例如，以云杉种子为食的松鼠，每当云杉种子丰收的翌年，由于食物的充沛，其数量出现高峰，但随着云杉种子 2~3 年歉收，松鼠的数量也随之下降。

(4)行为信息传递

有些动物通过不同的行为方式向对方传递不同的信息，以表示对同伴的识别、威胁、挑战、炫耀、从属、配对等。例如，孔雀开屏是通过展示艳丽的羽毛来吸引雌性；蜜蜂发现蜂源时也有舞蹈动作的表现，“告诉”其他蜜蜂去采蜜等。

任何一个生态系统都具有能量流动、物质循环和信息传递，这三者是生态系统的基本功能。物质循环是生态系统的基础，能量流动是生态系统的动力，信息传递则决定着能量流动和物质循环的方向和状态。物质流动是循环的，能量流动是单向的、不可逆的，而信息的传递却是双向运行的，即既有正向的信息传递，又有反向的信息反馈，信息始终贯穿于能量流动和物质循环之中，正因如此，一个森林生态系统在一定范围内的自动调控机制才得以实现。

12.3 森林生态系统的生产力和生物量

12.3.1 森林生态系统的生产力和生产量

(1)生产力

在地球上，绿色植物的光合作用在单位面积和单位时间(通常 1 年)固定光能和制造有机物质的量，称为总初级生产力(或称总生产力)，通常用有机物质干重 $g/(m^2 \cdot a)$ 或用能量 $J/(cm^2 \cdot a)$ 表示。

生产力原是经济学上的术语，人们将其用于生态系统，意在说明生态系统中的生物特别是自养生物固定光能的能力，也可称为生物生产力。由于自养生物在生命活动中，一方面通过光合作用固定光能，另一方面在进行呼吸作用时消耗所固定的一部分光能，所以生产力应包括总生产力和净生产力两部分。总生产力减去单位面积和单位时间内植物的呼吸量即为净生产力(或称净初级生产力)。

生产力是生态系统最基本的数量特征。生态系统中的能流、物流的研究都靠生产力的测定提供基础资料。生态系统生产力的高低受许多生态因子的影响，如气候(光照、温度、水分、大气等)，土壤(土层厚度、土壤的物理化学性质、土壤中的营养物质等)，地形以及生物因子等。如能改善这些生态条件，森林的生产潜力还是很大的。在同样条件下，森林生态系统的形态结构对生产力的提高也有很大影响。

(2)生产量

生产量通常是指在单位面积上，任何时间阶段里由绿色植物所固定的光能或生产的有机物质总量。生产量也包括总生产量(总初级生产量，又称总第一性生产量)和净生产量(净第一性生产量)两部分。在消费者、分解者形成的营养级上的能量积累，则称为次级生产量或第二性生产量。目前，许多文献资料中仍把生产量和生产力看成同义词。

12.3.2 森林生态系统的生物量和现存量

(1)生物量

泛指积累于单位面积上的所有生物体(植物和动物)积累的质量(kg/hm^2)。

(2)现存量

现存量是指单位面积上的干物质质量或能量(kg/hm^2或kJ/m^2)。生物量同现存量通常也被看成同义词。

生物量同生产力的区别在于，前者表示多年积累的能量或有机物质重量，后者则表示单位时间(通常1年)内的光能积累或有机物质的生产量。后者是前者的一部分，即1年的生物量。总生产量与净生产量和生物量的关系，常用图12-7表示。

总生产量计算方法如下：

$$总生产量=植物呼吸量+微生物呼吸量+动物呼吸量+生物积累量$$

生物量积累率是指生物量与净生产量的比例。它是反映群落与环境关系的重要指标之一。

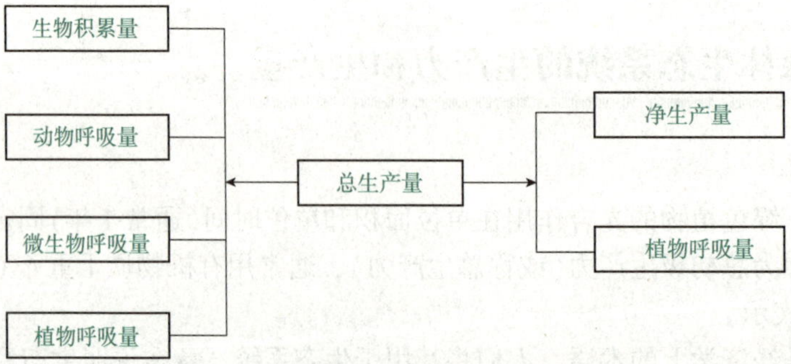

图12-7 总生产量与净生产量和生物量的关系

12.4 生态平衡与森林环境保护

12.4.1 生态系统平衡

12.4.1.1 生态系统平衡的含义

生态系统平衡简称生态平衡，是指生态系统在一定时间内，生物与环境之间，生物各种群之间，通过能量流动、物质循环和信息传递，达到互相适应、协调和统一的状态，处于动态的平衡之中。

生态系统中的各组成成分内部及它们之间都处于不断运动和变化之中，使生态系统不断发展和变化，生物量由少到多，食物链由简单到复杂，群落由一种类型演替为另一种类型等。因此，生态系统不是静止的，总会因系统中某一部分发生改变而引起不平衡，然后依靠生态系统的自我调节能力，使其进入新的平衡状态。正是这种从平衡到不平衡，再从不平衡到平衡，循环往复，才推动了生态系统整体和各组成成分的发展和变化。

生态系统调节能力的大小，与生态系统组成成分的多样性有关。成分越多样，结构越复杂，调节能力则越强。但是，生态系统的调节能力再强，也有一定限度，即生态系统自我调节维持平衡的最大限度，就是生态学上所称的阈值，超出了这个限度，调节就不起作用，生态平衡就会遭到破坏。如果现代人类的活动使自然环境剧烈变化，或进入自然生态系统中的有害物质数量过多，超过自然生态系统调节功能或生物与人类能够忍受的程度，那么就会破坏自然生态平衡，使人类和生物都受到损害。

在自然界中，生态平衡是生态系统自我调节的结果，体现了生物与环境、生物种群之间的动态平衡。然而，某些生态系统的净生产量可能很低，不能完全满足人类的需求。在这种情况下，人类为了自身的生存和发展，可能会考虑改造这些生态系统，建立半人工或人工生态系统。例如，与某些低产的自然原始林生态系统相比，人工林生态系统可能在短期内提供更多的林产品等。然而，这种改造需要谨慎进行，要充分考虑生态系统的可持续性和生物多样性。我们必须认识到，生态系统的改造不仅仅是为了解决人类的需求，还要确保生态系统的健康和完整。

12.4.1.2 生态系统平衡的特征

(1)生态系统中能量和物质的输入、输出相对平衡

生态系统中能量和物质输出多，输入也相应增多，如果入不敷出，系统就会衰退。若输入多，输出少，则生态系统有积累。人类从不同的生态系统中获取能量和物质，应给以相应的补偿，只有这样才能使环境资源保持永续再生产。

(2)食物链结构完整

在整体上，生产者、消费者、分解者必须构成完整的营养结构，如果食物链断裂，就会威胁生态系统的健康和稳定性。

(3)生物种类和数目保持相对稳定

生物多样性的维持对生态系统的功能至关重要。生物种类和数目的减少会削弱生态系统的稳定性，并导致宝贵资源的丧失。

(4)生态系统之间相互协调

在一定的区域内，多种类型的生态系统，如森林、草地、农田、水域等，它们虽然代表着不同的生态环境，但是如果它们之间能够形成一个有机的统一体，在自然条件下，合理配置森林、草原、农田等，就可以相互促进、共同发展，形成一个优良的区域生境。相反，生态系统相互间就会产生不利的影响。

12.4.1.3 生态系统失衡的原因

生态平衡是相对的、暂时的，不是绝对的，因为生态系统的自我调控能力是有限的，一旦外界因素的干扰超过生态系统自我调节能力，调节即不起作用，生态平衡就会遭到破坏。目前人们经常谈到的森林减少、沙漠扩大、草原退化、水土流失、气候恶化、自然灾害频繁、人口膨胀等都是生态系统平衡失衡的表现。造成生态系统失衡的因素主要包括自然因素和人为因素。

(1)自然因素

自然因素主要是指自然界发生的异常变化，或自然界本身存在的对人类和生物有害的因素。例如，火山爆发、水旱灾害、地震、台风、流行病等自然灾害都会使生态平衡遭到破坏。这些自然因素对生态系统的破坏是严重的，甚至可使其彻底毁灭，并具有突发性的特点。但这类因素常是局部的，出现的频率并不高。

(2)人为因素

人为因素是造成生态平衡失调的主要因素，主要是指对资源的不合理开发利用，以及工农业生产所带来的环境污染等。人为引起的生态平衡破坏主要有3种情况。

①*物种的改变*。人为有意或无意地使生态系统中某一物种消失或盲目向某一地区引进某一生物，结果造成整个生态系统的破坏。例如，20世纪50年代，我国曾大量捕杀害虫天敌麻雀，致使一些地区的害虫失去了自然抑制因素，导致虫害严重。澳大利亚本没有兔，19世纪从欧洲引进了这一物种用于生产肉类及皮毛，引进后由于当地没有兔的天敌，致使兔大量繁殖，繁殖数量惊人，它们啃食大量的青草和灌木，造成了植被破坏、土壤侵蚀等一系列生态问题，生态平衡遭到破坏。

②*环境因素的改变*。随着工农业生产的迅速发展，有意或无意地导致大量污染物进入环境，从而改变了生态系统的环境因素，影响整个生态系统，甚至破坏生态平衡。例如，人类的生产和生活活动产生大量的废气、废水、固体废弃物等，不断排放到环境中；人类对自然资源不合理利用或掠夺性利用，如盲目开荒、滥砍森林、草原过度放牧等，都会使环境质量恶化，产生近期或远期效应，使生态平衡失调。

③*信息系统的改变*。生态系统信息通道堵塞，信息传递受阻，就会引起生态系统改变，破坏生态平衡。例如，某些昆虫的雌性个体能分泌性激素以引诱雄性交配。如果人类排放到环境中的污染物与这些性激素发生化学反应，使性激素失去引诱雄性的作用，昆虫

的繁殖就会受到影响，种群数量就会减少，甚至消失。

当今全球自然生态平衡的破坏，主要表现为森林锐减、草原退化、土地荒漠化、水土流失严重、动植物资源及生物多样性减少等。

12.4.2 森林环境保护

森林作为地球上可再生自然资源及陆地生态系统的主体，在人类生存和发展的历史上起着不可替代的作用。森林环境保护能充分发挥森林的蓄水保土、固碳释氧、康养游憩、调节气候、净化大气、维护生物多样性等多种生态效益。近年来，我国从生态安全的战略角度出发，加大林草生态工程建设和森林环境的保护力度，取得了巨大的成就。

12.4.2.1 森林环境保护的重要性

(1)森林能提高大气质量

①*森林能有效地减缓温室效应*。以二氧化碳为主的温室气体排放是导致全球气候变化的重要因素。在陆地生态系统中。森林生态系统是固碳的主体，据统计，森林面积约占全球陆地面积的30.7%，森林碳储量约占全球植被碳储量的77%，森林生态系统碳储量占陆地生态系统碳储量的57%。

②*森林是主要的氧源*。森林在其光合作用中能释放出大量的氧气，每公顷阔叶林每天消耗1 t二氧化碳，释放0.37 t氧气，可供约1000人呼吸。

③*森林可减少臭氧层的耗损*。森林可以有效地吸收破坏臭氧层的二氧化碳，每公顷森林每年吸收0.3×10^4 t二氧化碳。

④*森林可净化空气*。每公顷森林可吸收二氧化硫748 t，一氧化氮0.38 t，一氧化碳2.2 t。森林通过降低风速、吸附飘尘，减少了细菌的载体，从而使大气中细菌数量减少。此外，许多树木的分泌物可以杀死细菌、真菌和原生物。

⑤*森林有调节温度的功能*。森林有繁茂的树冠，可以阻挡太阳辐射能，林内昼夜和冬夏温差小，可减轻霜冻的危害。

(2)森林能有效保护生物多样性

森林与物种多样性、生态系统多样性、遗传多样性息息相关，地球上有一半以上的生物在森林中栖息繁衍。

(3)森林可防止水土流失，遏制沙漠化

森林土壤对降水有极强的吸收和渗透作用，森林土壤的稳渗速率一般在200 mm/h，如遇暴雨50.0~99.9 mm/d的情况下仍可发挥降低地面径流的作用。森林的枯枝落叶层不仅可以吸收降水，还可以保护土壤免遭雨滴的冲击。

(4)森林可防止地力衰退

森林的根系能固持土壤、涵养水源、保持水土、吸收利用盐分；枯枝落叶可增加土壤有机质和腐殖质，能有效地改善土壤结构，提高土壤肥力。

(5)森林能缓解水资源危机

森林是“绿色水库”，森林及其土壤像“海绵”一样可吸收大量的降水，并阻止和减轻洪水灾害。森林还可以促进水分循环，影响大气环流，增加降水，起"空中水库"的作用。据测算，森林蒸腾水汽的58%又降到陆地上，可增加陆地降水量21.6 mm，占陆地年平均降水量2.9%。

(6)森林能消除噪声污染

据测定，宽100 m的防护林带可降低汽车噪声30%，摩托车噪声25%，电声噪声23%。

12.4.2.2 森林环境保护对策

森林是陆地生态系统的主体，是自然生态系统的顶层，是人类生存发展的根基，加强森林环境保护，对维护生态平衡和国家生态安全发挥着不可替代的重要功能。森林资源的保护，最重要的是提高民众对森林生态系统功能的认识，强化人类生存环境意识，通过林业生态建设工作，推进国土绿化，强化森林经营管理，增加森林资源总量，提高森林资源质量，增强森林生态服务功能。我国在森林环境保护方面主要采取以下措施。

(1)推进国土绿化

开展大规模国土绿化是维护国家生态安全的必然要求。推进国土绿化是林业生态建设的重中之重，要创新产权模式和国土绿化机制，发动全社会力量开展大规模植树造林，加快国土绿化步伐。围绕国家重点发展战略，深入实施退耕还林、"三北"及长江流域等防护林体系建设、京津风沙源治理等林业重点工程，着力增加森林资源总量。

(2)加强资源保护管理

划定生态保护红线，实行林长制，全面落实森林资源保护责任。重点国有林区全面实施国家重点生态功能区产业准入负面清单制度，扩大沙化土地封禁保护范围，加大自然保护区建设和监管力度，加强野生动物疫源疫病监测防控和沙尘暴监测预警。

(3)提高森林资源质量

提高森林资源质量是构建健康稳定的森林生态系统、增强森林多种功能、维护国家生态安全的重要举措。坚持科学绿化，适地适树，封山育林、飞播造林、人工造林并举，乔灌草结合，积极推广使用良种壮苗，切实提高造林质量。全面推进森林经营，建立国家、省级、县级3级森林经营规划体系，健全森林经营技术标准体系，扩大森林经营任务规模，加快推进森林抚育和退化林分修复。完善天然林资源保护制度，全面停止天然林商业性采伐，把全面保护天然林和科学经营天然林有机结合起来。健全完善林业法律法规体系，依法严格保护森林、湿地和野生动植物资源。

(4)开展森林城市建设

开展森林城市建设是改善城乡人居环境、增加人民群众生态福祉的重要手段。统筹推进城乡造林绿化工作，把森林、湿地、绿地等作为有生命的重要基础设施列入城镇建设规划，增加城市和城市周边森林面积，构建以林草植被和湿地为主体、城乡一体化的城镇生态系统，让居民看得见青山绿水，充分享受到生态产品，生活在绿色美丽的城镇中。

(5)建设国家公园

国家公园是国际社会普遍认同的自然生态保护模式。在自然保护区、森林公园、湿地公园、沙漠公园的基础上，建立森林、湿地、野生动植物类型的国家公园。

(6)抓好森林防火工作

加强国家和地方各级森林防火管理机构建设，大力推进地方专业森林消防队伍建设。加快引进大型灭火飞机和全道路运兵车等急需装备，提高火场通信、防火道路、物资储备库、综合调度指挥平台等基础设施建设水平，完善森林火灾应急预案体系。

(7)开展国际交流与合作

扩大对外交流，加强林业国际协作，促进森林资源的保护与发展，提升我国林业的国际影响力。参与全球森林资源评估和国际有关森林可持续经营的多边合作和区域进程；加强林木种质资源的保护和输出管理；参与国际林业规则制定，妥善应对国际林业热点问题，争取国际重大决策的话语权，维护国家利益。

(8)科技兴林，增强森林资源可持续发展能力

坚持把科技进步和创新作为林业生产和资源管理的重要推动力量，充分发挥科技的支撑、引领、突破和带动作用，加强生态建设与生态安全等重点领域的科学技术研究，加大林业新品种、新技术的推广应用示范，推进森林资源保护、利用与发展标准体系建设，构建林业科技产业链，提升森林资源可持续发展能力。

知识拓展

我国的生态系统多样性

生态系统多样性是指不同生态系统的变化和频率，即指生物圈内生境、生物群落和生态过程的多样化以及生态系统内生境差异、生态变化的多样性。生态系统多样性可指一个地区的生态系统层次上的多样性，也可指一个生物圈中的各种生态系统。在生态系统中，森林生态系统处于陆地生态系统主体的位置，也可表述为森林是陆地生态系统的主体，按气候带划分，森林生态系统可分为寒带针叶林、温带阔叶林、热带雨林等不同的生态系统。我国幅员辽阔、海陆兼备，地貌类型和海域特征多样，形成了森林、灌丛、草地、荒漠、湿地等复杂多样的自然生态系统，孕育了丰富的生物多样性。中国具有地球陆地生态系统的各种类型，其中森林212类、竹林36类、灌丛113类、草甸77类、草原55类、荒漠52类、自然湿地30类。陆地生态系统分类单元定义如下。

1. 森林生态系统

森林生态系统是指以乔木、竹类和灌木等为主要生产者的陆地生态系统。中国的森林生态系统主要分布在东部、西南部、西北高山等湿润或较湿润的地区，类型十分丰富。其主要特点：①动植物种类繁多，木本植物和树栖动物种类丰富；②层次结构、层片结构和营养结构复杂，形成复杂的食物网，环境空间以及营养物质利用充分；③种群的密度和群落的结构能够长期处于较稳定的状态，尤其是热带雨林生态系统；④生产力高，生物量大；⑤生态系统服务功能高，如在调节气候、涵养水源、净化空气、保持水土、防风固沙、吸烟滞尘、改变区域水热状况等方面有着突出的作用。

2. 灌丛生态系统

灌丛生态系统是指以灌木和草本植物为主要生产者的陆地生态系统。中国的灌丛生态系统具有分布广泛、类型多样、种类复杂、生态适应性广等特点，既有在自然环境条件下发育的原生类型，也有在人为干扰形成的持久性的次生类型。其主要特点：

①主要由丛生无主干的灌木组成，高度5 m以下，盖度大于30%；②物种组成、层次结构和营养结构相对简单；③种群密度、群落结构和生产力的时空变化较小，不同地区的灌丛生态系统限制因子不同；④生态系统服务功能主要体现在涵养水源、保持水土、防风固沙等方面。

3. 草地生态系统

草地生态系统是指以多年生草本植物为主要生产者的陆地生态系统。中国的草地生态系统主要分布在北部、西北部和西南部的干旱和半干旱区，以及南方湿润区的荒地，是我国陆地面积最大的生态系统类型。其主要特点：①主要由多年生禾草植物组成，多年生杂类草及半灌木也起到一定的作用；②群落结构和营养结构相对简单；③种群密度、群落结构和生产力的时空变化较大，主要是受到水分的限制；④生态系统服务功能主要在于涵养水源、保持水土、防风固沙和改变区域水热状况等方面。

4. 荒漠生态系统

荒漠生态系统是指分布在干旱区的以耐旱植物为主要生产者的陆地生态系统。中国荒漠生态系统主要分布在北部和西北部的干旱区。其主要特点：①由于自然条件极为严酷，动植物种类稀少；②植物以极其耐旱的灌木、小半灌木和肉质植物为主，动物大都具有特殊的适应能力，如昼伏夜出等；③植被稀疏、结构单调、生产力低下，食物网过于简单；④种群密度、群落结构和生产力的时空变化较大，主要是受到水分的限制；⑤生态系统服务功能弱。

5. 湿地生态系统

湿地生态系统是指所有的陆地淡水生态系统，如河流、湖泊、沼泽，以及作为河流归宿地的内陆河尾闾湖泊、陆地和海洋过渡地带的滨海湿地生态系统，是陆地、水域共同与大气相互作用、相互影响、相互渗透，兼有水陆双重特征的特殊生态系统。中国湿地类型多样，分布广泛。其主要特点：①兼具陆生与水生动植物类群，生物多样性丰富；②结构复杂，生产力高，在水文情势影响下，生态系统随之出现同步波动，强弱互替；③生态系统服务功能强，主要在于径流调节、蓄水抗旱、防洪排涝、废弃物降解、调节气候、净化空气等方面。

6. 农田生态系统

农田生态系统是指以作物为主要生产者的陆地生态系统，由于是人工建立的生态系统，人的作用非常突出。中国的农田生态系统主要分布在东部湿润地区的平原和丘陵。其主要特点：①生物群落结构较简单，常为单优群落，伴生有杂草、昆虫、土壤微生物、鼠、鸟等其他小动物；②由于大部分生产力随收获而被移出系统，养分循环主要靠系统外投入而保持平衡；③农田生态系统的稳定有赖于一系列耕作栽培措施的人工养地，在相似的自然条件下，土地生产力远高于自然生态系统；④其生态系统服务功能主要在于提供食品，其他服务功能较弱。

7. 城市生态系统

城市生态系统是指人类对自然环境的适应、加工、改造而建设起来的特殊的人工生态系统。它不仅有生物组成要素(植物、动物和细菌、真菌、病毒)和非生物组成要素(光、热、水、大气等)，还包括人类和社会经济要素，这些要素通过能量流动、生物地球化学循环以及物资供应与废物处理系统，形成一个具有内在联系的统一整体。中国的城市生态系统主要分布在东部湿润区的平原和丘陵。其主要特点：①以人为主体，人在其中不仅是主要的消费者，而且是整个系统的营造者；②人为干预高，几乎全是人工生态系统，其能量和物质运转均在人的控制下进行，居民所处的生物和非生物环境都已经过人工改造，是人类自我驯化的系统；③城市中人口、能量和物质容量大、密度高、流量大、运转快，与社会经济发展的活跃因素有关；④是不完全的开放的生态系统，系统内无法完成物质循环和能量转换，许多输入物质经加工、利用，又从本系统中输出（包括产品、废弃物、资金、技术、信息等）。

复习思考题

一、名词解释

1. 生态系统；2. 森林生态系统；3. 生产者；4. 消费者；5. 分解者；6. 食物链；7. 食物网；8. 营养级；9. 生态平衡；10. 能量流动；11. 物质循环；12. 生态金字塔；13. 生物循环；14. 地球物理化学循环；15. 生物量；16. 生产力。

二、填空题

1. 地球上最庞大、最复杂的生态系统是______，即地球上所有生物及其生存环境的总称。

2. 任何一个生态系统都是由________和________两部分组成。

3. 一个完整的生态系统是由初级生产者、________、________和非生物物质构成。

4. 根据食物链中食物传递特点，可将食物链分为________、________和________3 种类型。

5. 森林生态系统的结构，包括________结构和______结构 2 种类型。

6. 森林生态系统是以____________为主体的植物群落。

7. 生态系统依________的不同，分为水体生态系统和陆地生态系统。

8. 生态金字塔包括__________、__________、__________3 种类型。

9. 生态系统的生物成分依其功能可分为__________、________和________。

10. 在生态系统中，能量从一个营养级转移到下一个营养级的比率约为________。

11. 森林生态系统中养分的生物循环包括______、________和______3 个过程。

12. 太阳能只有通过__________的光合作用才能源源不断地输入森林生态系统，再被其他生物利用。

13. 生态系统自我调节维持平衡的最大限度，称为__________。

三、选择题

1. 下列生物不属于生产者的生物是(　　)。

A. 杉木　　B. 藻类　　C. 光合细菌　　D. 蝉

2. 最可能出现倒金字塔的生态金字塔是(　　)。

A. 能量金字塔　　B. 生物量金字塔
C. 数目金字塔　　D. 营养金字塔

3. 杨树→蝉→螳螂→黄雀→蛇→鹰是一条(　　)。
A. 草牧食物链　B. 腐生食物链　C. 寄生食物链　D. 捕食食物链

4. 能量在两营养级之间传递时，通常损失(　　)。
A. 10%　B. 20%　C. 80%　D. 90%

5. 营养级划分的依据是(　　)。
A. 生物的大小　B. 生物的食性　C. 生物的种类　D. 生物的密度

6. 生态系统的初级生产者主要是(　　)。
A. 绿色植物　B. 草食动物　C. 肉食动物　D. 杂食动物

7. 时间长，范围广，闭合式的循环是(　　)。
A. 地球物理化学循环　　B. 生物循环
C. 碳循环　　D. 氧循环

8. 生产力和生物量最大的生态系统类型是(　　)。
A. 草原　B. 森林　C. 农田　D. 城市生态系统

9. 森林中以(　　)的净生产力最高。
A. 热带雨林　B. 常绿阔叶林　C. 落叶阔叶林　D. 针阔叶混交林

10. 生物量同生产力的区别在于，生产力仅是生物量的一部分，即(　　)的生物量。
A. 1 年　B. 2 年　C. 3 年　D. 多年

11. (　　)的单位是 $g/(m^2 \cdot a)$。
A. 现存量　B. 生物量　C. 生产力　D. 生产量

四、简答题

1. 森林生态系统有什么特点？
2. 举例说明森林生态系统主要组成成分及其相互关系。
3. 能量流动和物质循环的区别与联系是什么？
4. 简述食物网复杂性与生态系统稳定性的关系。
5. 生态系统平衡的基本特征是什么？什么原因会导致生态系统的失衡？
6. 我国森林环境保护方面主要采取的对策有哪些？

参考文献

蔡晓明，2000. 生态系统生态学[M]. 北京：科学出版社.

曹凑贵，2002. 生态学基础[M]. 北京：高等教育出版社.

曹昀，张聃，卢永聪，2008. 南方雨雪冰冻灾后林业生态恢复的措施[J]. 福建林业科技，5(4)：207-209.

陈祥伟，2005. 林学概论[M]. 北京：中国林业出版社.

陈子牛，毛芳芳，1999. 云南紫荆矮林的植物结构及生态特征[J]. 云南林业科技(1)：65-69.

崔海鸥，刘珉，2020. 我国第九次森林资源清查中的资源动态研究[J]. 西部林业科学，49(5)：90-95.

崔佳玉，2017. 林隙光照及对常绿阔叶林维管地被植物的影响[D]. 广州：华南农业大学.

方三阳，1993. 中国森林害虫生态地理分布[M]. 哈尔滨：东北林业大学出版社.

傅立国，1991. 中国植物红皮书(第一册)[M]. 北京：科学出版社.

关继东，朱志民，2013. 园林植物生长发育与环境[M]. 2 版. 北京：中国林业出版社.

关君蔚，1996. 水土保护原理[M]. 北京：中国林业出版社.

国家林业和草原局，2019. 中国林业和草原年鉴 2019[M]. 北京：中国林业出版社.

国家林业和草原局，2022. 中国林草资源及生态状况[M]. 北京：中国林业出版社.

国家林业局，1999. 森林土壤 pH 的测定：LY/T 1239—1999[S]. 北京：中国标准出版社.

国家林业局，1999. 森林土壤有机质的测定及碳氮比的计算：LY/T 1237—1999[S]. 北京：中国标准出版社.

国家林业局，2009. 中国森林资源报告[M]. 北京：中国林业出版社.

国家林业局，2016. 森林土壤氮的测定：LY/T 1228—2015[S]. 北京：中国标准出版社.

国家林业局，2016. 森林土壤钾的测定：LY/T 1234—2015[S]. 北京：中国标准出版社.

国家林业局，2016. 森林土壤磷的测定：LY/T 1232—2015[S]. 北京：中国标准出版社.

国家统计局，自然资源部，2021. 第三次全国国土调查[R/OL]. [2023-12-30]. https：//www. mnr. gov. cn/zt/td/dscqggtdc/.

贺庆棠，1999. 森林环境学[M]. 北京：高等教育出版社.

黄昌勇，2000. 土壤学[M]. 北京：中国农业出版社.

姜冬梅，张孟横，陆根法，2007. 应对气候变化[M]. 北京：中国环境科学出版社.

姜世中，2020. 气象学与气候学[M]. 2 版. 北京：科学出版社.

兰州市气象局，2020. 区域自动气象站建设规范：DB62/T 4108—2020[S]. 兰州：甘肃省市场监督管理局.

李爱贞，刘厚凤，2001. 气象学与气候学基础[M]. 北京：气象出版社.

李博，2001. 生态学[M]. 北京：高等教育出版社.

李冬，2016. 森林环境[M]. 北京：中国林业出版社.
李景文，1992. 森林生态学[M]. 2版. 北京：中国林业出版社.
李俊清，2017. 森林生态学[M]. 3版. 北京：高等教育出版社.
李清源，2021. 不同光照和温度处理对杉木种子萌发的影响[J]. 江苏林业科技，48(1)：33-36.
李小川，2002. 园林植物环境[M]. 北京：高等教育出版社.
廖妙婵，孙雅坤，2011. 论极端气候事件及其影响[J]. 重庆科技学院学报(社会科学版)，(3)：59-60.
林文雄，2013. 生态学[M]. 北京：科学出版社.
刘国栋，2001. 植物营养元素——Ni[J]. 植物营养与肥料学报(1)：103-108.
刘跃建，2002. 森林环境[M]. 北京：高等教育出版社.
陆鼎煌，1994. 气象学与林业气象学[M]. 北京：中国林业出版社.
齐文虎，1988. 农业气象[M]. 郑州：河南科学技术出版社.
气象学编写组，1995. 气象学[M]. 北京：中国林业出版社.
曲格平，1989. 中国环境问题及对策[M]. 北京：中国环境科学出版社.
森林生态学编写组，1994. 森林生态学[M]. 2版. 北京：中国林业出版社.
森林生态学编写组，1995. 森林生态学[M]. 北京：中国林业出版社.
山东省林业学校，1988. 气象学[M]. 北京：中国林业出版社.
苏平，2020. 植物生长与环境[M]. 哈尔滨：黑龙江科学技术出版社.
孙向阳，2005. 土壤学[M]. 北京：中国林业出版社.
唐祥宁，陈建德，高素玲，2009. 园林植物环境[M]. 2版. 重庆：重庆大学出版社.
唐祥宁，陈建德，高素玲，2018. 园林植物环境[M]. 3版. 重庆：重庆大学出版社.
土壤学编写组，1992. 土壤学[M]. 北京：中国林业出版社.
王伯荪，1998. 植物群落学[M]. 北京：高等教育出版社.
王长富，1992. 地球环境与森林[M]. 哈尔滨：东北林业大学出版社.
王立海，2004. 森林作业与森林环境[M]. 哈尔滨：东北林业大学出版社.
王兴文，2018. 森林生态文化的探究性研究[J]. 生产力研究(12)：115-117.
王志宝，1993. 森林与环境——中国高级专家研讨会文集[M]. 北京：中国林业出版社.
吴征镒，1980. 中国植被[M]. 北京：科学出版社.
武吉华，1983. 植物地理实习指导[M]. 北京：高等教育出版社.
徐国祯，2018. 林业系统工程[M]. 2版. 北京：中国林业出版社.
徐秀华，2007. 土壤肥料[M]. 北京：中国农业大学出版社.
薛建辉，2006. 森林生态学[M]. 北京：中国林业出版社.
杨和庆，2020. 中华人民共和国森林法释义[M]. 北京：法律出版社.
姚丽华，1992. 气象学[M]. 北京：中国林业出版社.
易明辉，1985. 气象学与农业气象学[M]. 重庆：西南农业大学.
张嘉宾，2002. 系统森林学[M]. 昆明：云南教育出版社.
张金池，1999. 森林生态学[M]. 北京：经济科学出版社.

赵济，张超，2000. 中国自然地理[M]. 北京：高等教育出版社.

赵树丛，2013. 中国林业发展与生态文明建设[J]. 行政管理与改革(3)：16-21.

赵晓莉，许遐祯，项瑛，等，2011. 气候变化对江苏省林-草生态系统的影响评估[J]. 安徽农业科学，39(8)：4971-4974.

赵振兴、刘峰，2007. 景观生态林建设中的森林功能与森林文化[J]. 河北林业科技(6)：23-28.

中国国家地理编辑部，2024. 中国国家地理[M]. 北京：中国国家地理杂志社.

中国科学院中国自然地理编辑委员会，1982. 中国自然地理——历史自然地理[M]. 北京：科学出版社.

中国农业百科全书总编辑委员会，1996. 中国农业百科全书(农业气象卷)[M]. 北京：中国农业出版社.

中国气象局，2019. 自动气象站：2019. QX/T 520—2019[S]. 北京：气象出版社.

中国气象局，2022. 2022 年中国气候公报[R]. [2024-03-20]. https://www.cma.gov.cn.

中华人民共和国国家质量监督检验检疫总局，中国国家标准化管理委员会，2014. 气象探测环境保护规范 地面气象观测站：GB3 1221—2014[S]. 北京：中国标准出版社.

中华人民共和国国家质量监督检验检疫总局，中国国家标准化管理委员会，2017. 地面气象观测规范 空气温度和湿度：GB/T 35226—2017[S]. 北京：中国标准出版社.

中华人民共和国国家质量监督检验检疫总局，中国国家标准化管理委员会，2017. 地面气象观测规范 自动观测：GB/T 35237—2017[S]. 北京：中国标准出版社.

中华人民共和国国家质量监督检验检疫总局，中国国家标准化管理委员会，2017. 自动气象站观测规范：GB/T 33703—2017[S]. 北京：中国标准出版社.

中华人民共和国国家质量监督检验检疫总局，中国国家标准化管理委员会，2017. 地面气象观测规范 自动观测：GB/T 35237—2017[S]. 北京：中国标准出版社.

中华人民共和国农业部，2005. 土壤速效钾和缓效钾含量的测定：NY/T 889—2004[S]. 北京：中国农业出版社.

中华人民共和国农业部，2006. 土壤检测 第 6 部分：土壤有机质的测定：NY/T 1121.6—2006[S]. 北京：中国农业出版社.

中华人民共和国农业部，2007. 土壤中 pH 的测定：NY/T 1377—2007[S]. 北京：中国农业出版社.

中华人民共和国农业部，2015. 土壤检测 第 7 部分：土壤有效磷的测定：NY/T 1121.7—2014[S]. 北京：中国农业出版社.

中华人民共和国生态环境部，2020. 2019 中国生态环境状况公报[R/OL]. [2022-08-21]. https://www.mee.gov.cn/hjzl/sthjzk/zghjzkgb.

中华人民共和国生态环境部，2021. 2020 中国生态环境状况公报[R/OL]. [2023-05-08]. https://www.mee.gov.cn/hjzl/sthjzk.

中华人民共和国生态环境部，2023. 中华人民共和国气候变化第四次国家信息通报[R/OL]. [2024-01-24]. http://big5.www.gov.cn/gate/big5/www.gov.cn/lianbo/bumen/202312/P020231230296808058475.pdf.

中华人民共和国生态环境部，2023. 2022 中国生态环境状况公报[R/OL].[2024-01-10]. https：//www. mee. gov. cn/hjzl/sthjzk/.
中华人民共和国水利部，2023. 中国水旱灾害防御公报[R]. 北京：中国水利水电出版社.
中央人民政府，2023. 政府工作报告[R/OL].[2024-03-20]. https：//www. gov. cn/zhuanti/2024qglh/2024nzfgzbg/home_ 1. htm.
周凤霞，2005. 生态学[M]. 北京：化学工业出版社.
周萍，2012. 低温天气在中国[J]. 中国减灾(3)：23-24.
周天福，2005. 森林动物[M]. 北京：中国林业出版社.
周以良，1990. 中国的森林[M]. 北京：科学出版社.
朱忠保，1990. 环境生态保护学[M]. 北京：中国林业出版社.